学术引领系列

中国学科发展战略

花岗岩成因与成矿机制

国家自然科学基金委员会
中国科学院

科学出版社
北京

内 容 简 介

本书较全面地总结了花岗岩成因与成矿机制的研究历史、现状和发展动态,分析该学科领域在我国的发展状况及态势,从学科的发展规律出发,结合对相关科学和技术问题的思考,提出推动该领域及相关学科发展的意见和建议。全书共分为五章,分别从花岗岩成因与成矿机制的科学意义与战略价值、发展规律与研究特点、发展现状与发展态势、发展思路与发展方向、资助机制与政策建议五个方面进行详细阐述。

本书适合高层次的战略和管理专家、相关领域的高等院校师生、研究机构的研究人员阅读,是科技工作者洞悉学科发展规律、把握前沿领域和重点方向的重要指南之一,也是科技管理部门重要的决策参考,同时也是社会公众了解花岗岩成因与成矿机制发展现状及趋势的权威读本。

图书在版编目(CIP)数据

花岗岩成因与成矿机制/国家自然科学基金委员会,中国科学院编. —北京:科学出版社,2023.4
(中国学科发展战略)
ISBN 978-7-03-073951-3

Ⅰ.①花… Ⅱ.①国…②中… Ⅲ.①花岗岩-岩石成因-研究 ②花岗岩-成矿作用-研究 Ⅳ.①P588.12

中国版本图书馆 CIP 数据核字(2022)第 221665 号

丛书策划:侯俊琳　牛　玲
责任编辑:朱萍萍　李　静 / 责任校对:韩　杨
责任印制:师艳茹 / 封面设计:黄华斌　陈　敬

科学出版社 出版
北京东黄城根北街16号
邮政编码:100717
http://www.sciencep.com

中国科学院印刷厂 印刷
科学出版社发行　各地新华书店经销

*

2023年4月第 一 版　开本:720×1000　1/16
2023年4月第一次印刷　印张:23 1/2
字数:370 000

定价:168.00元

(如有印装质量问题,我社负责调换)

中国学科发展战略

联合领导小组

组　　长：高鸿钧　李静海
副 组 长：包信和　韩　宇
成　　员：张　涛　裴　钢　朱日祥　郭　雷　杨　卫
　　　　　王笃金　杨永峰　王　岩　姚玉鹏　董国轩
　　　　　杨俊林　徐岩英　于　晟　王岐东　刘　克
　　　　　刘作仪　孙瑞娟　陈拥军

联合工作组

组　　长：杨永峰　姚玉鹏
成　　员：范英杰　龚　旭　孙　粒　刘益宏　王佳佳
　　　　　马　强　马新勇　王　勇　缪　航

中国学科发展战略·花岗岩成因与成矿机制

咨 询 组

组　　长：翟明国

成　　员（以姓名汉语拼音为序）：

  侯增谦　李献华　毛景文　王德滋　吴福元
  许志琴　杨经绥　杨树锋　张国伟　张宏福
  赵振华　郑永飞　周新民

编 写 组

组　　长：陈　骏
副 组 长：王汝成
成　　员（以姓名汉语拼音为序）：

  胡瑞忠　华仁民　黄小龙　惠鹤九　蒋少涌
  李建威　李伟强　李献华　陆建军　马昌前
  倪　培　彭　澎　舒良树　唐　铭　王　博
  王　强　王　勤　王　涛　王　伟　王孝磊
  吴元保　谢桂青　徐夕生　许文良　杨进辉
  杨志明　曾令森　赵　磊　赵军红　赵子福
  钟　宏　周艳艳　朱弟成

秘 书 组

组　　长：王孝磊

成　　员（以姓名汉语拼音为序）：

　　　　车旭东　潘君屹　王　迪　王国光　夏　炎

　　　　谢　磊　曾　罡　章荣清　赵　凯

总　　序

白春礼　杨　卫

17世纪的科学革命使科学从普适的自然哲学走向分科深入，如今已发展成为一幅由众多彼此独立又相互关联的学科汇就的壮丽画卷。在人类不断深化对自然认识的过程中，学科不仅仅是现代社会中科学知识的组成单元，同时也逐渐成为人类认知活动的组织分工，决定了知识生产的社会形态特征，推动和促进了科学技术和各种学术形态的蓬勃发展。从历史上看，学科的发展体现了知识生产及其传播、传承的过程，学科之间的相互交叉、融合与分化成为科学发展的重要特征。只有了解各学科演变的基本规律，完善学科布局，促进学科协调发展，才能推进科学的整体发展，形成促进前沿科学突破的科研布局和创新环境。

我国引入近代科学后几经曲折，及至上世纪初开始逐步同西方科学接轨，建立了以学科教育与学科科研互为支撑的学科体系。新中国建立后，逐步形成完整的学科体系，为国家科学技术进步和经济社会发展提供了大量优秀人才，部分学科已进入世界前列，有的学科取得了令世界瞩目的突出成就。当前，我国正处在从科学大国向科学强国转变的关键时期，经济发展新常态下要求科学技术为国家经济增长提供更强劲的动力，创新成为引领我国经济发展的新引擎。与此同时，改革开放30多年来，特别是21世纪以来，我国迅猛发展的科学事业蓄积了巨大的内能，不仅重大创新成果源源不断产生，而且一些学科正在孕育新的生长点，有可能引领世界学科发展的新方向。因此，开展学科发展战略研究是提高我国自主创新能力、实现我国科学由"跟跑者"向"并行者"和"领跑者"转变的一项基础工程，对于更好把握世界科技创新发展趋势，发挥科技创新在全面创新中的引领作用，具有重要的现实意义。

学科发展战略研究的核心是结合科学技术和经济社会的发展需求，在分析科学前沿发展趋势的基础上，寻找新的学科生长点和方向。在这个过程中，战略科学家的前瞻引领作用十分重要。科学史上这样的例子比比皆是。在1900年8月巴黎国际数学家代表大会上，德国数学家戴维·希尔伯特发表了题为"数学问题"的著名讲演，他根据过去特别是19世纪数学研究的成果和发展趋势，提出了23个最重要的数学问题，即"希尔伯特问题"。这些"问题"后来成为许多数学家力图攻克的难关，对现代数学的研究和发展产生了深刻的影响。1959年12月，美国物理学家、诺贝尔奖得主理查德·费曼在加利福尼亚理工学院举行的美国物理学会年会上发表了题为"物质底层大有空间——一张进入物理新领域的请柬"的经典讲话，对后来出现的纳米技术作出了天才的预见。

学科生长点并不完全等同于科学前沿，其产生和形成不仅取决于科学前沿的成果，还决定于社会生产和科学发展的需要。1841年，佩利戈特用钾还原四氯化铀，成功地获得了金属铀，可在很长一段时间并未能发展成为学科生长点。直到1939年，哈恩和斯特拉斯曼发现了铀的核裂变现象后，人们认识到它有可能成为巨大的能源，这才形成了以铀为主要对象的核燃料科学的学科生长点。而基本粒子物理学作为一门理论性很强的学科，它的新生长点之所以能不断形成，不仅在于它有揭示物质的深层结构秘密的作用，而且在于其成果有助于认识宇宙的起源和演化。上述事实说明，科学在从理论到应用又从应用到理论的转化过程中，会有新的学科生长点不断地产生和形成。

不同学科交叉集成，特别是理论研究与实验科学相结合，往往也是新的学科生长点的重要来源。新的实验方法和实验手段的发明，大科学装置的建立，如离子加速器、中子反应堆、核磁共振仪等技术方法，都促进了相对独立的新学科的形成。自20世纪80年代以来，具有费曼1959年所预见的性能、微观表征和操纵技术的

总　　序

仪器——扫描隧道显微镜和原子力显微镜终于相继问世，为纳米结构的测量和操纵提供了"眼睛"和"手指"，使得人类能更进一步认识纳米世界，极大地推动了纳米技术的发展。

作为国家科学思想库，中国科学院（以下简称中科院）学部的基本职责和优势是为国家科学选择和优化布局重大科学技术发展方向提供科学依据、发挥学术引领作用，国家自然科学基金委员会（以下简称基金委）则承担着协调学科发展、夯实学科基础、促进学科交叉、加强学科建设的重大责任。继基金委和中科院于2012年成功地联合发布"未来10年中国学科发展战略研究"报告之后，双方签署了共同开展学科发展战略研究的长期合作协议，通过联合开展学科发展战略研究的长效机制，共建共享国家科学思想库的研究咨询能力，切实担当起服务国家科学领域决策咨询的核心作用。

基金委和中科院共同组织的学科发展战略研究既分析相关学科领域的发展趋势与应用前景，又提出与学科发展相关的人才队伍布局、环境条件建设、资助机制创新等方面的政策建议，还针对某一类学科发展所面临的共性政策问题，开展专题学科战略与政策研究。自2012年开始，平均每年部署10项左右学科发展战略研究项目，其中既有传统学科中的新生长点或交叉学科，如物理学中的软凝聚态物理、化学中的能源化学、生物学中生命组学等，也有面向具有重大应用背景的新兴战略研究领域，如再生医学、冰冻圈科学、高功率、高光束质量半导体激光发展战略研究等，还有以具体学科为例开展的关于依托重大科学设施与平台发展的学科政策研究。

学科发展战略研究工作沿袭了由中科院院士牵头的方式，并凝聚相关领域专家学者共同开展研究。他们秉承"知行合一"的理念，将深刻的洞察力和严谨的工作作风结合起来，潜心研究，求真唯实，"知之真切笃实处即是行，行之明觉精察处即是知"。他们精益求精，"止于至善"，"皆当至于至善之地而不迁"，力求尽善尽美，以获取最大的集体智慧。他们在中国基础研究从与发达国家"总量并行"到"贡献并行"再到"源头并行"的升级发展过程中，脚踏实地，拾级而上，纵观全局，极目迥望。他们站在巨人肩上，立于科学前沿，为中国乃至世界的学科发展指出可能的生长点和新方向。

各学科发展战略研究组从学科的科学意义与战略价值、发展规律和研究特点、发展现状与发展态势、未来5~10年学科发展的关键科学问题、发展思路、发展目标和重要研究方向、学科发展的有效资助机制与政策建议等方面进行分析阐述。既强调学科生长点的科学意义，也考虑其重要的社会价值；既着眼于学科生长点的前沿性，也兼顾其可能利用的资源和条件；既立足于国内的现状，又注重基础研究的国际化趋势；既肯定已取得的成绩，又不回避发展中面临的困难和问题。主要研究成果以"国家自然科学基金委员会—中国科学院学科发展战略"丛书的形式，纳入"国家科学思想库—学术引领系列"陆续出版。

基金委和中科院在学科发展战略研究方面的合作是一项长期的任务。在报告付梓之际，我们衷心地感谢为学科发展战略研究付出心血的院士、专家，还要感谢在咨询、审读和支撑方面做出贡献的同志，也要感谢科学出版社在编辑出版工作中付出的辛苦劳动，更要感谢基金委和中科院学科发展战略研究联合工作组各位成员的辛勤工作。我们诚挚希望更多的院士、专家能够加入到学科发展战略研究的行列中来，搭建我国科技规划和科技政策咨询平台，为推动促进我国学科均衡、协调、可持续发展发挥更大的积极作用。

前言

保障矿产资源能源安全是国家重大战略，加强矿产资源战略性保障是地球科学工作者的重要使命。花岗岩形成与成矿作用密切相关，是大陆形成和演化的关键科学命题。厘清花岗岩成因与成矿机制是地球科学的核心内容之一，该领域涉及多学科的联合与融合，在促进地球科学发展方面具有重要意义。本书是国家自然科学基金委员会和中国科学院发展战略联合学科研究项目"花岗岩成因与成矿机制发展战略研究"的集成成果。该战略研究项目于2019年1月在南京启动，邀请了包括5位院士、14名国家杰出青年科学基金获得者在内的9家单位的40余位花岗岩和成矿领域的科技骨干参加战略研究和报告撰写工作，项目于2021年5月结题。

本书按照战略研究的体例分为五章。第一章论述花岗岩成因与成矿机制在地球科学研究中的核心地位、对其他学科和相关技术的推动作用、在国家的关键传统学科领域的基本定位和作用，以及对国民经济与国防安全的战略布局的作用等，由项目负责人陈骏和王汝成执笔。第二章论述花岗岩成因与成矿机制的科学定义与内涵、研究历史及发展规律和特点等，由王汝成执笔，项目组成员吴福元、李献华参加撰写。第三章总结花岗岩成因与成矿机制的发展状况与趋势、国内花岗岩与成矿机制研究的优势和薄弱环节、学科建设与人才队伍的情况和重要举措。第四章围绕四个关键科学问题总结了花岗岩成因与成矿机制的十五个科学挑战，并指出该科学领域的发展总体思路、新生长点、发展目标和未来学科发展的重要研究方向。第三章、第四章主要由四个战略调研小组负责人彭澎、舒良树、徐夕生、倪培牵头组织编写，各小组参加发展状况与趋势和科学挑战编写的主要人员还有（按撰写章节和内容顺序）：第一小组的惠鹤九、唐铭、王伟、周艳艳、赵磊，第二小组的王涛、朱弟成、王强、王博，第三小组的许文良、王孝磊、马昌前、曾令森、赵凯，第四小组的蒋少涌、王汝成、李献华、杨志明、胡瑞忠、李伟强。第五章是对该领域未来的资助机制与政策建议，由陈骏、王汝成、王孝磊执笔。

本书在编写过程中得到了中国科学院院士翟明国、许志琴、王德滋、张国伟、郑永飞、杨树锋、吴福元、侯增谦、杨经绥、李献华、张宏福，中国工程院院士毛景文，以及周新民、赵振华等专家学者的倾力支持和指导，华仁民、陆建军、杨进辉、赵子福、黄小龙、吴元保、李建威、钟宏、赵军红等专家学者也参与了进展调研、书稿撰写、内容审阅等工作。华仁民、秘书组王孝磊和王迪等参与书稿的统稿和校对工作。许多专家为本书的撰写提供了宝贵的资料，在此一并致以诚挚谢意！

本书凝聚了国内花岗岩和成矿相关领域的众多专家学者的智慧，对花岗岩成因与成矿机制的研究历史和现状、问题和关键挑战、未来方向和趋势进行了系统调研、梳理、总结，着重分析该学科方向的发展特点和规律，把握发展趋势，提出了我国未来花岗岩成因与成矿机制研究的系统化、现代化、交叉化的发展思路，面向国家重大战略和社会需求，面向科学技术前沿，面向地球及行星科学未来的发展目标和战略部署方向，为我国花岗岩成因与成矿机制战略研究提供了有价值的思考和政策建议。本书可供科研管理部门进行战略和决策参考，并可为广大从事花岗岩与成矿研究的专家学者和青年学子参考。

再次深深地感谢为本书编写工作付出辛苦劳动的各位同仁！感谢国家自然科学基金委员会和中国科学院的联合支持，以及在项目运行过程中的指导与帮助！书中的不妥之处，敬请各位读者批评指正。

陈　骏
"花岗岩成因与成矿机制发展战略研究"项目组组长
2021 年 10 月

摘　　要

　　花岗岩是地球特有的岩石类型，通常指一类以石英和长石为主要矿物组成的长英质侵入岩类，石英的含量一般在20%以上。花岗岩是大陆地壳的主要组成和标志性岩石，因而是地质学最基础、最重要的研究对象之一。花岗岩常产生于板块边缘，包括板块碰撞造山带、板块俯冲带、大陆弧、大洋弧、弧后盆地等；还可产生于板块内部，包括板内裂谷、陆内伸展、地幔柱等构造环境；在其他行星上也报道有极少量的疑似花岗岩岩屑。全球花岗岩的时空分布广泛，从太古宙到新生代均有发育。花岗岩的形成既记录了陆壳的演化，又与大陆风化、环境变化、板块构造、关键矿产形成等重大科学问题紧密相关。

　　地球上不同时代的花岗岩常伴生多种类型的重要金属矿床，如与花岗岩类有关的斑岩型矿床提供了世界上最重要的铜、钼资源，花岗岩更是目前国际上广泛关注的关键金属（稀有金属、稀土金属和稀散金属等）、能源金属（如"锂"）的成矿母岩。因此，深入探究花岗岩的成因和相关的成矿机制，不仅是地球科学学科进一步发展的需要，而且对国民经济发展和国家资源安全战略具有重要的意义。

　　花岗岩成因与成矿机制研究已有几百年的历史，取得了辉煌的成就，极大地丰富了人类关于地球、岩石和矿产的知识，有力地促进了整个地球科学的学科发展，为现代科学技术发展作出了重要贡献。随着现代地球科学的发展和新技术新方法的不断涌现，有关花岗岩成因与成矿机制的研究日益呈现精细化、定量化、系统化、多学科交叉化的趋势，花岗岩成因研究已经成为大陆地质研究的重要突破口，进入了一个新的发展阶段。

（一）花岗岩成因与成矿机制的科学意义与战略价值

20世纪60年代兴起的板块构造理论是地球科学的一次革命，它很好地阐释了大洋和洋-陆过渡带的地质问题，但在解释大陆地壳问题时遇到了困难。如何把大陆及相关圈层作为一个系统来研究大陆形成演化及其动力学机制等基本问题成为地球科学研究的主要任务，也是欧美发达国家和中国地球科学领域战略规划中的核心前沿问题。总的来说，固体地球科学的核心问题是大陆形成和演化，而大陆的核心问题是花岗岩的成因，花岗岩形成及相关成矿作用的核心问题则是元素的循环与再分配。因此，花岗岩研究是揭示陆内构造及其大陆动力学问题的重要途径，也是探讨板块构造"登陆"的核心挑战，是实践和发展板块构造理论的必由之路。

花岗岩成因与成矿机制研究在国家总体学科发展布局和科技创新平台中居于重要的地位，它将地质学与化学、物理学、数学、生物学、气候学、生态学、材料科学、计算机科学等学科密切联系在一起。从岩浆的形成、迁移聚集、上升侵位，到岩体的抬升剥露过程，花岗岩经历了复杂的地质环境（包括温度、压力、应变速率及活动流体等条件），记录了大陆地壳的物理化学性质及其变化，反映了大陆岩石圈属性及其深部结构。因此，该领域的研究除了对所属的矿物学、岩石学、矿床学具有促进作用外，还极大地推动了构造地质学、大陆流变学、实验岩石学、地球物理学、地球化学等学科的应用和发展。同时，该领域的发展促进了分析测试技术和观测平台的快速进步，并反过来支撑了整个地球科学的学科发展。另外，利用比较行星学研究方法研究地外花岗岩成因也推动了行星科学的发展。

花岗岩作为地壳中分布最广泛的岩石类型之一，是多数有色金属、贵金属、稀有金属及稀土金属、稀散金属等关键矿产的重要甚至唯一来源。元素在花岗岩浆形成和演化过程中的富集与成矿过程是花岗岩成因与成矿研究的关键内容。近年来，国际政治经济形势发生深刻变化和复杂调整，能源和矿产资源的全球控制权成为大国博弈的核心之一，欧美发达国家对关键矿产资源更是给予了空前重视。在这一背景下，花岗岩成因与成矿机制研究必将为保障国民经济发展和国家安全战略发挥更加重要的作用。

（二）花岗岩成因与成矿机制的发展规律与研究特点

花岗岩成因与成矿机制以研究花岗质岩石形成的源区、过程与动力学机制，揭示与花岗质岩石有关的成矿作用机制，探索大陆形成和演化，指导研究行星演化和资源能源勘查为主要内容，其发展与地质学研究几乎同步，已有几百年的历史。花岗岩研究的发展经历了18世纪中期的"水成论"和"火成论"之争，到20世纪中后期的部分熔融实验和花岗岩分类研究，再到最近数十年来地球化学方法在花岗岩研究中的广泛应用，花岗岩的成因分类和地球化学特征、花岗岩形成的实验岩石学研究、花岗质岩浆的上升和定位机制、花岗岩形成的构造背景等方面的研究都得到了迅猛的发展，奠定了当今花岗岩研究的科学理论基础，发展了花岗岩与地壳增生和板块构造之间的理论联系。

中国是一个花岗岩极为发育的国家，其中华南、东北、新疆、西藏等地区都有大面积的花岗岩出露。自20世纪20～40年代翁文灏、黄汲清、徐克勤等专家学者拉开华南地区花岗岩研究的序幕以来，50年代开始对华北、东北、新疆和内蒙古地区的花岗岩进行研究，60年代初对秦岭地区的花岗岩和成矿有了初步的研究，70年代末至80年代初则开始了对西藏地区花岗岩的研究。在该时期，我国在花岗岩成因分类方面的研究已达到国际先进水平。改革开放以来，我国花岗岩成因与成矿机制研究得到了国家的长期稳定资助，研究队伍规模和质量得到不断扩大和提高，不仅加大了我国地球科学的优势，也有力地推动了各相关学科和领域的创新研究与深度融合。

近年来，国际上花岗岩研究的精细化、系统化、多学科交叉的特点和趋势越来越明显，主要研究岩浆和矿物的精细形成过程、地壳深熔作用与花岗质熔体形成的初始过程、岩浆结晶的物理条件，探讨岩浆集聚和岩体生长的物理化学过程、岩浆喷发机制及花岗浆与气候的关系等。随着地球化学分析测试手段不断快速发展，我国学者在探讨花岗岩的源区组成、熔融机制、岩浆演化过程、元素迁移富集、壳幔相互作用等方面的研究做出了卓有成效的工作，形成一批批稳定的、年龄和职称结构合理的、具有国际视野的学科队伍，在国际花岗岩研究中具有重要的显示度，并发挥了巨大的作用。国家科技管理部门逐渐开始探索和创新协同化、集约化的科研组织方式，取得了良好的效果。

（三）花岗岩成因与成矿机制的发展现状与发展态势

早期花岗岩的研究是近些年的主要热点。研究表明，火星地表可能存在或曾广泛存在水，且可能有不少冥古宙的花岗质岩浆，意味着太阳系其他星球在早期就已演化出花岗岩。地外花岗岩的成岩成矿将是未来国内外深空探测的重要研究方向。我国在该研究领域还比较薄弱，缺少团队，但在地球的太古宙和冥古宙演化研究方面已有较好的积累。目前对地球早期花岗岩和成矿的研究主要存在以下几个关键问题：花岗岩作为地壳高度演化的产物，在地球早期如何形成？地壳成分如何从早期的富集镁铁质演化到太古宙末期的长英质？古代板块构造的运行机制如何？大陆是如何抬升和何时开始大量抬升？花岗岩从早期的钠质转化为后期的钾质其动力学机制如何？太古宙与花岗岩有关的金属矿床的成矿机制如何？

无论板块构造是否促进了地球早期花岗岩的形成，它作为制约洋-陆格局和大陆聚合-离散的主要动力学机制，对太古宙后来的花岗岩形成和分布起到至关重要的作用。彼时以来，形成了多期的全球超大陆，从古元古代的哥伦比亚（又称"努纳"）超大陆，到中元古代末-新元古代早期的罗迪尼亚超大陆，再到冈瓦纳大陆，伴随超大陆的聚合，在超大陆的边缘形成了多期巨型造山带和花岗岩带。在这些巨型构造带内，大陆通过物质不断循环演化逐渐变得成熟，成矿物质更加富集，成矿类型更加丰富。同时，花岗质熔体的流变行为也反过来影响了地壳的流变性质。花岗岩在大陆边缘的形成，可产生于洋壳俯冲和陆-陆碰撞过程中及碰撞后阶段，记录了大陆增生和新生地壳改造的信息。而在大陆裂谷、地幔柱或弧后伸展的大陆内部，也可产生成分类似花岗质的酸性大火成岩省。目前，对于变形驱动的花岗质熔体迁移聚集与大陆地壳变形关系、大陆碰撞带地壳混杂岩的部分熔融机制、陆内背景的地壳垂向生长机制等问题还需要有更好的研究。

花岗岩成分多样性是花岗岩成因研究的基础问题，也是花岗岩成矿研究的前提。将实验岩石学、大陆地壳的形成演化及俯冲作用过程相联系已经成为花岗岩成分多样性研究的重要内容和趋势。花岗岩成因的实验岩石学研究，主要集中在不同源岩类型、不同熔融条件（压力、温度、水含量和氧逸度），以及熔融反应类型对岩浆成分的影响、俯冲带体系下岩浆分异机制与岛弧大陆地壳的形成等方面。岩浆动力学是控制成分多样性的另一个重要机制，包括岩浆自身的性质，岩浆的抽取、聚集、上升、侵位、增生等，涉及岩浆房和岩浆储库的作用过程、动力学方式和制约条件，依赖于对花岗岩体内部结构、几何学和运动学的观测，需要构建定性到定量的岩浆动力学理论和方法体系等。我国幅员辽阔，有着地球上典型的巨量岩浆岩带及不同类型的花岗岩体，具有开展花岗质岩浆动力学研究得天独厚的条件，需要特别重视加强开展岩石熔融实验、岩浆系统动力学的实验、数值模拟等，尤其需要加强对花岗质岩浆储库增生和大型侵入体形成机制的研究。

进入 21 世纪以来，随着晶粥模型逐渐成为学术界的共识，花岗岩-火山岩成因联系也逐渐成为揭示陆壳演化的关键所在，在精细的岩浆混合过程、岩浆的分异和高硅花岗岩的形成、低 ^{18}O 高硅流纹岩的产生等方面取得了诸多进展。其中，岩浆结晶分异作用得到人们的广泛重视。与花岗岩研究的蓬勃发展相比，国内火山学研究则显得相对薄弱，从事火山学的研究队伍急需壮大，以应对国外火山学研究的蓬勃发展。

花岗岩的成分多样性决定了与花岗岩有关的不同成矿金属元素组合，揭示花岗岩的源区特征和岩浆分异演化机制对探索花岗岩的成矿机制意义重大。根据已有研究成果，铜（Cu）、铅-锌（Pb-Zn）、钼（Mo）多金属成矿作用主要与磁铁矿系列的花岗岩有关，而钨-锡（W-Sn）和部分金（Au）矿化作用与钛铁矿系列花岗岩有关；钨（W）、锡（Sn）、铋（Bi）、铌（Nb）、钽（Ta）、铍（Be）、铀（U）主要与"改造型"花岗岩有关，而铜（Cu）、铅（Pb）、锌（Zn）、金（Au）、银（Ag）主要与"同熔型"花岗岩有关。另外，不同的金属元素成矿类型还与花岗岩侵位深度和围岩有关，不同深度的成矿母岩浆展现出相应的成矿专属性。例如，斑岩-夕卡岩型矿床，与I型花岗岩有关的铜-金-铁（Cu-Au-Fe）矿床常常形成较浅，而与S型花岗岩有关的W-Sn矿床往往形成稍深。斑岩与夕卡岩矿床的成矿机制在岩浆方面类似，主要的不同在于围岩方面。构造背景对花岗岩成矿类型也有制约作用，但主要还是通过熔融条件和源区及过程等控制成矿差异。

岩浆中出溶的流体成分对成矿作用也有重要影响。幔源岩浆活动在为花岗质岩浆提供可能的成矿物质外，还为碱性花岗岩中稀有稀土金属矿床的形成提供熔体和含CO_2的碱性流体。另外，花岗岩侵位的围岩也能提供流体，促使成矿作用产生，如夕卡岩型矿床。岩浆中氟（F）、硼（B）和锂（Li）等元素含量的增加，可降低岩浆黏度和固相线温度，改变硅酸盐熔体的物理化学性质，从而促使稀有金属在残余熔体中富集。因此，花岗岩不断演化产生的流体利于W、Sn、Nb、Ta、Li、Be、铷（Rb）、铯（Cs）和稀土元素等稀有-稀土金属成矿，同时可能伴生Pb、Zn、Au、Ag等岩浆热液矿床。

中国处于环太平洋、古亚洲和特提斯三大构造成矿域的结合部位，相关的构造块体经历了复杂的地质演化历史，成矿条件十分有利。例如，华南是我国有色金属矿产的"大粮仓"；华北克拉通是研究克拉通破坏与巨量金成矿的有利地区；东秦岭-大别造山带是我国最重要的斑岩型钼矿产地；中亚成矿域内产出大量与花岗岩有关的世界级斑岩型铜矿、斑岩型钼矿和稀有金属花岗岩，形成中国东北斑岩型钼铜成矿带和中国新疆阿尔泰地区稀有金属成矿带；青藏高原是我国最重要的斑岩型铜矿基地，也是最重要的花岗伟晶岩型锂矿的基地，并有望成为锂铍铌钽稀有金属重要产地。

21世纪以来，国家层面对花岗岩成因与成矿机制研究给予了持续性的资金投入，研究经费稳定增长，实验技术设备不断更新和完善，营造了良好的科研氛围，形成了多个花岗岩成因与成矿机制研究的重要基地，产生了一批优秀领军人才和科技专家，凝聚了研究团队。但矿物学、岩相学、实验岩石学和热力学的研究较薄弱，制约了花岗岩研究的创新性发展。另外，在促进基础学科自由探索、营造批判性学术文化、创新人才和科研成果评价体系及机制等方面，还须有更坚实的举措。

（四）发展思路与发展方向

根据对花岗岩成因与成矿机制的深入调研工作，本书将该领域研究的关键科学问题总结为四个方面：花岗岩与大陆起源、花岗岩与大陆演化、花岗岩的形成机制和花岗岩的成矿机制，并在此基础上凝练了15个科学挑战，指出了今后花岗岩成因与成矿机制领域的主要发展方向。

对花岗岩与大陆起源，需要研究早期花岗岩的成因，并开展地外行星花岗岩的分布和特征的探索研究。一方面，通过遥感光谱数据和高精度探测载荷探寻地外花岗岩的分布，并获取新的样品，开展地外花岗岩的实验岩石学研究和对比研究等，明确地外花岗岩的成因机制，为地球早期大陆地壳的形成研究提供相关证据。另一方面，通过火成岩、沉积岩和锆石记录等，分析早期花岗岩的成因和克拉通地壳的形成机制；结合大数据分析和实例研究来约束长英质陆壳出现的时间和早期地壳厚度，探索早期大陆物质循环与深部－浅层响应机制，研究早期板块构造的启动机制与克拉通化过程。通过上述研究，探索早期大陆的成分演变与大陆动力学机制，认识地壳和地表环境之间的关联性，以及不同过程之间的反馈机制将会是未来非常重要的研究方向。

对花岗岩与大陆演化，需要解决花岗质岩浆迁移和就位过程中地壳流变机制及构造制约方面所面临的诸多挑战和问题，深入研究巨型花岗岩带的形成机制、与大陆演化的关系、成分变化与超大陆聚合－离散作用的联系、成矿特征等基础理论问题。要进一步加强深部地壳流变性的精细研究，加强与地球物理等多学科的交叉融合，进一步分析花岗质岩浆在地壳深部熔离和迁移的控制因素，探讨花岗质岩浆有关的地壳流变的温度、压力条件和物理特征，研究幔源岩浆对花岗岩形成的贡献。要通过古太古代、古元古代、新元古代和显生宙花岗岩带的特征和形成机制研究，解决大陆聚合－裂解控制花岗岩浆形成和与宜居地球演化的关联等。要立足于中国大陆特有的碰撞造山带、增生型造山带和陆内造山带，加强全球对比，揭示花岗岩基的三维形态和结构。要聚焦花岗质岩浆产生与大陆侧向和垂向增生机制，明确岩浆活动的周期性及其与岩浆弧演化过程之间的联系，探讨大陆内部花岗岩的形成与大陆内部构造动力学机制的耦合等。

对花岗岩的形成机制，要从岩石学、实验岩石学、年代学、岩石地球化学、岩石数值模拟等角度综合来研究。未来要继续深入研究深熔作用和花岗岩形成，厘清源区不均一性和不平衡熔融机制，揭示部分熔融过程中副矿物地球化学行为与花岗岩成分多样性的联系，剖析含 CO_2 流体体制熔融对花岗质熔体成分的制约。要以高硅花岗岩成因与关键金属成矿作用为主要方向，对复杂的岩浆过程进行精细约束。要加强花岗质岩浆动力学过程的模拟和监测，利用数据和模型"双驱动"的研究方法，构建岩体侵位－增生机制和大型侵入体形成过程，优化穿地壳岩浆通道系统模型，细化岩浆储库演化过程，明确花岗质火山－侵入岩浆作用的成因联系等难题。还要重视对陆内 A 型花岗岩、淡色花岗岩和紫苏花岗岩形成机制的研究。

对花岗岩的成矿机制，有必要深化花岗岩的成矿专属性与成矿规律研究。需要进一步深入研究花岗岩成矿的构造背景、源区组成、岩浆演化过程的制约因素，分析不同时代花岗岩成矿专属性的规律，研究花岗岩成矿的条件与成矿规律等。要开展精细的矿物学、岩相学、实验模拟和热力学计算等研究，探索花岗岩源区特征、岩浆演化，以及混染过程中成矿元素的富集过程和分配行为，正确识别不同类型花岗岩，建立多地球化学指标指示成矿潜力与成矿差异体系。要进一步完善单个流体/熔体包裹体成分分析等技术，直接获取古岩浆－热液成矿系统中的熔体和流体成分信息，分析花岗质岩浆中挥发分的出溶机制和影响因素，研究岩浆中成矿元素的初始富集、迁移和再富集与卸载过程。尤其是，面临国家重大需求，需要深入探究地球多圈层相互作用及与花岗岩"三稀"（稀有、稀散和稀土）金属岩浆富集的关系，重点关注其动力学机制和物质循环过程，以正确理解稀有金属花岗岩（包括花岗伟晶岩）的形成规律。这些工作还需要研究"三稀"金属在熔体、热液、矿物中存在形式及其热力学属性，亟需更加高精尖的分析测试技术的快速发展。未来在岩浆侵位-结晶过程的高精度年代学、岩浆-热液成矿过程精细年代学、花岗岩与成矿作用高精度精确定年等方面还存在不小的挑战。近年来发展和不断完善的矿物微量元素面扫描分析技术、多元素成像分析技术、非传统稳定同位素地球化学等，都将为示踪花岗岩的形成与演化及与花岗岩相关的成矿作用等过程提供更多新的观测数据，进一步推动学科新发展。

总的来看，花岗岩成因与成矿机制研究未来发展的危机和机遇并存。在今后的一段时间里，花岗岩成因与成矿机制研究依然是地球科学的核心研究内容，但需结合当前的发展态势，在新方法、新理论、学科交叉上寻找新的增长点。未来，我国花岗岩成因与成矿机制学科的发展，需要着重与深空探测相结合，开展比较行星学研究，揭示宇宙起源；与深地探测相结合，探究深部物质组成和结构，揭示成岩成矿机制；与深海探测相结合，分析洋陆转换机制，揭示大陆生长和再造机制；与地球早期研究相结合，分析早期地壳组成和演变，揭示大陆形成机制；与新型技术方法相结合，寻找新的研究手段和途径。

（五）资助机制与政策建议

在新的时期，进一步加快推动花岗岩与成矿学科的发展，对整个地球科学的发展都具有重要意义。加快花岗岩与成矿的研究，需要进一步深化学科内涵，探索学科外延，进一步加强科学研究布局，拓展花岗岩与环境变迁等方面的联系。需要跳出传统地质学的固有知识体系，上升到地球系统科学的学科理念，强调与环境科学、大气科学等其他科学领域的学科交叉与知识融合，找到本领域发展的新的生长点，积极探索以问题为导向的"无学科"新模式，从而将花岗岩成因与成矿机制升华为以"矿产-资源-环境"为核心的地球系统科学的重要组成部分。需要重视学科传承和发展，积极培养具备国际视野的年轻科研人才，遵循科研规律，推动人才评价体系的改革。需要通过国际合作项目、大科学计划和国际地质对比计划组织开展国际花岗岩和成矿的对比研究，为国家安全提供战略和人才保障。

Abstract

As a unique rock type of the Earth, granitoids refer to a series of felsic intrusive rocks that are mainly composed of quartz (generally > 20%) and feldspar. It is a typical and dominant rock type of continental crust and thus its formation is one of the most fundamental research topics of geosciences. Granitoids can form in different tectonic settings, including collisional orogenic belts, subduction zones, continental arcs, oceanic arcs, back-arc basins and intraplate settings (such as within-plate rifts, intracontinental extension, and mantle plume), and a tiny portion of them has been even recently reported as small clasts from other planets. Granitoids are widespread on the continental crust of the Earth, with ages ranging from Early Archean to Cenozoic. They undoubtedly record the history of continental crustal evolution and are also closely related to continental weathering, environmental changes, initiation of plate tectonics, formation of critical minerals, and other key geological issues.

Granitoids are the dominant host rocks of many metal ore deposits. For example, granitoids-related porphyry ore deposits provide the most important Cu and Mo resources of the world. Granitoids are also the common host rocks of the well-known critical metals (such as rare metals, rare earth elements, rare disperse elements, etc.) and energy metal (like Li). Therefore, a detailed exploration of the petrogenesis and ore-forming mechanisms of granitoids is critical to take the basic discipline of geosciences a step further and has great significance for domestic economic development and national security.

With a research history of over several hundred years, the issue of granitoids and mineralization contributed a lot to the development of the whole geoscience discipline. In particular, with the rapid development of modern geosciences and analytical techniques in recent decades, the study of granitoids tends to be more and more detailed, quantitative, systematic, and interdisciplinary, which pushed this research area into a new stage with a stronger correlation with continental evolution than before. In general, with the great achievements, the research area of granite petrogenesis and mineralization has made a tremendous contribution to Earth sciences, provided a lot of new knowledge for humans, and changed greatly our attitudes to earth, ocean, and universe.

1. Scientific significance and strategic value of the studies on granite petrogenesis and metallogenesis

The plate tectonics theory proposed since the 1960s, a revolution of Earth sciences, can explain well the geology on the transitional zones of ocean-ocean and ocean-continent convergent margins but failed to give a highly consistent explanation of intracontinental tectonics. Nowadays, it has been a principal target and a frontier scientific issue of Earth sciences to study continental formation and evolution and related geodynamic mechanisms, under the light of combining the continent and related Earth's spheres as a whole system. To conclude, the key issue of Earth sciences is the formation and evolution of the continent, while the key issue of the continent is the formation of granitoids whose key point is the recycling and re-distribution of elements and mineralization. Therefore, the study of granite petrogenesis and mineralization is the main way to reveal intracontinental tectonics and related continental geodynamics problems and to face the challenges of application and development of plate tectonics in intracontinental settings.

Research on the formation of granitoids and related ore deposits has an important place in the development layout of the national scientific and technological innovation platform. It ties geology, chemistry, physics, mathematics, biology, climatology, ecology, and computer science together. From the formation of granitic melts in the deep crust to the migration, accumulation, emplacement, differentiation, and final exhumation processes, granitoids are affected by complicated geological factors (including temperature, pressure, strain rates, fluids, etc.) and thus they can, in turn, reflect the variation of physiochemical state and the characteristics and structure of the continental lithosphere. Therefore, the study of granite formation and associated mineralization can promote the development of mineralogy, petrology, and mineral deposits, and can greatly promote the application and development of structural geology, continental rheology, experimental petrology, geophysics, and geochemistry. Meanwhile, the development of this research area has promoted the rapid development of modern analytical techniques and platforms which in turn sustains the growth of the whole Earth sciences. In addition, the study on extraterrestrial granitoids also promoted the development of planetary sciences in recent years.

Granitoids are an important or even the only source of most nonferrous metals, precious metals, and critical minerals, such as rare metals, rare earth elements, and rare disperse elements. The enrichment and mineralization of metal elements are fundamental issues in granite genesis and related mineralization. In recent years, the international political and economic situation has undergone profound changes and complex adjustments. The control of energy and mineral resources has become one of the cores of international competition. Developed countries, such as Europe and the United States, have paid unprecedented attention to critical mineral resources. In this context, research on the granitic genesis and related mineralization will surely play a more important role in ensuring the development of the domestic economy and national security.

2. Characteristics and development of studies on granite petrogenesis and metallogenesis

The studies on granite petrogenesis and metallogenic mechanism developed almost synchronously with the study of geology, and they mainly include: ①magma source, magmatic processes, and magma dynamics; ②mechanism of granitoid-related mineralization; ③continental formation and evolution; ④planetary evolution and exploration of resources and energy. The petrogenesis of granitoids has been studied for several hundred years since the debate on the "petrogenesis of water or fire" in the 18th century. In the middle to last part of the last century, numerous high P-T experiments were carried out to study the petrogenesis and possible sources of granitoids. Subsequently, the rapid development of new analytical techniques pushed the study of granites to a new era. The research on the genetic classification and geochemical characteristics of granites, the experimental petrology of granite formation, the mechanism of granitic magma ascending and emplacement, and the tectonic settings of granites have been developed rapidly. These researches laid the theoretical foundation for the modern study of granite and developed a theoretical relationship between granite and crustal accretion and plate tectonics.

China has voluminous granite outcrops, in particular in southern and northeastern China, as well as Xinjiang and Tibet. The study of granite formation and mineralization in China was initiated by the studies of granitoids in SE China in the 1920s-1940s led by Weng Wenhao, Huang Jiqing, and Xu Keqin. Granite studies in North China, Northeast China, Xinjiang, and Inner Mongolia were carried out in the 1950s. In the early 1960s, there were also preliminary studies on granite and related mineralization in Qinling belt. The study of granites in Tibet began in the late 1970s to the early 1980s. In the meantime, the study of genetic classification of granites in China had reached international standards.

Since the reform and opening up, the research on the petrogenesis and metallogenic mechanism of these granitoids has received long-term stable financial support from the government. The quantity and quality of the research team have been continuously improved, which has enhanced the reputation of Chinese geosciences and has strongly promoted innovative research and deep integration in various related disciplines and fields.

In recent years, the research on granite petrogenesis trends to be more detailed, systematic, and interdisciplinary than before. The study of this issue mainly contains: ①detailed processes of magma formation, evolution, and mineral crystallization; ②initial processes of crustal anatexis and granitic melt formation; ③physical conditions of magma formation and crystallization; ④physiochemical processes of magma aggregation and incremental pluton growth; ⑤mechanism of magma eruption; ⑥relationship between granitic magmatism and climate change. With the rapid development of modern geochemical analytical techniques, Chinese researchers have done fruitful work in the study of the source rock compositions, melting mechanisms, magma evolution processes, elements migration and enrichments, and crust-mantle interaction of granite, forming many research groups with international vision. They brought a lot of attention and played a great role in international granite research.

3. Current status and trends of researches on granite petrogenesis and related metallogenesis

Research on granitoids formed during the early stage of Earth's evolution has been the focus in recent years. Studies have shown that H_2O may exist or be widely present on the surface of Mars, and perhaps there are Hadean granites, which means that other rocky planets in the solar system might have evolved to form granitoids in their early-stage evolution. The study of extraterrestrial granites will be an important research topic for domestic geoscientists and be helpful for deep-space exploration. Such research is rarely done by Chinese geologists and the related research groups have not been formed. However, we have accumulated a good amount of knowledge on planetary evolution in the Hadean and Archean times. Current studies on granitoid and associated mineralization of the early Earth mainly focus on the following key questions: ①how did granitoids, as a product of the highly evolved Earth crust, form on the early Earth? ②how did the crust evolve from the early enriched mafic composition to the later felsic composition during the late Archean? ③what is the operating mechanism of ancient plate tectonics? ④how did the continental crust uplift and when did it begin to uplift in large quantities? ⑤what is the mechanism of the transformation of granite from early sodium-rich composition to late potassium-rich composition? ⑥what is the mechanism of mineralization related to granitoids in the Archean era?

Whatever the plate tectonics regime had promoted the formation of early granites on the Earth or not, it played a vital role in the formation and distribution of granites in the Late Archean as the main dynamic control on the ocean-continent pattern and continental assemblage and break-up. Since then, a number of global supercontinents have formed, from the Paleoproterozoic "Clumbia" (also known as "Nuna") supercontinent, to the "Rodinia" supercontinent in the Late Mesoproterozoic-Early Neoproterozoic, to the "Gondwana" continent, and multiple periods of giant orogenic belts and granite belts were formed along the continental boundaries during the assembly of supercontinents. In these giant tectonic belts, the continents gradually matured through continuous material recycling and evolution, with more enrichment of metals and more diverse types of mineralization. At the same time, the rheological behavior of granitic rocks also affects the rheology of the crust. The granite on continental margins can be formed at the stages of subduction of the oceanic crust and syn- to postcollision of an orogenic cycle, recording the history from continental accretion to the reworking of juvenile and ancient crusts. In the interior of the continent, e.g., rift, mantle plume, or back-arc extensional settings, voluminous granitoids could also be produced, forming silicic large igneous provinces. At present, it still needs to better constrain the relationship between the migration and accumulation of deformation-driven granitic melt and continental crustal deformation, the partial melting mechanism in collisional zones, and the vertical crustal growth mechanism of intracontinental granitic magmatism.

The compositional diversity of granitoids is one of the fundamental problems in granite studies, and it is also the premise of researches on granite mineralization. Linking experimental petrology, the formation and evolution of the continental crust, and the process of subduction has become an important topic. Experimental studies on the genesis of granite mainly focus on source rocks, melting conditions (pressure, temperature, water content, and oxygen fugacity), and the mechanisms of melting and magma differentiation. The compositional diversity may also be controlled by magmatic dynamics that include dynamic processes such as extraction, accumulation, ascent, emplacement, and accretion. Such research involves the dynamic processes in magma reservoirs (or chambers) and depends on the observations of the internal structure, geometry, and kinematics of the granite body. It is necessary to develop a systematic theory with qualitative to quantitative methods. China hosts typical and massive igneous rock belts and different types of granite bodies and has unique conditions to conduct studies on the dynamics of granitic magmas. In particular, we need to pay attention to simulations and experiments on melting, magma dynamics, and incremental growth of large granite plutons/batholiths.

Since the beginning of the 21th century, as the crystal mush model has increasingly become the consensus of the community, the research on the granite-plutonic connection has gradually become the key to revealing the evolution of the continental crust. Much progress has been made in the detailed processes of magma mixing and differentiation and the formation of high-silica granite/rhyolite and low ^{18}O granites. Among them, magma fractionation has received extensive attention. Compared with the vigorous development of granite research, domestic volcanology research needs to be strengthened, and the research team in volcanology urgently needs to be expanded to match the vigorous development of oversea volcanology research.

The compositional diversity of granitoids determines the different combinations of metallogenic elements, and it is of great significance to reveal the source characteristics of granite and the magma differentiation process in exploring the mineralization mechanism of granite. According to present understandings, Cu, Pb-Zn, and Mo polymetallic mineralizations are mainly related to magnetite series granites, while W-Sn and some Au mineralizations are closely related to ilmenite series granites; W, Sn, Bi, Nb, Ta, Be, and U are mainly related to "transformation-type" granites, while Cu, Pb, Zn, Au, and Ag are mainly related to "syntexis-type" granites. In addition, different types of metal mineralization are also related to the depth of granite emplacement and characters of country rocks. The ore-forming parental magma at different depths exhibits corresponding metallogenic specialization. For example, porphyry-skarn type deposits and Cu-Au-Fe deposits related to I-type granites are often formed in the shallow crust, while W-Sn deposits related to S-type granites are often formed in the deeper crust. The metallogenic mechanism of porphyry and skarn deposits is similar in terms of magma properties, and the main difference lies in the country rocks. The tectonic setting may also place constraints on the types of mineralizations, but the differences in mineralization are mainly controlled by melting conditions, sources, and processes.

The fluid composition of magma also has an important influence on mineralization. Mantle-derived magmatism may not only provide part of ore materials, but also provide melts and CO_2-bearing alkaline fluids for the formation of rare earth metal deposits related to alkaline granites. In addition, country rocks can also provide fluids and promote mineralization, as in skarn systems. The increase in the content of volatiles, such as F, B, and Li, in magma, can reduce the viscosity and solidus temperature of magma, change the physicochemical properties of silicate melt, and promote the enrichment of rare metals in the residual melts. Therefore, the fluids produced by the continuous differentiation of granite are in favor of the mineralization of rare earth metals such as W, Sn, Nb, Ta, Li, Be, Rb, Cs, and REE, and are possibly associated with magmatic-hydrothermal deposits of Pb, Zn, Au, and Ag.

China is located at the junction area of the three major tectonic metallogenic regimes, i.e., the Circum-Pacific regime, the Paleo-Asia regime, and the Tethys regime. The relevant tectonic blocks have undergone a complicated history of geological evolution, forming favorable metallogenic conditions. For example, South China Block is considered the "big granary" of China's non-ferrous metal minerals. North China Craton is a favorable area for research on craton destruction and massive gold mineralization. East Qinling-Dabie orogenic belt is the most important porphyry molybdenum deposits. A large number of world-class granite-related porphyry copper deposits, porphyry molybdenum deposits and rare metal granites are discovered in the Central Asian metallogenic domain, forming a porphyry molybdenum-copper metallogenic belt in Northeast China and rare metal mineralization in the Altai area of Xinjiang. Tibet Plateau has the most important deposits of porphyry copper and pegmatite lithium, and is expected to become an important source of lithium, beryllium, niobium, tantalum and rare metals.

Since the 21st century, the government has put continuous funding into research on granite petrogenesis and related metallogenic mechanisms. The funding has grown steadily, and the experimental techniques and equipments have been continuously updated and improved, which created a favorable scientific research atmosphere, formed many important research centers/bases on granite and related mineralization, and nurtured a group of leading talents and outstanding experts. At present, we have had many advanced fields in the research of granite petrogenesis, classification, and regional tectonic dynamics, but the researches on mineralogy, petrography, experimental petrology, and thermodynamics are still insufficient, which restricts the innovative development of granite research. In addition, policies are needed to promote the free exploration of basic disciplines, to create a critical academic culture, and to reform the evaluation systems for talents and researchers.

4. Future directions of studies on granite petrogenesis and metallogenesis

We conclude with four fundamental scientific questions and fifteen scientific challenges that need to be further studied in the future. The four questions are: ①what are the relationships between granitoids and continental formation; ②how can granitoids record crustal evolution through Earth's history? ③how can granitoids and felsic volcanic rocks form? ④what are the mechanisms of mineralizations associated with granitoids?

The first question concerns the genesis of granitoids on early Earth and the occurrence and properties of extraterrestrial granitoids. We need to improve detection techniques for the surface of extraterrestrial planets and sample extraterrestrial granitoid so that we can have a better understanding of the forming mechanism of early granitoids on different planets. In the meantime, we need to combine the studies of igneous rocks, zircon minerals, sedimentary rocks, and big data to improve the constraint on the timing of the emergence of felsic continental crust, the depth of early crust, the crustal recycling of deep and shallow level, the initiation of early plate tectonics and cratonization, and the compositional change of early continent. It will be an important research direction in the future to explore the compositional evolution of the early continents and the continental dynamics, to understand the correlation between the crust and surface environment, and the feedback mechanism among different processes.

The second question concerns the formation of granitoids and geological implications during continental evolution. We have to pay attention to the following challenges, including crustal rheological mechanism and tectonic constraints in the process of granite migration and emplacement, the formation mechanism of giant granite belts, and the relationship between composition change and supercontinent evolution. We need to strengthen the detailed studies on the rheology of the deep crust, the control factors of the melting and migration of granitic magmas in the deep crust, and the contributions of mantle-derived magmas. Moreover, the study of the characteristics and formation mechanism of late Archean, Paleoproterozoic, Neoproterozoic, and Phanerozoic granite belts can help us better understand the genetic links between the supercontinent evolution, formation of granitic magma and habitable Earth. Furthermore, the studies of specific cases of orogenic belts, accretional orogens, and intracontinental orogens in China and further comparisons with other orogens worldwide help us better understand the granite formation with the lateral and vertical accretion of continental crust.

The third question concerns the detailed processes during granite formation via comprehensive studies of petrology, experimental petrology, geochronology, geochemistry, and numerical simulation. In the future, we should continue to deeply study the anatexis and granite formation, the heterogeneity and non-equilibrium melting mechanism in the magma sources, the relationship between the geochemical behavior of accessory minerals and the diversity of granite composition in the process of partial melting, and the constraints of CO_2-bearing fluids on melt compositions. The genesis of high-silica granite and critical metal mineralization should be taken as the main direction to finely constrain the complicated magmatic process. It is necessary to strengthen the simulation and monitoring of the dynamic process of granitic magma, to construct the pluton emplacement mechanism and the formation process using the combined data and model, to optimize the model of the magma channel system through the crust, to refine the evolution process of the magma reservoir, and to clarify the genetic connection of granitic volcanic-intrusive magmatism. We should also pay attention to the study of the formation mechanism of intracontinental A-type granite, leucogranite and charnockite.

The fourth question concerns the mineralization associated with granitoids. We should deeply investigate the relationships between mineralization specifications and granitic genetic types, the mineralization-related tectonic settings, source compositions, and magmatic differentiation, and the specific mineralization events in different geological times. It is necessary to carry out detailed studies on mineralogy, petrography, experimental simulation, and thermodynamic calculation, to explore the behavior of ore-forming elements in the processes of granite source, magmatic evolution, and assimilation, to obtain the melt and fluid composition information in the magmatic-hydrothermal ore-forming system by the composition analysis of single fluid/melt inclusions. We should pay attention to the enrichments of critical metals, and the interaction among Earth's multi-spheres to correctly understand the formation of rare metal granite (including granite pegmatite). In the future, the development of trace element mapping and non-traditional stable isotope geochemistry will provide more observation windows for tracing the formation and evolution of granite and mineralization.

To conclude, promoting the development of the research on granite genesis and metallogenesis, is of great significance for the development of Earth sciences. We address four aspects for the Chinese geoscience community: ①deepen the connotation of research on granite genesis and metallogenesis; ②explore its extension; ③strengthen the arrangement of scientific research; ④enhance the relationship between granite and environmental changes/other disciplines. We need to go beyond the conventional knowledge of geology and rise to the subject concept of Earth system science, which emphasizes interdisciplinary and knowledge integration with other scientific fields such as environmental science and atmospheric science. We also need to find new growth points in the field, and actively explore a problem-oriented and non-disciplinary new model. The above steps will facilitate research on the genesis and metallogenic mechanism of granites upgrading to an important part of Earth system science with "mineral-resource-environment" as the core. It is necessary to pay attention to the inheritance and development of disciplines, actively train young scientists with international vision, follow the rules of scientific research, and reform of the talent promoting system. It is necessary to organize and carry out international comparative studies on granites and mineralization based on international cooperation projects, grand science projects, and international geological comparison projects, as well as international cooperation between institutes and individuals.

目 录

总序 ··· i
前言 ··· v
摘要 ··· vii
Abstract ·· xvii

第一章 科学意义与战略价值 ··· 1

第一节 在地球科学研究中的核心地位 ························ 1
一、地球科学的核心问题是大陆形成和演化 ············· 1
二、大陆形成和演化的核心问题是花岗岩 ················ 2
三、花岗岩形成的核心问题是成矿元素的循环与再分配 ··· 4
四、花岗岩成因与成矿机制研究需多学科融合 ········· 8

第二节 对其他学科和相关技术的推动作用 ·················· 10
一、推动了地球化学学科的发展 ···························· 10
二、推动了构造地质学与大陆动力学的发展 ············ 13
三、推动了地球物理学科的发展 ···························· 18
四、促进了高温高压实验岩石学学科的发展 ··········· 20
五、为行星科学等新兴学科的发展奠定了坚实基础 ··· 22

第三节 花岗岩成因与成矿机制是国家的关键传统学科领域 ··· 23
一、在国家总体学科发展布局中的历史定位 ············ 23
二、在国家总体学科发展布局中的当代定位 ············ 25
三、在国家总体学科发展布局中的未来定位和科技
支撑作用 ·· 28

第四节 对国民经济与国防安全的战略布局 ……………… 29
一、花岗岩及相关的矿床保障了国民经济的发展 …… 29
二、花岗岩相关矿产资源是国防安全和国家战略
防御的关键 ……………………………………… 32

第二章 发展规律与研究特点 ……………………………… 36

第一节 花岗岩成因与成矿机制的科学定义和内涵 ………… 36
一、花岗岩成因与成矿机制的学科定义 ……………… 36
二、花岗岩成因与成矿机制的科学内涵 ……………… 37

第二节 花岗岩成因与成矿机制的研究历史 ………………… 39
一、国际花岗岩研究历史、特点和趋势 ……………… 39
二、国内花岗岩研究历史 ……………………………… 43
三、国内外花岗岩成矿机制研究的历史 ……………… 47

第三节 学科发展规律和特点 ………………………………… 51
一、学科发展动力与人才培养特点 …………………… 51
二、学科交叉状况与成果转移态势 …………………… 53
三、研究组织形式与资助管理模式 …………………… 55

第三章 发展现状与发展态势 ……………………………… 57

第一节 本学科主要研究领域的发展状况与趋势 …………… 57
一、花岗岩起源与早期大陆形成 ……………………… 57
二、花岗岩与大陆演化 ………………………………… 67
三、花岗岩的形成和演化过程 ………………………… 91
四、花岗岩成矿作用 …………………………………… 107

第二节 国内花岗岩与成矿机制研究的优势与薄弱环节 …… 116
一、国内的优势领域及分析 …………………………… 116
二、薄弱环节的定性分析 ……………………………… 124

第三节 学科建设与人才队伍情况 …………………………… 126
一、总体经费投入与平台建设情况 …………………… 126
二、人才队伍情况 ……………………………………… 127

第四节 重要举措 ……………………………………………… 128

第四章　发展思路与发展方向 ········· **131**

第一节　未来学科发展的关键科学问题与挑战 ······ 131
一、关键科学问题之一：花岗岩形成与大陆起源 ···· 131
二、关键科学问题之二：花岗岩的形成与大陆构造 ··· 147
三、关键科学问题之三：花岗岩的形成机制 ······ 177
四、关键科学问题之四：花岗岩的成矿机制 ······ 207

第二节　学科发展的总体思路和发展目标 ········ 231
一、花岗岩成因与成矿机制发展的总体思路 ······ 231
二、学科新生长点 ····················· 233
三、学科发展目标 ····················· 234

第三节　未来学科发展的重要研究方向 ·········· 236

第五章　资助机制与政策建议 ············· **240**

第一节　加强花岗岩与成矿机制的科学布局，明确战略定位 ··· 240

第二节　推动学科交叉，加速以"行星-矿产-环境"为核心的地球系统学科建设 ············· 242
一、以队伍建设引导学科交叉 ············· 242
二、以人才培养保障学科交叉 ············· 243
三、以环境建设推动学科交叉 ············· 244

第三节　积极引导，为国家矿产资源战略做好人力保障 ···· 244
一、引导紧密围绕国家和社会的重大战略需求 ····· 244
二、引导加强人才队伍的培养力度 ··········· 245
三、引导推动人才评价体系的改革 ··········· 245
四、引导推进科技成果转化 ·············· 246

第四节　鼓励开展多方位国际合作与基础设施建设，促进学科引领 ······················· 246

参考文献 ·························· **249**

关键词索引 ························ **327**

第一章 科学意义与战略价值

第一节 在地球科学研究中的核心地位

花岗岩是地球区别于其他星球的独特岩石类型，是大陆地壳的标志性岩石，与金属成矿关系密切。因此，花岗岩成岩成矿机制是固体地球科学研究中最基础、最重要的内容之一。从大陆形成之初或更早，就有花岗岩的形成，全球花岗岩从太古宙到新生代都有出露，形成于不同的大地构造背景，记录了复杂的陆壳增生和演化历史。同时，花岗岩的形成也与大陆风化过程、板块构造机制、环境变化等相关科学问题密切相关。

当前，国际关系的博弈愈发凸显矿床资源和可持续发展的重要性，而与花岗岩有关的斑岩型矿床提供了世界上最重要的铜、钼资源，与高演化花岗岩有关的"关键金属"（critical metals），如稀有金属、稀土金属和"能源金属"（如锂）提供了现代工业化和国防现代化的保障。因此，研究花岗岩成因与成矿机制，不仅有助于了解地球大陆演化历史，还对保障国民经济发展和国家发展战略具有重要意义。

一、地球科学的核心问题是大陆形成和演化

地球科学是认识行星地球形成和演化的自然科学，以各圈层相互作用的过程、变化、机理及它们的相互关系等为研究内容。以大陆为主的岩石圈是生命存在和延续的重要场所，也是地球内外圈层物质交换的重要纽带。20世

纪 60 年代兴起的板块构造理论是地球科学的一次革命，它很好地解释了洋-洋俯冲带和洋-陆过渡带，但在解释大陆内部构造动力学问题时遇到了困难。因此，如何"超越板块构造"（beyond plate tectonics），通过大陆来研究地球系统演化和动力学机制等基本问题成了现代地球科学研究的主要任务。地球上的大陆可能形成于板块构造作用之前（或称"前板块构造"时期），并在44 亿年前就已产生水岩相互作用，35 亿年前就已孕育生命，31 亿年前就有锡成矿作用，此后经历了多次超级大陆（全球主要大陆聚合在一起而形成）的拼合和裂解过程，逐渐形成全球性的现代板块构造，这些展现出地球与其他行星不同的演化历史。

长期以来，大陆的形成和演化受到国际地球科学界的普遍重视。在欧美发达国家及中国的地球科学领域战略规划中，大陆的形成和演化或以此为核心的系统科学研究都被作为核心前沿而提出。近几年来，美国国家科学基金会又将"大陆动力学领域"（continental geodynamics）改为"集成地球系统"（integrated Earth systems），强调不同系统之间的联系，以阐明大陆系统与整个地球系统的相互作用过程。总的来看，大陆系统的形成和演变历史及动力学机制是地球科学亘古不变的核心研究内容，在未来的科学研究发展中面临着许多机遇和挑战。

二、大陆形成和演化的核心问题是花岗岩

花岗岩是大陆最独特的岩石组成。大陆形成的问题也即花岗质陆壳形成的问题，花岗岩又是大陆分异演化的最终岩浆记录。因此，从物质组成的角度来看，大陆的核心问题就是对花岗岩的研究。

不同于大洋中的洋壳岩石寿命仅 2 亿～3 亿年，陆壳岩石的寿命可长达 40 亿年，所留下的陆壳物质记录甚至接近已知地球的年龄。最古老的岩石记录已被确定为花岗质岩石，最古老的大陆物质也很可能来自花岗质岩石（图 1-1）。在太古宙，花岗质岩石占到太古宙地壳面积的 2/3 以上（Windley，1995），以长英质（花岗质）片麻岩和弱变形的花岗质岩石为主，通常具有英云闪长岩-奥长花岗岩-花岗闪长岩（tonalite-trondhjemite-granodiorite，TTG）的岩石地球化学特征，这些 TTG 花岗岩（片麻岩）地体的成因被认为是大陆地壳生长的根本问题（翟明国，2017）。到了元古宙，花岗岩主要作

为大陆地壳演化和改造的岩浆作用产物，在造山带和大陆内部都有广泛的分布，是体量最大的岩浆岩类型，且与许多金属矿产有关。尤其是，显生宙以来，伴随着典型的板块构造运动，大陆演化主要表现为大陆的横向增生和垂向分异（包括大陆的减薄、加厚及克拉通活化或破坏），而该时期新陆壳的形成标志是伴随着造山作用而产生大量岩浆活动和花岗岩（图1-2）。

(a) 来自加拿大阿卡斯塔（Acast）的 4.02Ga的片麻岩　　(b) 来自澳大利亚杰克山（Jack Hills）的 4.4 Ga的锆石

图1-1　地球上最老的岩石和最老的锆石

资料来源：Condie，2019，修改

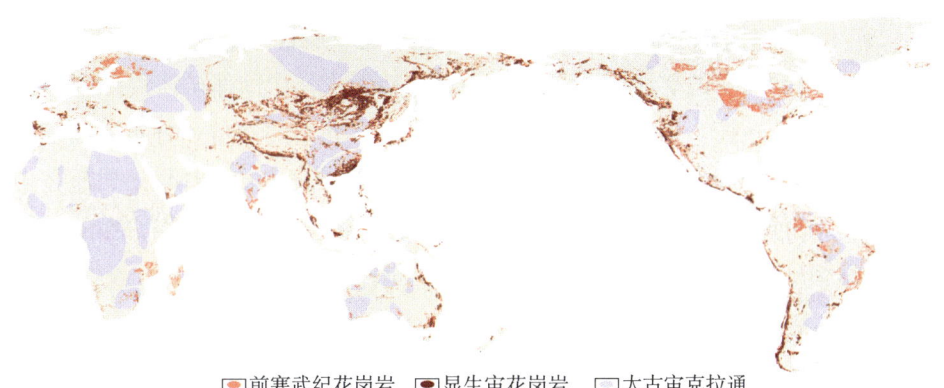

■前寒武纪花岗岩　■显生宙花岗岩　□太古宙克拉通

图1-2　全球花岗岩分布图

资料来源：Jagoutz and Klein，2018；Kranendonk et al.，2018；修改

大规模花岗质岩浆活动还造就了巨量的矿产资源。这些成矿作用还受到重大地质事件，特别是前寒武纪的陆壳巨量生长和大氧化事件、古元古代构造体制转折与早期板块构造、中－新元古代的长期伸展与多期裂谷事件、新元古代超大陆裂解与雪球事件、现代板块构造、中－新生代陆内作用等全球

事件的制约与控制（Zhai and Santosh，2013）。陆壳的活化再造及造山带花岗岩和大陆生长在诸多矿产资源的形成过程中起到至关重要的作用（毛景文等，2004；侯增谦等，2012）。

因此，花岗岩成因是研究大陆形成和演化的核心问题，与其相关的矿床成矿机制则是关系国计民生的重要基础应用研究内容。研究花岗岩的形成对于认知地球具有无法替代的关键作用。2015年，由孙枢院士和翟明国院士提议，在北京召开了主题为"花岗岩：大陆形成与改造的记录"的"香山科学会议"，倡导花岗岩研究和大陆的形成演化密切联系，进而推动对大陆演化和大陆动力学研究的进程和突破（翟明国，2017）。然而，目前人们对大陆演化和改造的过程、机理与动力学机制等方面的了解还十分有限。花岗岩作为大陆地壳演化的重要产物，对其研究需要跳出岩石学和岩石地球化学的范畴，这样才能成为理解大陆构造的钥匙。近些年来，中国学者已逐渐把花岗岩研究从岩石学范畴提升到陆壳结构和演化范畴，在大陆形成和演化研究中已取得长足的进步。

三、花岗岩形成的核心问题是成矿元素的循环与再分配

矿床一直是人类关注的焦点之一。人类迄今所探明、了解和研究的矿床，特别是已开发的矿床，绝大多数都在陆地上，其中固体矿产资源中90%以上来自大陆地壳。但是，陆壳中这些成矿金属元素的储量和分布一般较稀少（丰度多为100ppm[①]以下）（Fouquet and Martel-Jantin，2014），如地壳中含有钨（1ppm）、锂（16ppm）、铍（1.9ppm）、钽（0.7ppm）、铌（20ppm）、锡（2ppm）。而花岗质岩浆作用过程可以使钨（W）、锡（Sn）、金（Au）、铜（Cu）、钼（Mo）、铌（Nb）、钽（Ta）、稀土等重要资源富集成矿。因此，成矿元素的循环与再分配成了花岗岩形成的核心问题（图1-3）。

我国稀有金属矿产资源分布较丰富，与花岗岩有关的钨、锡、钼、铋（Bi）等稀有金属矿产都是我国的优势矿产资源（图1-4）。我国的钨储量居世界首位，全球钨的金属总储量是340万t，中国钨的金属储量为190万t，占56%（USGS，2021），主要集中在江西、湖南、河南三省（中华人民共和

---

① 1ppm=1mg/kg。

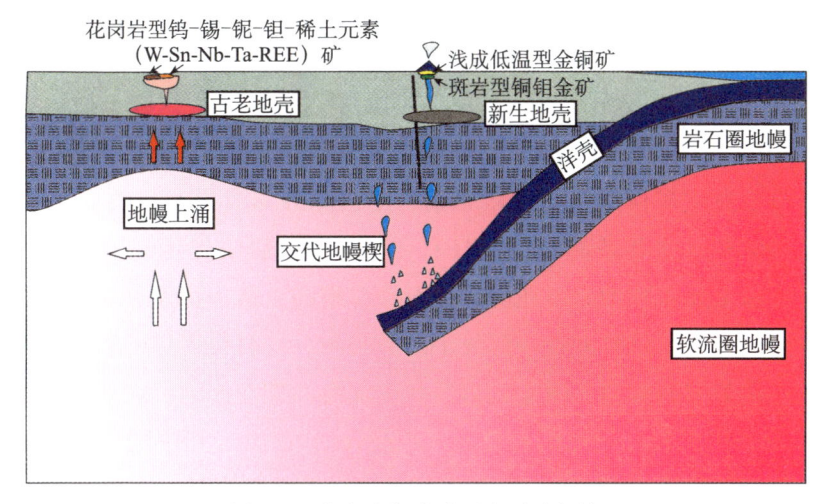

图 1-3　花岗岩与成矿元素活动规律

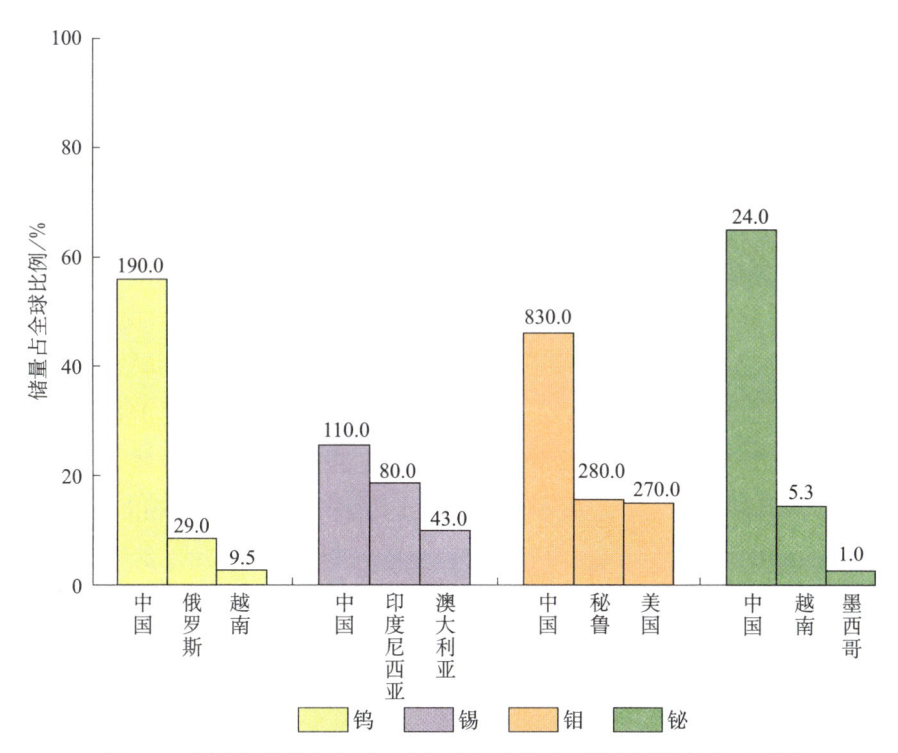

图 1-4　我国优势稀有金属矿产与世界其他主要资源国的储量对比图

为了与世界其他国家对比，图中数据统一来自美国地质调查局（United States Geological Survey, USGS）（2017）和 USGS（2021）的储量报告。柱状图上数字为金属储量数据，单位为万 t

国自然资源部，2021）。全球锡金属的总储量为430万t，中国锡金属的储量为110万t，占26%，居世界第一；而钼在世界上的金属总储量为1800万t，中国排在首位，为830万t，占46%（USGS，2021）。中国铋金属的储量为24万t，约占世界总储量的65%，同样也排在全球首位（USGS，2017）。

稀有金属成矿作用是花岗质岩浆高度结晶分异演化的产物（Linnen and Cuney，2005）。这些花岗岩往往具有如下特征：岩浆作用晚阶段形成钠长花岗岩、稀土元素具四分组效应、锆石铪含量高、熔体挥发分高等。高含量的挥发分，降低了结晶温度，延长了结晶时间，同时也促进了岩浆的高度分异演化。最典型的稀有金属花岗岩包括欧洲海西期花岗岩，如法国的博瓦尔（Beauvoir）花岗岩，捷克的森诺克（Cínovec）花岗岩和中国华南燕山期花岗岩（如江西宜春花岗岩）。近期研究发现，喜马拉雅淡色花岗岩带具有良好的稀有金属成矿潜力，有望成为继华南、新疆阿尔泰之后中国又一个重要的稀有金属矿产资源宝库（Wang et al.，2017）。

斑岩型矿是花岗岩类另外一类重要的金属成矿类型。例如，斑岩型钼矿床产出了世界95%以上的钼金属（Sinclair，2007）。类型包括高氟（F）的Climax型（花岗岩型）和低F的Endako型（石英二长岩或花岗闪长岩型）。前者的经济意义更重要，其成矿岩体花岗斑岩经历了强烈的结晶分异作用，矿体呈矿壳形式分布在高演化花岗岩顶部，成矿潜力巨大，如美国科罗拉多高原东侧的钼储量超过492万t（White et al.，1981），我国东秦岭-大别造山带钼储量超过843万t（Mao et al.，2011）。斑岩型铜矿通常与花岗岩类斑岩体（如花岗闪长斑岩、石英二长斑岩、二长花岗斑岩）有关，呈细脉浸染状，并通常伴生钼、金等有用组分。斑岩铜矿尽管品位低（通常低于0.5%Cu），但是储量大、埋藏浅、易开采（芮宗瑶等，1984；Sillitoe，2010；Sinclair，2007），为世界提供了近75%的铜、50%的钼、20%的金、多数的铼（Re）及少量的其他金属（Sillitoe，2010）。

在科技和经济日益发展的今天，与花岗岩有关的金属矿产的地位愈发重要。其中，稀有金属及其合金是核能、航空航天工业、半导体、特种钢和耐热合金等高科技产品和军事武器的关键原材料，在航空航天国防军工、纺织工业、电子工业、汽车工业、能源密集型工业、新能源等领域有广泛应用（表1-1、图1-5），被誉为"工业维生素"。钼金属及其合金还被广泛应用于冶金、电子、化工、军事及航空航天等领域，素有"能源金属""战争金属"之称，具有重要的战略储备价值（黄凡等，2014）。中国作为全球最大的发展中国家，铜的需求量接近全球的一半，然而国内矿山铜的供应能力很有限，难以满足自身未来发展的需求，因此对花岗岩有关的铜矿勘查开发提出了更高的要求。

表1-1 当前主要工业门类所需关键金属资源类型及应用分类

元素	航空航天国防军工	纺织工业	电子工业	汽车工业	能源密集型工业	新能源	农业	医疗	信息工业	建筑
锑（Sb）	√	√	√							√
钡（Ba）			√	√				√		√
铍（Be）	√		√			√		√		
铋（Bi）	√		√		√			√	√	√
钴（Co）	√	√	√			√				
镓（Ga）	√		√			√			√	√
锗（Ge）	√		√						√	
铪（Hf）	√		√					√		
铟（In）	√		√			√			√	
锂（Li）	√		√			√		√		
铌（Nb）	√		√	√				√		√
钪（Sc）	√		√	√		√				
锶（Sr）	√		√	√				√		√
钽（Ta）	√		√	√				√		
钛（Ti）	√		√	√				√		√
钨（W）	√		√	√						
钒（V）	√			√		√				√
铂族元素（PGEs）	√		√	√						
重稀土元素（HREEs）	√		√	√	√				√	
轻稀土元素（LREEs）	√		√	√	√	√		√	√	

注：加粗元素代表主要来自花岗岩相关矿床的关键金属元素。
资料来源：European Commission，2020。

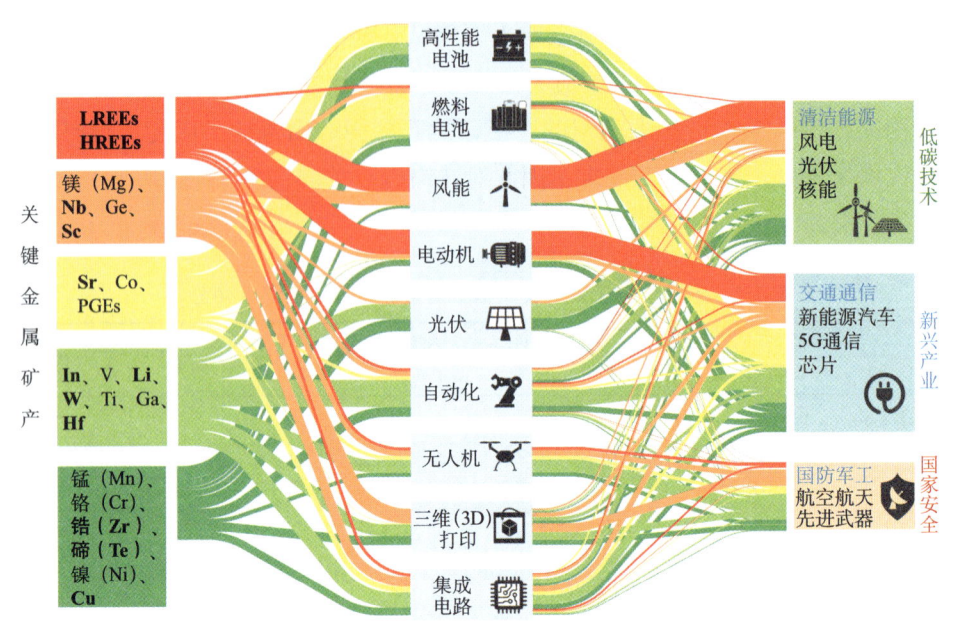

图 1-5　新兴科技领域所需主要关键金属矿产及应用分类
加粗元素代表主要来自花岗岩相关矿床的关键金属元素
资料来源：European Commission et al.，2020

四、花岗岩成因与成矿机制研究需多学科融合

科学发展离不开多学科融合，重大的科学突破往往都是多学科交叉融合、相互渗透的结果。花岗岩作为大陆演化和改造的产物（翟明国，2017），记录了大陆地壳特殊的形成机制和演化过程，是地球系统相互作用的结果。研究花岗岩成因与成矿机制，对认识其他行星物质组成的演化也具有重要的借鉴意义。因此，花岗岩成因与成矿机制研究毫无疑问需要多学科的融合。事实上，花岗岩成因与成矿机制研究不仅可以引领岩石学和矿床学学科的发展，还与地球化学、矿物学、构造地质学、地球物理学、实验岩石学及勘查地质等多个学科方向相关，甚至还涉及行星地质学、工程地质学、生物学、数学、气候学、生态学及仪器科学与技术等一系列学科。

对花岗岩及有关矿床的成分研究需要多学科的融合。很多花岗岩和矿床隐藏在大陆深部，在地表或近地表无法观察和取样分析。因此，借助电、磁、重力等地球物理手段可以有效地开展花岗岩和矿床深部空间分布规律的研究。花岗岩质地坚硬致密，成分和结构比较均一，孔隙率和渗透率低，具有与其他岩石不同的密度。矿床具有独特的矿物组成，与花岗岩具有密切的空间关系，其密度、电导率和磁化率也与其他类型岩石具有明显的物性差异。根据这些重要的岩石物性差异，将多种地球物理方法相结合的联合反演，已成为揭示深部花岗岩体和隐伏矿床三维空间分布的重要手段。大陆地壳及岩石圈结构、组成对花岗岩和矿床的形成具有重要影响，利用地震成像分析技术可以认识地球深部的结构，探讨大陆岩石圈的物质组成、流体的作用和动力学过程。

对花岗岩及其矿床的动力学机制研究需要多学科的融合，其形成通常与板块构造作用和大陆内部动力学过程密不可分，因此对其形成与演化的研究也是探讨板块构造作用的重要途径。其中，花岗岩物质成分的演化可以反映大陆地壳组成的演化，进而探讨板块构造作用的启动。在太古宙末和古元古代早期，钙碱质花岗岩数量大大增加，指示地壳从早期的钠质变为钾质（成熟化），也暗示地壳演化的构造机制发生变化。花岗岩从岩浆形成、岩浆上升和侵位及岩体抬升剥蚀，经历了复杂的地质环境（温度场、压力条件、应变速率及其活动流体特征等），记录了大陆地壳物理化学性质的变化，反映了大陆岩石圈属性及深部结构（图1-6）。有关花岗岩的形成机制研究，也有力地推动了构造变形理论，特别是大陆流变学的发展。板块俯冲和碰撞对地壳、地幔物质循环及大陆地壳成分演变具有重要的影响。洋－陆增生俯冲形成全球最大规模的"元素加工厂"，产生了"弧－沟－盆"体系和大量的岩浆岩，极大地改变了地壳和花岗岩源区的物质成分，从而影响与花岗岩相关的成矿作用。

花岗岩和矿床物质成分、矿物的精细结构分析是揭示花岗岩成因与成矿机制的重要手段，而准确分析物质成分和晶体结构需要高精度、高灵敏度和高空间分辨率的仪器设备和分析技术。因此，先进的地球化学分析技术和研究方法是深化花岗岩成因与成矿机制研究的重要保障。花岗岩源区物质特征研究及其形成过程的精细刻画至今仍是具有挑战性的难题，它不仅制约了花岗岩成因研究进展，而且限制了与花岗岩有关矿床成矿作用的研究。因此，如何利用和进一步开发元素地球化学、同位素年代学、非传统同位素分析方法与技术、精细矿物学、高温高压实验、数值模拟等手段开展花岗岩的成岩成矿作用研究，是亟待解决的瓶颈。

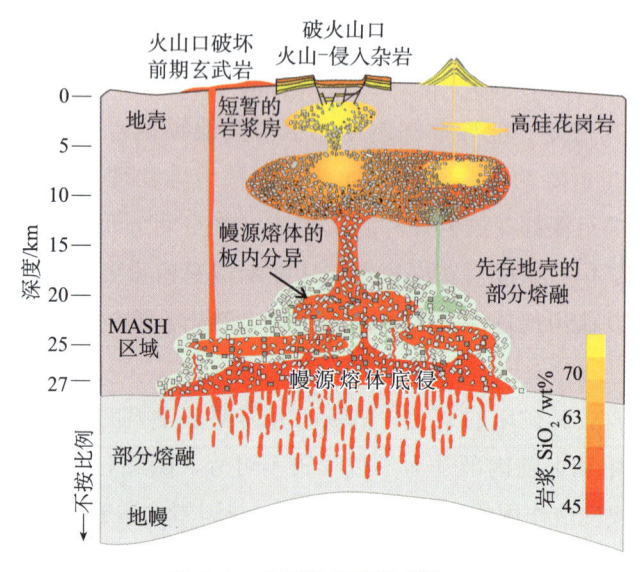

图 1-6 花岗岩成因模式图

资料来源：修改自 Xu et al., 2021

第二节　对其他学科和相关技术的推动作用

前已述及，花岗岩成因与成矿机制研究是地球系统科学集成研究的主题，是地球动力学研究的核心内容之一。对该领域的研究不仅推动了地球化学、构造地质学、地球物理等学科的应用和发展，而且促进了分析测试技术和观测平台的进步。二次离子探针质谱仪（sensitive high resolution ion micro probe，SHRIMP）就是应早期地壳演化的研究应运而生的，各种物理和化学分析技术也随着花岗岩成因与成矿机制研究的需求而不断进步，这些技术又反哺其他学科，对它们的发展起到巨大的推动作用。

一、推动了地球化学学科的发展

花岗岩成因是科学研究和分析测试技术进步相互促进最显著的地球科学领域之一。花岗岩研究的基本手段包括对矿物岩石主量和微量元素含量、稳定与放射性同位素比值、年代学、岩石结构等多维度信息的获取与解释，因此，地球化学领域的理论和分析测试技术是研究花岗岩相关基础科学问题的重要手段。在过去几十年里，这些分析测试技术均有显著的发展，花岗岩研究也显著受地球化学的进步推动。与此同时，花岗岩研究中的一些关键科学问题也催生了相应的技术需求，促使科研人员和分析仪器厂家不断革新分析技术。而地球化学分析技术的进步，不仅推动了花岗岩研究的进步，更成为整个地球科学的重要学科增长点，其中一些分析技术［如激光剥蚀－等离子体质谱仪（laser ablation-inductively coupled plasma-mass spectrometry，LA-ICP-MS）元素面扫描］甚至成为生命科学和医学的新兴研究工具。

（一）元素分析

岩石主量元素含量是进行岩石分类的基本依据之一。早期（1950年以前）对岩石主量元素的分析主要为湿化学法，分析元素的数量有限、精度差、效率低，而且准确度难以控制。之后，各种光谱分析方法被应用于岩石主量元素分析。其中，全岩碱熔法+X射线荧光（X-ray fluorescence，XRF）光谱分析方法，分析岩石主量元素在元素覆盖范围、成本、数据质量和分析速度上优势明显，并成为花岗岩主量元素的最常用分析方法。当前，这种方法的主要改进方向是简化和自动化样品前处理流程，实现更高通量的分析。

对矿物主量元素的主要分析方法为电子探针，这个方法已经发展了超过半个世纪。2000年以后，多毛细管聚焦X射线技术与能量色散X射线探测器的商业化，使微区XRF分析方法成为对矿物（大于10μm）主量元素进行半定量分析的一个低成本方法选择。

微量元素含量与分配模式是理解岩浆过程的重要工具。当前对全岩微量元素的主流分析方法是将样品溶解，然后用电感耦合等离子体质谱仪（ICP-MS）进行测量。ICP-MS技术经过30年的发展，已经成为对岩石微量元素进行快速准确测量的有力工具，其对元素周期表中的大多数元素的检出限可低至ppb（10^{-9}）级甚至更低。而对很多含量在ppt（10^{-12}）级别的元素（如铂族元素），则可利用同位素稀释法结合ICP-MS进行测量。

花岗岩研究催生出对矿物微量元素微区分析的需求，近20年来在该方向上的进展也十分显著。微区质谱分析技术［包括二次离子质谱（secondary Ion mass spectroscopy，SIMS）和LA-ICP-MS技术］得到广泛应用。LA-ICP-

MS 技术因在检测能力、分析效率、成本等多方面具有综合优势，成为一种主要的微区微量元素分析手段。纳米二次离子探针技术（Nano-SIMS）则在微米－亚微米级空间分辨率的微量元素分析上具有独特优势。

（二）同位素分析

同位素为花岗岩研究提供了制约岩浆源区和岩浆过程的示踪手段。放射性成因同位素和稳定同位素均被广泛应用于花岗岩研究。全岩锶－钕－铅（Sr-Nd-Pb）同位素是花岗岩研究的经典手段，热电离质谱（thermal ionization mass spectrometry，TIMS）技术经过 50 多年的发展，至今依然是高精度 Sr-Nd 同位素分析的最优选择，其同位素比值分析精度可达 ppm 的级别。Hf 同位素的高精度测量则需要使用多接收器电感耦合等离子体质谱仪（multi receiver-inductively coupled plasma-mass spectrometry，MC-ICP-MS）。稳定同位素也是研究岩石成因的重要工具，如全岩氧（O）同位素分析一般通过前处理结合气体同位素比值质谱仪（isotope ratio mass spectrometer，IRMS）进行测量。2000 年以后，由于 MC-ICP-MS 技术的迅速发展，金属稳定同位素在花岗岩研究中得到迅速应用。

随着花岗岩研究的进一步发展，产生了对矿物微区同位素组成的分析需求。SIMS 技术被广泛应用于矿物微区稳定同位素［如 O、硅（Si）、Li 同位素］及放射成因同位素［如铅（Pb）同位素］的分析，空间分辨率达到微米级别，O 同位素分析精度可以与 IRMS 相媲美。另一种微区同位素分析方法是激光剥蚀（laser ablation，LA）多接收器电感耦合等离子体质谱（LA-MC-ICP-MS）技术。这种方法在过去 15 年里已经被应用于对多种放射性同位素（如 Sr-Nd-Pb-Hf）和稳定同位素（如 B-Fe-Si）的分析。LA-MC-ICP-MS 技术在分析效率、分析精度、空间分辨率等方面表现均衡，当前仍处于迅速发展过程中，在激光系统（深紫外波长、飞秒激光）、进样系统（高性能剥蚀池、分气流分析）、信号处理和数据校正等方面不断得到改进，同位素体系和应用领域也不断拓宽。

同位素年代学是花岗岩研究中极重要的部分。早期的铷－锶（Rb-Sr）定年法、锆石铀－铅（U-Pb）定年法和富钾矿物钾－氩（K-Ar）、氩－氩（Ar-Ar）定年方法开发后，均迅速应用于花岗岩年龄的确定。在过去几十年，同位素年代学技术不断改良，在锆石 U-Pb 定年上尤为明显。一方面，对高精度锆石定年的不懈追求使超低化学本底成为必须，从而推动了洁净实验室技术（包括净化空气、特氟龙器皿、超纯水和亚沸酸蒸馏）的不断提升；另一方面，高精度热电离质谱技术持续优化，使得结合化学侵蚀的单颗粒锆石同位素稀释法定年能做到极高的精度，U-Pb 年龄的相对误差可到达 0.01% 的级别，并成功应用于岩浆侵位和结晶过程的精细研究。花岗岩研究中对锆石内部不均一性的认识催生了微区定年方法的开发与应用，SIMS 方法和 LA-ICP-MS 技术均被广泛应用于锆石微区 U-Pb 定年。前者具有更高的精度和空间分辨率及较小的样品损耗，后者则在分析效率和成本上具有优势。当前微区 U-Pb 同位素年龄分析仍然处于迅速发展中，主要是向其他副矿物（如磷灰石、独居石、锡石、铌钽矿）拓展。

（三）显微结构分析

除了元素与同位素，岩石和矿物的显微结构也是花岗岩研究的重要组成部分。过去的几十年里，仪器分析技术在这个方向上的进展显著。电子探针和扫描电子显微镜被广泛应用于岩石薄片的观察，阴极发光（cathode luminescence，CL）技术在识别矿物（如锆石）显微结构上效果显著。除此之外，矿物结晶轴向分布可以用电子背散射衍射（electron backscattered diffraction，EBSD）进行分析，矿物分布可以利用电子探针/扫描电子显微镜的 X 射线面扫描技术完成，矿物的元素分布也可以用这两种方法及同步辐射技术来实现。岩石样品的矿物三维分布情况可以用 X 射线计算机断层扫描术（computer tomography，CT）完成。而矿物纳米尺度的三维元素变化可以用原子探针层析技术（atom probe tomography，APT）进行分析。

总之，在过去几十年里，花岗岩研究促进了对元素和同位素的地球化学分析，加强了地球化学和固体地球科学之间的联系。地球化学分析技术目前在向更好（精度、检测限）、更小（空间分辨率更高）、更高效（分析时间减少、价格降低）的整体趋势发展。

二、推动了构造地质学与大陆动力学的发展

花岗岩在大陆边缘造山带和大陆板块内部普遍发育，对于理解陆内构造

及其大陆动力学、探讨板块构造"登陆"核心问题、实践和发展板块构造理论具有重要的研究价值。从岩浆的形成、迁移聚集、上升侵位，到岩体的抬升剥露过程，花岗岩的形成经历了复杂的地质环境（包括温度、压力、应变速率及活动流体等条件），记录了大陆地壳的物理化学性质状态及其变化，反映了大陆岩石圈属性及其深部结构。因此，有关花岗岩的研究也有力推动了构造变形理论特别是大陆流变学的发展。

（一）大陆地壳生长与板块构造理论研究

近几十年来，花岗岩的研究已经从单纯的岩浆岩岩石学问题扩展到大陆地壳组成和结构的研究范畴。花岗岩所代表的陆壳成分、多期性生长规律、成熟和稳定化过程，成为地球圈层分异、地壳和岩石圈热状态、构造体制转换特别是板块构造体制启动的重要物质标志。是否大量发育花岗岩，也是地球不同于太阳系其他行星而具有宜居性的重要表征。大量学者通过精确的年代学方法研究古老克拉通板块中最早的花岗岩时代及其形成机制，探讨地球早期板块构造模型和现代板块构造体制的开启（Cawood et al.，2006；Condie et al.，2006；Harrison et al.，2005）。因而，花岗岩是研究地球早期演化历史、前板块构造体制向板块构造体制转换及现代板块构造体制何时、如何启动等关键科学问题的重要介质，相关研究是当前和未来一段时间地学领域的前沿和热点问题。

通过花岗岩全岩钕（Nd）同位素和锆石 Hf-O 同位素（图 1-7）物源示踪研究，探索地壳生长及深部物质组成与结构，是近年来比较成熟且广泛应用的研究方向和研究手段（王涛和侯增谦，2018）。相关的研究成果在新生大陆地壳的生长、花岗岩分布与大陆地壳深部结构、花岗岩形成与大陆地壳物质再造过程、花岗岩组合与造山带类型和动力学机制，以及花岗岩分布与区域大地构造单元划分等领域，发挥了越来越重要的作用（王涛等，2017）。花岗岩物质示踪的研究，促进了人们对大陆地壳形成与演化的认识。例如，多数学者认为大陆地壳在古元古代之前已基本达到与现今地壳相当的体积（Dhuime et al.，2012），但也有研究发现，显生宙以来仍存在较显著的新生大陆地壳生长（Wang et al.，2009；Jahn，2004；Jahn et al.，2000）。花岗岩的形成与地壳生长和再造仍会是今后一段时间内的研究热点。

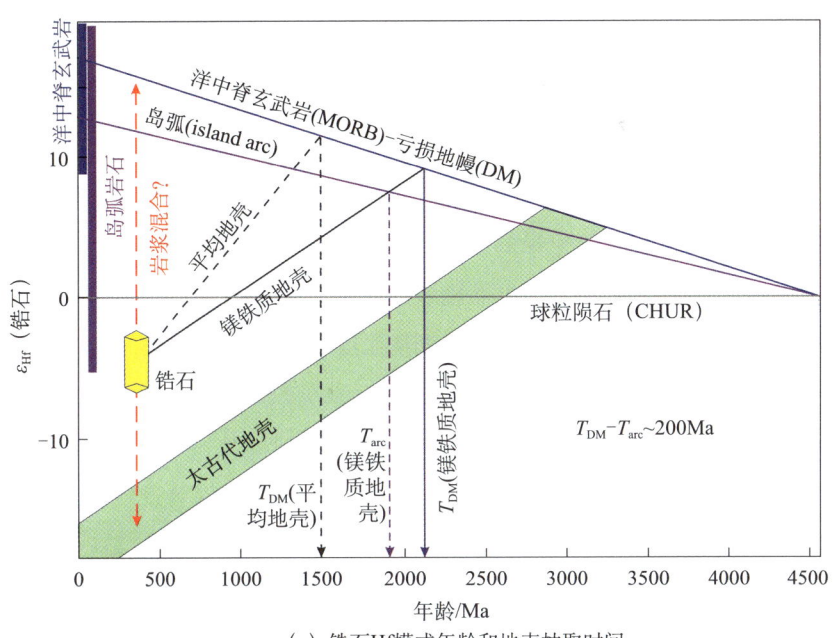

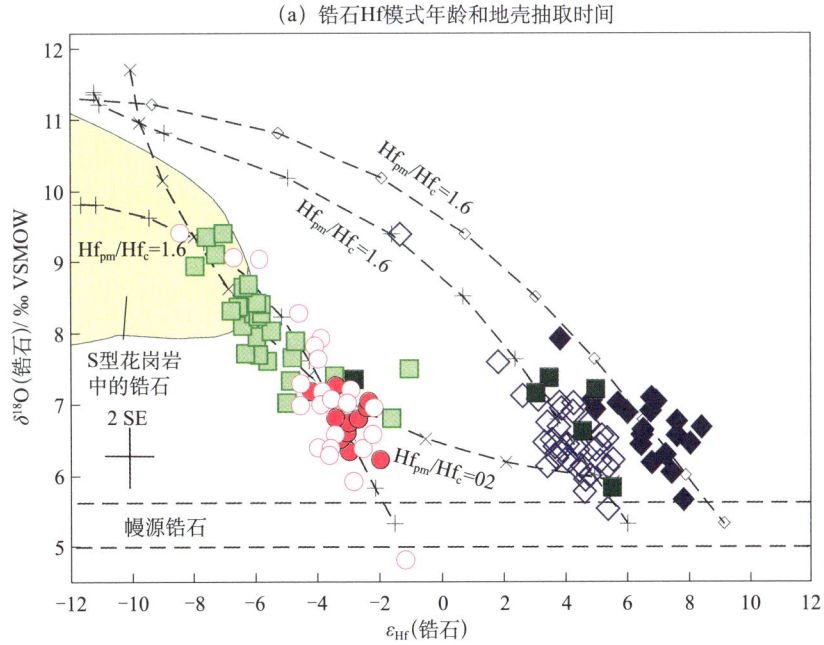

(a) 锆石Hf模式年龄和地壳抽取时间

(b) 澳大利亚东部拉克兰褶皱带三个I型花岗岩套的锆石Hf-O同位素图解

图 1-7　锆石 Hf-O 同位素图解

资料来源：Kemp et al.，2007；Kemp and Hawkesworth，2014；修改

（二）巨型花岗岩带与大陆地球动力学

在各大陆块体的不同演化阶段，普遍发育规模不等的巨量花岗岩类，其时空分布特征和演变规律是揭示地壳演化和大陆动力学背景的重要依据（图1-8）。运用不同类型花岗岩的矿物和化学组成进行构造环境的判别，无疑是近半个世纪以来岩石地球化学与大地构造学相结合，在造山带和板块构造研究中影响最大、应用最广泛、成果最多的研究方向。自20世纪80年代以来，人们已广泛接受花岗岩可产生于不同构造背景的观点（如Barbarin，1999；Pearce et al.，1984；Pitcher，1983），我国很多学者也对此进行了很好的研究和论述，并广泛应用于花岗岩分类与大地构造研究中（邓晋福等，2015a，

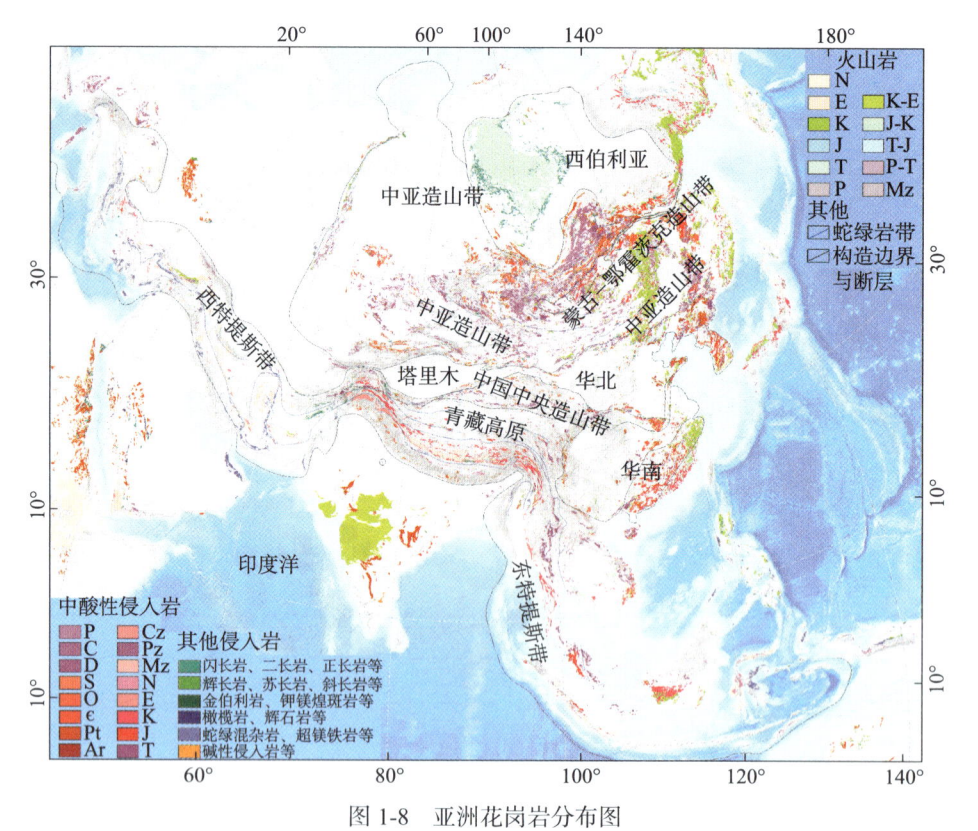

图1-8 亚洲花岗岩分布图

P-二叠纪（Permian） C-石炭纪（Carboniferous） D-泥盆纪（Denonian） S-志留纪（Silurian）
O-奥陶纪（Ordovician） ∈-寒武纪（Cambrian） Pt-元古宙（Proterozoic） Ar-太古宙（Archean）
Cz-新生代（Cenozoic） Pz-古生代（Paleozoic） Mz-中生代（Mesozoic） N-晚第三纪（Neogene）
E-早第三纪（Paleogene） K-白垩纪（Cretaceous） J-侏罗纪（Jurassic） T-三叠纪（Triassic）
资料来源：修改自Wang et al.，2023

2015b，2016，2018；王德滋和舒良树，2007；莫宣学等，2005）。不同类别花岗岩在时间和空间上的演变，也反映了从大洋板块俯冲到陆陆碰撞、岩石圈拆沉、后造山陆内伸展、地幔柱活动等多种深部动力学过程。花岗岩大地构造环境判别的方法，还广泛运用于不同大陆中巨型花岗岩带的形成与大陆板块的聚合与裂解研究中，是超大陆重建的重要依据之一（舒良树和王博，2019）。

然而，花岗岩的大地构造环境判别，也曾经出现片面应用和过度依赖Pearce图解（Pearce et al.，1984），导致简单化投图而忽略基本地质事实的误区（张旗等，2010；赵振华，2007）。越来越多的研究发现，单一运用地球化学图解获得的花岗岩大地构造环境往往与大量地质事实相矛盾。这主要是因为，各类构造判别图具有严格的适用条件；判别图主要基于数据统计，并非放之四海而皆准。因此，花岗岩的构造判别图需要与其他地质数据和观察综合使用，单一的构造环境判别很难可靠有效地约束区域构造背景。

（三）花岗岩构造与变形运动学和构造动力学

作为大陆地壳的重要组成部分，花岗岩的岩性和矿物组成特征，决定了它与围岩通常具有显著不同的力学特征，往往表现出截然不同的构造变形样式，变形条件也有明显差异。作为花岗岩中最常见的自形、粒状矿物，石英和长石在不同变形条件下可通过碎裂流、位错蠕变或扩散蠕变方式，发育丰富的韧性变形组构，是用来估算变形温压条件和构造层次的重要依据（Stipp et al.，2002）。相对刚性的长石和石英矿物，在变形中也容易形成各种不对称组构，是变形运动学理想的研究对象（Passchier and Trouw，2005；胡玲，1998）。运用EBSD方法获取石英等矿物的显微变形组构信息，可定量化研究中下地壳层次岩石的构造变形条件和运动学。花岗岩类中发育丰富的云母、角闪石、锆石、磷灰石、独居石等造岩矿物和副矿物，是理想的定年对象，在研究前构造、同构造和后构造不同阶段花岗岩体的变形构造特征，以及花岗岩体的多期构造叠加改造，确定区域地质研究和全球板块构造重建，厘定重大地质事件等方面，具有非常重要的意义（Wang et al.，2014）。

因而，构造地质学研究中，花岗岩可作为一种独特的构造标志体，研究其变形特征、运动学、年代学，进而揭示区域构造应力场和造山作用动力学机制，探索地壳不同期次和阶段的变形与演化规律，是构造地质学研究的重点领域（王涛等，2007）。

（四）花岗质熔体与大陆流变学

地球物理探测研究表明，大陆岩石圈的物质组成和流变学结构在横向和纵向上均存在显著的各向异性和分层性。由于深熔作用和玄武岩浆的底侵，下部地壳普遍具有塑性特点，与深部地壳热状态和花岗质岩浆的产生与迁移有关。因此，对花岗质熔体行为的研究发展了大陆流变学，下地壳流动假说也应运而生（Schulmann et al.，2008；Beaumont et al.，2001）。

花岗岩浆在形成、上升迁移、汇聚定位和变形改造过程中，自身和围岩的流变学性质随之发生动态的改变。国内外学者对花岗岩的深部过程（包括花岗质岩浆形成和侵位过程）中的地壳热状态、热扩散系数、岩石流变性物理特征进行了大量研究（Hutton，1988，1997；McCaffrey and Petford，1997），大大提高了对中下地壳流变学性质、造山带和克拉通稳定性、造山带垮塌和克拉通破坏的动力学机制等基本科学问题的认识。有关花岗岩与地壳流变性的研究，也促进了构造地质学与地球物理学方法的有效结合，成为学科交叉的典型范例。常规的地球物理方法（如大地电磁测深、重力和航磁异常、磁组构等方法）可以很好地约束花岗岩体深部形态和结构、岩浆侵位过程中的流动显微组构特征等，进而为约束花岗岩体侵位空间、侵位方式及其大地构造背景等问题提供重要依据（Ramotoroko et al.，2016）。

三、推动了地球物理学科的发展

与沉积岩相比，花岗岩质地坚硬致密、成分和结构比较均一、强度高、抗风化、耐腐蚀、孔隙率和渗透率低。部分岩体可富集金属元素，导致密度、电导率和磁化率增高，与围岩形成明显的岩石物理差异。这些重要的岩石物理特征和花岗岩的成因与成矿机制密切相关，是使用地球物理方法探测花岗岩体、寻找深部隐伏矿床的基础。而且，多种地球物理方法相结合的联合反演已成为揭示深部花岗岩体的三维空间分布的重要手段。

（一）天然地震探测

天然地震探测是获得地球深部结构最重要的手段。上地壳岩石的波速不仅受到矿物组成的影响，还受到孔隙和微裂隙的影响。浅部花岗岩的波速显著高于砂岩、粉砂岩、页岩等沉积岩，而且花岗岩结构均一，内部无反射，因此能够从地震剖面区分出花岗岩体和碎屑沉积岩的边界。但是，花岗岩具有略高于灰岩而低于致密白云岩的波速。因此，在花岗岩与碳酸盐岩的接触区，很难通过波速直接推断岩性。

在地震活动性高的地区，通过布设密集的地震台站，利用记录到的大量地震波到时数据，可以反演获得高精度的近地表速度结构。对于地震活动性较低的地区，利用噪声成像技术和密集地震台阵也可以揭示浅部地壳结构，寻找隐伏岩体。噪声成像技术是从环境噪声中提取出有效的地震波特别是面波信息，然后利用面波信息反演获得地下的速度结构。两个台站对之间均可提取面波信息，从而回避了天然地震分布不均的问题，能够有效增加台阵下方的射线覆盖程度，提高反演近地表速度结构的能力。近年来的技术进步使短周期地震仪的价格大幅下降，因此可以在小范围内同时布设成百上千台的地震仪，短周期密集地震台阵技术的发展极大地提高了浅部结构的分辨率。

（二）人工地震探测

人工地震探测采用人工激发地震波的方式，除直达波外，还能观测到一系列的反射波和折射波，人工地震探测多应用在油气勘探中，在揭示地层结构及其横向变化方面具有极重要的作用，但对于揭示三维异常体的分布作用不大。随着计算能力的提高，全波形层析成像技术能够利用人工地震的地震波记录，反演获得高精度的近地表速度结构，为探测花岗岩体的速度异常提供了新手段。

（三）重力探测

重力探测是利用花岗岩与围岩的密度差进行的，重力观测值经过一系列的高度校正、地形校正、中间层校正后，排除地表物质对重力观测值的影响，获得地下物质的密度差异引起的重力异常。重力探测的优势是可以利用卫星、飞机、便携式重力仪等开展多空间尺度的研究，在海洋上也能得到大量的观测资料。相比于地震探测，重力探测的成本较低，是前期地球物理勘探最重要的手段之一。花岗岩-花岗闪长岩的密度为 $[(2.71\pm0.12)\text{g/cm}^3]$，比砂岩的密度 $[(2.52\pm0.12)\text{g/cm}^3]$、页岩的密度 $[(2.60\pm0.14)\text{g/cm}^3]$ 略高，与粉砂岩的密度[(2.65±0.12)g/cm³]、灰岩的密度[(2.67±0.07)g/cm³]相近，但是比白云岩的密度[(2.85±0.07)g/cm³]略低。因此，能否通过重力探测识别花岗岩体，取决于围岩与花岗岩的密度差异。

磁法探测利用花岗岩与围岩的磁性差异寻找花岗岩体。花岗岩的磁化率受磁性矿物的类型与含量控制，变化很大（$10^{-6} \sim 10^{-2}$），可分为钛铁矿系列与磁铁矿系列。钛铁矿系列花岗岩的磁化率与氧化铁含量正相关，而磁铁矿系列花岗岩的磁化率同时受氧化铁含量和氧化系数控制。因此，花岗岩的磁化率受成岩过程控制。磁法探测比其他地球物理方法更加简便和经济，基本不需要做校正，对发现含矿岩体有重要的作用。由于地球物理反演的多解性，目前常通过重磁数据的联合反演获得地下三维的密度和磁化率分布，并借助地震模型约束异常体的三维形态，以得到更加可靠的结果。

（四）电法探测

电法探测利用人工或天然的电场和电磁场在时空上的分布规律与变化特征，研究地质构造的形态分布。电法探测利用花岗岩体与围岩在电导率、介电常数等方面的差异，尤其是含矿岩体的电导率显著提高，可以为寻找隐伏的成矿花岗岩体提供约束。电法探测的手段很多，包括电阻率法、电剖面法、激发极化法、大地电磁测深和频率电磁测深等。由于流体中常溶解有金属离子，增强了介质的导电性，表现为高导异常，因此电法探测需要结合区域地质和异常特征区分断裂带和含矿岩体。近年来，已有部分工作围绕花岗岩体的三维结构和形态进行电法探测，对于理解花岗岩形成机制具有重要意义。

四、促进了高温高压实验岩石学学科的发展

地质学中一直存在花岗岩成因问题的争论。花岗岩成因最早是围绕着"火成论"和"水成论"争论。正是这些争论的存在，促使了Tuttle和Bowen（1958）开展了"Qz-Ab-Qr"三元体系相平衡的实验，而正是其实验结果令人信服地平息了两派长期的争论（周金城和王孝磊，2005）。其后，花岗岩的成因主要集中在其源区性质的争议。早期以鲍文（N. L. Bowen）为代表的"一元论"观点认为，花岗质岩浆是由玄武质岩浆经分异演化形成的。但是，由于同样有大面积玄武岩浆分布的大洋中而没有花岗岩的存在，因此该观点

一直存在很大争议。很多地质学家尝试用高温高压实验解决这一问题，如Winkler（1976）以硬砂岩为原料，在2kbar[①]的条件下，成功地通过部分熔融产生花岗岩浆。正是通过这一系列实验（如Storre，1972；Huang and Wyllie，1973；Wyllie，1977；Thomson，1982），科学家们证实了地壳岩石在温度升高的条件下经不同程度的部分熔融可以产生不同组分的花岗质岩浆。其后一段时间，实验岩石学家围绕着源区的含水性、岩浆形成的温度－压力－氧逸度、岩浆混合、壳幔相互作用等方面开展了一系列实验研究。可以说，花岗岩的成因等热点问题的研究极大地促进了实验岩石学的发展。

近年来，花岗岩的演化与成矿的关系受到越来越多的关注，尤其是随着高演化花岗岩相关的稀有金属、稀土金属等矿床研究的深入。这些矿床的成因机制问题迫切需要实验岩石学的支持，因而掀起了新一轮实验研究的热潮。一系列涉及花岗岩成矿机制的实验研究结果的发表，极大地推动了对花岗岩成矿机制的认识。例如，绝大部分稀有金属主要是岩浆期成矿，其在岩浆中的溶解度与温度、熔体成分、氧逸度等条件的关系，与其成矿密切相关。温度升高能极大地提高稀有金属在硅酸质岩浆中的溶解度，这已经被一系列的实验证实（Linnen and Keppler，1997；Van Lichtervelde et al.，2010；Che et al.，2013）。Keppler（1993）实验证实了挥发分F能够提高锆（Zr）、Hf、Nb、Ta等在硅酸质熔体中的溶解度，不过后续更多的实验证实F对Nb、Ta、W在硅酸质熔体中的溶解度影响有限（Fiege et al.，2011；Che et al.，2013；Abdullah et al.，2015）。Linnen等（1995）通过实验证实了变价元素Sn在硅酸质熔体中的溶解度受到氧逸度的控制。

高温高压实验岩石学在我国的发展相对比较缓慢，近期在花岗岩研究的推动下有了新的进展，主要集中在稀有金属花岗岩成矿相关的实验研究。例如，Xiong等（1999，2002）进行了关于富F稀有金属花岗岩体系的结晶熔融实验的研究，Xiong等（2011）进行了关于Nb/Ta源区储库性质的研究，Che等（2013）进行了对W在高演化花岗质熔体中溶解度的研究，Tang等（2016）进行了关于挥发分磷（P）对Nb、Ta在高演化花岗质熔体中溶解度的实验研究，Huang等（2019）进行了对含Sn花岗岩结晶条件的研究，Wang等（2020）进行了关于与花岗岩相关的W成矿在热液流体中的迁移和

---

① 1bar=10^{5}Pa。

成矿机理实验等工作。

我们从花岗岩研究的进程可以看出，每当传统学科在花岗岩研究中遇到瓶颈时，实验岩石学就会掀起新一轮的热潮。从这个角度说，花岗岩成因与成矿机制研究极大地促进了高温高压实验岩石学学科的发展。

五、为行星科学等新兴学科的发展奠定了坚实基础

前已述及，花岗岩是大陆地壳的主要组成成分，巨量花岗岩的出现是地球区别于内太阳系其他天体的一个重要特征。因此，研究大陆地壳的形成和演化，首先需要研究花岗岩的成因，包括大陆形成演化、壳幔相互作用、源区不平衡熔融、同位素示踪等（吴福元等，2007；王孝磊，2017）。利用比较行星学研究方法，地外花岗质岩石作为行星科学的重要研究对象理应受到重视。

由于地外花岗岩的稀缺及地外样品获取的难度较大，对地外花岗质组分的研究主要还处于初期的发现阶段，对少量地外花岗岩样品的深入研究相对较少，主要是零星的矿物岩石地球化学研究（Bonin，2012）。最近二十余年，科学家们在月球、火星、小行星中都发现了花岗质岩石或者岩屑（如 Shih et al.，1993；Sautter et al.，2015，2016；Terada and Bischoff，2009；Beard et al.，2015；Srinivasan et al.，2018），甚至金星上也可能存在酸性岩（Ivanov and Head，1999）。已发现的这些地外酸性岩，和其他地外样品一样，形成的时间主要为冥古宙（如 Shih et al.，1993；Terada and Bischoff，2009；Srinivasan et al.，2018），其形成并非产生在板块构造的背景之下。尤其是，地外酸性岩不含角闪石、黑云母等含水矿物（如 Shih et al.，1993；Terada and Bischoff，2009；Beard et al.，2015；Srinivasan et al.，2018），因此形成地外酸性岩的母岩浆可能贫水。此外，地外酸性岩中含有铁橄榄石、辉石，其斜长石通常富钙，An 值较高（如 Shih et al.，1993；Beard et al.，2015；Srinivasan et al.，2018），也与地球的花岗岩完全不同。对地外酸性岩的研究，是推动行星科学发展的重要途径。一方面需要不断提高行星探测手段，另一方面可以利用地球花岗岩成因研究成果，通过比较行星学方法研究地外酸性岩，从而促进行星科学的发展。

太古宙时期最典型的花岗岩 TTG 是研究早期花岗岩成因和陆壳生长重要的对象（Moyen，2011；Moyen and Martin，2012），其中有水的参与（Campbell and Taylor, 1983），被认为可能与板块构造的启动相关（Laurent et al., 2014）。加拿大阿卡斯塔（Acasta）片麻岩显示在 4.05~4.0Ga 地球就存在花岗质岩浆活动（Mojzsis et al., 2014），冥古宙的碎屑锆石也指示了早期（4.4~3.4Ga）中酸性地壳性质（Wilde et al., 2001）。澳大利亚杰克山（Jack Hills）碎屑锆石的研究显示这些古老的锆石含有细密韵律环带（Cavosie et al., 2004，2005，2007）、稍高氧同位素（$\delta^{18}O$）组成（Wilde et al., 2001; Cavosie et al., 2007; Harrison, 2009），以及高锂含量和锂同位素（$\delta^{7}Li$）组成（Ushikubo et al., 2008），说明了锆石来自中酸性岩浆。锆石的 Ti 温度计指示冥古宙锆石的结晶温度约为 700℃，对应了酸性岩浆的温度（Watson and Harrison, 2005）。虽然地球上冥古宙岩石样品也相当少，但是对这些样品的研究非常深入，远高于地外花岗质组分的研究，因此对地外花岗岩研究有重要的指导意义。

总而言之，花岗岩的研究不仅深化了对地球花岗岩的认识，而且能为地外花岗岩的研究提供更广阔的思路和空间，为行星科学的发展提供研究基础。国内花岗岩的研究涉及范围较广，依托花岗岩成因与成矿机制研究获得了丰富的研究经验，所用仪器齐全、设备先进，满足从微区到全岩的主量元素、微量元素、同位素等的高精度分析测试，这些都为我国学者开展地外花岗岩研究和行星科学研究提供了便利条件。

第三节 花岗岩成因与成矿机制是国家的关键传统学科领域

由于花岗岩成因与成矿机制研究具有重要的意义，因此在国家总体学科发展布局中具有重要的地位。它属于"矿物学、岩石学、矿床学"二级学科，在国家自然科学基金委员会的学科中又分为矿物学、岩石学、矿床学三个方向。在该学科中又衍生出岩石地球化学等。

一、在国家总体学科发展布局中的历史定位

花岗岩成因与成矿机制的研究在我国学科发展之初就已开展了，肇始于

华南地区。20 世纪 20~40 年代，翁文灏、徐克勤、黄汲清等专家学者率先探索了华南地区的花岗岩地质。徐克勤详细研究了赣南钨矿及成矿花岗岩，揭示了燕山期花岗岩与钨矿化的密切成因联系（Hsu，1943）。钨砂的开采和贸易有力地支撑了中华苏维埃政权，为中华人民共和国的诞生作出重要贡献（肖自力，2006）。50~80 年代，南京大学地质系与国内其他单位一起，共同完成了华南多时代花岗岩及其相关成矿作用的研究。华南花岗岩型铀矿提供了 67.3% 的核原料，为我国第一颗原子弹的研制和试验成功作出了决定性贡献。60 年代，新疆可可托海 3 号矿偿还苏联外债约 20 亿，占全部苏联外债总金额的 40%。此外，可可托海在"两弹一星"工程中也发挥了重要作用，提供了氢弹需要的金属锂、"东方红一号"卫星需要的铯。因此，花岗岩成因与成矿机制在我国的学科发展历史中占据了一定的地位。

花岗岩成因与成矿机制研究引领了国内地质学科的发展。在华南花岗岩和成矿的研究基础上，1965 年，以徐克勤为首的南京大学科研团队关于华南花岗岩的研究成果被列为全国十个重大科技成果之一。1978 年，南京大学"华南不同时代花岗岩及其与成矿关系"研究成果获全国科学大会奖。1982 年，徐克勤先生带领的团队取得的"华南花岗岩地质地球化学与成矿关系"研究成果和涂光炽先生带领的团队取得的"华南花岗岩类的地球化学"研究成果均获得国家自然科学奖二等奖。1980 年 7~10 月，中法科学家在青藏高原进行了联合科学考察并在之后进行了学术交流和研讨，此后又通过中英合作对西藏地区的花岗岩开展了深入研究；1982 年 10 月，南京大学主办了第一次国际学术会议"国际花岗岩地质及其与成矿关系学术讨论会"；1983 年 9 月在北京召开了国际前寒武纪地壳演化讨论会。这些都在国际花岗岩学术界产生了巨大影响，引领了国内地质学科的发展，尤其是与地球化学的结合在一定程度上推动了地球化学等学科的发展。在此之后，王德滋院士、陈毓川院士、周新民教授、郑永飞院士、李献华院士等学者带领研究团队继续开展华南花岗岩、火山岩及相关成矿作用的研究。莫宣学院士、侯增谦院士、吴福元院士等学者对西藏地区的花岗岩及相关成矿作用的研究对理解青藏高原地质演化作出了突出贡献，冈底斯岩基和高喜马拉雅淡色花岗岩已成为国内花岗岩研究的热点地区，也是国际地球科学界关注的焦点之一。翟明国院士、万渝生研究员对华北地区前寒武纪 TTG 的研究为深入理解华北克拉通早期大陆性质和演化奠定了重要基础。

21世纪的第一个十年，分析测试技术的革新为花岗岩与成矿研究注入了新的活力，为解析花岗岩成因演化提供了重要保障，进一步促进该学科领域的发展和多学科融合。例如，周新民教授团队利用多学科研究方法，特别是大量地球化学数据，解决了花岗岩成岩成矿动力机制和赋存空间的关键问题，深入揭示了壳幔相互作用、岩浆混合作用与花岗岩成因的"物源"关系，以及大规模花岗岩浆形成的"热源"问题，相关成果于2017年获得国家自然科学奖二等奖。吴福元院士、李献华院士等带领研究团队利用矿物微区同位素定年和同位素组成的分析测试等先进手段，对华南、华北、东北、西藏等地区的花岗岩及相关岩石开展了深入细致的研究，取得了丰硕的研究成果。在这一时期，国内花岗岩的研究重点也逐渐从成因分类转向对岩浆起源、地球动力学背景及其与成矿关系研究等方面，并开始探索综合运用地质、地球物理和地球化学等多学科方法在宏观上理解花岗岩形成与大陆地壳物质的改造，以及这一过程中成矿元素的迁移与富集等。2019年，"第九届Hutton国际花岗岩学术研讨会"在南京大学召开，进一步确立了我国在花岗岩研究领域的国际领先地位，标志着我国的花岗岩研究进入了新的发展时期。近年来，科学技术部、国家自然科学基金委员会和中国科学院加大对花岗岩及成矿方面的研究资助力度，国际地学界也越来越关注中国花岗岩成岩成矿的研究，大大拓展了我国在地球科学领域的影响力。

二、在国家总体学科发展布局中的当代定位

花岗岩成因与成矿机制作为地球科学领域重要的学科方向，其战略的支撑性和发展的紧迫性越来越凸显。特别是2008年以来，美国和欧盟等纷纷提出关键矿产资源的研究与规划，大国之间的竞争日益显著，矿产资源作为国民经济可持续发展和国际话语权提升的重要内容之一，政治经济地位得到空前提升。相应地，国家和社会对资源有关学科的发展也日益重视，对相关学科的要求提升到新的高度。花岗岩和金属矿产资源之间的紧密关系，更凸显其重要的科学和战略地位。

花岗岩成因与成矿机制作为地质学一级学科研究的核心内容起到支撑地质学科发展和促进多学科融合的重要作用。前已述及，板块构造理论作为地

球科学的主导理论推动了系统地球科学的快速发展。但是，21世纪以来对大陆地质及行星对比的研究更深入，已对板块构造理论发展和地球科学新理论产生提出了更迫切的需求。世界各国都提出了深化大陆地质、深部地质和集成地球系统科学的规划并予以实施。例如，美国国家科学基金会发布的《地球科学基础研究的机遇》(*Basic Research Opportunities in Earth Science*)(National Research Council，2000)白皮书中明确提到板块构造理论模式不适合大陆，号召围绕陆内构造和多圈层系统相互作用关系等科学问题展开更深入的研究。在这些问题中，大陆构造是纽带，花岗岩与大陆地壳是关键，它们共同构成了集成地球系统科学的根基。因此，花岗岩问题已经完全成为地球系统不可缺少的核心一环，成矿机制研究成为前沿基础研究面向国家需求的直接通道。

经过数十年的不懈努力，国际科学界对花岗岩成因与成矿机制的研究和认识有了显著提高，对花岗岩的源区、演化过程、物理化学条件、相伴生的成矿机制等有了进一步的认识，新的重要科学成果层出不穷。我国地球科学界也基于青藏高原、华南大陆、华北克拉通、中亚造山带、秦岭造山带等地区花岗岩和成矿的相关科研工作取得了令人瞩目的科研成果，在国际上产生了持续的高影响力。不少学者在相关领域的国际学术组织担任重要学术职务，成为重要国际会议和科学计划的召集人，以及国际重要学术期刊的主编、副主编和编委。

我国长期以来在花岗岩成因与成矿机制方面给予了持续的资金投入，为持续加强地球科学基础设施建设，支撑地球科学强国发展发挥了重要作用。以"花岗岩成因"为关键词，国家自然科学基金委员会于2010~2019年在该研究领域共支持929个基金项目，累计资助金额为57 509万元。随年度，资助的项目数量和额度稳中有增，仅在2017年一年的资助项目数量就达到187个，资助金额也达到14 408万元（图1-9）。2010~2019年，国家自然科学基金委员会在矿床成矿机制方面共支持了931个基金项目，平均每年93个；累计资助金额59 493万元，年平均资助金额5949.3万元。成矿领域的基金支持总体平稳，在2010~2013年及2014~2018年存在阶梯式的增长。其中，在2013年和2018年，资助金额分别跃至8808万元和10 961万元（图1-10）。持续的投入也带动了在"花岗岩成因与成矿机制"相关领域的人才队伍建设，形成了强大的梯队支撑，其中包括：两院院士12位，2010年以来"杰

图 1-9 花岗岩成因研究领域的基金资助情况
资料来源：科学网

图 1-10 矿床成矿机制研究领域的基金资助情况及变化趋势
资料来源：国家自然科学基金委员会公开数据，从右向左年份增加

出青年科学基金"获得者 23 人，"长江学者"特聘教授 3 人。源源不断的优秀年轻人才涌现，使得花岗岩成因与成矿机制研究领域始终保持着持续的活力，同时也在引领地球系统科学的其他学科（如地球化学、环境地球科学、

海洋科学、大气科学、地理学等）的发展上起到举足轻重的作用。

三、在国家总体学科发展布局中的未来定位和科技支撑作用

解决人类可持续发展面临的资源、环境等方面问题正成为地球科学发展战略的根本趋向。我国在制订国民经济和社会发展第十四个五年规划和2035年远景目标的建议也提出，坚持创新驱动，面向世界科技前沿、面向国家重大需求。加强基础研究、注重原始创新，优化学科布局和研发布局，推进学科交叉融合，完善共性基础技术供给体系。瞄准人工智能、深地深海等前沿领域，实施一批具有前瞻性、战略性的国家重大科技项目。对花岗岩成因与成矿机制领域的研究能够实现战略资源、重大科技等关键领域安全可控，有力地保障能源和战略性矿产资源的安全。

对于花岗岩成因与成矿机制研究的未来发展，要面向国家战略、面向社会需求、面向科学前沿，在基础科学研究、资源保障和开发应用方面有全新的发展。今后该领域的发展趋势包括：①花岗岩成因与成矿机制理念的进一步深化，以系统地球科学理念为引导，开展多学科融合和前沿领域的新拓展；②以现代测试技术为先导，将微观与宏观紧密结合，促进花岗岩岩石学与矿床学的深入发展与深度融合，也促进与其他领域、其他学科的交叉渗透；③内生与表生过程相结合，通过花岗岩成因与成矿机制的研究，探讨涉及整个地球不同圈层之间的相互作用和物质交换，如花岗岩与成矿和生命演化的研究、地壳表层与地球深部物质循环的研究、花岗岩浆作用与气候变化等；④融合当前较先进的互联网、大数据、人工智能等信息化技术，开辟花岗岩与成矿研究的新维度和新领域。

花岗岩成因与成矿机制对地球科学的核心支撑作用是不可动摇的。这既是花岗岩在陆壳中的地位和特色所决定的，也是成矿研究的资源需求和国民经济保障所要求的，更是学科均衡发展和继承发扬的必然。未来对花岗岩成因与成矿机制研究的深入开展，必将持续强化我国地球科学的优势和领域，促进相关学科的快速发展，有力推动多学科的创新研究和深度融合，并为社会可持续发展和解决国家重大能源资源需求提供有力的科学和物质保障。

第四节　对国民经济与国防安全的战略布局

人类社会的生存和发展离不开矿产资源。我国正处于工业化和现代化的快速发展时期，依赖巨量的矿产资源来支撑经济快速发展已经成为社会各界的共识。自"七五"起，保障矿产资源的可持续供应一直是国家发展计划中的重要内容。国务院2016年印发的《"十三五"国家科技创新规划》面向2030年"深度"布局，要围绕"深空、深海、深地、深蓝"发展保障国家安全和战略利益的技术体系。探明宇宙天体、海洋和地球深部的可利用资源，为国家的资源安全提供保障，是其中的一个关键内容。目前，人类可利用的矿产资源几乎都来自地壳中的各类岩石。花岗岩作为地壳中分布最广泛的岩石之一，是多数有色金属、贵金属、稀有金属及稀土、稀散元素关键矿产的重要甚至唯一来源。

根据国家自然科学基金委员会发展规划，"十一五"时期至今，成矿机制与相关的地球深部动力学研究始终是优先发展领域和重点资助方向。"十二五"期间，国家自然科学基金委员会地球科学部12项优先发展领域中有两项直接围绕矿产资源形成机理及相关的深部过程，花岗岩成因与成矿机制研究的重要性在国家规划层面中不断凸显。近年来，国际政治经济形势发生深刻变革和复杂调整，争夺能源和矿产资源全球控制权成为大国博弈的核心，欧美发达国家对关键金属矿产资源更是给予了空前重视。在这一背景下，花岗岩成因与成矿机制研究必将为保障国民经济发展和国防安全发挥更加重要的作用。

一、花岗岩及相关的矿床保障了国民经济的发展

（一）有色金属矿产资源——铜－铅－锌（Cu-Pb-Zn）矿

铜铅锌是我国重要的大宗战略矿产资源，其中，铜是用量仅次于铝的第二大有色金属。作为世界第二大经济体和最大的发展中国家，中国是全球最大的铜资源消费国，年消费量（1164万t）接近全球的50%（刘冲昊等，2018）。据美国地质调查局（US Geological Survey）的统计数据，2016年全球铜储量约为7.2亿t，另有约21亿t查明资源量，还有35亿t潜在资源量。

全球铜储量排名前三位的国家分别为智利（2.1亿t）、澳大利亚（0.89亿t）和秘鲁（0.81亿t），共占全球总储量的约52.8%。然而，中国铜储量约0.28亿t，仅占全球的约3.9%，年产量峰值为220万～250万t，远远无法满足中国未来精炼铜需求高峰（2020～2025年需求为1560万t）的到来，中国铜资源保障形势不容乐观。

铅锌作为重要的有色金属原料，具有良好的耐磨性和抗腐蚀性。世界铅消费主要集中在铅酸蓄电池、化工、铅板及铅管、焊料和铅弹等领域。锌产品有金属锌、锌基合金、氧化锌等，主要用于镀锌、制造铜合金材、铸造锌合金和制造氧化锌、干电池等。由于汽车市场的快速扩张和铅酸电池更新周期的缩短，中国铅消费将保持强劲增长。同时，随着国内镀锌板产能的扩张和基础设施建设需求的不断扩大，中国对锌精矿及锌产品的需求量也将越来越大。从初步统计的世界超大型铅锌矿床可以看出（王思然等，2018）：沉积喷流型（SEDEX）矿床数量占超大型铅锌矿床总量的36.2%，其铅锌储量占超大型矿床总储量的42%；其次是密西西比河谷型（MVT）型矿床，其铅锌储量占超大型总量的23%。2020年美国地质调查局数据显示，全球2019年铅、锌探明储量（金属量）分别约为9000万t和25 000万t，其中中国铅、锌资源储量分别为1580万t和4400万t，均居全球第二。铅锌是中国的优势资源，但随着国内铅锌资源需求不断增大，中国铅锌的后备资源难以跟上现代化建设的步伐。从全球铅锌资源贸易流向来看，中国已经成为世界第一大铅锌资源消费国。而与花岗岩有关的铅锌矿床一般规模较小，成矿作用研究需要开展更多工作。

（二）贵金属矿产资源——Au-Ag矿

"货币天然不是金银，但金银天然就是货币"（马克思，2004），金银贵金属具有价值尺度、流通手段、货币储藏、支付手段和世界货币的基本特征，对人类社会经济的发展具有重大影响。自15世纪末起，随着对北美洲银矿的开发，我国商品经济发展，特别是丝绸、瓷器等大宗商品通过新航线进入国际市场，促使白银大规模流入国内，并在明代中后期及清代成为主要的流通货币（万明，2003；陈锋，2019）。在国际货币体系中，先后出现了银本位制、金本位制。1944年的布雷顿森林体系建立了以美元为中心的国际金汇兑本位制，美元成为黄金的"等价物"。虽然20世纪70年代初的美元贬值导致布雷顿森林体系崩溃，黄金不再是货币评价定值的标准，但黄金仍然是国际储备中最重要的资产之一（仅次于外汇储备）。

目前，我国黄金储备占外汇储备的比例接近3%（按市场价值计算），不仅远低于美国、德国等发达国家，也低于印度、墨西哥等发展中国家。从黄金储备总量来看，中国人民银行最新数据显示，截至2019年12月底，我国官方黄金储备为1948.32t，仅列全球第七位；从供需层面来看，中国黄金协会最新统计数据显示，2019年全国黄金产量为380.23t，连续13年居全球第一位，但我国年黄金消费量自2013年起连续在千吨左右，因此每年仍需大量进口黄金以满足国内市场需求。此外，虽然银的货币属性已经成为历史，但其特殊的材料性能难以替代，已成为目前工业用量最多的贵金属。虽然我国是全球第五大白银储量国（占全球7.3%），但近年来我国年均白银消费量保持在全球20%左右，仅次于印度，存在较高的供给风险。

从全球范围来看，除南非兰德金矿（如Meier et al.，2009；Heinrich，2015）及与变质作用密切相关的"造山型"金矿（如Groves et al.，1998；Goldfarb et al.，2005）之外，与花岗质岩石有关的岩浆-热液金属矿床提供了全球主要的金、银资源，其中浅成低温热液矿床和斑岩型-夕卡岩型矿床占据了主导地位（Frimmel，2008；Sillitoe，2010）。曾经影响世界经济格局的北美洲银（金）矿开发的主要开采对象即为浅成低温热液矿床（Simmons et al.，2005）。在我国，花岗岩有关岩浆-热液金属矿床为国民经济发展提供了主要的金、银贵金属资源。以金矿床为例，我国已开发的最大单体金矿——福建紫金山金铜矿即为典型高硫型浅成低温热液矿床（张德全等，1991）。目前，紫金山全区已探明金储量400t，银储量达6000t，其中仅福建紫金山金铜矿已生产黄金超过300t，成为华南规模最大的斑岩-浅成低温热液贵金属矿集区（Pan et al.，2019a）。华北克拉通发育了胶东、冀东、小秦岭、五台山-恒山等重要金矿集区，探明黄金储量超过5000t，这些金矿的形成可能主要与早白垩世克拉通破坏峰期过程中的深部岩浆活动有关（朱日祥等，2015）。此外，我国伴生金矿资源亦相当可观，占已探明总储量的20%左右，主要伴生于与花岗岩有关矿床类型（张文钊等，2014）。以著名的德兴矿集区为例，区内德兴斑岩铜矿已探明伴生金达255t（Li et al.，2017），银山浅成低温热液铜多金属矿床伴生金可达107t，均具有极其重要的经济价值。

我国最重要的银金属资源几乎全部来自与花岗岩有关的矿床。我国最大的银矿——内蒙古双尖子山银多金属矿床已探明银储量达21 665t，平均品位为128g/t，为亚洲最大、世界第六大银矿（匡永生等，2014），是典型的与花岗质侵入体有关的浅成低温热液矿床（江彪等，2019）。江西冷水坑银多金属矿床作为我国第二大银矿，已探明银储量达9800t，平均品位为204g/t，是较典型的斑岩型矿床，银的富集和成矿与区内中侏罗世花岗斑岩密切相关（孟祥金等，2009）。西藏冈底斯成矿带的甲玛夕卡岩型铜多金属矿床，除铜储量超过700万t外，伴生金可达170t，伴生银超过1万t（冷秋锋等，2015）。

综上所述，金、银贵金属是保障国民经济发展的关键性战略资源，而与花岗岩有关的岩浆-热液矿床是我国金、银贵金属的主要来源。目前，我国金、银贵金属仍存在较大供需缺口，进一步完善与花岗岩有关的岩浆-热液金、银矿床成岩成矿理论、指导找矿勘查是当前花岗岩研究领域亟待开展的重要课题。

二、花岗岩相关矿产资源是国防安全和国家战略防御的关键

花岗质岩浆在结晶和分异过程中可形成一系列重要的关乎国家安全的稀有、稀土、稀散和放射性元素等战略性矿产资源，这些金属具有极度耐热、难熔、耐腐蚀、优良光电磁等独特的材料性能，可广泛应用于新型能源、高新技术和国防军工等领域。

（一）军事战略矿产资源

军事战略矿产资源主要包括稀土、钨、锡、铍、锗、铬、钴、镍、钒、钛等，应用到现代军事工业的各个领域，如武器制造、国防、航空航天。这些金属的安全供应对于高新技术发展和国防安全至关重要。与花岗岩有关的军事战略矿产资源常包括钨、锡、稀土等。钨、锡和稀土是中国的优势矿产，但却是全球其他许多国家的紧缺资源。

稀土常包括15个镧系金属及钇和钪，又称为"工业维生素"。稀土具有优良的光电磁等物理特性，能与其他材料组成性能各异、品种繁多的新型材料，并大幅提高产品的质量和性能，广泛用于新材料、电子、激光、核工业

和超导等高科技领域。稀土之所以成为资源争夺的焦点，在很大程度上还是由于它能广泛应用在导弹、智能武器、喷气发动机、导航仪及其他相关现代军事高新技术上。稀土矿产在国际资源战略中占有重要地位，美国、欧盟、澳大利亚等均将稀土列入战略性关键矿产资源名录。我国是世界上最大的稀土资源国，稀土矿床类型众多，如碱性岩-碳酸岩型、冲积型、风化壳离子吸附型、碱性花岗岩和伟晶岩型等。碳酸岩型矿床主要产轻稀土，而风化壳离子吸附型矿床主要产重稀土。风化壳离子吸附型矿床是我国乃至世界上最主要的重稀土来源，主要分布在华南地区，与风化的花岗岩有关，印支期和燕山期花岗岩是这类稀土矿床的母岩。

钨金属物理性能独特，具有非常高的熔点、沸点和硬度。全球90%以上的钨用于军工装备、机械工具、耐高温合金、航空航天设备、电子电器、汽车船舶、核能和能源工业。钨钢耐腐蚀，广泛用于制造枪支。碳化钨硬度高，用来制造切削材料。钨合金可以用来制造坦克穿甲弹、火箭-导弹喷管。第一次世界大战期间，钨首次用于大规模生产武器，导致钨的价格猛涨，并由此刺激了世界各国的钨矿开采。目前世界已知一半以上的钨矿资源发现于1920年前。第二次世界大战期间，由于日本侵华，中国和缅甸的钨矿供应中断，促进了巴西、玻利维亚、日本和西班牙等地的钨矿的发现和开采。后来的朝鲜战争及美国的战略金属储备政策也是刺激世界钨矿发展（主要在澳大利亚、秘鲁、葡萄牙和美国等地）的重要原因。绝大多数具有经济意义的钨矿床都与花岗岩具有成因关联，主要产在花岗岩顶部或附近围岩中。我国钨资源量占全球钨资源量一半以上，江南造山带、南岭等地区广泛分布燕山期花岗岩及钨矿床，主要是黑钨矿石英脉型和白钨矿夕卡岩型矿床。南岭地区的钨矿具有非常悠久的开采历史，西华山、瑶岗仙等钨矿已开采100年以上，持续为我国的军事工业提供原料补给。随着大湖塘、朱溪等超大型钨矿的发现，江南造山带成为全球钨资源量最大的成矿带，进一步增强了我国的钨矿资源战略储备。

锡是非常重要的战略性关键金属。金属锡具有质软、延展性好、熔点低、无毒、不活泼等化学性质，因而具有非常广泛的工业用途（陈骏等，2000）。锡在古代用于制造青铜器，是建筑、狩猎工具、武器和祭祀器皿的材料之一，在现代主要用于制作白铁皮（容器、电器、普通光学设备、测量仪表、家用器具)，锡和锡的合金涂料(器皿、电子元件、汽车、电气设备的涂层)及焊接材料等。锡又被称为"罐头金属"。罐头食品是重要的战争食品之一，而镀锡薄钢板(马口铁)是罐头食品的容器。锡基轴承合金在军事上广泛用于汽车、坦克、装甲运兵车、舰艇、移动电站等各种重要的内燃机、蒸汽机和压缩机上。锡青铜仍是现代兵器的制造材料之一。此外，锡还是军事上制造烟幕弹的金属。锡矿床在成因上多与高分异的还原性花岗岩或伟晶岩有关。全球锡矿资源分布不均匀，当前产量大的国家主要有中国、印度尼西亚、美国、巴西、玻利维亚、俄罗斯、澳大利亚等。最早大规模开采锡资源的是英国，随后锡采矿中心转移到玻利维亚，再转移到中国和东南亚。中国的锡资源量占全球一半左右，主要分布在右江盆地、南岭、桂北、三江、大兴安岭南段等地区。我国锡矿具有悠久的开采历史，但我国的锡矿资源目前存在新矿产地匮乏、找矿方向不明等问题，资源保障形势异常严峻。

(二)新兴能源战略资源

锂(Li)是自然界中最轻的金属，也被称为"推动世界前进的重要元素"。锂可被用于核能、特种合金、特种玻璃和蓄电池等领域，尤其广泛应用在锂电池方面，又被称为"能源金属"或"高能金属"。锂是关乎国防安全和国家战略防御的关键金属之一，因此锂矿资源受到世界各国的广泛重视。虽然可从盐湖、卤水中提取锂，但是"硬岩"型锂矿仍占据重要位置，特别是伟晶岩型锂矿。例如，澳大利亚的格林布希斯(Greenbushes)、加拿大的坦科(Tanco)伟晶岩矿床、我国的甲基卡伟晶岩矿床以锂辉石为主要锂矿物，津巴布韦的比基塔(Bikita)伟晶岩矿床则以透锂长石为特色，我国的宜春雅山稀有金属矿床中的锂主要集中于锂云母中。

铀(U)是重要的核军事原料，在民用领域铀被广泛应用于不同等级的核反应堆，支撑了核电发展。当前最重要的铀矿床类型为砂岩型铀矿及不整合脉型铀矿和花岗岩型铀矿，华南正在开采的花岗岩型、火山岩型铀矿仍是我国铀矿产业的重要基地。

(三)国家发展战略资源

稀散金属主要包括镓、锗、铟、镉、铊、铼、硒和碲八个元素，也称为

"分散元素"。传统观点认为，这些分散元素不能形成独立矿床，只能以伴生元素的方式存在于其他元素的矿床内。中国西南地区多例分散元素独立矿床的相继发现，打破了这一传统的思维方式和科学理念（涂光炽，2001；顾雪祥等，2004）。西南地区稀散元素资源丰富，主要以伴生元素矿床产出，寄主矿床类型主要为沉积岩容矿型铅锌矿（伴生镉、锗、镓、铊），锡石硫化物矿床（伴生铟、镉）和沉积型铝土矿（伴生镓）及含锗煤等，全球和我国的碲和硒产量主要来自斑岩-夕卡岩铜金矿床。

稀贵金属以其特别可贵的性能和资源珍稀而著称。稀贵金属包括钌（Ru）、铑（Rh）、钯（Pd）、锇（Os）、铱（Ir）、铂（Pt）六种金属元素。具有熔点高、强度大、电热性稳定、抗电火花蚀耗性高、抗腐蚀性优良、高温抗氧化性能强、催化活性良好等优点，广泛应用于现代工业和尖端技术中。世界上的铂族金属主要产于南非的布什维尔德杂岩体和俄罗斯诺里尔斯克超基性岩体的矿床中，在花岗岩中产量极少。

铌（Nb）和钽（Ta）由于具有耐热性能，与其他金属的合金广泛用于超音速喷气式飞机和火箭、导弹等的结构材料，以及电子、精密陶瓷、生物医学和超导工业等。碱性花岗岩是铌成矿的主要类型之一，如加拿大托尔湖（Thor Lake）、斯太基湖（Sytage Lake）是目前世界上两个最大的单体碱性岩型铌钽矿床。钽成矿是高演化花岗岩和花岗伟晶岩的产物，如澳大利亚的格林布希斯、沃迪尼亚（Wodgina）和加拿大的坦科伟晶岩矿床。我国的华南燕山期和西欧海西期花岗岩也都是重要的花岗岩型钽成矿区。

第二章 发展规律与研究特点

第一节 花岗岩成因与成矿机制的科学定义和内涵

一、花岗岩成因与成矿机制的学科定义

花岗岩（图 2-1）是一类以石英和长石为主要矿物组成的侵入岩，是大陆地壳的主要岩石类型。广义概念上的花岗岩一般指矿物成分以含石英（＞5%）和长石（包括碱性长石和斜长石）为主的中酸性侵入岩，包括狭义的花岗岩、碱长花岗岩、花岗闪长岩、英云闪长岩等。以詹姆斯·赫顿（James Hutton，1727—1797）在 1795 年提出花岗岩"火成论"的标志性工作为起点，花岗岩研究始终占据地质学研究的重要位置，也逐渐成为融合矿物学、岩石学、矿床学、地球化学、构造地质学及地球物理等学科的综合性地质学研究方向。尤为重要的是：以 TTG 为主的岩石是地球初始陆壳的标志，花岗岩成因一直是前寒武纪地质学的核心问题；大（巨）型花岗岩带（区）的分布涉及大陆板块作用，成为大陆动力学的重要方向；花岗岩分异演化作用是金属成矿的重要驱动力，花岗岩成矿机制构成矿床学研究的主要内容。总体上来说，花岗岩所蕴含的大陆岩石圈结构、组成和演化的丰富信息，是研究地球演化的天然窗口。花岗岩成因与成矿机制作为固体地球科学的重要内容，其基本定义可表述为：研究花岗岩的起源、岩浆形成-上升-侵位-演化-结晶机制、时空演变及相关的岩浆-热液成矿作用等相关内容的学科领域。

图 2-1 花岗岩的照片

（a）和（b）是浙江 A 型花岗岩的野外露头和镜下照片；（c）和（d）是为四川 I 型花岗岩的野外露头和镜下照片；（e）和（f）是西藏 S 型花岗岩的手标本和镜下照片。其中（b）中的绿色矿物为角闪石，灰色具麻点的矿物为长石；（d）中的绿色矿物为黑云母，灰色具斑杂状的矿物为长石；（f）中的黄色、蓝色和红色矿物为白云母

二、花岗岩成因与成矿机制的科学内涵

花岗岩是地球不断演变的产物，也记录了地球演化历史。纵观花岗岩 200 多年的研究进展，花岗岩成因与成矿机制的科学内涵可以阐述为如下五个方面。

（一）从玄武岩到花岗岩

花岗岩的初始成因研究。早期地壳以镁铁质岩石为主，地球何时、以何种方式和机制"制造"了花岗质大陆地壳，是花岗岩研究的根本性问题。

（二）从花岗岩到大陆

花岗岩的时空分布研究。全球花岗岩分布广泛，同时具有集中分布的特征，如华南多时代花岗岩、西欧海西期花岗岩、北美洲科迪勒拉花岗岩、喜马拉雅花岗岩等都是全球著名的巨型花岗岩带，它们的存在与板块构造作用及其有关的陆内过程有密切的关系。太古宙和更早期的花岗岩则记录着大陆形成和抬升的历史。因此，花岗岩与大陆形成、聚合、裂解的宏观时空耦合关系是非常重要的问题。

（三）从源区到花岗岩

花岗岩形成的热力学和动力学研究。花岗岩研究需要解决其源区问题，包括源区性质、源区化学不均一性、不平衡熔融、壳幔相互作用等。源区到花岗岩的转变受控于特定的热力学和动力学过程，尤其还涉及岩浆汇聚、上升、混合等，精细、精确地揭示花岗质岩浆的物理化学机制体现了花岗岩研究具体的科学内涵。

（四）从元素到矿床

花岗岩的成矿机制研究。与花岗岩有关的矿床包括有色金属元素、稀有元素、稀土元素等，这些成矿元素不仅地壳丰度低，而且在花岗岩中的含量也相对较低，它们如何从低丰度分布到超常富集成矿，是理解花岗岩成矿的关键，因此也是建立花岗岩成矿和找矿模式的基础。

（五）从地球到行星

类地行星中的花岗岩研究。地球是否是唯一存在花岗岩的星球，一直是行星科学家感兴趣的科学问题。地球上的花岗岩能为地外类地行星的研究提供重要参考；反过来，地外星球上的"花岗岩"也能为地球早期花岗岩的成因提供关键信息。

第二节　花岗岩成因与成矿机制的研究历史

一、国际花岗岩研究历史、特点和趋势

（一）研究历史

花岗岩的研究已有几百年的历史，与地质学的发展同步，历经了早期的"水成论"和"火成论"之争，到后来的部分熔融实验和花岗岩分类研究；最近数十年来地球化学方法在花岗岩中的广泛应用，更奠定了花岗岩研究的科学基础，完善了花岗岩的成因理论，发展了花岗岩与地壳增生和板块构造之间的理论联系。

对花岗岩的研究最早可追溯至18世纪中期，赫顿通过对苏格兰格兰扁（Grampian）山脉的研究，主要依据花岗岩与围岩的穿插关系，即花岗岩从下而上穿插切穿了先存的岩石地层，提出了花岗岩是侵入体的认识，支持花岗岩为岩浆成因。在20世纪40~50年代，花岗岩成因研究的争论主要是"混合花岗岩"还是"岩浆花岗岩"这两个观点（Grout，1945；Gilluly，1948；Read，1948a，1948b；Tuttle，1952；Tuttle and Bowen，1958）。从50年代以来开展的实验岩石学的研究围绕花岗岩源区作出了重要的贡献，极大地深化了人们对花岗岩源区的认识。相关的熔融实验最早始于Tuttle和Bowen（1958）。他们以人工合成的相当于Qz-Or-Ab成分的样品在低压条件下进行熔融，得到了最低共结点的变化轨迹。Winkler（1965）最早用岩石样品作为源区进行熔融实验。Wyllie（1977，1984）则在这一领域做出了大量奠基性的工作，他对从泥质岩到基性岩的岩石进行了一系列的熔融实验，并指出熔融实验要与地质实际相结合。帕蒂诺·道斯（Patiño Douce）等也在这一领域做了一些非常重要的工作，他们开展了白云母片岩、钙碱性英云闪长岩、硬砂岩等的熔融实验，探讨了不同源岩物质可能产生的花岗质岩浆的地球化学成分特征（图2-2；Patiño Douce et al.，1998）。后续进一步开展了花岗质岩浆在不同水含量、氧逸度等条件下的熔融实验研究（Ebadi and Johames，1991；Johannes and Holtz，1996）。这些地壳岩石的熔融实验与当时几乎同步开展的地幔岩石熔融实验相结合，增进了人们对于岩浆岩的认识的深度。随着实验岩石学的发展，国外学者已较早注意到熔融条件（P-T-H_2O-f_{O_2}）的不

同也是引起熔体成分变化的主要因素（Patiño Douce and Harris，1998）。例如，Weinberg 和 Hasalova（2015）系统总结了地壳岩石水致熔融的不同实验结果。

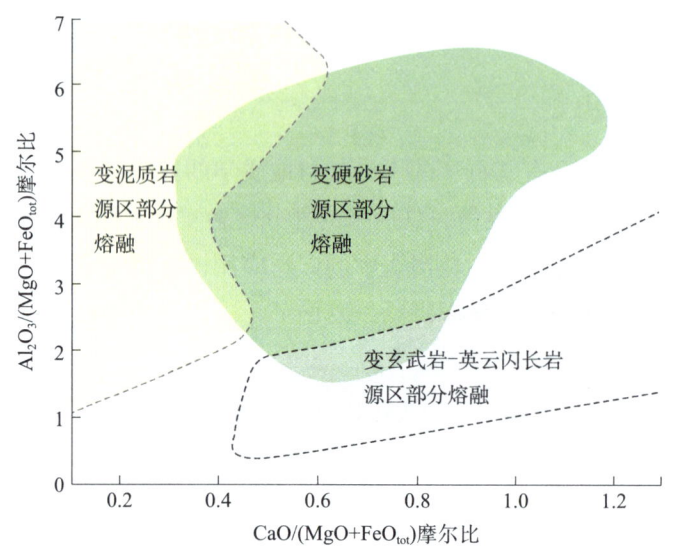

图 2-2　不同源岩物质可能产生的花岗质岩浆的地球化学成分特征
资料来源：修改自 Altherr et al.，2000

20 世纪 70 年代中期到 90 年代初期，熔融实验进一步开展，地球化学理论进一步完善，地球化学分析测试技术飞跃发展，使得对花岗岩的研究达到一个高峰，在花岗岩的成因分类和地球化学特征（Chappell and White，1974；Whalen et al.，1987；Pitcher，1983；Eby，1990）、花岗岩形成的实验岩石学研究（Clemens et al.，1986；Clemens and Vielzeuf，1987；Johannes and Holtz，1996；Rapp and Watson，1995）、花岗岩浆的上升和定位机制（Pitcher，1979）、花岗岩形成的构造背景（Pearce et al.，1984；Whalen et al.，1987；Maniar and Piccoli，1989）等方面都得到了迅猛发展，奠定了现代花岗岩研究的基础。

20 世纪 70 年代提出的花岗岩成因分类代表花岗岩研究进入了一个新的阶段。自从 Read（1948a）提出存在各种各样花岗岩之后，对于不同类型花岗岩的辨别和分类一直是岩石学家们关注的重要内容之一。已有的文献提出了 20 多种花岗岩的分类方法（如 Barbarin，1990），学者们较熟悉的主要分类方法如表 2-1 所示。

表 2-1　已有文献中提出的花岗岩主要分类方法

分类依据	划分方案
主要按照化学成分（矿物组成）的划分	过铝质花岗岩、准铝质花岗岩、过碱质花岗岩
	淡色花岗岩、二云母花岗岩-花岗闪长岩
	钛铁矿系列花岗岩、磁铁矿系列花岗岩（Ishihara et al., 1979）
	白云母的过铝质花岗岩（MPG）、含堇青石的过铝质花岗岩（CPG）、富K的钙碱性花岗岩（KCG）、含角闪石的钙碱性花岗岩（ACG）、弧拉斑花岗岩（ATG）、洋中脊拉斑花岗岩（RTG）、过碱性和碱性花岗岩（PAG）（Barbarin, 1999）
主要按源区类型的划分	I 型花岗岩、S 型花岗岩（Chappell and White, 1974）
	M 型花岗岩（White, 1979）、A 型花岗岩（Loiselle and Wones, 1979；Collins et al., 1982）
	同熔型（syntexis type）花岗岩、陆壳改造型（continental crust transformation type）花岗岩、幔源型（mantle-derived type）花岗岩（徐克勤等，1982）
主要按形成构造背景的划分	造山花岗岩、非造山花岗岩
	洋脊花岗岩（ORG）、火山岛弧花岗岩（VAG）、板内花岗岩（WPG）、碰撞花岗岩（COLG）（Pearce et al., 1984）
主要按照岩浆温度的划分	Chappell 等（1998，2004）依据岩浆温度将花岗岩分成高温型和低温型两种类型。I 型花岗岩可以分为高温型和低温型，两者主要的区别在于是否含有继承锆石。低温型的含有继承锆石，而高温型的不含有继承锆石。此外，S 型花岗岩为低温型

在上述不同分类方法中，学界最广泛使用的就是根据花岗岩源区类型 I-S-M-A 分类法。Chappell 和 White（1974）在研究澳大利亚东南缘拉克兰（Lachlan）褶皱带花岗岩时提出 I 型和 S 型花岗岩分类，认为 I 型花岗岩的源区为火成岩（igneous rock）或深部地壳岩石（infracrustal rocks）来源，而 S 型花岗岩源区为沉积岩（sedimentary rock）或表壳岩石（supracrustal rocks）来源。S 型花岗岩由其变沉积岩来源的特征，通常会呈现强过铝质的特征（铝饱和指数 A/CNK＞1.1），包含强过铝质矿物如白云母、堇青石等。而 I 型花岗岩从准铝质到过铝质都有出现，但多数为弱过铝质或准铝质（A/CNK＜1.1），常以含角闪石和榍石为标志。Loiselle 和 Wones（1979）提出了 A 型花岗岩的概念，后期有更进一步的扩展（Collins et al., 1982；Whalen et al., 1987；King et al., 2001）。另外，过去有一些学者曾用 M 型花岗岩来代表那些由幔源基性岩浆分离结晶作用产生的花岗岩（White, 1979；Whalen, 1985）。但在大陆地壳中，这种 M 型花岗岩往往是很少的，且实验岩石学研究已经证明，地幔岩石的部分熔融无法直接产生长英质熔体（Wyllie, 1984；

Johannes and Holtz，1996），而幔源岩浆的结晶分异能否最终产生花岗质岩浆也是存疑的（吴福元等，2007）。因此，M 型花岗岩现在已较少被提及。值得注意的是，A/CNK 值与花岗岩的 I-S-A 型分类并无直接的对应关系，强过铝质的花岗岩未必是 S 型花岗岩，许多地方的花岗岩未必具有典型的 I 型或者 S 型花岗岩的特征，而更多表现为一种复合型的矿物学和岩石地球化学特征。此外，这些地球化学特征还受制于岩浆的结晶分异和堆晶过程，这个方面在后文会再次提到。

（二）近几年花岗岩研究的特点和趋势

近年来，国际上有关花岗岩的研究正在不断深化，并寻求新的思路和角度来更好地理解花岗岩的形成，以及相关的构造、环境变化过程。总体而言，近些年来国际上花岗岩的研究呈现出以下七个特点和趋势。

（1）更精细的岩浆和矿物成因过程的深入剖析。通过细致的矿物学研究来认识转熔作用与 S 型花岗岩和 I 型花岗岩（Clemens et al.，2011）形成的联系，建立矿物–岩石–岩浆源区之间的耦合关系，深入揭示花岗岩的源区特征及多样性（Clemens and Stevens，2012；Hopkinson et al.，2017）。

（2）研究地壳深熔作用与花岗质熔体形成的初始过程（Brown，2013；Wang et al.，2012b，2015；Ma et al.，2017）。利用转熔矿物中捕获的转熔熔体恢复地壳深熔初始阶段熔体的成分（包括水含量，Bartoli et al.，2013，2014）；通过 Sr、Nd、Hf 等同位素揭示地壳物质的不平衡熔融过程（Farina et al.，2014）。

（3）通过实验岩石学（Scaillet et al.，2016；Huang et al.，2019）、热力学模拟（Lee and Morton，2015；Zhao et al.，2017，2018b；Chen et al.，2019）、地球物理（Liu et al.，2018）等方面的研究和资料综合，估算岩浆结晶的压力、温度、水含量、时间等参数，制约岩体生长的物理过程，深化花岗岩成因研究。

（4）利用多种同位素–微量元素分析手段来研究精细的岩浆过程。包括利用岩石学和锆石 Hf-O 同位素（Smithies et al.，2011）和矿物原位 Sr 同位素（Yu et al.，2018）等手段来示踪花岗岩的源区特征（Wang et al.，2011，2013）、岩浆过程、低^{18}O 事件（张少兵和郑永飞，2011），以及相关的地壳演化；利用对岩浆成分和温度敏感的锆石微量元素（Yan et al., 2020）和全岩微量元素模拟（Gelman et al., 2014；Lee and Morton, 2015）研究岩浆分异和高硅花岗岩/流纹岩的形成等。

（5）精细探讨岩体的生长和地壳增生过程。通过高精度定年（Schoene et al., 2012）和数值模型（Annen et al., 2013）来解释花岗岩体的累积生长过程和热演化史；利用锆石微区 LA-ICP-MS 和离子探针（SIMS）定年厘清花岗岩时空分布框架（Zhu et al., 2015, 2017；Wang et al., 2017）；利用花岗岩 Hf-Nd 同位素填图来示踪地壳快速增生或再造过程（Pankhurst et al., 2011；王晓霞等，2014；Hou et al., 2015）。

（6）综合研究太古代花岗岩与火山岩的成因联系，解译太古代花岗岩类（主要为TTG）的成因（Laurent et al., 2014, 2020），并以此来探究地球早期大陆形成与可能相关的板块构造启动过程（Moyen and Martin, 2012；Reimink et al., 2016）。

（7）用非传统稳定同位素（主要是 Fe、Mg、Zn、Cu、Zr、Si 和 Li 等）示踪花岗岩源区和岩浆演化过程（Telus et al., 2012；Savage et al., 2012；Foden et al., 2015；Du et al., 2017；Xu et al., 2017；Li et al., 2018）等。

二、国内花岗岩研究历史

（一）国内不同区域花岗岩研究历史

中国是一个花岗岩极为发育的国家，华南、东北、新疆、西藏等地区都有大面积的花岗岩出露。国内花岗岩的研究较早始于华南地区，分为三个阶段。1920年，翁文灏先生将长江中下游和南岭地区的花岗岩区分为两种不同类型的花岗岩。黄汲清先生早期提出了华南花岗岩多时代的可能性，他在1937年曾经指出，"福建、广东和江西所发现的若干片麻状花岗岩，前曾被认为属五台系和太古宙的，可能早晚被证明属于加里东期"（黄汲清，1994）。此后，1943年，徐克勤先生在《江西南部钨矿地质志》（徐克勤和丁毅，1943）中指出，南岭地区有五次造山运动，并可能有相应的多旋回花岗岩存在。1957年，徐克勤等在江西南康龙回的鹅公头剖面和上犹陡水剖面见到中、下泥盆纪砂岩与花岗岩呈明显的沉积接触，花岗岩之上为几十厘米厚的花岗质碎屑岩（即"假花岗岩"），于是首次确证了华南存在加里东期花岗岩（徐克勤等，1960）。这一里程碑式的发现打开了华南多时代花岗岩研究的大门，开拓了华南花岗岩地质研究蓬勃发展的新局面。1958年，徐克勤、郭令智等在皖南休宁踏勘地质时，又发现震旦纪休宁组砂岩与休宁岩体呈沉积接触，后经李应运研究证实休宁岩体属于晋宁期（李应运，1962）。到20世纪70年代，南京大学地质系与国内其他单位一起，共同完成了华南多时代花岗岩的地质地球化学特征及其成矿作用关系的研究。这一时期对华南花岗岩时空框架的初步建立，是华南花岗岩研究的第一阶段（王德滋，2004）。华南花岗岩研究的第二阶段为70~80年代，这一时期着重开展花岗岩的物质来源、成因分类研究，与当时国际上的花岗岩研究同步进行，达到了国际先进水平。而华南花岗岩研究的第三阶段始于90年代至今，着重对壳幔作用与花岗岩成因的研究（王德滋，2004）。

我国东北、新疆、华北的花岗岩研究在20世纪50年代也有零星的工作，在80年代起，与大别-秦岭-昆仑和西藏等地区花岗岩的研究一起也呈现出良好的发展态势。

我国北方在地质上属于华北板块和西伯利亚板块所夹持的中亚造山带，该区花岗岩与蒙古国和俄罗斯贝加尔地区一起构成世界上最大的花岗岩分布区。这一地区的花岗岩大多具有富含放射性成因Pb、明显低初始Sr和高初始Nd的同位素特点，暗示区内存在显著的显生宙地壳增生（吴福元等，2007）。仅对东北地区而言，20世纪90年代以前，地质界一直认为东北地区的花岗岩主要形成于古生代，但近年来的大量高精度测试结果表明这些花岗岩的主体形成于中生代（230~120Ma），只有少数岩体形成于古生代（吴福元等，2007）。与华南地区出现大量的S型（改造型）不同的是，东北地区的花岗岩主要为高分异的I型，少数为A型。

华北地区由于主要表现为早前寒武纪岩浆作用和变质作用。18亿年前至晚古生代属于克拉通演化阶段，基本不发育岩浆活动；中生代开始，由于克拉通破坏，发育较多的中生代花岗岩（吴福元等，2007）。其中，三叠纪花岗岩出现在东部，而侏罗纪花岗岩开始有往西拓展的趋势，到早白垩世则遍布华北全区，尽管东西两侧出现的花岗岩性质稍有差异（吴福元等，2007）。

西藏地区是我国花岗岩发育的一个重要地区（图2-3），其独特的构造位置使得西藏地区的花岗岩研究在理解青藏高原地质演化方面也具有重要意义。20世纪80年代开始的中法和中英合作对西藏地区的花岗岩开展了深入的研究，后来的西藏地区的花岗岩研究断断续续（莫宣学等，2005）。近期，西藏地区又逐渐开始成为国内花岗岩研究的热点地区，科研人员主要对巨型冈底斯岩基和高喜马拉雅淡色花岗岩开展了许多研究工作（Zhu et al.，2015；Wang et al.，2016）。

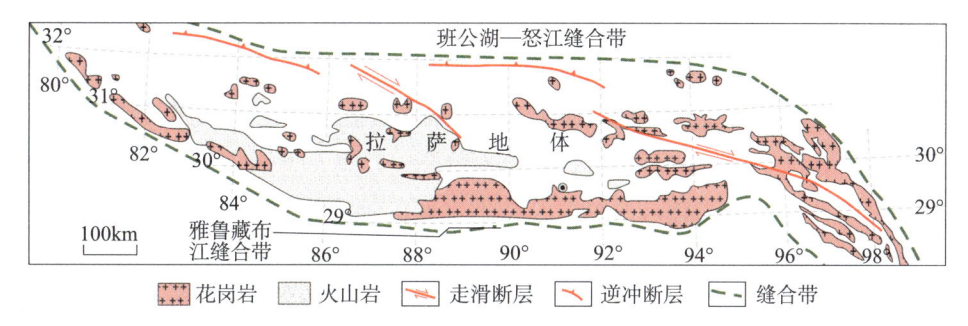

图 2-3　西藏冈底斯花岗岩的分布图
资料来源：修改自 Ma et al.，2013

（二）国内花岗岩研究分析测试手段的历史

除了野外地质调查和显微镜等传统岩相观察分析外，国内花岗岩研究在很大程度上受制于分析测试手段的进步，总体上可以分为三个阶段。第一个阶段在20世纪70年代以前，主要基于极少的主量和微量元素及Ar-Ar和Rb-Sr同位素定年技术，更多地依赖于详细的野外地质调查，包括大范围的填图工作，这些工作为花岗岩成因与成矿研究的进一步深入发展打下了坚实的基础。第二个阶段在70年代至20世纪末，一系列仪器设备的应用极大地推进了花岗岩的研究，大批主量和微量元素数据、矿物电子探针成分、Sm-Nd和Rb-Sr及Pb同位素及少量锆石U-Pb定年，深化了花岗岩成因的研究。第三个阶段在最近20年来，国内的地球化学分析测试手段迅猛发展，尤其是在矿物微区同位素定年和同位素组成及金属稳定同位素的分析测试上取得了长足的进步。这些手段的应用更是大大拓展了花岗岩的研究空间，在探讨花岗岩的源区及相关的陆壳物质再循环、岩浆过程中的地球化学行为、壳幔相互作用过程和物质交换等方面的研究中发挥了重要作用。主要表现在三个方面。

（1）锆石的微区 LA-ICP-MS 和 SIMS 定年可以有效建立花岗岩的时空格架。例如，在对华南花岗岩资料搜集统计的基础上，依据新的锆石定年资料和花岗岩的铝饱和指数，建立了明晰的华南花岗岩时空分布格架（孙涛等，2006；Zhou et al.，2006）并不断更新（Liu et al.，2020）。需要指出的是，对于多期次的复合花岗岩体（基）的不同相、不同单元的时代还缺乏足够的数据，对于高分异高 U 含量的锆石定年存在方法上的困难和解释上的不确定性。另外，不同研究者对花岗岩年代数据时空变化的解释也存在不同的看法（Zhou et al.，2006；Li Z X and Li X H，2007；Li et al.，2016）。

（2）LA-MC-ICP-MS 锆石微区 Hf 同位素的分析在探讨花岗岩源区上发挥了重要作用。利用 Hf 同位素可以区分某一地区的地壳增生和演化过程，这一思路被广泛用于探讨西藏及其相邻地区的地壳演化（张立雪等，2013；Hou et al.，2015a，2015b；Wang et al.，2016；杜斌等，2016）和北方造山带的地壳增生和大陆演化（孙晨阳等，2017），在秦岭（王晓霞等，2014）、新疆（宋鹏，2017）等地区也都发挥了重要作用。需要注意的是，不少花岗岩样品的锆石 Hf 同位素存在较大的变化，其成因既可能与壳幔岩浆混合有关，又可能受控于地壳的不平衡熔融机制（Tang et al.，2014；Wang et al.，2017，2021），需要结合野外岩相学观察来鉴别。

（3）离子探针原位锆石 O 同位素的分析在花岗岩研究中的应用日渐广泛。锆石 O 同位素和 Hf 同位素结合，可以有效地反映源区的地壳性质及相关的岩浆过程（Hawkesworth and Kemp，2006；Kemp et al.，2007）。Li 等（2009）和 Chen 等（2009）将这一手段应用到华南和华北花岗岩的研究中。

相对而言，国内 20 世纪在花岗岩实验岩石学方面的研究乏善可陈，但近年来，国内学者在花岗岩成岩实验岩石学方面也逐渐与国际接轨。例如，Gao 等（2016）总结了不同地壳岩石熔融实验产生的熔体对不同类型花岗岩成分的限制，他们在比较源区成分和实验熔体成分时，发现熔融温度对实验熔体成分变化起到强烈的控制作用；Zhao 等（2015）对南岭地区中生代花岗岩的研究也表明，熔融温度的不同反映在熔融程度的不同上，是引起该地区花岗岩体成分变化的主要因素；Gao 等（2017）的研究表明，喜马拉雅淡色花岗岩显示了两组完全不同的成分，这两组花岗岩成分的不同主要是由白云母脱水熔融和水致熔融的差别引起的。

总体来看，国内的花岗岩研究已有近百年的研究历史，尤其在最近40年里，国内研究学者在花岗岩成因分类、花岗岩的地球化学和构造环境的联系上取得了重要的进展。到21世纪，国内研究学者更是紧追国际研究前沿，有显著上升趋势。但是，和澳大利亚拉克兰带、欧洲的加里东－海西带和太平洋东岸的花岗岩带相比，我们的研究深度和国际关注度仍然落后，还需更多工作来解决花岗岩成因的诸多基本问题（吴福元等，2007）。

三、国内外花岗岩成矿机制研究的历史

花岗岩成矿机制研究的本质即为关注成矿物质如何从花岗质岩浆中出溶、运移和沉淀富集。决定花岗岩成矿作用的因素是多方面的，包括矿物学、元素地球化学、同位素地球化学特征、岩石形成物理化学条件及不同时代岩浆岩演化特征、地质构造背景等（地质矿产部地质辞典办公室，2005）。

岩浆岩的成矿专属性最早是由苏联学者 Смирнов（1937）提出的。他认为，成矿专属性是指一定的金属和矿石类型与不同成矿深度及其他形成条件岩浆岩的共生关系。在1958年的第一届全国矿产会议上，成矿专属性首次被引入国内使用（闻广，1958）。虽然成矿专属性作为一个专业术语出现得较晚，但其研究的内容在19世纪末20世纪初就开始了（Launay，1892）。翁文灏（1920）将我国南部与成矿有关的燕山期花岗岩类简单划分为与铁铜等有关的偏中性一类和与钨锡等有关的偏酸性一类，是国内最先提出的岩浆岩成矿专属性。

20世纪60~70年代，我国有十几篇文献探讨了酸度和碱度在花岗岩类成矿专属性中的主导控制作用，主要集中于华南地区的花岗岩。徐克勤等首次提出华南地区存在多时代（即晋宁期、加里东期、印支期、燕山期）花岗岩这一论断，并且系统阐述了华南地区不同时代花岗岩类的成矿专属性（徐克勤等，1963；徐克勤，1963）。徐克勤等（1963）还提出，晋宁期和加里东期矿化特征有很多相似之处，二者都有金的矿化，而缺乏钨锡钼等的矿化；与晋宁期花岗岩不同，加里东期花岗岩类可能有一些钨锡的初步富集；印支期和燕山期的矿化特征也有很多近似之处，二者都有钨锡铅锌等矿化，而缺乏金的矿化。

花岗岩的成矿专属性自20世纪70年代才广泛开展。中外学者对花岗

岩的成因分类及与成矿作用的关系给予了前所未有的重视。澳大利亚的Chappell和White（1974）对澳大利亚东南部拉克兰褶皱带的花岗岩进行了详细研究，划分了I型花岗岩和S型花岗岩。两者具有不同的岩浆源区，也具有显著不同的矿物学和地球化学特征。Chappell和White（1974）提出高演化的S型花岗岩与锡矿化关系密切，而斑岩型铜、钼矿化与I型花岗岩有关。Blevin和Chappel（1992）进一步提出了金属矿化组合与S型花岗岩和I型花岗岩的岩浆源区、氧逸度和分异程度有密切的对应关系。钨锡矿化的成矿花岗岩既可以是S型花岗岩，也可以是I型花岗岩，但是成锡花岗岩均是高演化的还原性花岗岩。斑岩型铜、钼矿化与高氧逸度的I型花岗岩有关（Blevin and Chappell，1992；Chappell and White，2001）。近年，考虑到I型花岗岩有大约45%的铝过饱和指数大于1.0的事实，Chappell等（1998）将I型花岗岩进一步划分为高温和低温两个亚系列。高温I型花岗岩可能成矿潜力更大，因为高温I型花岗岩冷却结晶过程会释放更多的水和不相容元素，有利于成矿物质的迁移、沉淀和聚集。

Ishihara（1977）根据对日本花岗岩的系统研究提出，常见的花岗岩类岩石可以按照不透明矿物（铁钛氧化物）分成磁铁矿和钛铁矿两个系列。这两个系列的花岗岩类岩石是由不同的岩浆产生的。前者可能发生在地壳较深的部位，后者则可能来自地壳较浅的部位，有可能混入含碳的变质岩和沉积岩（Ishihara，1977）。铜钼矿化与磁铁矿系列关系密切，而钨锡矿化与钛铁矿系列紧密相关。在环太平洋成矿带，花岗岩和相关的矿化存在明显的区域分布特征，钛铁矿型花岗岩主要分布在环太平洋带的西带，而磁铁矿型花岗岩主要分布在环太平洋带的东带。与此对应的是，环太平洋带的西带以发育大规模钨锡矿化为特征，环太平洋带的东带则发育以南美洲安第斯带和北美洲科迪勒拉带为代表的斑岩型铜钼矿化（Ishihara，1998）。

徐克勤等基于对华南花岗岩的研究，于20世纪80年代初提出了改造型和同熔型花岗岩的划分方案，并提出了钨锡稀有金属矿产和铁铜金钼铅锌矿产分别对应前者和后者（南京大学地质系，1980；徐克勤等，1982）。徐克勤等（1982）提出华南政和—大埔断裂是两个成因系列花岗岩的分界线，东侧主要是过渡型地壳同熔型花岗岩带，西侧主要是陆壳改造型花岗岩带。地壳成熟度中等，岩浆过程简单，富集成矿物质源区熔融形成同熔型花岗岩和伴生的铁、铜、钼矿床;地壳演化成熟度高,多期多阶段花岗岩发育,往往晚阶段花岗岩成矿具有改造型花岗岩和伴生钨锡稀有金属矿产的特征。与改造型花岗岩相比,中国东部与金矿化有关的花岗岩类具有不同的岩石学和地球化学特征,多数与金矿化有关的花岗岩类的黑云母为镁质或铁镁质,其八面体阳离子中镁离子占位率普遍大于38%(徐克勤等,1992)。

20世纪80年代以来,A型花岗岩与成矿的关系开始引起研究人员关注,发表了若干篇关于A型花岗岩的特征与成矿作用关系的文献(如卢欣祥,1984;顾连兴,1990;毕献武等,1999)。除岩石成因类型外,研究人员开始从花岗岩的时空分布、起源、侵位机制等多个方面来综合探讨其成矿专属性。

Thompson等(1999)提出了一种新的金矿类型——与侵入岩有关的金矿床(intrusion-related gold deposits)。这类金矿床常在远离汇聚板块边缘的克拉通边缘或者大陆碰撞造山带,往往与W-Sn矿化伴生。这类金矿床与分异的还原性I型花岗岩有关,具有特征性的Au+Bi+W+Sn+Mo+Te+Sb+As等元素金属组合。矿床可形成于不同深度。在地壳浅部环境(<1km),平行排列的含金黄铁矿席状细脉发育;在中等深度环境(3.5km),热液角砾岩型金矿化形成;在中深部环境(3~6km),陡立的石英脉、云英岩型、浸染状金矿化发育。

近期研究表明,部分斑岩铜矿也与还原性斑岩体有关,因此命名为还原性斑岩矿床(Rowins,2000)。还原性斑岩铜矿具有如下特征:①岩浆与流体均表现低氧逸度(f_{O_2}<ΔFMQ)特征;②发育大量的原生磁黄铁矿,缺少高氧化特征的矿物,如硬石膏、赤铁矿和磁铁矿;③流体包裹体中常含大量的还原性气体甲烷(CH_4);④蚀变较弱和矿床规模较小,且相对富金。还原性斑岩铜矿的成矿斑岩体可能属于还原性的I型花岗岩,也可能是氧化性的岩浆在侵位过程中同化混染还原性地壳岩石(如碳质碎屑岩)的产物。

进入21世纪的前十年,国内外的学者都试图从更精确的地球化学特征或指标及壳幔相互作用等多个维度来阐述花岗岩的成矿专属性。随着对埃达克岩的重视,国内出现了多篇探讨埃达克质岩石与成矿关系的文章(如王强等,2000;张旗等,2001)。"埃达克质岩"是指那些具有与俯冲洋壳熔融形成的"埃达克岩"类似地球化学特征的岩石,如$SiO_2 \geq 56wt\%$,$Al_2O_3 \geq$

15wt%，亏损钇（Y）（≤18ppm）和重稀土元素（如 Yb ≤ 1.8ppm），高 Sr，无或弱的正铕（Eu）和正 Sr 异常等。高硅埃达克质岩与 TTG 地球化学性质极为相似（图 2-4）。世界上许多斑岩铜矿与埃达克质斑岩密切共生，因此埃达克质岩的成铜矿潜力巨大。

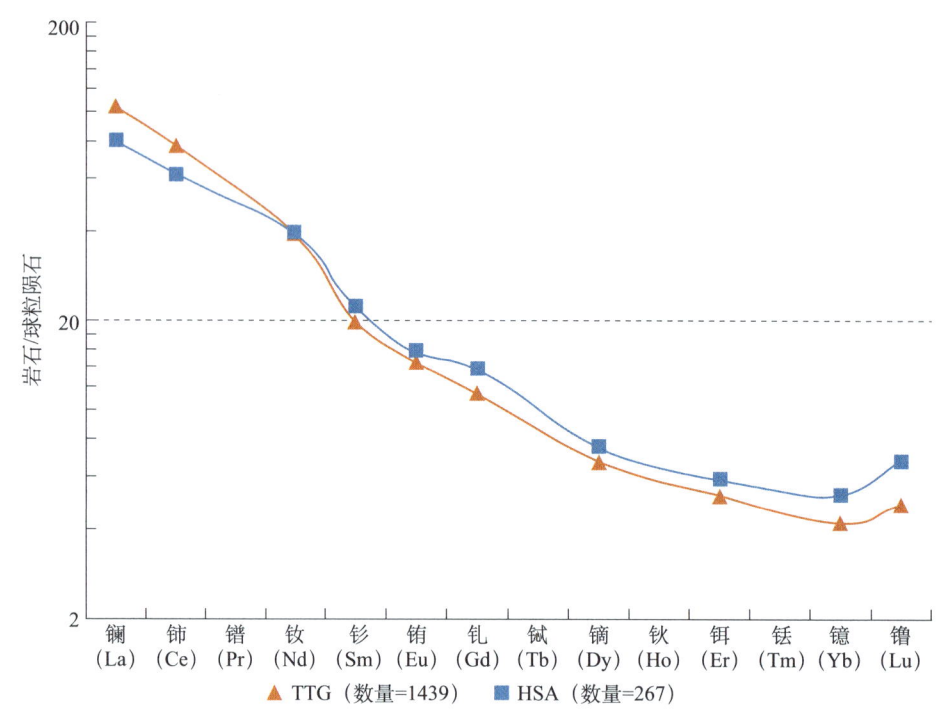

图 2-4 高硅埃达克质岩（HSA）与 TTG 的稀土地球化学特征图

资料来源：Martin et al., 2005；Moyen and Martin, 2012

华南地区广泛分布晚中生代酸性、中酸性的花岗岩类，出露面积超过 110 000km²，若按平均厚度 1km 计算，则体积可达 110 000km³，构成了华南大花岗岩省（王德滋，2004；王德滋和周金城，2005），产出有丰富的金属矿产，其中钨、锡、锑、铋等金属储量世界第一，钒、钛、钽等金属储量全国第一。造岩矿物和副矿物都可以作为钨锡花岗岩成矿能力的判别标志，其中云母、榍石、金红石、锡石是含锡花岗岩的重要含锡矿物，白钨矿、黑钨矿、钨铁铌矿（铌黑钨矿）、金红石是含钨花岗岩的特征性含钨矿物（王汝成等，2008）。陈骏等（2014）进一步总结确定了南岭地区存在新元古代、古生代、早中生代和晚中生代多时代花岗岩的钨锡成矿作用。此外，我国对与花岗岩有关的铀矿成矿规律也有不少的研究成果，总结了产铀花岗岩的主要特征，包括断裂构造发育、蚀变作用非常强烈、常与二云母花岗岩伴生、中基性和酸性脉岩发育等。

第三节 学科发展规律和特点

一、学科发展动力与人才培养特点

（一）学科发展动力

花岗岩成因与成矿机制作为地质学一级学科的核心内容，有其发展的学科内部动力和外部动力。

从内部动力来说，花岗岩成因与成矿机制研究有学科自我提高和服务国家战略的使命和追求。改革开放之初，地球科学领域急需迎头赶上国际地学发展趋势，花岗岩成因与成矿机制领域率先发力，迅速融入板块构造理论体系，在丰富和发展我国板块构造理论、开展现代地质学研究方面发挥了重要作用。以华南花岗岩和成矿研究为代表涌现出了一批成果，进而在东北花岗岩、青藏高原花岗岩、中亚造山带花岗岩、秦岭花岗岩等方面不断开拓新领域和新优势，既引领了相关学科发展，又壮大了队伍，为国家培养了一批批优秀的地学领域科研工作者。21世纪以来，地球科学研究进入新的时期，花岗岩成因与成矿机制研究借助现代分析测试手段，进一步将野外观察调研和室内分析测试结合起来，催生了一批批高质量的研究成果，而且将我国花岗岩成因与成矿机制研究不断推广到国外，进一步推动了国际合作和交流，在国际上产生了一定的影响力。作为四年一届的国际花岗岩研究的盛会，"Hutton 国际花岗岩学术研讨会"于2019年首次在南京举办（第九届），就是一个重要的体现。

从外部动力来说，花岗岩成因与成矿机制研究和国家的国民经济发展及国家安全战略又密不可分。改革开放以来，我国经济实力稳步提升，在国际社会发展和人类命运共同体的建设上承担了越来越多的责任，国际影响力日渐增强。同时，国际形势迅速发展，国与国之间在合作的基础上又凸显竞争关系，尤其是大国之间的竞争更多地体现在能源和资源领域。我国经济持续稳定发展迫切需要有矿产资源方面的有力战略支撑，而花岗岩成因与成矿机制研究恰恰能在这些方面发挥重要作用。尤其是内生金属矿床，如与现代科学技术和军事有关的稀有、稀土矿产及与国民经济直接相关的 Cu、Au 等矿产，大多与花岗岩直接有关。其中，我国在稀土元素资源方面拥有一定的国际话语权，如我国北方白云鄂博、南方赣南粤北的稀土矿举世瞩目。在江西等地相继发现的超大型钨矿使我国在世界钨矿资源储备上继续遥遥领先。最近在青藏高原发现的斑岩铜矿、淡色花岗岩铌钽成矿、松潘—甘孜造山带的锂矿及新疆和内蒙古的稀土－锂－铷矿等，都是我国重要的矿产资源战略储备。

基于上述内部和外部的学科发展动力，我国在花岗岩成因与成矿机制方面产出了一批创新学术成果，创造了巨大的经济价值，培养了一批人才队伍。相应地，基于这些工作，我国的国际合作不断加强，国际影响力不断增强，同时对国内花岗岩和成矿研究水平也提出了更高的要求。

（二）人才培养特点

在花岗岩成因与成矿机制研究方面，人才培养和队伍建设是学科持续发展的生命力。在新的形势下，该学科领域的人才培养具有以下三个方面的特点。

1. 强有力的梯队

围绕国家目标和科学前沿，基于中国和世界地质特色，紧紧围绕花岗岩成因与成矿机制这一核心问题，形成了一批以"院士＋资深教授＋国家高层次青年人才＋国家优秀青年人才"牵头的学科齐全、具备创新能力的人才队伍。在国家自然科学基金委员会、中国地质调查局（自然资源部）、科学技术部、教育部等部委相关项目的大力支持下，队伍不断壮大，稳定增长，目前已在花岗岩成因与成矿机制研究中形成强有力的人才基础和梯队，能够应对当前和未来的科学挑战与满足国家战略需求。

2. 多学科融合的理念

在老中青的团队建设过程中，近年来，不断有年轻人才涌现出来，逐渐承担起学科发展和科学研究的重任，为花岗岩成因与成矿机制研究保持了持续的新鲜的活力。这些年轻的学者更多地面向多学科融合的发展方向，着重提升学科的广度和深度，利用分析技术手段的进步，在工作方法上越来越现代化，在知识基础上越来越交叉，促进了学科的自我完善。例如，花岗岩成因和早期地壳演化的研究、花岗岩和古环境变化的研究、花岗岩－火山岩的成因联系、成矿的内生和表生循环等，都是新形成的研究方向和领域。

3. 国际化的加强

一方面，国内选派有潜力的花岗岩和成矿研究学者到国外知名研究单位访问，开展深度的国际合作，提升研究水平，使国际合作成为常态；另一方面，我国学者已经开始对来自亚非拉等国家的青年学子进行培养，近几年欧美发达国家留学生在华学习和开展研究的也逐渐增多，并在此基础上建立了更多的国际合作。这些方面的工作都进一步推动了花岗岩成因与成矿机制研究的广度和深度，同时扩大了中国学者在国际花岗岩成因与成矿机制研究方面的影响力。

二、学科交叉状况与成果转移态势

基于物质成分和晶体结构的微区分析是开展花岗岩成因与成矿机制研究的发展趋势。日益发展的现代地球化学分析和测试技术为花岗岩成因研究提供了多重钥匙，利用微区分析手段可以精细刻画成岩成矿过程。锆石 TIMS U-Pb 定年技术可以精确厘定花岗岩的形成时代、侵位速率；岩体的锆石原位 U-Pb 定年与热液矿床矿石或脉石矿物的原位 Ar-Ar 定年相结合，可以厘定花岗岩的岩浆热液作用持续时间。SHRIMP 和 LA-ICP-MS 锆石 U-Pb 定年可以快速准确地厘定花岗岩的形成时代。单矿物的原位微量和同位素研究可以用来反演岩浆演化与成矿元素的富集机制。分析复式岩体各相花岗岩中黑云母的主微量成分，可以用来约束花岗岩的氧逸度和成矿潜力。对斜长石不同环带进行 Sr 同位素分析，可以识别出花岗岩经历了哪种成岩过程。对花岗岩中的锆石进行成分分析，可以用来反映花岗岩的分异演化程度、氧逸度及成矿潜力，但这些方法均需要更高精度和分辨率的分析测试技术。

花岗岩研究与构造地质学科存在许多交叉。用花岗岩和成矿来研究大地构造问题，拓宽了花岗岩研究的视野，丰富了花岗岩和成矿研究的内涵。巨型花岗岩带是板块俯冲与陆块聚合的产物，巨量花岗岩是地球演化高度成熟的标志，也是地球与太阳系其他星球最重要的区别。研究花岗岩与大陆构造的关系对于认识地球成因演化和元素的地球化学循环至关重要。花岗岩研究为认识构造体制转换，特别是板块构造体制的启动时间和机制，起到重要的推动作用，已成为地学研究中的热点之一。许多学者通过年代学方法研究古老克拉通板块中最早的花岗岩时代及其形成机制，探讨地球早期板块构造模型和现代板块构造体制的开启时间（Cawood et al., 2006; Condie and Benn, 2006; Harrison et al., 2005）。

深部探测技术已逐渐成为研究花岗岩成因与成矿机制的重要手段。利用多种地球物理方法相结合的联合反演，已成为揭示深部花岗岩体和矿体的三维空间分布的重要手段。天然地震探测、自然地震探测、重磁探测、电法探测等方法，既可以揭示花岗岩及有关矿床的深部空间分布规律，也可为探讨花岗岩和矿床形成的动力学机制及地壳结构对成岩成矿的制约作用提供重要信息。

地质过程无法直接观测，因此，高温高压模拟实验和数值模拟就成为研究花岗岩与矿床成因的一个重要突破口。实验和数值模拟可以研究花岗岩源区的含水性和部分熔融程度、岩浆形成的温度、压力、氧逸度等，揭示花岗质熔体-流体中各种成矿元素和挥发分（如钨、锡、锆、铪、铌、钽、铍、锂、氟、氯、硼、硫等）的溶解度和配分系数，为探讨岩浆和成矿流体形成与演化过程中元素地球化学行为，特别是成矿元素的富集过程及成岩成矿机制提供理论基础。

数据是现代科学最重要的研究成果，随着计算机技术和网络技术的发展，基于大数据的科学研究与规律发现正逐渐成为当今科学领域的发展趋势（Ahmed et al., 2017; 翟明国等, 2018），"大数据"时代已经到来（Lynch, 2008）。花岗岩成因与成矿机制研究已经积累大量的地球化学和地球物理数据。在过去的十多年，全球科学家建立了 EarthChem、GEOROC、DataView 等多个优秀的岩浆岩数据库，建立大数据研究平台，利用大数据进行信息挖掘、机器学习有望成为揭示花岗岩与矿床的区域乃至全球时空分布规律、形成过程、地球动力学对成岩成矿制约、元素地球化学循环、深部物质结构与地壳生长、预测找矿靶区的新手段，推动花岗岩成因与成矿机制研究迈向新台阶的突破点。

花岗岩成矿能力研究是当今矿床学发展的又一重要趋势。研究人员过去主要侧重花岗岩成矿专属性、花岗岩成矿规律和含矿花岗岩地质地球化学特征研究，而如何判别花岗岩是否具有成矿潜力缺乏系统而深入的研究。如何从花岗岩的源区组成、岩浆性质及演化、岩石地球化学和矿物学特征、挥发分出溶机制等方面，建立判别花岗岩成矿能力的矿物学和地球化学标志需要多学科的综合研究。

三、研究组织形式与资助管理模式

随着我国科学技术和经济社会的不断蓬勃发展，科学研究的组织形式及经费资助的管理模式也在不断地调整，以适应科学技术活动发展特征，从而有利于科学活动更好地开展，并更好地服务于经济社会发展（何洁等，2013）。我国花岗岩研究的组织形式与资助管理模式也在不断地发展与改革，为奠定花岗岩研究的基础，拓展并推动相关的花岗岩与成矿、地球化学、地球物理、构造地质学与大陆动力学乃至行星学等学科的发展提供了保障。

中华人民共和国成立至改革开放前，科研院所承担的科研工作主要由研究室这一层面完成。改革开放以后，根据市场经济条件下"经济依靠科技，科技面向经济"的要求，首席科学家负责制在科研项目管理中成为主流（何洁等，2013）。在此背景下，花岗岩研究领域涌现了一大批学科带头人，积极推动了花岗岩研究的进程。以华南地区的花岗岩研究为例，徐克勤先生带领南京大学地质系在20世纪50～60年代首次确证了华南地区存在加里东期花岗岩，并发现震旦纪休宁组砂岩与休宁岩体呈沉积接触。这些里程碑式的发现打开了华南多旋回花岗岩研究的大门，开拓了华南花岗岩地质研究蓬勃发展新局面。改革开放以来，分别由王德滋院士和周新民教授领衔，在国家自然科学基金委员会几轮重点项目的资助下，着重开展花岗岩的物质来源、成因分类研究，厘定了华南花岗岩的时空分布格架与规律。这些研究与当时国际上的花岗岩研究前沿同步进行。进入21世纪，得益于分析测试手段的飞速进步，在科学技术部973计划项目和国家自然科学基金委员会几个重点项目的支持下，华南地区的花岗岩研究更加深化。

国家科技管理部门也开始探索创新协同化、集约化的科研组织方式，如国家科技计划重点、重大项目主要是由国家提出项目目标任务，专家揭榜挂帅，由项目负责人分解任务并遴选课题承担单位（何洁等，2013）。例如，华北克拉通从中生代开始，由于克拉通破坏，发育了较多的中生代花岗岩，国家自然科学基金重大研究计划"华北克拉通破坏"的实施，查明了克拉通破坏与花岗岩成因的关系，提出了"克拉通破坏"理论体系，是中国近年来最具国际影响力的固体地球科学研究成果之一，为中国地球科学家走向全球起到引领作用。

青藏高原发育大规模与俯冲-碰撞相关的花岗岩类（如淡色花岗岩、冈底斯岩基等），是国际地学界研究的热点区域之一。这些花岗岩成因研究对理解高原的隆升、气候变化等至关重要。为综合研究青藏高原的地质、气候、资源、环境等效应，我国在20世纪60～70年代组织了若干次青藏高原综合科学考察，其中两次与英国、法国等国际同行共同实施。这种有针对性的研究组织形式和经费资助模式，对于理解青藏高原花岗岩成因及相关学科具有极大的推动作用。

另外，在中亚和我国东北、秦岭等地区花岗岩的研究也得到了科学技术部、国家自然科学基金委员会和地质调查局一系列项目的支持，花岗岩研究呈现良好的发展态势。

第三章 发展现状与发展态势

第一节　本学科主要研究领域的发展状况与趋势

一、花岗岩起源与早期大陆形成

（一）地外行星花岗质成分的形成研究

1. 现状和问题

已有报道表明花岗岩可在其他星球产生（图 3-1）。但是相对于地球，花岗岩在其他星球物质中的占比很小。首次发现的地外花岗岩（更准确地可称为"酸性岩/组分"）来自阿波罗计划返回的月球样品，以岩屑形式分散在撞击角砾岩或月壤中。月球酸性岩成分可以从安山质到花岗质，这与地球酸性岩的变化范围相似。月球上的矿物主要是长石和石英，还会出现钛铁矿、单斜辉石、磷灰石、白磷钙矿、锆石等，甚至是铁橄榄石（Warren et al., 1983; Shervais and Taylor, 1983; Blanchard and Budahn, 1979）。月球上的花岗岩的形成时间比月球上岩浆洋的固结时间晚，并且花岗质岩浆作用至少持续了 500Ma（Shih et al., 1993）。这说明月球上的花岗质岩浆并不是从岩浆洋中直接演化出来的。月球上的花岗岩的可能成因有岩浆的高度分离结晶作用、月壳高地侵入岩极低程度的部分熔融作用和液态不混溶作用。此外，利用花岗岩相对玄武岩和斜长岩富集钾、钍和铀，轨道探测器可以遥感探查这些不相容元素在月球表面的含量，进而获得月球表面花岗质物质的分布情况（Jolliff et al., 2011）。

(a) 地球　　　　　　(b) 月球　　　　　　(c) 火星

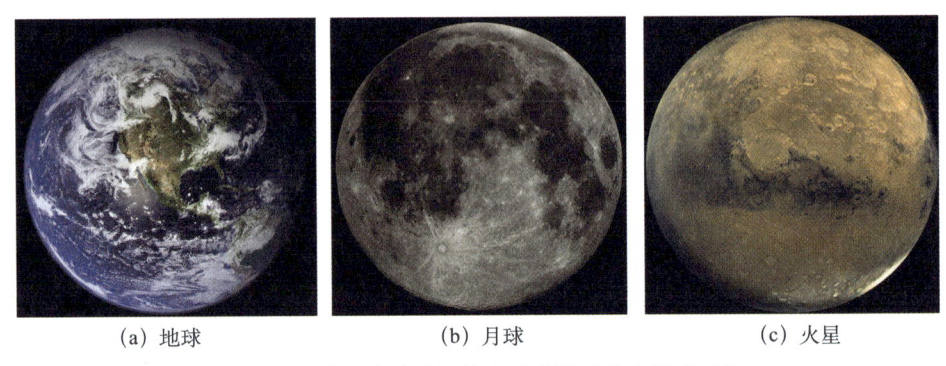

图 3-1　目前已直接或间接发现花岗岩的太阳系天体

最近，研究人员在来自小行星的陨石中也发现了少量酸性岩屑（Terada and Bischoff，2009；Beard et al.，2015）。陨石 EET 87720 中花岗质岩屑的 SiO_2 含量高达 77wt%，主要矿物包括奥长石、钠长石和石英。普通球粒陨石 Adzhi-Bogdo 中花岗质岩屑的矿物主要包括石英、钾长石、钠铁闪石等。此外，中酸性陨石 NWA 11119 的石英含量高达 30 wt%，全岩 SiO_2 含量也达到 61wt%。这些花岗岩的年龄都非常老，其中 NWA 11119 的年龄为 4564.8Ma±0.3Ma，Adzhi-Bogdo 花岗质岩屑的年龄为 4.48Ga±0.12Ga，显示太阳系在非常早期就已演化出酸性岩。

火星地表广泛分布含水矿物（Mustard，2019），并且早期可能有水流（Lasue et al.，2019），因此火星很有可能产生这种高分异的花岗质岩浆。火星酸性岩的研究主要基于遥感探测（Christensen et al.，2005；Wray et al.，2013）和就位分析（Sautter et al.，2015；Morris et al.，2016）。探测发现火星表面有酸性岩，表明火星曾有高度演化的岩浆且火星岩石更具多样性。火星奥德赛（Odyssey）搭载的热发射成像系统（thermal emission imaging system，THEMIS）在大瑟提斯（Syrtis Major）地区探测到了高硅的英安岩，且还在其他地方也发现了酸性岩石（Wray et al.，2013）。好奇号火星探测器在盖尔（Gale）陨石坑探测到鳞石英，说明火星上曾有富硅岩浆的火山活动（Morris et al.，2016）。

2. 关键科学问题

结合行星对比来看，花岗岩起源与大陆形成的联系非常重要，主要由花岗岩组成的地球大陆地壳与其他行星的表壳成分明显不同，其高的全岩 SiO_2 含量通常被解释为需要板块构造和水的参与。地球上大量花岗岩的形成是否也能在太阳系其他硅酸盐行星（包括月球）上发生？其他星球上若产生花岗岩是什么成因机制？这些重要的科学问题可以通过地外行星花岗岩的研究来深化。

通过地外花岗岩的研究，可以探究地外行星是否存在水。花岗岩的形成一般需要水的参与。目前的探测结果显示，地球之外的硅酸盐天体普遍贫水，月球和小行星（如普通球粒陨石的母体）的水含量非常低。火星表面虽然可能曾经有水，但是遥感探测到的花岗岩的形成是否有水的参与？与地球花岗岩的形成有何差异？均需进一步研究。

通过地外花岗岩的研究，还可以为研究地球冥古宙花岗岩的形成和早期地壳性质提供重要信息。由于后期多阶段构造运动的叠加和改造，地球上的冥古宙花岗岩极难保存。地外花岗岩可以作为一个重要的补充和参考。但是，由于地外样品数量和行星探测手段的限制，地外花岗岩研究还一直处于报道发现阶段，对其成因和意义的深层次研究非常少见。当前国内外已形成新一轮的深空探测热潮，而深空资源的探测和利用是关键的探测计划目标，地外花岗岩的研究也将是重要的研究方向。

（二）早期花岗岩的形成与克拉通化

1. 现状和趋势

地球早期花岗岩成分与大陆形成的研究，一直是地球科学的前沿和热点领域。关于该领域研究的现状态势，集中体现在以下三个方面：①初始地壳与最早花岗岩的研究进展较慢；②TTG片麻岩的成因与克拉通地壳的生长研究有待突破，且有可能取得突破；③克拉通化及前寒武纪大陆动力学依然是热点和争议课题，也是亟待加强的课题。

1）初始地壳与最早花岗岩的形成

地球有45.6亿年的演化历史，经历了初期的星子吸积和岩浆海阶段，之后形成初始地壳（玄武质地壳）。现存最古老的花岗质岩石是加拿大斯拉韦克拉通阿卡斯塔河中一个小岛上的英云闪长质片麻岩，年龄为40.2亿年（Iizuka et al.，2009）。更早的同位素年龄则来自西澳大利亚杰克山（Jack Hills）砾岩的锆石中。它们被认为来自TTG质酸性岩或安山质岩石，年龄达44亿年。这说明地球在44亿年前就已经存在花岗质岩石（Valley et al.，2014）。锆石还记录了44亿~40亿年前的水-岩相互作用的证据（Wilde et al., 2001）。地球上初始地壳和早期大陆地壳的报道很少，有些研究者认为后期的大陆构造活动和再造导致它们很难保留下来（Dohm et al., 2018）。

目前，对早期地壳的研究还主要局限在有岩石记录的太古宙，而对于冥古宙初始地壳和陆壳的研究则主要基于比较行星学的研究或者理论推测（如 Sawada et al., 2018）。对初始地壳（原始地壳）的成分与形成、最早陆壳的出现和大量发育、早期的构造体制等一系列科学问题相关的研究工作，在近20年来有所进展，但相对较缓慢。这一方面受限于地球上最古老岩石物质记录非常少的事实；另一方面也受限于目前的研究思路和技术方法。

2）TTG片麻岩的成因与克拉通地壳的生长

TTG片麻岩是早期克拉通（早期稳定大陆）的主体，可以分为以麻粒岩相－高级角闪岩相变质岩与TTG为主的高级区（高级片麻岩－麻粒岩地体）和由低级变质、未变质的表壳岩（绿岩带）与TTG组成的低级区（花岗－绿岩地体）。它的上部常常有稳定的沉积盖层，有稳定盖层的TTG片麻岩称为"地台"，没有稳定盖层的TTG片麻岩称为"地盾"。克拉通的大陆地壳下部是受到强烈熔体抽取而形成的岩石圈地幔，地壳与地幔达到平衡，而地壳也分异成稳定的下地壳和上地壳，是克拉通化的实质。克拉通的壳幔平衡表现为上部陆壳稳定保存受到下覆岩石圈地幔的保护，从而使其免受对流地幔的影响。一般认为现今80%以上的大陆形成于25亿年前，巨量陆壳的形成集中在30亿~25亿年前（如Windley, 1995）。太古宙陆壳的岩石组合、地球化学成分（Taylor and McLennan, 1995; Kemp and Hawkesworth, 2003; Keller and Schoene, 2012）、变质温压条件（Brown, 2006; 魏春景等, 2017）、火山－沉积盆地的几何学和岩石学结构及构造流变学特征等（Cagnard et al., 2011; Thébaud and Rey, 2013）都与现今地壳有明显不同。

太古宙TTG和元古宙－显生宙花岗岩类存在明显的成分差异（图3-2; Moyen and Martin, 2012）。太古宙晚期才有大量的钾质花岗岩出现，指示陆壳的成熟化程度增高，往往标志着克拉通的形成。TTG片麻岩主要形成于40亿~25亿年前（Rudnick and Gao, 2003），最终以高钾花岗岩、大型岩墙群和/或克拉通盖层结束（Champion and Smithies, 2001; Martin and Moyen, 2002; Smithies et al., 2003）。TTG岩浆作用的开始不仅标志着地壳从镁铁质为主到具有明显的酸性成分的转变，还承载了地球早期陆壳物质组成、构造环境和形成演化的重要信息（Jahn et al., 1981; Moyen and Martin, 2012）。因此，TTG 片麻岩岩石成因与早期陆壳形成机制几乎成了同义语，且与陆壳性质、成矿作用和板块构造何时启动等基础问题联系密切。

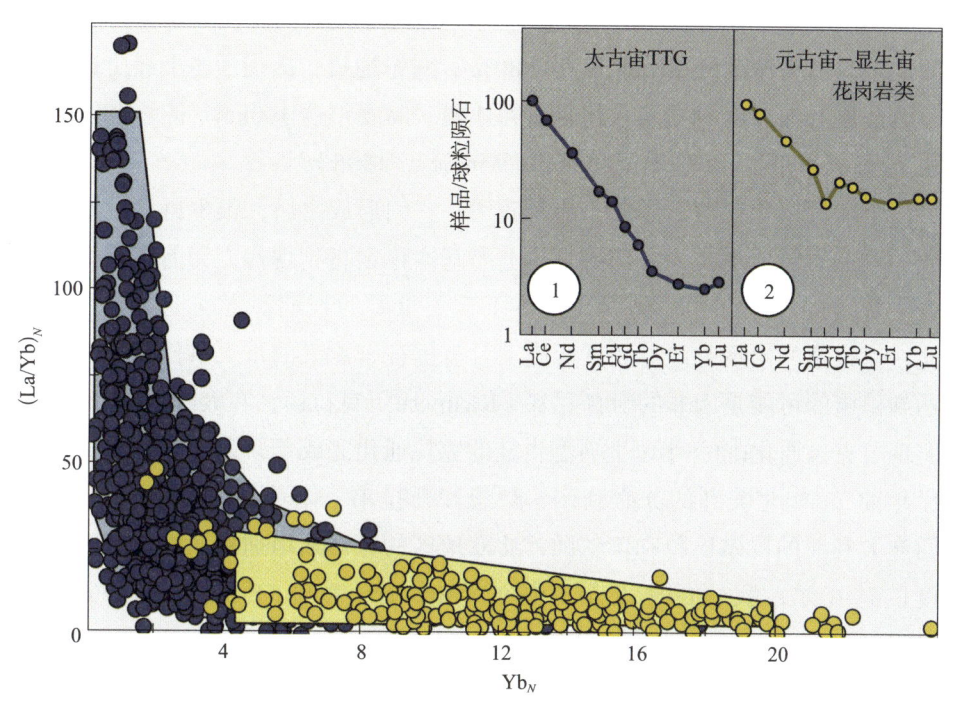

图 3-2　太古宙 TTG 和元古宙－显生宙花岗岩类微量元素 $(La/Yb)_N$ 与 Yb_N 相关图及稀土元素球粒陨石标准化特征图

太古宙 TTG 具有明显低的重稀土含量和代表强烈分异特征的高 $(La/Yb)_N$ 值

资料来源：Moyen and Martin, 2012

3）克拉通化及前寒武纪大陆动力学机制

大陆地壳按照属性可以分为造山带和克拉通，造山带一般是古元古代以来形成的，以线性构造为特征；克拉通则是太古宙形成的，以绿岩带和灰色片麻岩地体为特征。形成稳定大陆的过程，称为"克拉通化"（翟明国，2011）。Windley（1995）将"克拉通"定义为在太古宙末期的一个特定时期，不存在造山带活动，但是存在稳定和宽广的大陆，有岩墙群侵入和地台型、克拉通边缘型或被动陆缘型盆地沉积，代表大陆生长速率和面积、浮力都达到峰期的地质过程。克拉通现代含义是古老稳定的大陆岩石圈，包括古老地壳和与之对应的岩石圈地幔达到耦合（翟明国，2011）。"克拉通化"的地质学含义是刚性陆块的形成。克拉通化之后，在地盾区可以看到贯穿整个大陆的大规模基性岩墙群，在地台区出现稳定的盖层沉积（Windley，1995）。"克拉通化"的另一层含义是地壳和岩石圈地幔达到圈层稳定：对于地壳，出现了大规模的总体成分为中酸性的大陆地壳，其中英云闪长质片麻岩占有较大的比例，最高甚至可达出露面积的80%；对于地幔，出现了一个经历过大规模熔体提取的总体亏损的大陆岩石圈地幔，厚度可达160km，能够在软流圈之上保持长期稳定（翟明国，2011；Windley，1995）。

全球大部分克拉通形成于前寒武纪。它们形成之后，很少再发生波及全域的构造岩浆活动，大多保持整体上的基本稳定直到现代，为前寒武纪地球表生环境的发展和生命的演化提供了至关重要的长期稳定的地质背景。因此，克拉通的出现是地球发展历史上具有里程碑意义的重大事件。全球最早达到稳定的可能是南非的卡普瓦尔（Kaapvaal）克拉通，在大约30亿年前就实现了克拉通化；而一半以上典型古陆的克拉通化完成于新太古代（27亿～25亿年前），如北美洲的苏必利尔、赫恩和斯拉韦，南美洲的圣弗朗西斯科，西澳大利亚的皮尔巴拉和伊尔冈，北欧地区的芬诺斯堪迪亚，西伯利亚，印度的达瓦尔，我国的华北等克拉通（Bleeker，2002；Eriksson and Condie，2014）。

全球大致有30～40个大小不等的克拉通（Windley，1995）。传统观点认为，克拉通的岩石构造单元包括高级区（片麻岩-麻粒岩地体）和低级区（花岗岩-绿岩地体）两类。然而，一些地区的克拉通，如格陵兰、印度、华北等地区的克拉通，发育高级变质（角闪岩相-麻粒岩相）的花岗岩-绿岩地体（Rollinson，2002；Windley and Garde，2009；Anhaeusser，2014；Peng et al.，2015）。而一些原先认为的高级区，如苏比利尔地区的卡普斯卡萨带，其变质作用发生在古元古代，与古元古代造山事件相关（Percival and West，1994）。太古宙基底岩石出露区，不管是低级区，还是高级区，其主体都是TTG片麻岩（Windley，1995；Anhaeusser，2014）。

根据构造样式的不同，克拉通可以分为两类：一类为穹窿构造发育且较少受到后期构造改造的克拉通，如苏比利尔、斯拉韦、津巴布韦、皮尔巴拉等克拉通；另一类较多受到后期构造改造，发育（绿岩带）残片状构造的克拉通，如达瓦尔和华北等克拉通，总体数量较少。花岗岩穹窿和绿岩向斜（或绿岩盆地）构造（或称穹窿－龙骨构造、穹盆构造），这一特殊几何结构仅形成于太古宙，并且可以在大多数保存完好的古太古代地体中见到，如皮尔布拉（Pilbara）、格陵兰（Greenland）、卡普瓦尔等克拉通（如 Nutman et al., 2002; Bédard et al., 2003; Kröner et al., 2016）。花岗岩穹窿是由直径达数十到数百千米、卵形并以穹窿形式存在的花岗岩杂岩体组成，穹窿的周围是绿岩带。绿岩带通过断层、侵入或剪切等与花岗岩杂岩体接触，并且通常结构构造非常复杂，缺乏连贯的地层单元，但是断层和剪切很常见。年代学、结构构造和重力的资料显示，一些保存完好的穹窿状花岗岩杂岩体呈现直立的圆筒状（Collins and Kichards, 1998; Van Kranendonk et al., 2002）。达瓦尔克拉通地壳显示"三明治"分层结构特征，揭示水平上穹窿－龙骨构造与垂向上分层结构的叠加，代表地壳的垂向生长（Peng et al., 2019）。

2. 关键科学问题

在古老克拉通内，人们还逐渐识别出低钾－中钾－高钾钙碱性花岗岩系列到碱性系列花岗岩（Frost et al., 1998; Moyen et al., 2003; Nebel et al., 2018）。研究表明，大陆上的灰色片麻岩和钙碱性花岗岩此消彼长。从太古宙到现代，二者的比例先逐渐上升再逐渐下降（Condie, 2018）。这可能反映太古宙异常高的地热梯度。灰色片麻岩不但是克拉通的主要组成部分，而且是后期大陆再造的主要对象。其成因及构造环境如何？这是认识克拉通的形成过程及机制的关键（Condie, 2005; Martin et al., 2005）。因而，对TTG片麻岩及其相关花岗岩的研究已经提升到理解地球早期构造体制及其对大陆地壳分异过程制约的高度（如Zhai, 2014；万渝生等，2017），有必要继续深入研究。

前人在TTG片麻岩源区、类型与深度及成岩条件等方面开展了不少工作。研究认为，一部分TTG片麻岩可由玄武质（辉长质）岩石或先存的TTG片麻岩重熔形成（Champion and Smithies, 2000），另一部分TTG片麻岩也可由俯冲板片熔体交代的地幔楔部分熔融形成（Moyen et al., 2003; Martin et al., 2005）。总的来看，俯冲板片的熔融（如Foley et al., 2002; Martin et al., 2005）和加厚下地壳的部分熔融（如Smithies, 2000; Foley et al., 2002）是最可能的成因模式。这两种模式代表了两种不同的构造体制，即以洋壳俯冲产生岛弧或安第斯型岩浆作用的、以水平运动为主的构造方式（板块构造）（Martin，1999；Martin et al.，2005），或以岩浆底侵作用为特征的垂直运动为主的构造方式（地幔柱构造）（如 Smithies，2000；Condie，2005；Martin et al.，2014）。前者的依据：① TTG 片麻岩具有俯冲板片熔融才能具有的特征，如类似岛弧的地球化学特征；② TTG 片麻岩产生的深度需要在石榴子石稳定区（>12kbar，甚至>20kbar），不过这在地壳中不大可能实现；③一般来说，下地壳是缺水的，俯冲带含水丰富得多，比起加厚下地壳部分熔融模式，俯冲模式更容易解释 TTG 片麻岩的成因。后者认为：① TTG 片麻岩在很多方面与埃达克岩不一样，特别是古太古代的镁值更低，且并没有显示出与地幔反应的印记，因此不是埃达克岩的类似物而可能是加厚下地壳熔融的产物（Smithies，2000）；② TTG 片麻岩可以形成于大洋高原环境（Condie，2005）；③板块俯冲是持续性的，不能很好地解释太古宙地壳生长具有明显的峰期特征（Martin et al.，2014）。TTG 片麻岩的硅同位素研究表明（Deng et al.，2019），地球很早就发生了硅同位素的分异，这种分异可能与形成这些酸性花岗岩所经历的俯冲板片部分熔融有关；而克拉通中超镁铁岩（主要是科马提岩）的钼同位素研究则可能揭示地球早期大量中酸性地壳形成，导致岩石中钼同位素的分异（McCoy-West et al.，2019）。然而，Trail 等（2018）对太古宙碎屑锆石的研究未发现偏重的硅同位素组成，对非常规同位素的研究还出现了一些不一致的报道和解释。另外一个研究方向是成规模的中酸性大陆地壳的形成时间（或称为巨量陆壳的生长时间）。冥古宙-太古宙锆石的年龄和铪同位素（Kemp et al.，2010）、始太古代-古太古代锆石中磷灰石的锶同位素（Boehnke et al.，2018）、太古宙页岩钛同位素（Greber et al.，2017）、新太古代花岗质岩石的 $^{146-147}$Sm-$^{142-143}$Nd 同位素组成（O'Neil and Carlson，2017）等一系列研究表明，大规模的中酸性大陆地壳可能出现于始太古代甚至冥古宙。另一些研究，如地幔硫化物铼亏损年龄谱（Voice et al.，2011）、火成岩锶同位素及元素变化、碎屑锆石年龄峰值（Griffin et al.，2014）、陆源沉积岩过渡金属成分变化（Tang et al.，2016）等，则表明成规模的中酸性大陆地壳可能出现于中太古代-新太古代；Condie 和 Kröner（2013）根据岩石年龄统计，提出最重要的大陆生长期是距今29亿~27亿年。

关于克拉通穹窿-龙骨构造（图 3-3）及地壳分层结构的成因，不同研究者给出了不同的构造变形机制：垂向构造变形机制、水平构造变形机制和两种构造变形机制共存（Blewett，2002；Bédard et al.，2003；Pawley et al.，2004；van Kranendonk et al.，2004；Van Kranendonk et al.，2002；Zegers et al.，1996；Peng et al.，2019；Zheng and Zhao，2020）。从大陆动力学的角度，这就涉及对地球早期大陆生长机制的理解，即在克拉通形成过程中，板块构造和地幔柱构造机制是否单独或共同控制着早期大陆的演化，或者还有其他更多的机制（前板块构造）（如 Ayer et al.，2002；Dirks et al.，2002；Percival et al.，2004；van Kranenedonk et al.，2007；张旗和翟明国，2012；Stern et al.，2017；Johnson et al.，2019；Brown et al.，2020；Zheng and Zhao，2020；Zhai and Peng，2020；Cawood，2020；图3-4）。一些学者认为，太古宙时期板块构造机制尚未建立（Stern，2005），起作用的可能是类似地幔柱构造机制，如 Bédard（2006）提出了催化拆沉模式。van Hunen 等（2008）则强调板块构造启动之前还存在其他类型的构造过程，如水滴构造、三明治流变构造、大规模对流翻转和表面重塑事件、岩浆海等。Moore 和 Webb（2013）提出了热管模型。O'Neill 和 Debaille（2014）及 Piper 等（2018）等提出停滞盖层构造模型。克拉通化构造机制如何？这是认识早期陆壳生长和早期花岗岩形成机制的关键。40多年来，相关课题一直是固体地球科学领域的研究热点和争议课题。

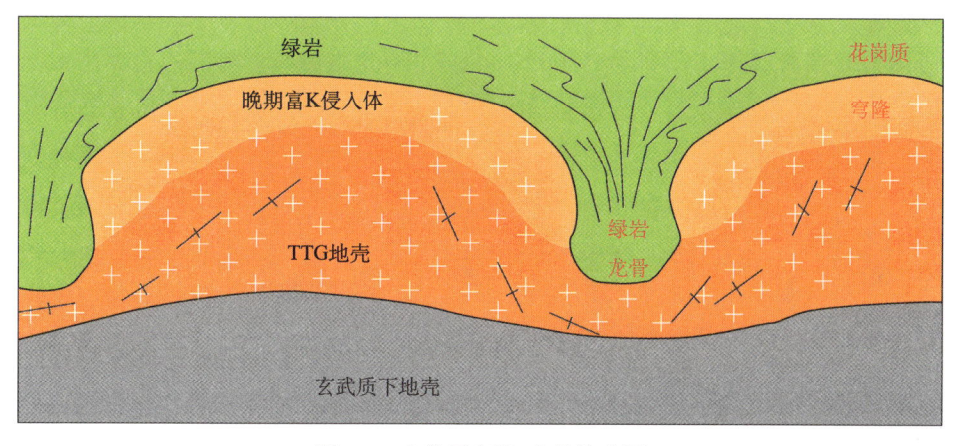

图 3-3　克拉通穹窿-龙骨构造图

资料来源：Collins and Van Kranendonk，1998

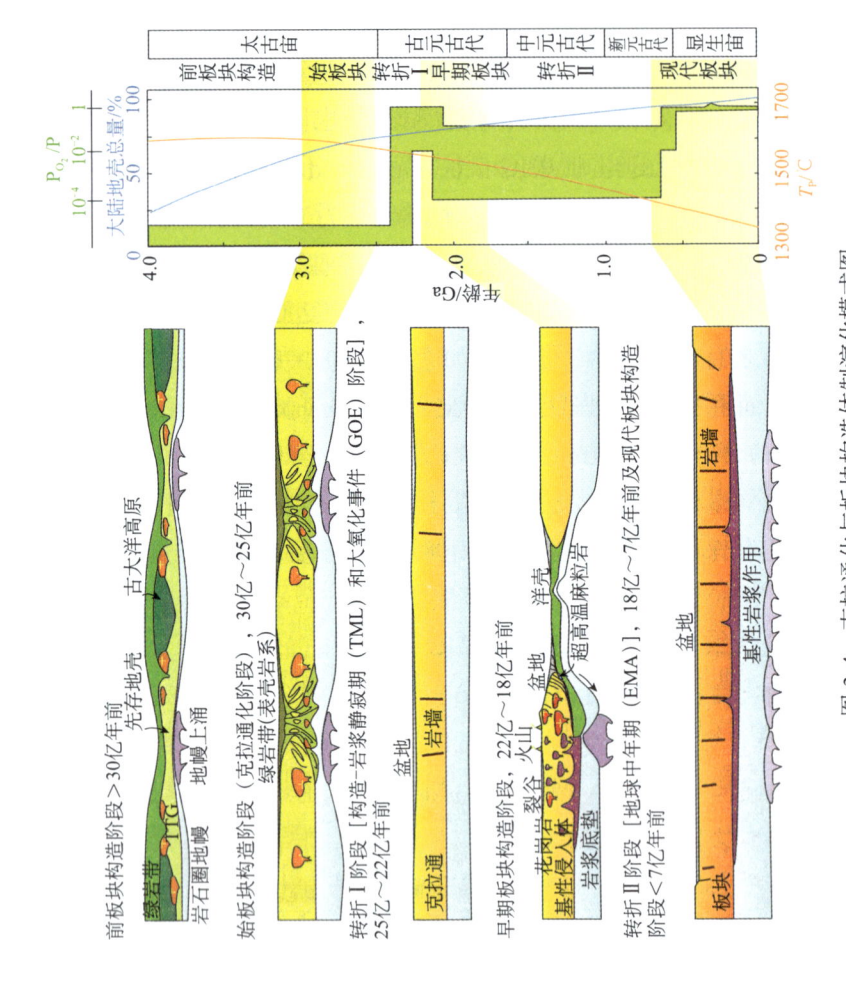

图 3-4 克拉通化与板块构造体制演化模式图

该模式将构造体制分为前板块构造阶段（>30亿年前）、始板块构造阶段（30亿~25亿年前，即克拉通化阶段）、转折Ⅰ阶段（25亿~22亿年前，即构造-岩浆静寂期和大氧化事件阶段）、早期板块构造阶段（22亿~18亿年前）、转折Ⅱ阶段（18亿~7亿年前，地球中年期）及现代板块构造阶段（<7亿年前）。前板块构造阶段是始板块构造演化的早期阶段，尤其是始板块构造阶段是板块构造形成的早期阶段，也是陆壳进入稳定生长时期，两个转折阶段则是地球环境演化的重要时期

资料来源：Zhai and Peng, 2020; Cawood, 2020

（三）早期大陆成分演变与地球内外动力学机制

1. 现状和趋势

在太阳系的四个岩质行星中，大部分的地壳为镁铁质，这是一种相对原始、分异程度较低的地壳，由玄武岩和超基性岩组成；地球有着独一无二的地壳系统（Rudnick and Gao，2014；Taylor and McLennan，2008）。地球上约70%的地表被类似的镁铁质地壳覆盖，我们称之为洋壳，剩下30%的面积则被长英质的、分异程度较高的大陆地壳覆盖。大量的花岗质岩石是大陆地壳区别于其他岩质行星地壳和地球大洋地壳的一个重要岩石学特征。相对于洋壳，陆壳更厚，密度也偏小，使得大部分陆壳能够长期保持在海平面以上。作为行星系统中的一个重要界面圈层，地壳的分异和演化对行星内外物质交换、行星表面环境的演化等有着至关重要的影响。

大陆的现代科学研究起始于Clarke（1889）。他首次拟定了大陆上地壳的基本化学组成，为后来认识陆壳独特的长英质成分特征奠定了基础。在之后的一个多世纪里，大陆地壳一直是地球科学领域的核心科学内容之一。大陆地壳参与了各种各样的地表物质循环和能量交换，从而影响着大气和海水的成分、气候变化乃至生命的演化进程。如今，大陆地壳演化早已不是高温地球科学或固体地球科学学者专属的研究方向，而且发展成了一个多学科交叉的地球科学领域。

2. 关键科学问题

大陆地壳特有的长英质成分一直被认为是解开大陆形成和演化等科学问题的关键切入点。在地球形成的初期，地壳成分可能和其他岩质行星地壳类似，极度富集镁铁。那么，作为高分异的产物，长英质陆壳是什么时候开始大量出现的？是什么因素控制着地球长英质陆壳的生长？在太阳系的四个岩质行星中，为什么只有地球演化出了大面积的长英质陆壳？对于这些关键科学问题，学界至今没有统一的认识。

二、花岗岩与大陆演化

（一）花岗岩与大陆构造

1. 现状和趋势

1）巨型花岗岩带是板块俯冲与陆块聚合的产物

巨型花岗岩带是地球演化的产物，是地球与太阳系其他星球最本质的区别。研究巨型花岗岩带的时空分布,是认识大陆岩石圈构造(即大陆岩石圈的物质组成、结构构造与形成演化)的重要基础。

在全球的稳定克拉通区,冥古宙花岗岩有零星报道(Stern and Bleeker,1998;Mojzsis et al.,2014),古太古代初始地壳由厚的镁铁质下地壳和薄的硅铝质上地壳组成,到中太古代陆块中才出现小规模的以 TTG 岩石组合为特征的花岗质岩类,到 31 亿～27 亿年前,大陆地壳的形成达到高峰期;到 27 亿～25 亿年前,花岗岩的形成出现高峰期,新生陆壳的形成与循环再造此消彼长,形成更丰富的 TTG、花岗岩 - 二长花岗岩 - 正长花岗岩和双峰式火山岩 - 沉积岩组合。大约从 25 亿年前开始,大洋和大陆两类岩石圈板块格局出现,板块构造体制开始起主导作用。显生宙的新生地壳主要发育在中 - 新生代科迪勒拉造山带和古生代中亚造山带(Jahn et al.,2004;Kröner et al.,2007)。

地球上巨型花岗岩带的形成与全球陆块的聚合密切相关。在地球演化过程中,伴随多期全球超大陆的形成,巨型造山带和花岗岩带应运而生。目前已知的全球超大陆主要有:20 亿～18 亿年前的努纳(Nuna)或哥伦比亚(Columbia)超大陆、距今 10 亿年前后的罗迪尼亚(Rodinia)超大陆、6.5 亿～5.5 亿年前的冈瓦纳(Gondwana)大陆及距今 2.5 亿年前后的潘吉亚(Pangea)超大陆。虽然还有 27 亿～25 亿年前的凯诺(Kenorland)超大陆的提法,但研究度很低,尚存争议。

2)古元古代大陆构造与花岗岩

自古元古代开始,板块运动机制已见清晰,开始制约洋陆格局和大陆的聚合与离散。努纳或哥伦比亚超大陆是在 20 亿～18 亿年前通过北美洲、格陵兰、西伯利亚、华北、塔里木、华夏等陆块彼此运移汇聚形成的(Hoffman et al.,1989)。在各陆块之间,形成了碰撞造山带和具 TTG 组合特征的花岗岩带,但规模不大。从 16 亿年前开始,该大陆开始裂解。距今 13 亿年前后的北美洲超级地幔柱活动导致了该大陆完全裂解,并形成大陆溢流玄武岩和少量花岗岩类(Zhao et al.,2004)。

3)新元古代早 - 中期大陆构造与巨型花岗岩带

从哥伦比亚超大陆解体出来的南美洲、印度、华夏和澳大利亚等陆块,经过漂移和陆缘增生,在距今 10 亿年前后与北美劳伦(Laurentia)和南极陆块拼合在一起,形成罗迪尼亚超大陆。各陆块间则为巨型碰撞造山带和花岗岩带。此期花岗岩带规模较大，宽数十到百余千米、延伸长达1000多千米。从8.5亿年前开始，该大陆发生拉张，形成诸多8.5亿～7.0亿年前的裂谷带、双峰式火成岩带和非造山型花岗岩（Li et al.，2008）。这期大陆聚合与裂解在北美洲、印度、南非及中国的扬子、华夏、塔里木和柴达木等陆块都有明显记录，但存在时间上的不一致性。例如，古华南洋在距今10亿年前后向扬子陆块俯冲（舒良树等，2008a，b；Shu et al.，2021），8.5亿～8.0亿年前大洋闭合，导致扬子与华夏碰撞造山（Shu et al.，2011b）。8.1亿～7.6亿年前则发生陆块裂解（Yao et al.，2019）。塔里木情况与此相似。而北美洲、西伯利亚等地的聚合造山、花岗岩浆活动时间更早，为13亿～10亿年前（Rivers，1997）。

4）新元古代晚期-早古生代大陆构造与花岗岩带

从罗迪尼亚超大陆裂解出来的西伯利亚、格陵兰、劳伦斯、波罗的等陆块朝北漂移，于距今5.5亿年前后在北半球聚合，形成了原劳亚大陆。同时，印度、塔里木、南极东部等裂解陆块（东冈瓦纳）则朝南漂移，于距今6亿年前后沿南半球莫桑比克构造带与西非、亚马孙、撒哈拉等陆块（西冈瓦纳）碰撞，于5.5亿年前完成拼合，形成原冈瓦纳大陆。这个聚合过程称作泛非事件（Meert and Lieberman，2008）。我国华南和华北没有此期事件的记录。在欧美发达国家，人们将早古生代通过板块机制形成的西欧加里东造山带、北美洲阿帕拉契造山带也当作原冈瓦纳大陆聚合的产物。在南非的达马拉造山带、中澳大利亚的爱丽斯普林造山带和我国华南造山带，均发育大规模的元古代末期-早古生代花岗岩带，被认为是元古代末期-早古生代陆内构造作用的产物（Nex et al.，2001；Raimondo et al.，2014；舒良树等，2008b；Wang et al.，2010；Zhang et al.，2013；Shu et al.，2015）。这期板块-岩浆作用，地壳消减的体积与新生地壳的体积相当，没有显著的地壳生长，但大陆通过物质循环演化，变得更加成熟。

5）晚古生代-中生代大陆构造与巨型花岗岩带

原冈瓦纳大陆在距今4亿年前后开始裂解，形成全球各地的晚古生代双峰式火山岩、基性岩墙群和大火成岩省。在裂解的陆块之间形成了一系列洋盆，包括古特提斯洋、古亚洲洋、原大西洋、瑞亚克洋等。分散在大洋中的诸多陆块，随洋盆的俯冲关闭而碰撞聚合，在3.0亿～2.3亿年前形成潘吉亚超大陆（Unrug，1996；Rogers and Santosh，2003），伴随巨型造山带、花岗岩带及其矿床的形成。我国天山地区、内蒙古地区、兴安岭、南岭、武夷山及东南亚等地区对此期事件响应非常强烈（舒良树和王博，2019）。

在距今 2 亿年前后，受超级地幔柱的影响，潘吉亚超大陆被裂解成两个荸荠形陆块：北边的叫劳亚大陆，南边的叫冈瓦纳大陆，位于两大陆之间的是特提斯洋。从 1.8 亿年前开始，裂解演化而成的太平洋板块分别向北美洲西缘和亚洲东缘俯冲，形成安第斯—科迪勒拉火山弧和俄罗斯远东—日本—中国台湾—菲律宾岩浆弧。我国东部则形成了数十万平方千米的酸性火山 - 侵入杂岩带和巨量多金属矿产（Zhou et al.，2006；Wang and Shu，2012）。

潘吉亚是地球上最年轻的一个超大陆。当今地球上的洋陆格局就是从侏罗纪开始，由潘吉亚通过拉张和裂解而成。它比前面三个超大陆有着更翔实、更丰富、更可靠的地层、古生物、构造和古地磁证据，得到地学界广泛认同。但此期新生地壳生长仅限于中亚和科迪勒拉地区。全球大陆通过该期构造 - 岩浆作用，陆壳成熟度更高且巨量矿质更加富集。

2. 关键科学问题

1）我国古陆块及其花岗岩带的识别

伴随全球大陆研究的深入，人们对上述四期超大陆有了基本一致的认知，在 30 亿年前早期地球的岩石构成与花岗岩联系的探索方面也取得了重大发现，对陆壳起源与演化、板块构造启动时间与机制等有了新认识。中国地域广大，华北、塔里木、扬子三大陆块均保留了早期地球的丰富岩石记录（TTG 岩石组合、绿岩带、花岗岩、孔兹岩系、麻粒岩）和高质量年龄数据，具有良好的研究基础和资料积累。在古陆块及其花岗岩带研究方面，中国地学界研究相对薄弱，应紧抓机遇，抢占制高点。

今后十年间，我国应组织高水平的优秀团队，尽早地开展古陆块、古花岗岩带的物质组成、地质特征、形成过程及全球对比研究。通过研究，力争在次级陆块的鉴定与划分、陆块的成分与规模、花岗岩带的形成与分布、花岗岩带的边界特征、深部和浅部的物质与状态表现、陆块边界与花岗岩带运动学特征、各陆块聚合 - 离散演化过程、大陆起源与演化、古元古代初期 - 太古代板块构造启动时间与机制等方面取得引领世界的原创成果。

2）中国巨型花岗岩带形成与大陆聚合的关系

花岗岩的出现标志着大陆地壳的渐趋成熟。唯演化成熟的天体才可能有巨型花岗岩带，只有经过高度演化的花岗岩才会形成大型钨、锡、铌、钽、铀等战略资源矿床。我国是世界上花岗岩带最发育的国家之一，广布在古陆块周缘和造山带中，花岗岩浆活动具有多成因和幕式演化特征，岩体多为多期复式岩基，其形成恰与全球大陆的聚合期吻合，也与板块俯冲－碰撞过程具有较好的对应关系。从成因和分布上看，中亚、大别－秦岭－昆仑、冈底斯、江南、北武夷、中国东部、东南亚等造山带中的巨型花岗岩带与大洋俯冲、块体碰撞有关，华南、华北巨型花岗岩带与邻区陆块聚合的陆内构造－岩浆响应有关，均与古陆块聚合过程关系密切，每一期构造－岩浆事件都使大陆地壳弱化并叠加在早期地壳和花岗岩之上，反复再造，致使地壳越趋成熟，花岗岩成分越趋酸性，导致巨量金属和稀贵、稀有、稀土等矿产在晚期岩体中富集堆积。目前，这方面的研究相对薄弱，为今后10年间研究的一个关键问题，研究意义重大。

3）巨型花岗岩带形成的制约因素与花岗岩成因的物源－热源－动力源

巨型花岗岩是陆壳区别于洋壳的重大标志，其在大陆中的形成离不开大地构造的制约。陆块成分构成及其分布、块体聚合与演化、块体边界断裂、构造域和应力场转化、壳幔物质交换、构造变形与花岗岩浆的时空关系、构造－岩浆－深源热流体－盆地的互馈关系，都是巨型花岗岩带形成的制约因素，也是我国研究薄弱、亟需加强研究的科学问题。

花岗质岩浆的成因离不开物源、热源、动力源三大要素。研究表明（周新民，2007），古老地壳的部分熔融和壳幔物质相互交换是形成花岗岩浆并导致花岗质岩石多样化的重要原因；块体聚合和板块俯冲产生的幔源岩浆上升与底侵加热、块体碰撞－地壳加厚导致的地温增高（约30℃/km）、地壳中放射性元素的衰变生热及构造剪切热，是花岗岩浆形成的热源因素；板块俯冲、块体聚合、碰撞远程效应及地幔柱上涌，都能成为花岗岩浆形成的动力源；大规模地壳伸展则是大量盆地形成与巨量花岗岩浆上涌侵位所需空间的必要条件。这些认识尚需今后进一步的研究实践加以证实并完善。

此外，在巨型花岗岩带形成过程中，常随时间、应力场强度、物源成分、热流体成分的变化而发生自组织调整与再造，导致花岗岩在深部和浅部、侧向和垂向不同位置发生几何学、矿物学、岩石地球化学的有规律变化，导致花岗质岩石及其含矿性多样化，致使不同区段、不同深度范围的花岗岩及其含矿性差异明显。这种再造作用是自然界的普遍现象，值得今后加强研究。

4）陆内弥散型巨量花岗岩浆的成因机制

在远离板块边界的大陆腹地，俯冲板块标志如蛇绿岩、岛弧型火山岩、高压蓝片岩是不存在的，幔源组分含量也很少。但受邻区板块碰撞的远程效应，同时代构造变形-花岗岩浆却很强烈，并有花岗岩浆派生的变质作用发生，形成陆内造山带。这类造山带的最显著标志是弥散型变形变质和弥散型花岗岩浆活动，且三者时代基本一致，没有新老迁移演化趋势（Shu et al., 2021）。陆内花岗岩浆作用是全球普遍存在的地质现象。在我国，古生代的华南和中生代的华北阴山-燕山、秦岭、贺兰山、华夏都广泛发育这种陆内弥散型花岗岩浆作用。迄今，对这种陆内花岗岩浆的成因与大陆动力学机制研究较少，存在较宽广的研究空间。随着传统地质学与大陆流变学，以及物理模拟、数值模拟等研究的深入，相信陆内花岗岩的成因与动力学机制能被破解。陆内花岗岩带和陆内造山带形成机制的破解，将成为21世纪基础地质学研究的亮点成果，大力推动大陆地质学的研究步伐。

5）大陆花岗岩带与宜居地球的关系

宜居地球的形成与保存是当今地学的研究前沿。地球历史上大陆聚合-离散事件均与宜居地球演化的关系密切。每期的大陆聚合-离散都导致全球环境的变化和地质灾害的发生（地震、火山、洋陆变迁、气候突变等），而且显生宙的五次全球生物大灭绝及其稍后的生物复苏几乎都与大陆的聚合-离散事件紧密关联，导致大型花岗岩带与矿产资源的形成。华南地区是这方面表现最突出的地区，多期超大陆聚合-离散事件和多次全球生物突变事件在华南地区都有其踪影（Rong et al., 2020）。发生在华南地区的多期构造-岩浆再造事件，致使大陆流变行为不断增强，地壳不断弱化，成矿物质不断聚集，最终在强大的晚中生代太平洋俯冲、弧后伸展背景下形成有史以来最大规模的花岗质火山-侵入杂岩带和巨量矿产聚集带（斑岩铜矿、世界级钨、锡、稀有金属等矿产）。丰富的自然资源和良好的气候环境条件，使华南地区成为经济发达、人口密集、可持续发展前景远大的地区。因此，大陆聚合离散-花岗岩带-宜居地球的关系是未来10年值得重视和开展的一个关键科学问题。

（二）地壳流变与大陆构造

1. 现状与趋势

国内外学者对花岗岩浆侵位过程中岩体及其围岩的构造变形进行了较多的研究，并结合重力、航磁等地球物理学和实验-数值模拟等方法，对花岗质岩体的三维几何形态（McCaffrey and Petford，1997；Brown，2013）、岩体生长和定位机制（Fernandez and Castro，1999；Bachmann and Bergantz，2008a，b，c；Schoene and Bowring，2010）、流变学过程和热动力学模式（Petford et al.，2000；Weinberg et al.，2001）等问题进行了研究，并取得了较好的研究成果。花岗质岩浆在地壳深部的融离、上升、定位及矿物质聚集过程，均与区域构造作用及地壳变形存在紧密联系，是地球内部能量传播、物质交换和结构调整的一种表现形式，可为了解中下地壳物质组成、地壳结构和地壳演化提供重要依据；花岗岩的岩石组构与变形样式既是岩浆自身定位过程的记录，也是定位过程和定位后构造作用的反映。因此，以花岗质岩体作为区域应变标志体，通过应变测量和流变学参数估算，可为研究区域构造变形和大陆流变特征提供基础资料；经历不同期次和不同程度变形作用的深部花岗质岩体，其起源深度、定位深度、定位时间、定位方式及抬升与剥露过程，均是了解大陆构造与地壳演化过程的关键要素。

2. 关键科学问题

1）花岗岩组构、变形样式与流变特征

花岗岩变形的组构特征与岩浆从熔体到固体的流变行为直接相关。在初始流变临界条件下，花岗质岩浆符合牛顿力学行为，表现为熔体中早期结晶颗粒和固相包体的重力沉淀，低黏度物性是岩浆流动和变形的主要控制因素（Petford et al.，2000）。随着岩浆结晶程度和黏度的变化，熔体的流动引起晶体和包体的旋转变形，产生各种矿物的形态优选方位（shape preferred orientation，SPO）等组构。在岩浆迁移、聚集、侵位和定位过程中，岩浆与围岩之间相对运动的剪切力、区域差异应力等都会进一步加强岩浆熔体和尚未完全固化花岗岩体的变形与组构。因此，花岗岩石组构记录了岩浆流动、高温塑性流动、中低温到低温固态流动等组构。前人通过大量野外构造测量，对各类构造环境中侵位的不同形态花岗岩及其围岩的变形组构进行有限应变分析，确定花岗岩体中的组构和变形样式形成的阶段、应力环境与区域构造背景的关系，显示在特定区域应力环境下形成的花岗岩体，具有特定的形态与变形组构特征。例如，在区域同轴变形条件下，岩浆的扩展和侵位与区域最大伸展应力方向一致，形成的花岗岩体具有典型的椭球体特征，其长轴方向与区域伸展方向近似平行。在区域非同轴剪切变形作用下，岩浆扩展和侵位的方式与变形均一化程度有关，均一变形往往形成平面上椭圆形的岩体，而非均一变形则形成类似水滴状岩体。磁化率各向异性（anisotropy of magnetic susceptibility，AMS）、EBSD 等方法也不断应用到花岗岩变形组构的分析研究中，从而更好地约束岩体组构的空间分布及其形成的应力环境和成因（Potro et al., 2013）。

需要指出的是，由于对板块构造机制在太古代乃至更早时期是否存在还有很大争议，因此在前元古代时期的花岗岩侵位过程中，区域应力与花岗岩体形态和变形组构之间的关系仍是重要前沿问题。典型的研究实例是澳大利亚伊尔冈克克拉通的默奇森花岗岩省和南印度达尔瓦尔克拉通太古代花岗岩省（Kröner，1991；Bouhallier et al.，1993）。

2）花岗质岩浆的迁移和聚集机制

在花岗质岩浆作用过程中，岩浆的运移非常关键，主要问题有：熔体如何迁移、聚集形成岩浆房，岩浆又因何、如何离开岩浆房发生侵位，以及岩浆发生运动的控制因素如何刻画。当熔体组分增加并相互连通时，熔体迁移形成岩浆房的过程不仅与熔体自身的黏度和分布状态有关，还直接受制于岩石是否存在变形（McKenzie，1984）。物理模拟、数值模拟和构造观察显示，控制熔体迁移和聚集侵位有四种主要机制，即重力压缩、结构自成熟压缩、小规模熔体上浮和变形驱动机制（Fyfe，1970，1973；Niemi and Courtney，1983；McKenzie，1985；Miller et al.，1988）。

物理模拟实验证明，即使在熔体黏度极小的情况下，重力压缩作用导致的熔体迁移也非常有限，表现为熔体迁移距离短、持续时间短，因而难以形成超过几千米范围的花岗质岩体（McKenzie，1984，1985）。在高温高压实验中，Niemi 和 Courtney（1983）观察到，花岗质岩浆中一旦形成较连续的固相矿物颗粒格架时，体系中的部分熔体会不断向上迁移，这一现象在花岗岩的结构不断从细粒向粗粒的变化过程中自然发生，可能是在矿物颗粒表面自由能最小化作用驱动下完成的。在花岗岩颗粒加粗的过程中，局部颗粒间的连接可能被破坏，导致其间的熔体发生短距离迁移。然而，也有学者认为，这种花岗岩结构自成熟过程造成的压缩作用对熔体迁移的影响是完全不确定的（Miller et al.，1988）。

数值模拟研究显示，初始部分熔融区具有相对较小的黏度，大量厘米级的小规模熔体在浮力作用下会不断向上运动并聚集，从而显著改变上部半塑形岩石的黏度，使液态的熔体进一步集中成为更大规模的岩浆体，并在更加明显的浮力差驱动下侵位到上地壳层次（Fyfe，1973）。这一模式最大的挑战是具有一定规模的低黏度熔体往往非常容易发生对流。这种对流总是会在原本相互隔离的上升熔体之间发生交换反应，从而使整个部分熔融区趋于均一化。例如，在深熔作用中，长英质熔体要么黏滞度太高而不利于小规模液态熔体的上升，要么熔体比例较高而对流作用充分，因此小规模熔体的上浮模型也受到很大的质疑（Miller et al.，1988）。

变形驱动的熔体迁移聚集机制是花岗质岩浆作用与大陆地壳变形关系最紧密的模型。在伸展作用背景下，张裂隙与岩石之间会产生较大的局部静岩压力梯度，促使熔体更容易向裂隙方向流动迁移并聚集。在缺水的花岗质岩浆体系中，由于部分熔融过程中岩石体积增大，从而增大了熔体的静岩压力，导致产生更大的张裂隙。在这一机制下，熔体从岩石不断抽离并集中到裂隙中的效率主要取决于流体压力和静岩压力梯度、岩石的渗透性及裂隙持续张裂的时间。然而，在含水较高的体系中，部分熔融带来的体积变化、流体压力和黏度等具有更加复杂的控制因素，因而熔体的迁移和聚集过程也具有更多不确定性（Brown，1994）。在连续的中下地壳韧性变形带（深熔区的混合岩或片麻岩）中，具有不同黏滞度的流变层将承受不同的有效差异应力，由于相对能干层具有更高的差异应力，空隙压力将向能干层迁移，从而导致熔体不断从低熔区分离（Scaillet et al.，1997）。然而，由于能干层产生熔体的过程将降低局部静岩压力梯度，不利于熔体的流动；同时，熔体在单一流变层中的迁移主要以重力压缩的方式进行。因此，也有学者认为这种韧性变形驱动下的熔体迁移模型可能不能引起花岗质熔体大规模的分离（Sawyer，1994，1996）。

由于花岗质熔体的分离条件不断发生变化，熔体源区在部分熔融过程中所受的差异应力也不断变化，因而熔体的抽离、迁移和聚集的控制因素也随之发生变化。在同一环境的同一时期，上述不同机制可能都对熔体的迁移具有不同程度的影响，并在整个熔体聚集的动态过程中交替转换主控角色（Brown，1994）。

3）花岗岩体的侵位和定位机制

大量的花岗质岩浆从深部向浅部侵入的方式和机制是花岗岩浆深部过程研究的重要课题。这一过程是地壳中重要的物质转移过程，很多学者通过研究提出了众多花岗质岩浆侵位模型（如 Paterson and Fowler，1993）。其中，原地部分熔融、分带部分熔融和变质交代作用中岩浆的迁移和向上侵位距离可以忽略不计。其他模型，如穹窿（doming）、岩盆塌陷（canldron subsidence）、气球膨胀（ballooning）和岩墙扩张（fracture injection）是岩浆最终定位的方式，其液态的熔体发生垂向上升的距离也十分有限（O'Driscoll et al.，2006；Stevenson et al.，2007；Schofield et al.，2012）。因此，花岗质岩浆在地壳中向上侵位的方式和机制主要有底辟（diapirism）（Bateman，1984；He et al.，2009；Potro et al.，2013）和裂隙灌入（fracture injection）两种方式（图 3-5）。不同层次地壳中普遍发育的岩墙便是裂隙灌入方式侵位的结果，而大型花岗岩体则是岩浆在长期活动或大规模裂隙中持续灌入的结果（Gudmundsson，2011；Hutton，1992）。实际上，自然界中很多花岗岩体侵位与定位都显示复合机制（如 Wang et al.，2000）。哪种机制占主导地位取决于岩浆上升定位的地质（物理）环境，特别是岩浆与围岩的物理性状差异。

底辟作用（图 3-5）作为花岗质岩浆上升侵位的主要方式，其主要依据包括：①地壳中千米-数百千米直径的花岗岩体大多都呈圆形；②这些花岗岩体的形态及其有限应变场与盐的底辟构造十分相似；③物理和数值模拟研究可以实现底辟侵入的过程。最近的数值模拟研究显示，形成于 25～40km 深度、初始温度在 800～1000℃、直径在 10km 以下的圆形花岗岩体在上升到 15km 深度时将不再发生显著的上升侵位（Potro et al.，2013）；花岗质岩体上升的速度很大程度上与围岩软化带的黏度有关，这也可以从自然露头上花岗岩体周围强烈变形的变质晕中观察和分析得到，因而有学者认为底辟并不是上地壳层次花岗质岩浆的侵入模型。但是，相对于显生宙以来上、下地壳温度差异导致的岩石黏度显著差异，在太古宙期间，大陆地壳的温度整体较高，黏度较小，因此底劈作用可能仍然是花岗质岩浆侵位的主要方式（Petford et al., 2000）。花岗质岩浆从底劈侵位到最终岩体定位阶段，穿窿和气球膨胀作用分别受区域伸展和挤压构造应力场控制。

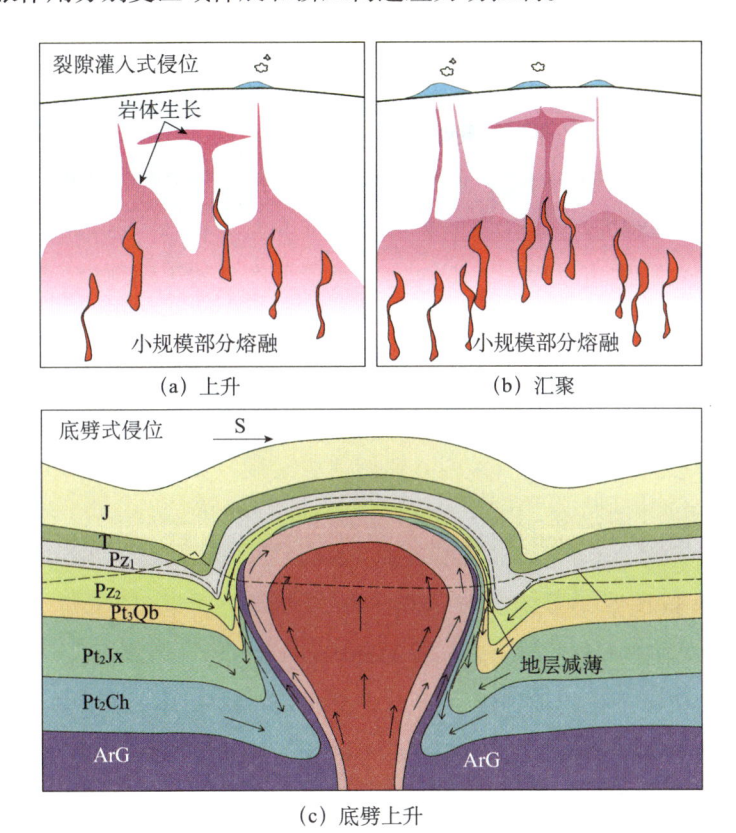

图 3-5　花岗质熔体上升－汇聚、底劈上升的过程示意图

资料来源：修改自 Petford et al., 2000；Michel et al., 2008；Burchardt, 2009；Annen et al., 2015

在部分熔融的岩石中，如果发育张裂隙并连成网络，这些裂隙将会被岩脉快速充填（图 3-5），而充填发生的驱动力则是裂隙与围岩之间的流体压力差（Clemens and Mawer, 1992）。随着部分熔融程度的增加并形成三维连续的熔体体系，裂隙中充填岩脉的密度将随着熔体不断充填而增强。在这一过程中围岩，以及部分熔融的岩石如果承受一定程度的应变，熔体将更容易有效地充填裂隙，从而使微裂隙脉发展为大型脉体，以岩墙叠加的方式形成岩浆向上大规模、快速迁移的通道。另外，还有一些不能忽略的因素，包括岩

浆与围岩之间的密度差引起的浮力及裂隙贯通后造成的减压作用等。裂隙灌入的花岗岩浆侵位模型面临的最大挑战是，岩浆沿裂隙充填和上升的速度是否足够快，从而不会因为岩浆向围岩的热传导致使小规模岩浆发生结晶。虽然这个疑问长期存在，但早在20世纪80年代，一些学者通过计算和模拟已经给出了答案，即在宽3~4m的岩墙中，岩浆向上侵位的速度要比具有相同岩浆起源和就位深度的底劈过程快10^4~10^5倍（Marsh，1984；Mahon et al.，1988）。同时期的地质调查工作也证实，不同大小规模的岩基底部，都存在熔体充填的岩脉或岩墙，而且越大的岩基岩浆充填的岩墙更多（LeFort，1981；John，1988）。

总之，大陆构造过程中，不同构造背景下产生的不同规模、不同类型的花岗质岩浆，在形成不同形态、不同深度的侵入体过程中，对地壳岩石流变性质的影响和地壳变形的方式，是未来研究的重要课题；总结、归纳、提炼相关规律，对提升花岗岩与地壳变形及大陆构造研究理论水平和扩大应用范围具有重要意义。

（三）花岗质岩浆的产生与大陆侧向增生

1. 现状和趋势

1）汇聚板块边缘花岗岩基的规模和岩性组成

早期的研究工作根据地震P波滞后时间与布格重力异常之间的关系、地球物理剖面获得的纵波速度及不同压力实验条件下获得的不同岩石的纵波速与密度之间的关系等，认为北美洲内华达岩基厚达37km，从上到下分别对应于花岗岩、花岗闪长岩、石英闪长岩到闪长岩，以及更深部的角闪岩或辉长岩（Bateman and Eaton，1967）。后来根据横跨内华达岩基的地震反射剖面，认为内华达岩基厚约33km，主要为长英质成分（Fliedner et al.，2000）。由于内华达岩基可能已经被剥蚀掉6km，因此目前普遍接受的观点是其最初厚度可能在30~35km（Ducea，2001）。不管内华达岩基是由部分熔融和岩浆混合的（Saleeby et al.，2003）还是由分离结晶和岩浆混合（Lee et al.，2006）形成的，岩基下部都应该对应着1~2倍岩基体积的部分熔融残余或堆晶岩（Ducea and Saleeby，1998），这意味着在当时地壳厚度已经达到70km。火山岩中榴辉岩相石英岩包体也证实了这一结论（最大压力为25kbar）（Ducea and Saleeby，1998）。

2）汇聚板块边缘大型花岗岩基的成因

在汇聚板块边缘，大型花岗岩基的形成常归因于两种可能的过程。第一种过程是部分熔融和岩浆混合。这种过程指幔源原始岩浆先底侵到下地壳底部，形成热带（hot zone），诱发下地壳物质发生部分熔融，并经历岩浆混合、同化混染、存储和均一化过程（即MASH过程）（Annen et al.，2006）。幔源岩浆和混合岩浆在地壳不同层次的岩浆房或在岩浆上升过程中发生分离结晶和同化混染，形成长英质岩石（Sisson et al.，1996）。实验岩石学研究表明，当下地壳含水镁铁质岩石在超过1.0GPa深度发生部分熔融时，将产生长英质岩石，残留体的矿物组合以石榴子石+单斜辉石为主（榴辉岩相）（Saleeby et al.，2003）。第二种过程是岩浆分异和岩浆混合。这种过程是指在相对高的压力和水含量条件下（相对于低压下拉斑玄武岩晶出橄榄石的条件），幔源原始岩浆发生辉石±石榴子石的分离结晶，形成堆晶高镁辉石岩（以单斜辉石为主），产生低镁富铝派生岩浆（图3-6）（Lee et al.，2006）。此时，由于高镁辉石岩的SiO_2与初始岩浆近似，该阶段的分异不会改变派生岩浆的SiO_2含量，仅使得其MgO显著降低。如果这些低镁富铝派生岩浆继续在较高压力下发生石榴子石+单斜辉石的分离结晶，则形成堆晶低镁辉石岩；如果这些派生岩浆侵位到中地壳（压力更低），则形成矿物组合为橄榄石+辉石+斜长石的堆晶辉长岩（图3-6）（Lee et al.，2006）。此时，由于低SiO_2含量的石榴子石和橄榄石的晶出，派生岩浆将向高硅方向演化，形成长英质岩石。实验岩石学研究也表明，原始玄武岩浆在0.7GPa和水含量较低条件下，通过分离结晶可以产生酸性钙碱性岩浆，矿物分离结晶顺序为橄榄石→单斜辉石→斜长石+尖晶石→斜方辉石+角闪石+Fe-Ti氧化物→磷灰石→石英+黑云母（Nandedkar et al.，2014）。如何识别这两种过程在汇聚板块边缘大型花岗岩基形成中的相对贡献，是近年来学术界关注的热点。例如，最近对全球100Ma的侵入岩和火山岩大数据综合分析后认为，分离结晶作用（而不是地壳熔融）是产生中酸性岩浆的主要机制（Keller et al.，2015）。如果这种解释是合理的，就意味着在下地壳中下部必定存在更大规模（1～2倍）的残余镁铁质堆晶岩（Ducea and Saleeby，1998）。在成分上，这种镁铁质堆晶岩与被抽取熔体是互补的。

图 3-6 北美洲科迪勒拉大陆边缘岩浆弧地壳成分结构和花岗岩质岩基的构建过程

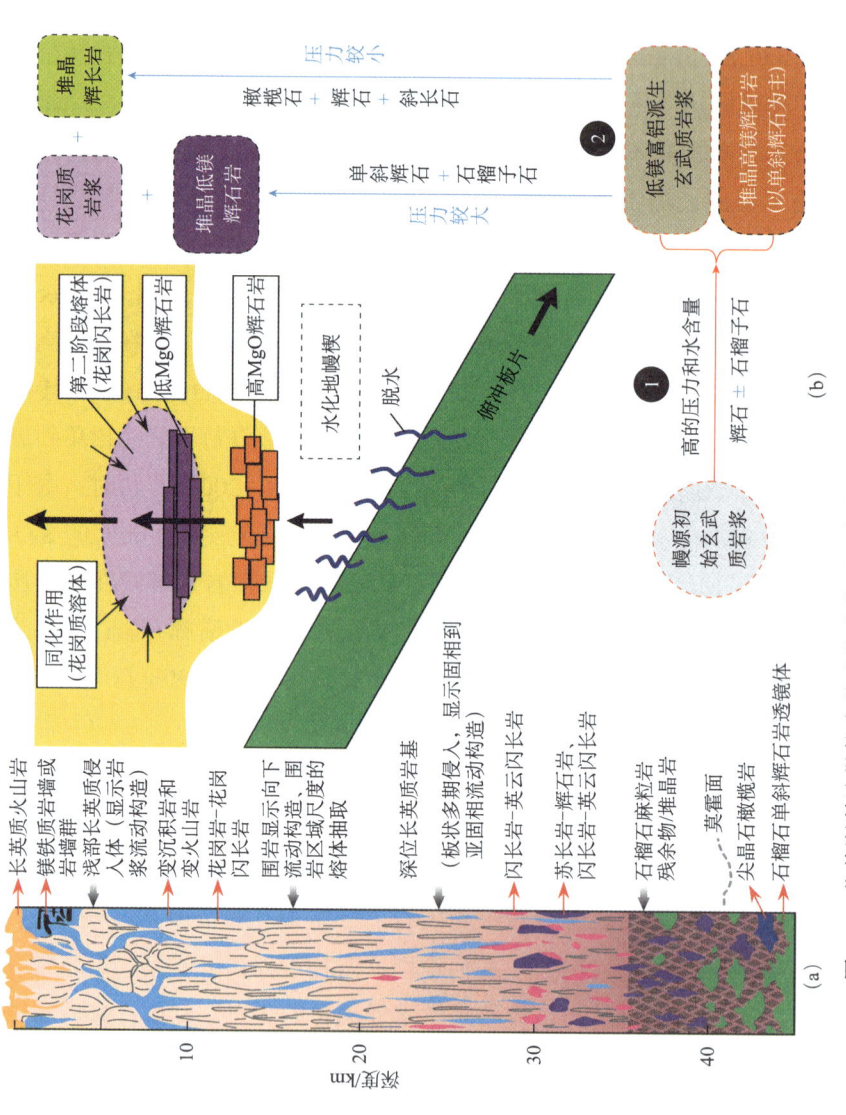

（a）白垩纪北美洲科迪勒拉大陆边缘弧的地壳成分结构（Ducea et al., 2015）；（b）白垩纪北美洲科迪勒拉大陆边缘弧花岗岩质岩基的形成过程（Lee et al., 2006）

3）俯冲带大陆地壳的侧向增生过程和成熟机制

一般将俯冲带大陆地壳的侧向增生理解为由板片俯冲角度变化引起的岩浆活动空间迁移、岩浆记录和相关沉积记录的侧向加积、微陆块或地体拼贴等过程。这些过程将导致大陆地壳向海沟一侧不断迁移，使大陆地壳面积和体积的不断增大。这些过程在北美洲科迪勒拉大陆边缘弧得到了验证。对北美洲内华达岩基南部半岛山脉岩基的研究表明，西部半岛山脉岩基的成分更加原始，常见辉长岩、闪长岩、英云闪长岩和二长花岗岩侵入体，原始母岩浆以橄榄石＋斜长石＋普通辉石的分异为主，形成堆晶橄榄辉长岩（Lee et al.，2007）；而东部半岛山脉岩基的成分则更趋演化成熟，以英云闪长岩到二长花岗岩为主，很少出现辉长岩和闪长岩，并以辉石＋石榴子石的分异为主，形成堆晶石榴子石辉石岩（Lee et al.，2007）。地幔捕虏体（Lee et al.，2006）和岩体高 Gd/Yb 特征指示东部岩石圈厚。在这种压力较高（＞1.0GPa）的含水条件下，辉石优于橄榄石结晶（Müntener et al.，2001），这就有利于东部岩基堆晶石榴子石辉石岩的形成。这些榴辉岩质石榴子石辉石岩正是大陆弧阶段岩石圈拆沉作用（delamination）的关键。因此，岩石圈拆沉作用可能只发生在东部半岛山脉岩基（Lee et al.，2007）。西部半岛山脉岩基的岩石圈薄，岩浆分异形成以橄榄辉长岩为主的堆晶岩，可能未发生拆沉作用（Lee et al.，2007）。由此，这些研究者提出，俯冲带大陆地壳的形成经历了多阶段过程，包括岛弧形成、岛弧增生和最后的大陆弧岩浆作用。分异成长英质地壳和镁铁质石榴子石辉石岩下地壳仅仅出现在岛弧增生之后的大陆弧阶段。因此，镁铁质组分的拆沉作用出现在大陆弧阶段或大陆弧之后，而不是出现在岛弧发育阶段（Lee et al.，2007）。通过拆沉作用，北美洲科迪勒拉弧地壳转换为类似于平均大陆地壳成分的安山质到英安质成分（Lee et al.，2007；Ducea et al.，2015）。

除了岩石圈拆沉作用可以将镁铁质成分地壳转换为安山质到英安质成分地壳之外，近年来提出的俯冲带长英质岩石的刮垫作用（relamination）也解释了平均大陆地壳成分为何为安山质到英安质这一基础科学难题。刮垫作用强调在沉积物俯冲、俯冲侵蚀、洋内弧俯冲和大陆俯冲过程中，镁铁质岩石转变成榴辉岩沉入地幔，更富硅的岩石转化为长英质片麻岩并经历减压熔融到达地壳底部，形成偏长英质的下地壳，导致火山弧地壳转换为富硅大陆地壳（Hacker et al.，2011；Kelemen and Behn，2016）。

4）碰撞带大陆地壳的形成

大陆增生本质上取决于幔源物质的提取和陆壳物质的保存。传统观点认为，俯冲过程是陆壳形成的主要场所。但最近的研究表明，碰撞过程可能更有利于大陆地壳的形成（Niu et al.，2013）。这是由于俯冲带幔源物质增加到大陆中的量与大陆物质进入地幔的量相当（Stern and Scholl，2010），即俯冲带总体上并不会发生地壳的净增长。与此相反，碰撞带物质更加容易保存，更加有利于大陆净生长（Mo et al.，2008；Stern and Scholl，2010；Niu et al.，2013）。近年来，对许多碰撞造山带（如青藏高原造山带、阿尔卑斯造山带）的研究表明，在陆-陆碰撞过程中，俯冲洋壳的回转（rollback）和断离过程可以诱发大量的幔源岩浆增生到地壳中，并产生大规模花岗岩类（Zhu et al.，2015，2019）。由于碰撞带经历了先期的大洋岩石圈俯冲和随后的弧/陆-陆碰撞，伴随着板片回撤、断离等深部过程，导致控制碰撞带岩浆产生的主要机制明显不同于单纯发生大洋岩石圈俯冲的俯冲带（Davies and von Blanckenburg，1995；Zhu et al.，2015）。

5）岩浆弧的演化过程与大陆侧向增生的关系

一般认为，大陆地壳的侧向增生和成熟主要通过弧岩浆作用来实现，因此弧的演化过程是评估大陆地壳形成过程的基础。目前的研究主要集中在三个方面：①弧岩浆作用周期性。弧岩浆作用周期性研究是评估弧演化过程，并对其进行构造解释的第一步（Paterson and Ducea，2015）。大陆边缘弧常具有更长的生命周期，且广泛发育大规模花岗岩类，与岛弧发育的镁铁质岩石相比，岩石记录更容易保存，年龄数据更容易获得。随着定年技术的显著提高和高质量区域地质调查的完成，使得该项工作成为可能。②弧岩浆增加率（magma addition rates）与大陆地壳生长率的关系。弧岩浆增加率（Ducea et al.，2015）并不直接对应大陆地壳生长率，这是因为大陆地壳生长先从地幔中抽取出来岩浆，之后经过分异演化，弧花岗岩类主要起源于下地壳，既有古老物质的再循环，也包含新生幔源物质的贡献。③弧地壳成分和结构的变化。在弧演化过程中，其成分往往由偏镁铁质（幼年岛弧）向英安质（大陆边缘弧）转化，并且弧的结构发生明显变化（如厚度变大并发育中地壳层等），花岗岩类很可能记录了大陆边缘弧地壳成分和结构的变化。这是因为起源于下地壳（接近壳幔过渡带）的弧花岗岩类，记录了源区的矿物组合和深度，也就是当时的地壳厚度，对这些花岗岩类进行系统的地球化学研究（如 Sr/Y、La/Yb），可以很好地示踪弧地壳厚度随时间的变化（Profeta et al.，2015；Zhu et al.，2017）。

2. 关键科学问题

1）汇聚板块边缘花岗岩基的规模和岩性组成

北美洲内华达地区现今的地壳厚度只有 33km（Wernicke et al.，1996），这意味着榴辉岩相下部地壳发生了大规模拆沉。这也正是北美洲科迪勒拉大陆边缘弧地壳形成于拆沉作用的由来。显然，可靠地限定岩基的规模和岩性组成对探究岩基成因和大陆地壳形成机制具有重要的科学意义，但目前这方面的研究工作还很少。

2）汇聚板块边缘大型花岗岩基的成因

已有研究把来自全球不同地点、不同时代的样品放在一起进行讨论，忽略了岩浆成分随时间变化对成分趋势的影响。同时，虽然已有研究在一些大型花岗岩基中发现了超镁铁质岩侵入体，但在多数情况下并不清楚这些超镁铁质岩的形成过程及与其他岩石之间的成因联系。这些都直接限制了对汇聚带大型花岗岩基形成过程和地壳形成机制的认识。

3）俯冲带大陆地壳的成熟机制

无论是岩石圈拆沉作用还是俯冲带长英质岩石的刮垫作用，都会改变大陆下地壳的成分组成和结构（如地壳厚度），如拆沉作用将导致地壳减薄及下地壳新生物质减少，刮垫作用可以大量增加地壳厚度和再循环沉积物（一般为古老物质）。然而，在俯冲带能否找到这两种机制的直接证据、二者分别在什么条件下发生及各自的效率如何、哪种机制占据主导地位等科学问题，目前仍不清楚。

4）碰撞带大陆地壳的形成机制

由于碰撞带经历的深部过程和岩浆产生机制均不同于俯冲带，随之而来的问题是，碰撞带大陆地壳是通过何种方式形成的？碰撞带大陆地壳的增长方式与俯冲带有何不同？从俯冲带提出的拆沉作用和刮垫作用是否仍然是碰撞带大陆地壳形成的主要机制？

5）岩浆弧的演化过程与大陆侧向增生的关系

北美洲科迪勒拉大陆弧是揭示岩浆弧演化过程与大陆地壳增生关系的经

典地区。这一经典研究表明，综合利用地质、地球化学和地球物理资料，揭示岩基规模和出露面积，重建弧岩浆活动历史（包括岩石记录和碎屑记录），限定不同时期岩浆来源深度和地壳厚度，识别不同时期弧岩浆作用中的幔源物质贡献量，是重建岩浆弧演化过程与大陆侧向增生关系的关键。

（四）花岗质岩浆的产生与大陆垂向增生和再造

1. 现状与趋势

1）大陆垂向增生和再造及其与花岗质岩浆产生的关系

大陆地壳的增生作用是通过幔源岩浆加入大陆地壳的岩浆过程实现的，从而导致大陆地壳体积和面积的增加（Cawood et al., 2013）。大陆地壳增生作用包括侧向增生和垂向增生。大陆地壳侧向增生发生在岛弧（洋内弧、陆缘岛弧）地体拼贴到大陆边缘，而垂向增生可以发生在弧（洋内弧、陆缘岛弧、大陆边缘弧）环境，也可以发生在碰撞造山、后碰撞和板内环境。大陆地壳再造是指大陆局部遭受地壳乃至岩石圈尺度的变形作用、变质作用和岩浆活动，进而导致大陆地壳结构重建或物质重组（Holdsworth et al., 2001）。花岗质岩石的大量出现是大陆地壳成熟的重要标志。因此，理解大陆地壳增生和再造的一个关键问题是这些花岗质岩石的来源和成因。传统上主要依据花岗质岩石的放射性同位素（如 Nd 和 Hf 同位素）特征，其亏损的 Nd 同位素指示新生地壳的形成，而其富集的 Nd 同位素指示大陆地壳的再造，如中亚造山带和冈底斯地区分别发育大量古生代和中生代亏损 Nd-Hf 同位素组成的花岗岩类，后者代表新生地壳形成（如 Han et al., 1997；Jahn et al., 2000；Wu et al., 2000；Chu et al., 2006；Zhu et al., 2011；Ma et al., 2013；Tang et al., 2010, 2017），而华南大陆古生代-中生代花岗岩常常具有富集的 Nd-Hf 同位素组成，被认为与大陆再造有关（如 Li et al., 2010；Wang et al., 2011；Huang et al., 2013；Shu et al., 2015, 2021）。但是亏损的 Nd-Hf 同位素特征并不代表花岗质岩石直接来源于幔源岩浆，一些具有亏损的 Nd-Hf 同位素特征但同时具有高的锆石 $\delta^{18}O$ 值的花岗质岩石可能来自新生地壳的重熔（Tang et al., 2020）。有些花岗质岩石富集 Nd 同位素组成，与共生的同期富集地幔来源的基性岩具有相似的同位素组成，指示古老岩石圈地幔来源的岩浆加入了地壳中，并贡献了地壳的增生（Neves et al., 2000）。虽然一些花岗岩岩类

（甚至包括一些 S 型花岗岩）的锆石 Hf-O 同位素组成显示有幔源岩浆的信息（Kemp et al.，2006；Li et al.，2009；Dan et al.，2014b），但是一些受地壳物质交代的幔源岩浆对地壳增生的贡献可能被低估（Couzinié et al.，2016）。

2）弧环境中地壳垂向生长和大陆再造

大陆地壳的许多微量元素地球化学特征与俯冲带岩浆岩十分相似（Rudnick and Gao，2003），这使得众多的研究者认为大陆地壳产生于弧环境（如 Rudnick，1995；Chu et al.，2006；Zhu et al.，2011；Ma et al.，2013；Tang et al.，2010，2017），并逐渐演变为成熟的大陆地壳。虽然关于弧花岗岩的成因机制有很多不同的解释，但是主要归纳为两类，即"结晶分异模式"与"部分熔融模式"（Jagoutz et al.，2009）。其中"结晶分异模式"主张弧环境中原始玄武质岩浆在壳幔过渡带附近聚集形成岩浆房，弧玄武质岩浆较高的含水量（1.5wt%～3wt%）降低了岩浆的黏度和密度，有利于岩浆房内的对流和堆晶，使得原始的弧岩浆得以充分地分离结晶并促使残余熔体向上运移，而岩浆分异形成的基性－超基性堆晶岩则因较大的密度而沉入地幔（Claeson and Meurer，2004）。这一假说解释了整个大陆地壳安山质的平均组成、壳幔之间及上下地壳等不同层位岩性和成分差异的形成。但有些研究发现，某些岛弧剖面地壳部分的基性岩和莫霍面附近的超基性岩在微量元素组成和同位素组成方面并不平衡，不可能是来自同一个源区（Garrido et al.，2007）；也就是说，莫霍面附近的超基性岩并不是原始弧岩浆在结晶分异过程中的堆晶产物，而是熔体－岩石反应的结果（Sanfilippo and Tribuzio，2013）。"部分熔融模式"认为岛弧地壳的成熟化过程主要是通过基性下地壳的部分熔融来实现的，其结果不仅形成了弧花岗岩，而且留下了一个致密的、石榴子石相的部分熔融残余并最终沉入地幔（Jull and Kelemen，2001）。但该模式的一个重要问题是热源问题，即岛弧下地壳的部分熔融如果没有额外热源的输入是很难通过正常的地热梯度来达成的（Jagoutz et al.，2009）。幔源岩浆结晶分异模式意味着花岗岩类的形成主要代表了大陆垂向增生作用，而部分熔融模式则主要代表了大陆地壳的再造。

3）碰撞带地壳垂向生长和大陆再造

尽管俯冲带通常被认为是陆壳形成的主要场所，但是以玄武质组分为主的弧岩浆无法直接解释以花岗岩为主的上地壳（Cawood et al.，2013）和全球陆壳安山质成分特征（Rudnick and Gao, 2003），这也被称为"陆壳成分悖论"（Rudnick, 1995）。由于构成地壳的长英质岩石无法与地幔达到化学平衡，因此目前解决陆壳成分悖论的主要方式有两类：一类是通过幔源弧岩浆或弧地壳的演化和改造来达成安山质成分，如分离结晶和基性－超基性弧根的拆离（Jull and Kelemen, 2001）、沉积物的大量底辟（Hacker et al., 2011; Kelemen and Behn, 2016）和化学风化（Lee et al., 2008; Liu and Rudnick, 2011; Tang et al., 2019）等；另一类是找寻替代或补充弧岩浆外其他能够形成大规模安山质岩浆的源区和动力学环境（Niu et al., 2013; Zhu et al., 2019）。以上两种形式的地壳形成和演化过程在很大程度上都涉及碰撞或后碰撞造山带，也就是碰撞带地壳垂向生长和大陆再造的过程。

大陆碰撞带的地壳生长主要有三种形式，即早期俯冲的洋壳熔融（Niu et al., 2013）、同碰撞－碰撞后的幔源岩浆与壳源岩浆混合（Couzinié et al., 2016; Mo et al., 2008; Zhu et al., 2015, 2019）及地幔混杂岩熔融（Guo et al., 2014; Ma et al., 2017）。此外，碰撞造山带镁铁质幔源岩浆常由于混染或类似的岩浆过程而具有富集的放射性同位素特征，导致碰撞造山带的地壳生长被严重低估（Couzinié et al., 2016）。因此，碰撞带不同方式地壳生长量和速率的精确估算及其与大陆动力学的结合将是理解这一问题的关键。而对俯冲和碰撞造山带 Hf 同位素的系统分析显示，碰撞造山带岩基主要是碰撞的大陆碎片重熔的结果（Collins et al., 2011），而发生在碰撞造山带的广泛地壳深熔再造可能是形成大陆再造的关键途径。

4）陆内构造背景下的地壳垂向生长与再造

陆内构造主要是指大陆中非板块构造动力作用的由深部动力或陆块间相互作用形成的各种构造（张国伟等，2011）。陆内构造可分为非造山伸展和陆内造山两种。陆内构造背景是花岗质岩浆产生的另一主要场所，同时这里也发生了大量的大陆增生与地壳再造。

陆内非造山伸展活动产生的岩浆岩主要由玄武岩（如大陆和大洋溢流玄武岩）、层状镁铁质－超镁铁质侵入体组成，规模上可构成大火成岩省，同时包含有少量正长岩、石英正长岩或碱性杂岩体及碱性（或 A 型）花岗岩等。这些岩石的形成主要与裂谷活动或岩石圈的伸展诱发的地幔上涌及地幔柱、热点活动密切相关（Stein and Hofmann, 1994; Hanson et al., 2006; Xu et al.,

2008；Pirajno et al.，2009；Davies and Rawlinson，2014），如冰岛（Martin and Sigmarsson，2007）、英国布里斯托海峡、东非（如 Ayalew et al.，2019）、北美洲古生代 Wichita（Hanson et al.，2013）、中国峨眉山（Shellnutt and Zhou，2007；Zhong et al.，2007；Xu et al.，2008）和可能的华南825Ma 大火成岩省（Li et al.，2003）。大部分大火成岩省（如东非、冰岛）中的酸性火山岩或花岗岩由玄武质岩浆分异产生，并位于玄武岩顶部或略晚于玄武岩（Martin and Sigmarsson，2007；Pankhurst et al.，2011；Ayalew et al.，2019），指示了地壳垂向增生；其他大火成岩省，如新生代美国黄石公园（Troch et al.，2018）、二叠纪峨眉山（Xu et al.，2008）和早古新世英国布里斯托海峡（Charles et al.，2018）中的一些酸性火山岩或花岗岩的形成也可能与古老或新生地壳的重熔与再造有关。一般说来，非造山的岩浆活动主要是镁铁质的，长英质岩浆岩只是少量出现。少数大火成岩省［如惠森迪（Whitsunday）、琼艾可（Chon Aike）、高勒（Gawler）、肯尼迪－康纳斯－奥本（Kennedy-Connors-Auburn）、西马德雷山脉（Sierra Madre Occidental）和阿拉善等］主要由长英质（$SiO_2>65wt\%$）火成岩组成，称为"酸性大火成岩省"，通常与大陆裂谷、地幔柱或弧后伸展有关（如 Bryan and Ferrari，2013；Dan et al.，2014a）。但澳大利亚的1.59Ga 的高勒火成岩省产于板内，含有大量的 S 型花岗岩、I 型花岗岩和 A 型火山岩（Allen et al.，2008），大部分花岗岩和 A 型火山岩来自地壳的重熔，少数基性 I 型花岗岩显示有地幔物质的贡献（Wade et al.，2012）。

陆内造山作用最核心的特征是远离大陆边缘（一般距离为800～1000km），缺乏蛇绿岩、大洋缝合带或混杂岩和弧岩浆作用，但具有一般造山作用的其他基本特征，如由于挤压作用形成的褶皱、逆冲或走滑断层或区域滑脱带、剪切带、区域性角度不整合发育，地壳缩短明显，山脉隆升，同时一般伴随有变质、变形和岩浆作用等。典型的例子包括我国华北阴山－燕山造山带、华南早古生代和早中生代陆内造山带（Shu et al.，2015，2021），澳大利亚中部的彼得曼造山带（Petermann）和艾丽斯斯普林斯（Alice Springs）造山带（Raimondo et al.，2014），非洲纳米比亚达马拉（Damara）造山带，北美洲拉勒米（Laramie）造山带，以及新生代欧洲的比利牛斯、亚洲天山等造山带。

陆内造山带岩浆岩的分布是极其不均匀的，有些造山带岩浆岩（如花岗岩）分布广泛，如我国的华南造山带、阴山-燕山造山带、秦岭造山带和澳大利亚的马斯格雷夫（Musgrave）造山带等，但有些造山带岩浆岩则相对缺乏，如新生代天山造山带和比利牛斯造山带、晚元古代-早古生代的彼得曼造山带和艾丽斯斯普林斯造山带等。即使一些陆内造山带出现岩浆岩，岩石类型也主要以二云母花岗岩、含电气石二云母花岗岩、含石榴石白云母花岗岩、含堇青石与黄玉的淡色花岗岩等强过铝质或 S 型淡色花岗岩为主，而且花岗岩类的类型及其共生岩石组合也很复杂。上述花岗岩大部分被认为与挤压所导致的陆内俯冲、陆壳叠置导致的地壳变沉积岩的熔融有关（如 Sheppard et al., 2007; Faure et al., 2009; Wang et al., 2011; Raimondo et al., 2014; Shu et al., 2015, 2021），与陆内再造有关。另一些陆内造山带，如我国古生代武夷-云开造山带、燕山期华南内陆造山带和华北阴山-燕山造山带、秦岭造山带，以及非洲纳米比亚达马拉造山带，有极小面积分布的黑云母二长花岗岩、含角闪石花岗岩、花岗闪长岩、石英闪长岩、英云闪长岩、闪长岩，为 I 型花岗岩类（如朱大岗等，1999; Li Z X and Li X H, 2007; Li et al., 2009; Huang et al., 2013; Guan et al., 2014; Xia et al., 2014; Yu et al., 2016）。这些岩石中，一部分可能来自古-中元古代基性岩的部分熔融（如 Guan et al., 2014）。另一部分岩石包含一些镁铁质包体，或甚至与镁铁质-超镁铁质岩石（如含辉石角闪石岩、含角闪石辉长岩、辉长岩、玄武岩等）共生（如 Yao et al., 2012; Huang et al., 2013; Wang et al., 2013; Guan et al., 2014; Xia et al., 2014; Zhong et al., 2016; Yu et al., 2016），其形成与地壳产生的熔体和幔源岩浆混合有关，共生的镁铁质-超镁铁质岩石来自地幔源区，指示了地壳垂向增生。

总之，陆内背景下的花岗质岩浆主要以壳源的 S 型或淡色花岗岩为主，代表了陆壳的重熔与再造作用，而一些 I 型花岗岩指示了幔源岩浆的贡献和大陆的垂向增生。但是正如前所述，目前的研究常常是基于全岩的 Nd-Hf 同位素研究，而锆石 Hf-O 同位素揭示即使是 S 型或淡色花岗岩也可以有幔源物质的贡献，并不全是来自大陆地壳（Dan et al., 2014b; Kemp et al., 2006）。

2. 关键科学问题

1）地壳垂向增生机制

弧环境下花岗质岩浆往往呈周期性变化，这可能代表了大陆地壳垂向生长的非均一性。弧大陆地壳的非均一性是弧地壳垂向增生的一个普遍现象（Tang et al.，2017），如阿拉伯-努比亚地盾（Arabia-Nubian shield）（Robinson et al.，2014）、大洋洲东部的澳大利斯地造山带（Kemp et al.，2009）和北美洲科迪勒拉（Ducea et al.，2015）等。但是目前对于这些弧花岗质岩浆峰期的动力学背景，即地壳垂向增生机制存在不同的认识。一些学者认为这些弧在花岗质岩浆峰期时往往具有更加亏损的放射性同位素组成（Kemp et al.，2009），因此认为这些花岗岩质岩浆形成于弧伸展阶段地幔物质的加入，包括弧后裂谷（Kemp et al.，2009）、大洋俯冲后撤（Ma et al.，2013）及大洋中脊俯冲作用（Tang et al.，2017）等。另外一些学者发现大陆边缘弧在花岗质岩浆峰期具有更加富集的放射性同位素特征（Ducea and Barton，2007）。这种富集的同位素往往解释为拆沉作用，在拆沉前发生挤压增厚导致富集同位素物质的加入（DeCelles et al.，2009）。但对于这种弧周期性垂向地壳生长的关键控制因素仍然不清楚，即是否与全球板块动力学过程有关，还是受区域的构造动力学过程所主导。对于碰撞或者后碰撞造山环境，大陆地壳垂向生长的机制也存在争议，到底是内部的伸展、重力作用，还是受深俯冲的影响，目前并没有定论。

2）大陆地壳再造机制

大陆地壳再造涉及俯冲带、非造山和陆内造山等背景，产生的花岗岩浆作用涉及对上地壳沉积岩的重熔还是中下地壳火成岩的重熔。大洋俯冲下的陆缘弧的地壳再造主要涉及下地壳的重熔（Li et al.，2019），大陆俯冲可以造成中上地壳的再造。非造山背景主要涉及局部岩石圈的拆沉（Wu et al.，2006）或地幔柱上涌时造成中上地壳的重熔作用（Li et al.，2003）。但是，中上地壳的再造有时并不需要幔源岩浆的加热，而有些幔源岩浆并不造成中下地壳的再造，其控制因素是什么？

有些陆内造山带，如新生代天山造山带和比利牛斯造山带、晚元古代-早古生代的彼得曼和艾丽斯斯普林斯，产生花岗岩的例子很少，可能与局部的中上地壳生热元素富集导致高的热梯度有关（Korhonen and Johnson 2015；Korhonen et al.，2017）。有些陆内造山可能受到远程板缘俯冲的影响，产生大量的花岗岩或火成岩，如华南大量的早古生代和早中生代花岗岩，以及北美洲拉勒米晚白垩世-早新生代火成岩区都远离大陆边缘1000km，一些学者将其归于平板俯冲或是其他因素的叠加（如 Livaccari et al., 1981；Li Z X and Li X H, 2007）。这两种陆内造山均是以地壳的重熔与再造产生 S 型花岗岩为主，但是其岩石圈是否熔融、其程度和范围，以及这些过程在花岗质岩浆产生中发挥了什么作用？大洋板块深俯冲、平板俯冲及大陆俯冲等远程板缘作用如何造成大陆地壳以再造而不是以垂向增生为主？以及一些较古老的陆内造山（如古生代的武夷-云开）的动力来源和构造背景的不明确，均阻碍了对大陆地壳再造机制的进一步研究。

3）混杂岩熔融与碰撞带中的地壳生长

地幔混杂岩（mantle melange）是指大洋沉积物、大洋蚀变玄武岩和上覆地幔楔橄榄岩三者间微小的机械混合物高压变质后的产物（Marschall and Schumacher, 2012）。由于沉积物混合，地幔混杂岩具有比地幔橄榄岩更大的浮力，因此通常以底辟的形式就位于岩石圈或下地壳的底部进而与地幔和地壳共同发生部分熔融形成具有弧岩浆特征的岩浆（如俯冲带碱性岩），因此也被认为是俯冲带弧岩浆的潜在源区（Cruz-Uribe et al., 2018；Marschall and Schumacher, 2012；Nielsen and Marschall, 2017）。实验表明，随着源区或初始样品中沉积物的增加，熔体的钾含量逐渐增加，熔体从拉斑玄武系列向橄榄玄粗系列变化，然以中性岩为主。因此，混杂岩被作为一种重要的弧岩浆产生方式与交代地幔部分熔融形式进行比对和讨论（Cruz-Uribe et al., 2018）。混杂岩模型也被广泛引入大陆碰撞和俯冲造山带，以解释同碰撞和后碰撞安山岩和钾质岩的形成（Guo et al., 2014；Yan et al., 2019）。Couzinié 等（2016）认为仅仅通过亏损地幔特征同位素来简单识别地壳生长会导致极大的认识偏差，碰撞后的钾质岩有大量地幔物质加入并具有更多地壳同位素特征，使其对地壳生长的贡献被极大低估。同时，碰撞带新生地壳易于保存，能够提供更有意义的地壳净生长。这与大陆碰撞带地壳混杂岩部分熔融及其与地幔的相互作用的观察相似，因此该地壳生长模式值得进一步关注。

4）大陆地壳净增生长量的估计

对于岛弧环境大陆地壳生长速率的计算，一般采用 $km^3/(km·Ma)$ 单位，即岛弧每千米长度每百万年新生地壳生长的体积。一方面，由于岛弧往往被沉积物覆盖或者经历了强烈的剥蚀，很难确定岛弧岩浆岩的时空分布，尤其是火山岩产生的量很难确定；另一方面，计算新生地壳的比例，尤其是岩浆岩中新生地壳的比例，需要精确确定岩浆岩的成因。但在部分大陆边缘弧中，通过系统地对花岗岩类面积的统计、精确的年代学分析、花岗岩中新生地壳组分计算，以及地壳厚度和侵入岩与火山岩比例的估算，也可以估算大陆弧地壳生长速率。例如，对北美洲白垩纪内华达岛弧的研究显示其岩浆峰期时地壳生长速率为75～100km^3/(km·Ma)（Ducea et al.，2015），南美洲阿根廷奥陶纪法马蒂纳（Famatina）大陆边缘弧在4Ma的地壳生长速率非常快，为300～400km^3/(km·Ma)（Ducea et al.，2017），与科西斯坦岛弧（Kohistan arc）地壳生长速率相当（Jagoutz and Schmidt，2012），但岩浆间歇期的时候其地壳生长速率非常低，为10～20km^3/(km·Ma)（Ducea et al.，2015）。Tang 等（2017）对中亚造山带新疆地区大陆地壳生长速率进行了系统计算，结果显示其岩浆峰期也与洋内弧的相类似。但是，由于俯冲带兼具较大的地壳生长速率和破坏速率（Hacker et al.，2011），俯冲带地壳净生长量也被认为可能极为有限（Niu et al.，2013；Spencer et al.，2017）。据此，具有低侵蚀速率的大陆碰撞带被认为代表了更多的陆壳净生长（Niu et al.，2013）。但是，对于陆内背景的地壳垂向生长还没有更好的约束，特别是如何估算中下地壳循环进入地幔的量。

三、花岗岩的形成和演化过程

（一）花岗岩质岩浆形成的实验岩石学研究

1. 现状和趋势

花岗岩成因的实验岩石学研究一直是地质学研究的重要内容之一。高温高压实验岩石学与花岗岩成因研究主要经历了：①含水体系花岗质熔体的形成条件与相平衡；②不同性质源岩脱水熔融与花岗质岩浆的产生、熔融条件对花岗岩成分的影响；③埃达克质花岗岩成因和花岗质岩浆化学分异控制因素的研究历程。

自然界中存在着的花岗岩成因类型具有多样性，暗示其岩石成因中可能涉及岩浆源区性质的不同、部分熔融条件的差异和/或地幔和地壳相对贡献程度的不同。花岗岩的主量元素组成主要受岩浆源区性质和部分熔融反应类型及流体机制的制约，而花岗岩痕量元素和同位素组成的差异更多地反映了岩浆源区部分熔融过程中副矿物的地球化学行为。花岗岩成因的实验岩石学研究主要集中在不同源岩类型、熔融反应类型对岩浆成分的制约，不同熔融条件（压力、温度、水含量和氧逸度）对花岗质岩浆成分的影响，以及俯冲带体系下岩浆分异机制与岛弧大陆地壳的形成三方面。

1）原岩成分对初始熔体成分的影响

初始地壳熔体成分主要受原岩成分和熔融过程中各种条件（包括温度、压力、水逸度和氧逸度等）所制约。原岩成分对熔体成分的影响是非常重要的。已有的实验结果表明，变质硬砂岩和变质泥质岩脱水熔融形成的熔体成分一般是花岗质的（Green，1976），而玄武质到安山质成分的斜长角闪岩脱水熔融主要形成花岗闪长质、英云闪长质和奥长花岗质成分的熔体（Rapp et al.，1991；Rushmer，1991；Skjerlie and Johnston，1992）。

2）熔融条件对熔体成分的影响

已有的熔融实验结果表明，花岗质岩浆成分的多样性不仅受原岩性质与成分的影响，而且也受到熔融过程中熔融条件的制约，尤其是压力和水含量的制约。例如，原岩为富含黑云母和斜长石的壳源岩石，在不同的熔融条件下可以产生成分范围宽广的熔体（Patiño Douce，1996）。

（1）压力的影响。对于原岩为黑云母斜长石片麻岩的部分熔融而言，K_2O 主要寄主是黑云母，而 Na_2O 和 CaO 寄主是斜长石，在熔融过程中，两个矿物相对压力和水含量具有不同的反应。在低压条件下（<10kbar），黑云母斜长石片麻岩脱水部分熔融受控于黑云母的分解，因此产生富K的花岗质熔体和与之共存的辉石+斜长石残留体。相反，在高压（>10kbar）和少量水（约 1wt%）存在的条件下，相同原岩发生部分熔融产生富Na贫Ca的奥长花岗质成分熔体，此时，高压条件下消耗斜方辉石+斜长石，而黑云母和石榴子石稳定存在。也就是说，低压条件下，所产生的熔体相对富K，而高压（P>15kbar）条件下，所产生的熔体相对富Na。随着压力的增加，相对于共存的石榴子石的 Ca/Mg 和 Ca/Fe 值，熔体中的 Ca/Mg 和 Ca/Fe 值降低（Patiño Douce，1995；Patiño Douce and Beard，1995；Castro，2013）。

（2）水含量（逸度）的影响。水的存在可以显著降低岩石的部分熔融温度，这已被众多实验所证实。即使是相同原岩，发生部分熔融也由于水含量不同而可以导致不同成分熔体的产生。与耐熔残留体共存的花岗质熔体，随着体系中水含量的增加，熔体成分向更富镁铁质方向演化——即低水含量（水不饱和体系）原岩发生脱水部分熔融，产生花岗质熔体，而高水含量（水饱和体系）原岩发生水致部分熔融，可以产生花岗闪长质到英云闪长质熔体（Conrad et al.，1988；Beard and Lofgren，1991；Castro，2013）。

（3）氧逸度的影响。在钙碱性体系和深熔花岗质岩浆体系中，氧逸度对相平衡的影响已经得到广泛研究，得出的结论是氧逸度对体系中的相平衡具有强烈的控制作用（Castro，2013）。Patiño Douce 和 Beard（1996）进行了氧逸度对变硬砂岩脱水熔融作用影响的实验岩石学研究。结果表明，氧逸度对富镁质的变质硬砂岩熔融作用不敏感，而对富铁质变质硬砂岩熔融作用很敏感。主要表现为，在低氧逸度条件下，石榴石稳定；而在高氧逸度条件下，石榴石分解成磁铁矿+斜长石+石英组合。

（4）温度的影响。温度对岩石熔融作用的影响主要表现在升温将导致熔融程度的升高。在片麻岩脱水熔融过程中，温度的升高，导致熔体中 $Al_2O_3/(CaO+Na_2O+K_2O)$（摩尔比）值的降低（Patiño Douce and Beard，1996）。

3）地壳岩石部分熔融过程中副矿物的溶解行为对熔体成分的影响

在地壳岩石深熔作用中，主要造岩矿物直接参与的部分熔融，主要控制了熔体的主量元素组成，与其不同的是，原岩中的副矿物（锆石、磷灰石、独居石、榍石等）通常是通过溶解作用，间接调整花岗质熔体的微量元素和同位素地球化学组成。要正确解译花岗质熔体的关键微量元素〔如稀土元素（rare earth element，REE）〕和放射性同位素（Sr、Nd 和 Hf）的地球化学特征，需要了解不同副矿物在花岗质熔体中的溶解行为。下面列举花岗岩中四个具有代表性的副矿物来进行说明。

（1）磷灰石。实验结果表明，在熔体中，磷灰石的饱和度是熔体温度和成分的函数，在含水量为 0～10wt% 时，与熔体的含水量无关（Harrison and Watson，1984；Pichavant et al.，1992；Wolf and London，1994；London et al.，1999）。

（2）独居石。轻稀土元素及磷都是独居石的基本组构组分。实验研究表明：岩浆中磷的浓度控制着含磷矿物的稳定性，如果磷足够多，独居石在控制岩浆的 LREE 的浓度中起重要作用；另外，岩浆中的 LREE 饱和浓度是熔体温度、成分及含水量的函数。在变泥质岩和高铝花岗岩中，独居石是轻稀土元素和生热元素 U 和 Th 的主要赋存矿物之一。独居石的稳定性影响着包括轻稀土、U 和 Th 在内的微量元素在地壳深熔作用中的重新分布。在部分熔融过程中，独居石是否参与熔融作用或在岩浆的演化后期是否结晶多取决于熔体的磷及 LREE 的浓度。在部分熔融温度低于 800℃的条件下，取决于源区初始 LREE 浓度，深熔作用产生过铝花岗质岩浆，相应熔融区残留部分则富集独居石。但是当熔融温度接近于 850℃时，地壳深熔作用不太可能导致下地壳富集独居石，因为在高温情况下产生的岩浆具有非常高的独居石饱和溶解度（Rapp and Watson，1986）。

（3）锆石。前人对不同成分岩石部分熔融所产生熔体锆石溶解度进行了实验研究，结果表明在不同成分的岩浆（SiO_2 含量为 54.2wt%～69.5wt%，M=1.01～2.09）中，锆石的饱和程度取决于岩浆温度和岩浆成分（Watson and Harrison，1983，1984；Harrison and Watson，1984）。

（4）含钛矿物。Ryerson 和 Watson（1987）实验研究了压力为 8～30kbar，温度为 1000～1300℃，在含水-CO_2 饱和及不含水条件下，金红石在硅酸盐岩浆中的溶解度。压力的大小轻微影响 TiO_2 在硅酸盐岩浆中的溶解度，但含水量对其几乎没有影响（Green and Pearson，1987；Ryerson and Watson，1987）。

4）实验岩石学对弧地壳的形成和分异的制约

在 7～15kbar 压力条件下，通过分离结晶作用制约大陆地壳形成的实验目前很少。已有的大多数实验研究主要集中在 10～30kbar 压力条件下玄武质岩浆的相平衡（Tatsumi，1981；Baker et al.，1994；Parman and Grove，2004；Wood and Turner，2009）和下地壳中非原始组分（安山岩、演化的玄武岩）的部分熔融和结晶作用（Wolf and Wyllie，1994；Blatter et al.，2013）。对于岛弧地区下地壳的形成，目前来自实验岩石学的制约是较少的，主要原因是在天然含铁体系中进行 H_2O 不饱和分离结晶实验难度较大。Muntener 和 Ulmer（2018）的实验研究表明，最初由 Bowen 等（2003）提出的分离结晶作用这一岩浆演化机制仍是解释岛弧根部主要氧化物变异最简单、最有效的作用过程，这也被认为是对大陆地壳净生长贡献的最重要因素。

5）实验岩石学约束花岗岩成因中地幔的贡献

在弧岩浆作用过程中，俯冲板片脱水作用和部分熔融作用都可以影响俯冲带上盘地幔楔，导致地幔楔的矿物组成、地球化学性质和部分熔融行为发生重大变化，形成具有特殊地球化学特征的弧岩浆岩（Pearce et al.，2005）。其中，俯冲板片部分熔融是形成高 Sr/Y 值中酸性岩浆的重要机制之一（Defant and Drummond，1990），产生的熔体与地幔楔相互作用及其地球化学效应是俯冲带研究的重要课题之一（Rapp and Watson，1995；Rapp et al.，1999）。虽然增厚下地壳部分熔融和岩浆分异作用是形成高硅埃达克岩的主要机制，但在俯冲带环境下，高硅埃达克岩通常代表被地幔橄榄岩混染的大洋板片熔融体，而低硅埃达克岩代表来自板片部分熔融体交代的地幔橄榄岩部分熔融产生的熔体（Defant and Drummond，1990；Kay et al.，1993；Kelemen，1995；Rapp et al.，1999；Martin et al.，2005；Wood and Turner，2009）。

弧岩浆作用体系和陆内伸展作用区都经常发育与同期基性岩具有相似 Sr-Nd-Hf-Pb 同位素组成的花岗质岩浆。这些岩浆是基性岩浆通过岩浆分异作用演化而来的，还是通过基性岩浆与中下地壳部分熔融体混合而来的，是甄别花岗质岩浆来源的关键课题。在众多的陆内岩浆作用中，经历过流体或熔体交代的岩石圈地幔的部分熔融通常是形成具有富集特征基性岩的主要机制之一（Loges et al.，2019；Gervasoni et al.，2017）。但是，流体、硅酸盐熔体和碳酸岩熔体是怎样改造岩石圈地幔，如何进一步影响岩石圈地幔的部分熔融行为，是 21 世纪地幔地球化学研究的重要前沿课题之一，有待进一步的实验研究来提升人们的认识。

综合上述研究不难看出，将花岗岩成因的实验岩石学研究与大陆地壳的形成演化及俯冲带作用过程相联系已经成为花岗岩成因实验岩石学研究的重要趋势。

2. 关键科学问题

目前在花岗岩成因与成矿的实验岩石学研究中存在的关键科学问题主要表现在以下四个方面。

（1）造山带深部花岗质片麻岩的部分熔融过程及其与造山带花岗岩的成因联系如何？

（2）不同流体体制和部分熔融过程中副矿物的地球化学行为是如何控制花岗岩成分多样性的？

（3）花岗质岩浆的分异机制与高硅花岗岩成因及成矿有何联系？

（4）关键金属元素的超常富集机制是什么？

（二）花岗质侵入岩与相关火山岩的研究

众所周知，活动大陆边缘陆壳的形成与演化与大陆的侧向增生和垂向增生/分异密切相关，同时伴随着大量花岗质火山-侵入杂岩的形成（图3-7），而陆内构造背景下陆壳岩浆作用也可以产生大量的花岗质岩浆（Raimondo et al., 2010）。进入21世纪以来，随着晶粥模型逐渐成为学术界的共识（如 Bachmann and Bergatnz, 2004; Cashman et al., 2017），花岗岩-火山岩研究也逐渐成为揭示陆壳演化的关键所在。吴福元等（2017）认为，岩浆结晶分异作用不仅是导致花岗岩体成分变异的重要机制，而且也是引起大陆地壳垂向成分变化的重要因素，高分异花岗岩是大陆地壳成分成熟度的重要岩石学标志。此外，对花岗质岩石的研究除了对花岗岩岩石学本身有重要意义外，对大陆地壳的形成演化和成矿元素的聚集也有十分重要的意义。

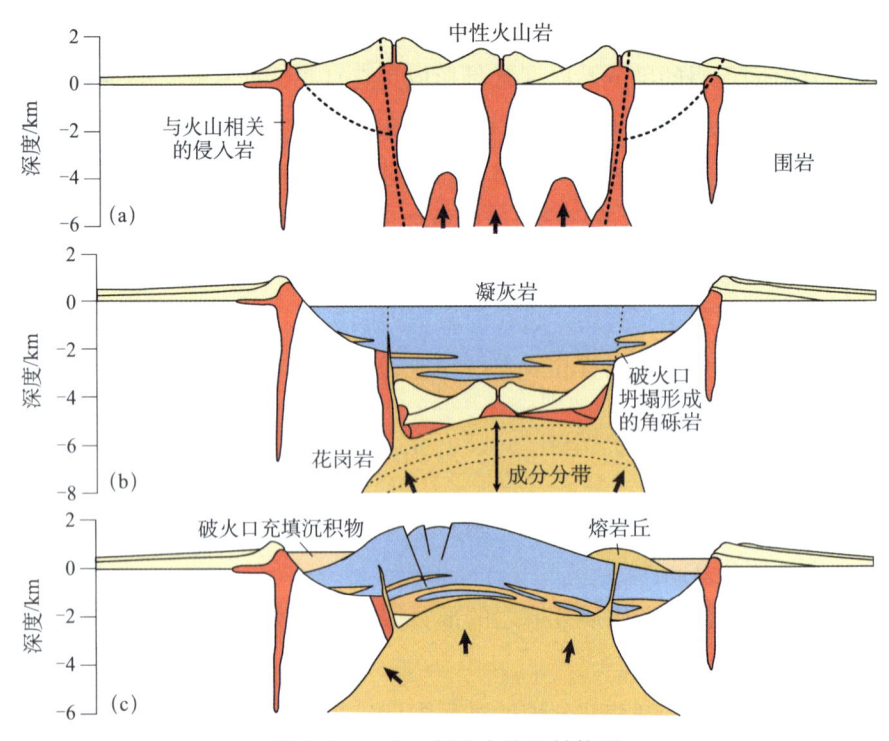

图3-7 火山-侵入杂岩的结构图

1. 花岗岩－火山岩成因的国内外研究现状

近十余年来，国际上有关花岗岩－火山岩成因研究取得诸多进展，呈现出过程研究精细化的特点（徐夕生等，2020），如利用各种手段来研究具体的岩浆过程，包括利用野外地质、岩石学或锆石 Hf-O 同位素来示踪岩浆混合过程（Shaw and Flood，2009；Koteas et al.，2010；Smithies et al.，2011；Farner et al.，2014；Yu et al.，2018），花岗质岩浆的分异和高硅花岗岩的形成（Glazner et al.，2008；Deering et al.，2010；Lee and Morton，2015；Li et al.，2018；Zhao et al.，2017，2018），以及低 δ^{18}O 高硅流纹岩的形成。根据新建立的年代学研究方法，特别是高精度定年技术，来认识花岗岩体的幕式增生过程（Cottam et al.，2010；Schoene et al.，2012；Annen et al.，2013；Ratschbacher et al.，2018），精细解剖花岗质岩体的生长过程或增生机制（Brown，2013；Liu et al.，2018）。在花岗质岩浆演化过程研究中，还应用了新的非传统稳定同位素示踪手段，包括花岗岩的 Fe、Cu、Mg、Zn 和 Si 同位素等（如 Savage et al.，2012；Foden et al.，2015；Xu et al.，2017）。

我国是花岗岩－火山岩研究大国。随着我国地球化学分析测试手段迅猛发展，特别是在矿物微区成分分析、微区原位同位素定年和同位素组成分析测试上长足的进步，花岗岩－火山岩的研究空间得到极大的拓展，在探讨花岗岩－火山岩的源区及相关的陆壳物质再循环中的地球化学行为、壳幔相互作用等方面取得一系列进展。

（1）锆石微区 LA-ICP-MS 和 SIMS 定年方法的广泛应用，有效地建立了花岗岩的时空格架，特别是一些重要造山带和关键地区（如肖庆辉等，2009；Liu et al.，2020）。在对华南花岗岩的研究上，依据新的锆石定年资料和花岗岩的铝饱和指数，建立了华南花岗岩时空分布的格架（孙涛，2006；Zhou et al.，2006）。而在对中亚阿尔泰增生型造山带的研究中，王涛等（2010）系统总结了大量古生代到中生代花岗岩类锆石 U-Pb 年龄数据，探讨了阿尔泰造山带时空演变、构造背景及地壳生长意义。

（2）MC-ICP-MS 全岩同位素分析方法和 LA-MC-ICP-MS 锆石微区 Hf 同位素分析方法的广泛应用，为探讨花岗岩源区提供了重要制约。得益于这些分析方法的进步，利用同位素（如全岩 Nd 和锆石 Hf 同位素）进行区域填图成为探索深部物质组成与演化过程的重要手段。在此基础上，国内学者在探测地壳深部物质组成，揭示新生地壳、古老地壳和/或再造地壳的空间分布与时空演变，制约深部物质组成，提升区域成矿规律认识，以及成矿潜力的定量 - 半定量评价和区域成矿预测等诸多方面取得大量成果（如王涛等，2017；Hou et al.，2015b）。例如，利用 Hf-Nd 同位素研究探讨西藏及其相邻地区的地壳演化（张立雪等，2013；Hou et al.，2015a；Wang et al.，2016），探究北方造山带的地壳增生和大陆演化（孙晨阳等，2017），研究华北（Yang et al.，2007）、秦岭（王晓霞等，2014）和新疆（宋鹏，2017）等地区花岗岩的起源，利用花岗岩的 Nd 同位素和模式年龄填图、划分同位素省并据此识别出不同块体单元（Wang et al.，2009），以及利用 Hf 同位素填图约束印度大陆地壳大规模俯冲于亚洲大陆之下的时空范围（Hou et al.，2015a）。

（3）通过离子探针原位锆石 O 同位素的分析，深入揭示花岗岩成因。花岗岩的源区如果经历了表壳物质的循环过程，其熔融产生的岩浆的 O 同位素会具有较高的 $\delta^{18}O$ 值，反之，则接近于幔源锆石的 $\delta^{18}O$。例如，李献华等（2009）对南岭地区三个代表性的燕山早期（约 160Ma）花岗岩岩体（佛冈黑云母二长花岗岩、里松角闪黑云母二长花岗岩和清湖二长岩）进行了系统的锆石 Hf-O 同位素分析，并结合全岩 Sr-Nd 同位素和微量元素地球化学特征，论证了地幔交代作用和幔源岩浆在这些花岗质岩浆形成及地壳增生过程中的作用。另外，经历了高温热液过程的岩石具有低的 $\delta^{18}O$ 值，如 A 型花岗岩常具有较低的 $\delta^{18}O$ 值，明显不同于 I 型花岗岩和 S 型花岗岩的 O 同位素组成，可能跟高温流体的参与有关（Gao et al.，2014），而经历了冰川作用的岩石往往具有负的 $\delta^{18}O$ 值（Zheng et al.，2007；张少兵和郑永飞，2011），如 Yang 等（2013）在内蒙古自治区巴尔哲 A 型花岗岩热液锆石中获得了非常低的负 $\delta^{18}O$ 值（-18.12‰~-13.19‰），记录了来自大陆冰川融水的超低氧同位素组成，表明在早白垩纪超级温室气候期间出现过短暂的极寒气候事件，甚至在中 - 高纬度地区可能存在大量的大陆冰川。

（4）在实验岩石学方面，Gao 等（2016）总结了不同地壳岩石熔融产生的实验熔体对不同类型花岗岩成分的限制，他们在比较源区成分和实验熔体成分时发现熔融温度对实验熔体成分变化起到强烈的控制作用；Zhao 等（2015）对南岭地区中生代花岗岩的研究也表明，熔融温度的不同导致熔融程度的不同，是引起该地区花岗岩体成分变化的主要因素；Huang 等（2019）

利用高温高压结晶实验估算岩浆结晶的温度和水含量等参数,有效地制约了花岗岩形成条件。

(5)在利用非传统稳定同位素(如 Fe、Mg 和 Si 等)示踪花岗质岩浆演化过程方面,科研人员也做了一些前沿探索(如 Shen et al., 2009; Du et al., 2017)。

2. 花岗质火山-侵入杂岩的研究动态

有关岩浆起源、侵位、演化和火山喷发的机制问题,是国际地学界火成岩研究的前沿领域之一(Petford et al., 2000; 吴福元等, 2015; Keller et al., 2015; Cashman et al., 2017; Jackson et al., 2018)。

马昌前和李艳青(2017)曾发表综述文章《花岗岩体的累积生长与高结晶度岩浆的分异》,指出当逐渐加厚的熔体层产生了足够大的浮力后,特别是有挥发分的加入后,就会快速上升,甚至穿透上部的晶粥体,触发大规模的火山喷发。幔源岩浆的通量越大,地壳岩浆的活动性也越强,大规模的长英质岩浆聚集就可能发生大喷发,形成超级火山。有关火山岩与侵入岩的关系,学术界有两种观点:一种观点是"紧密联系",即火山岩为喷出的分异熔体,而花岗岩代表堆晶(Lipman and Bachmann, 2015; Cashman et al., 2017)。由于晶体-熔体分异不彻底,花岗岩实际是火山喷发时未完全排出的残余液相和晶体的混合物(Lipman, 2007)。另一种观点是"松散联系",岩浆在中下地壳产生之后,受不同因素(如水含量等)控制,喷出者为火山岩,未喷出者为侵入岩,侵入岩是未喷发、未分异的火山岩的对应物(Glazner et al., 2008; Tappa et al., 2011)。Lipman(2007)提出,剥露出来的很多大的破火山口,都存在熔结凝灰岩和次火山侵入岩,火山物质是岩浆房生长和多阶段演化早期阶段的物质记录,而固结的侵入岩常常代表了岩浆活动的晚期阶段甚至火山活动之后的岩浆物质,或者是该区长期的岩浆活动的综合记录。

中国东南沿海晚中生代火山-侵入杂岩带,位于欧亚大陆东南部与太平洋板块西缘交接部位,总长约 2000km,是环太平洋陆缘岩浆活动带的重要组成部分(谢家莹和陶奎元, 1996; 王德滋和周新民, 2002)。该带发育多个由破火山、火山穹窿、构造洼地等组成的巨型环状火山构造,并形成一条呈北东向展布的巨型火山-侵入杂岩带(王德滋等, 2000; Zhou et al., 2006),

且以白垩纪为最盛（周新民和李武显，2000）。

从20世纪80年代开始，南京大学和南京地质矿产研究所（现中国地质调查局南京地质调查中心）等单位就对东南沿海地区火山岩岩相学和地球化学特征进行了研究，厘清了火山旋回，建立了丰富的岩相模式。王德滋等率先提出了花岗质火山-侵入杂岩时、空、源一致性的想法，即火山岩和花岗岩的形成时代相近，存在于同一火山机构内或相邻的空间，且具有相近的物质源区（王德滋等，1999，2000），进一步将火山-侵入杂岩分为I型、S型和A型三种成因类型，并研究了浙江桐庐、江西相山和福建云山三个代表性杂岩体（王德滋等，2002；王德滋和周金城，1999）。贺振宇团队等最近将国际上流行的"晶粥"模型应用于浙江雁荡山和福建云山两个火山-侵入杂岩的成因解释中，并从地球化学的角度研究了火山岩和侵入岩之间密切的成因联系（Yan et al.，2016，2018，2020）。

相比较于该研究方向的国际学术前沿，我国东南沿海火山-侵入杂岩的前期研究多是偏重岩相学描述或一般的地球化学研究，综合性研究不够，部分杂岩体甚至尚未有可靠的年龄数据。虽然以往的认识已经注意到了火山-侵入杂岩在时、空、源上的一致性，但未能深入地追溯火山岩与侵入岩在 $P\text{-}T\text{-}X_{H_2O}$ 结晶条件上的异同，以及在岩浆物理过程上的联系。

（三）花岗质岩浆动力学与大型侵入体形成机制

1. 现状和趋势

随着火成岩成因理论的发展，从化学岩石学角度为地球深部组成、结构和动力学过程提供了丰富的信息（翟明国，2017），同时，要深入认识大陆生长、演化机制与宜居地球发展过程，探究花岗岩浆的分异过程与战略性关键金属的超常富集，又要求我们进一步开展岩浆起源、上升、侵位、演化、喷出这一系列过程的机理、触发条件、作用时限、物理限制等动力学问题的研究（马昌前等，1994）。显然，构建以物理学原理为依托、化学与物理过程相耦合的岩浆动力学知识体系，至关重要。

1）岩浆动力学的研究内容和现状

岩浆动力学本质就是研究岩浆及其原子、离子、分子（包括挥发分）、熔体和固态物质（晶体和包裹体）的运动及其驱动力、研究力和运动的相互关系（马昌前，1987；马昌前等，1994）。其研究内容主要包括以下四方面。

（1）岩浆自身的性质。例如，岩浆的黏度、密度、熔体结构、组分扩散、热传导等。

（2）岩浆的起源、抽取、聚集、上升、侵位、增生的机制和约束条件。例如，固态岩石究竟是如何部分熔融的？晶间熔体如何抽取和聚集？岩浆的上升和迁移能力受到哪些因素控制？巨大的花岗岩体如何形成？先后上升的岩浆通道之间是什么样的关系？岩浆侵位中心的定位和迁移有什么规律？

（3）岩浆房和岩浆储库的作用过程、动力学方式和制约条件。例如，岩浆上升和侵位过程中的热状态如何改变？侵位的岩浆如何转换为冷储存状态？储库内的岩浆（晶粥）如何发生活化、分异和混合？晶体-熔体-挥发分如何相互作用？如何触发火山的喷发？火山岩与侵入岩是否存在成因联系？

（4）从宏观（地震学、重力、地表变形、电磁、大地测量、地貌学、构造地质学、岩石学、变质地质学、火山学等）到微观（晶体环带、元素扩散、地球化学、地质年代学等）、从定性到定量构建岩浆动力学的理论和方法体系。

早在20世纪70年代中期，英美等国的地质学家就意识到岩浆过程物理学研究的重要性，开始了"岩浆物理"的探索。岩浆动力学在我国的起步已有30余年，虽发展缓慢，但也取得了一定的成绩。马昌前等对岩浆动力学的理论体系、岩浆结晶分异动力学、岩浆扩散动力学及岩体侵位机制进行了探索（马昌前，1987，1988a，1988b，1990；马昌前等，1992，1994），王福生等（2004）认为熔体结构对岩浆的物理和热力学性质起着重要的制约作用。

在花岗岩的岩浆动力学方面。以往把花岗岩体的产生归结为相对独立的四个阶段，即岩浆的生成、分凝、上升和侵位（Petford et al.，2000）。在我国，研究花岗岩体的侵位机制受到了较大关注。尤其是从20世纪90年代开始，我国就兴起了花岗岩岩体构造分析和侵位机制的研究热潮，取得了一批研究成果（如马昌前，1988b；马昌前等，1992，1994；李东旭等，1996；周金城和王德滋，1996；万天丰等，2000；Wang et al.，2002；冯佐海，2003；徐兴旺等，2006；Yan et al.，2010；章邦桐等，2011，2014）。Wang等（2000）提出的花岗岩体多重侵位机制，He等（2009）对北京周口店岩体侵位过程的探讨，张永等（2014）将岩浆黏度和密度计算与构造应力场分析相结合探讨岩浆侵位上升过程及侵位通道特征等，都取得了新的进展。Li等（2019）还提供了综合利用地质年代学、岩石学、地球化学、构造地质学和磁组构方法，研究岩体侵位机制及其与区域构造关系的实例。最近，结合晶粥模型探讨岩浆储库过程和晶粥活化机制的研究也取得了新的进展（Zhao et al.，2018；Zhang et al.，2018；Yin et al.，2020；Zou and Ma，2020）。

岩石学家一般主要关注岩浆的生成和侵位后的结晶演化过程，而地球动力学和构造地质学家更关心岩浆的分凝、上升和侵位机制问题。随着研究的深化，需要把这几个方面整合在一起开展多学科的研究。

2）花岗质岩浆动力学研究的发展趋势

花岗质岩浆动力学研究方兴未艾，新思路新手段层出不穷。根据国内对花岗岩的研究现状，当前和未来一段时间，要特别重视以下三个方面的研究。

（1）加强花岗岩体内部结构、几何学和运动学的观测。加强侵入体侵位序次、增生过程、分异混合、构造变形的观察，开展有限应变分析，进行应变速率的估算，强化岩浆过程的运动学和动力学分析（如 Kosakowski et al.，1999；Glazner and Bartley，2006）。主要包括：对岩体中的岩石包体、线理、面理、节理、断层、岩脉、巨晶的定量观察、统计和有限应变分析，加强岩石的磁化率各向异性（磁组构）分析，深入认识岩浆流变学状态和岩体的侵位和增生机制（如 Molyneux and Hutton，2000）。同时，结合岩相学和矿物学的精细研究，加强矿物粒度的定量分析，确定岩浆结晶物化条件和岩浆（晶粥）储存状态，分析晶体生长、环带形成与岩浆（流体）注入与混合的关系及晶体 - 流体（熔体）的相互作用过程（如 Albertz et al.，2005；Viruete et al.，2003；Yoshinobu et al.，2003；Gagnevin et al.，2008）。

（2）开展岩浆系统动力学的实验和数值模拟。在细致观察岩浆动力学行为和状态的基础上，以能量守恒、动量守恒、质量守恒原理为依托，开展理论分析，进行实验模拟，探索岩浆系统组成、结构和动力学过程。例如，实验研究岩浆混合过程中水的动力学特征，探究其在熔体抽取作用中的贡献（Piston et al.，2017）；研究岩浆中挥发分在流体动力学中的作用，结合数值模拟分析浅部岩浆储库的演化过程（Parmigiani et al.，2016）；结合岩浆物理性质，从理论上分析岩浆的各种动力学性质、状态与过程（如 Garg et al., 2019）；使用离散元数值模型，解决晶体尺度的颗粒相互作用和流体流动，模拟晶粥体的开放系统动力学过程（Bergantz et al., 2015）等。

（3）结合我国花岗岩带地质特色开展岩浆动力学研究。我国幅员辽阔，有着地球上典型的巨量岩浆岩带及不同类型的花岗岩体，具有开展全方位花岗质岩浆动力学研究得天独厚的条件。例如，在陆-陆碰撞造山带，除形成巨型中酸性岩浆岩带（如冈底斯斑岩带）以外，还出现大规模的带状淡色花岗岩，具有高分异花岗岩特征（吴福元等，2015；Wu et al., 2020；曾令森和高利娥，2017；Gao et al., 2017），需要开展岩浆储库演化、分异过程、高分异花岗岩成因和与战略性关键金属富集关系的深入研究。在中亚增生型造山带，则以来自新生、不成熟地壳的高 Nd 同位素组成的花岗岩为特征（赵振华等，1993，2006；Xiao et al., 2004，2008；肖文交等，2019），揭示这些花岗岩对应的深部岩浆储库性质和岩浆动力学演化的细节，是认识地壳生长机制的关键。对大陆边缘造山带花岗岩类，尤其是我国东部大面积出露的中生代花岗岩类，则需要将华北克拉通破坏、华南大陆再造等构造过程中侵入岩与火山岩的转换、岩浆分异演化与战略性关键金属富集机制结合起来（吴福元等，2008；朱日祥等，2011，2020；Zhu et al., 2012，2015；Li Z X and Li X H，2007）开展深入研究。

2. 关键科学问题

关于大的花岗岩体的形成，即岩体如何获得侵位的空间，以及大的岩浆储库如何生长的问题，是一个经历过长期争论的重大科学问题。从 Daly （1933）开始就一直认为，大岩基的形成、大型火山的喷发，是深部存在熔体为主（晶体含量<30%）的大型岩浆房的反映。内部容易流动的岩浆房，黏滞阻力小，容易发生对流、分离结晶和岩浆混合。然而，经过最近 20 年来的资料积累，颠覆了这些传统的观点，在以下三个方面逐渐形成了新的共识，进而提出了新的科学问题。

1）缺少以熔体为主的大型岩浆房

新近对活火山区进行的地球物理综合调查表明，在地壳内并不存在有高熔体含量（>50%）的岩株或岩基尺度的岩浆房，只在 3~18km 的深度观察到了部分熔融的小型透镜状岩浆体（如 Paulatto et al., 2012）。全球公认存在熔融体的很多地区，地震波速一般也仅降低百分之几，几乎没有降低到20%的情况（Glazner et al.，2004）。据研究，在上地幔，熔体体积如果达到2%，就可以使地震波的V_P降低约7%，V_S降低约16%（Hammond and Humphreys，2000）。由于S波只能在固体中传播，不能在液相中传播，如果深部存在能流动的岩浆房，应能发现V_S的阴影区。但事实上，即使在活火山区也没有发现过这样的阴影区。这表明，即使深部存在熔体含量很高的岩浆房，其规模也不会超过地震波的分辨率，即100～1000m。地壳中的晶粥体一般处于温度低于固相线的冷储存状态（≤650℃，Cooper and Kent，2014；Bachmann and Berganz，2004），其中的晶体含量高（50%～80%），活动性弱，缺少以熔体为主的大型岩浆房。

既然缺少以熔体为主的大岩浆房，那么，岩浆的分异和混合发生在什么尺度上？在晶粥区内什么触发了火山喷发？超级火山的喷发物质来自何处？

花岗岩浆的结晶分异既有野外宏观地质资料证据，也有微观尺度矿物组成及其成分变化的证据，更有大量地球化学资料的支持（吴福元等，2017），岩浆混合现象更是很多花岗岩体常见的特征。进一步阐明岩浆分异和混合的过程和空间尺度，是未来的重要方向。

一般认为，火山的喷发主要是岩浆储库产生超压的结果。在上地壳的高度结晶的晶粥区内，深部岩浆的注入尤其是高通量的地幔岩浆加入，往往促进晶粥活化和火山喷发（马昌前和李艳青，2017）。问题是，在什么情况下，能产生有活动性的大型岩浆囊，足够为大型火山的喷发提供充足的物质？什么样的岩浆不在中上地壳的岩浆储库停留，而是由深部源区直通火山口？

2）大型花岗质岩体是多次脉动侵位和累积增生的产物

近年来，倾向将侵入体的产生分解成侵位与增生两个过程（如McNulty et al.，1996；Horsman et al.，2010），前者强调岩体获得占位空间的力学机制，后者指的是岩浆在储库中的充填和排列方式（图3-8）。如果说岩体构造和围岩构造的观察和应变测量有助于认识岩浆的侵位机制，那么储库的多次增生往往由不同岩类的接触关系、岩石成分和组构的变化、岩体的几何形态和地质年代学数据的复杂性表现出来。大型侵入体是在数百万年甚至更长的时间跨度内，岩浆多次侵位、反复堆垛、累积增生而成的（Petford et al.，2000；Michel et al.，2008；马昌前和李艳青，2017；王涛等，2020）。在中上地壳，

1000m 宽的岩体冷凝到固相线只需要近万年的时间，而大的侵入体也只需要数十万年（Stimac et al., 2001）。而很多大型侵入体单元之间的年龄跨度达 8~15Myr（Coleman et al., 2004；Matzel et al., 2006；Wang et al., 2014），正是岩浆的多次脉动和累积增生的表现。

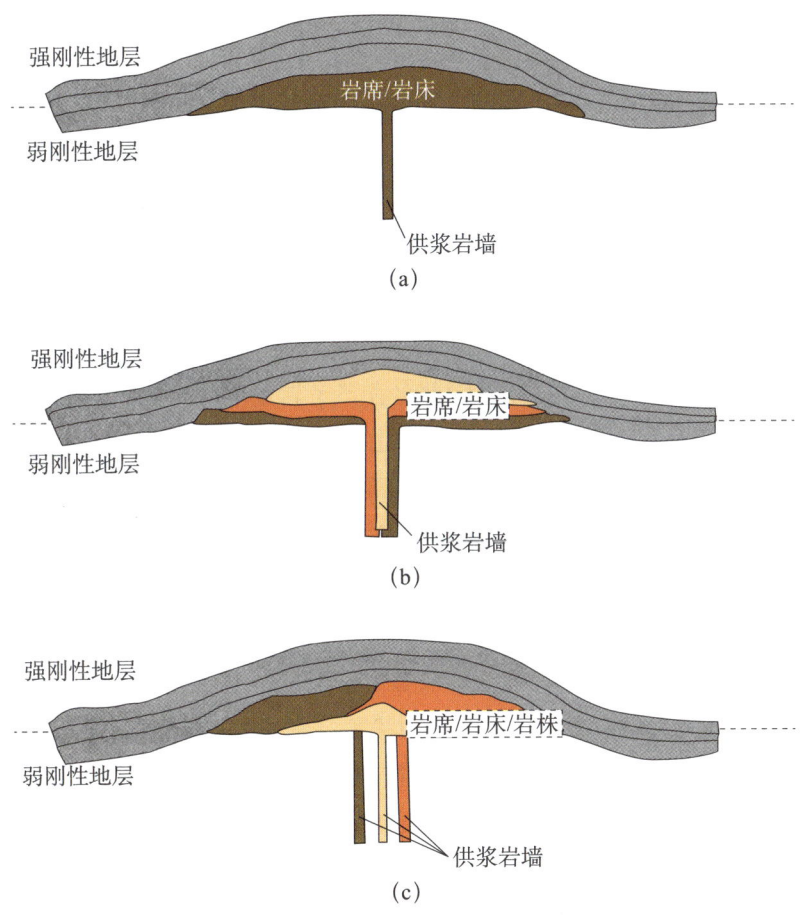

图 3-8　整合型侵入体侵位与增生（组装）关系示意图

（a）岩浆单脉动侵位：当岩浆通过供浆岩墙上升到存在明显的流变学差异的地层之间时，就从向上的运动转换为水平流动；（b）岩浆多脉动侵位及水平堆垛增生：新的岩浆以岩席/岩床的形式平行堆垛到前次脉动的岩席/岩床之上或之下（取决于岩浆批之间的热状态差异）；（c）岩浆多脉动侵位及杂乱堆垛增生：新的岩浆的脉动会导致早先侵位的未固结岩浆发生变形，并相互杂乱组装在一起

在侵入体多次脉动和反复堆垛过程中，岩浆的侵入中心如何迁移？控制因素是什么？它们如何控制火山机构的定位？这些问题直接关系到大陆地壳如何分异和演化的问题。

正是岩浆的多次脉动，在侵入体内就有不同成因类型的晶体种群共存，单个矿物的内部成分也因晶体-熔体-流体的相互作用而复杂化（如 Chambers et al., 2020）。岩浆岩中可能包括五大类不同成因的晶体种群（Jerram and Martin, 2008；马昌前等，2020），即自生晶（autocrysts）、再循环晶（antecrysts）（又称先生晶）、转熔晶（peritectic crystals）、捕虏晶和复成因晶。很多锆石晶体核部为再循环晶，边部属自生晶（Miller et al., 2007），就是复成因晶的例子。显然，岩石中这些晶体所占的比例直接影响了全岩化学成分的属性，如果岩石中再循环晶和捕虏晶多，全岩成分就不能代表岩浆成分。如何根据晶体种群判别先后侵入的岩浆之间的相互作用过程？如何以再循环晶为纽带，将火山系统与侵入系统或深部岩浆储库联系起来，认识岩浆分异过程和火山喷发动力，是突破花岗岩成因研究瓶颈的关键之一。

3）地壳中存在多层次的岩浆通道系统

岩体的多次累积增生意味着深部存在多个岩浆储库，能从下向上提供多批次的岩浆。因此，地壳内存在一系列的岩浆通道将岩浆从源区输运到不同深度的岩浆储库内，也为火山喷发和成矿作用累积物质和能量（Peccerillo et al., 2006）。现在，把岩浆活动期间从岩浆源区向浅部延伸、由岩浆管道和岩浆储库构成的相互连通的岩浆网络系统称为岩浆通道系统（magmatic plumbing system；图3-9；Ma et al., 1998；Gudmundsson, 2012；Burchardt, 2018；Mutch et al., 2019）。古老岩浆通道系统是由垂向的供浆岩墙、水平的岩床（盖）及破火山口杂岩等构成的网状集合体（Burchardt, 2018），包括由若干小岩床堆垛而成的岩株和岩基。在汇聚板块边界，岩浆通道系统可能会出现10多个岩浆储库（Tibaldi, 2015；Morley, 2018），且储库深度会随时间变化（Caracciolo et al., 2020），但有的岩浆通道系统储库很少（Holt et al., 2014）。它们的分布和形状取决于构造背景、可用的岩浆量，以及岩浆与围岩的性质。岩浆通道系统起到沟通岩浆源区与上部岩浆储库的作用，对其组成、结构、分布状况和形成过程的研究，不仅是解释火山行为的关键，也是认识花岗质岩浆侵位-增生机制和花岗岩成因的钥匙。

如何通过火山系统与侵入系统的解剖，重建岩浆通道系统的组成、结构和动力学？这是火成岩岩石学和火山学的新命题，也是花岗岩成因和战略性关键金属超常富集机制研究中的关键科学问题。

图 3-9 岩浆通道系统模型图
资料来源：Cashman et al., 2017, 修改；马昌前等, 2020

四、花岗岩成矿作用

（一）现状和趋势

成矿作用（metallogeny）的研究始于 Launay（1892），是指对控制矿床生成的各种因素和条件及其相互关系，以及它们在地质时间和空间中的综合表现，即对矿床生成和分布的规律进行全面系统的研究。花岗岩的成矿作用是指在花岗质岩浆-热液演化过程中伴随有用金属元素的迁移富集沉淀并形成具有工业价值的矿体（或矿化体）的地质过程。这类矿床的形成既可以与花岗质岩浆侵位同时或准同时，也可以晚于花岗岩侵位；矿体既可以赋存在岩体中（如斑岩型矿床），也可以产于岩体与围岩的接触带（如夕卡岩型矿床），或者产于围岩地层中（如脉状矿床）。

早在20世纪初，翁文灏（1920）就指出我国华南燕山期花岗岩浆作用与成矿关系十分密切，并发现偏中性岩类与铁铜等成矿作用有关，而偏酸性岩类与钨锡等的成矿有关，后来闻广将其总结为岩浆岩的成矿专属性（闻广，1958）。20世纪60~70年代，徐克勤等提出华南花岗岩成矿专属性受岩浆酸度和碱度的控制（徐克勤等，1963）。徐克勤等还提出了同熔型花岗岩和改造型花岗岩的成因分类，并认为前者与铁铜金钼铅锌成矿有关，后者与钨锡稀有金属成矿有关（徐克勤等，1983）。从80年代开始，国内关于花岗岩成因类型和金属矿床（W、Sn、U、Nb、Ta、Mo、Au）成矿关系的研究逐渐增多。除I型和S型外，也开始关注A型花岗岩与成矿的关系。90年代对于花岗岩成矿作用的研究热度不减，除华南地区外有约1/3的文献是关于其他地区的。这些研究从花岗岩的起源、时空分布、侵位机制等多个方面综合探讨其成矿作用及成因机制。在此时期，国外研究者主要探讨I型花岗岩和S型花岗岩的成矿潜力，并特别注重与铜多金属矿床有关的花岗岩的成矿作用（Blevin and Chappell，1995）。

进入21世纪，无论国内还是国外学者都试图从更精确的地球化学特征或指标来阐述花岗岩的成矿作用及成矿规律。随着国外埃达克岩概念的提出，国内一些学者也开始关注埃达克质岩石与成矿关系（张旗等，2001）。近十年来，国内学者撰写的花岗岩成矿作用相关文献呈现"井喷式"增长。通过对相关研究矿种的统计可以看出，对花岗岩成矿作用研究最多的三类矿产是W-Sn-Nb-Ta多金属矿、Cu-Mo多金属矿和Au-Ag多金属矿（图3-10）。总体而言，无论文献总数量还是发表在外文期刊的数量都表明（图3-11），我国学者近些年来在花岗岩成矿方面的研究在国际上的影响力有了显著提高。

总结国内外花岗岩成矿作用研究的现状，其发展趋势可概括为如下六个方面。

1. 花岗岩的成矿专属性和成矿规律研究

在花岗岩成矿作用的研究中，不同成因类型花岗岩的成矿专属性和成矿规律一直是一个值得长期关注的研究方向。成矿岩体通常发育垂向或水平方向上的岩相渐变分带，岩体的规模通常不大（几个平方千米或小于$1km^2$），呈岩株、岩枝状产出，钠化、云英岩化及萤石化等热液蚀变发育，有时也发

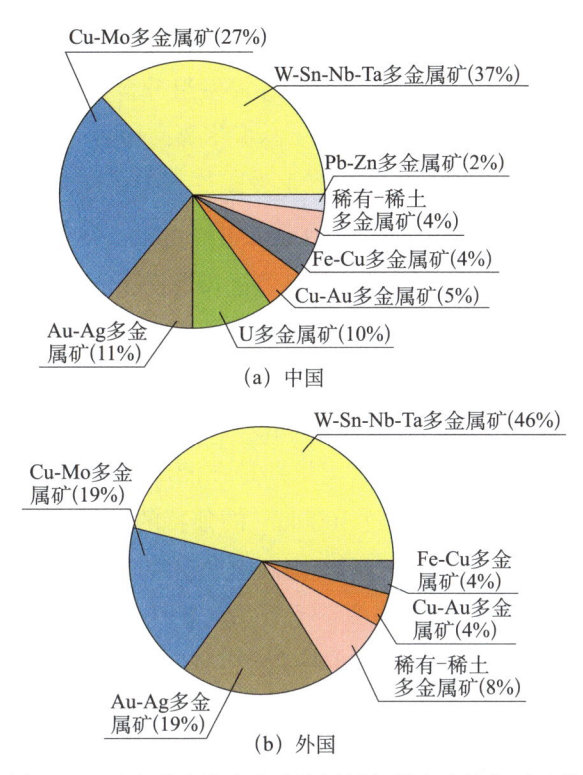

图 3-10 国内外花岗岩成矿作用研究所涉及的主要矿种

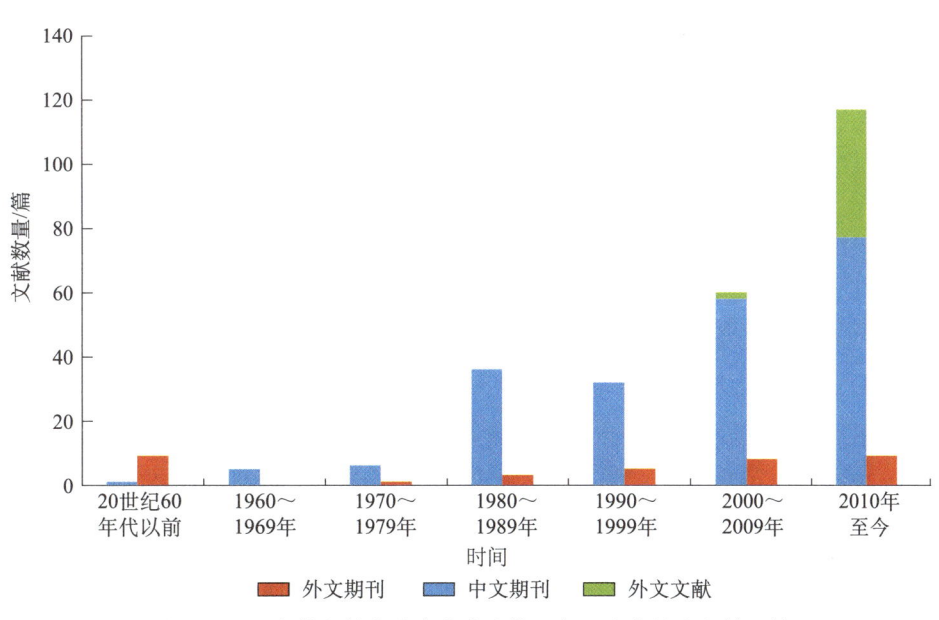

图 3-11 国内外文献在花岗岩成矿作用方面发表的论文数比较

育伟晶岩相。与稀有金属矿化相关的花岗岩属于过铝-强过铝质的钙碱性系列，具有相对较高的成矿元素及F、B等挥发组分含量，稀土元素发育强烈的负铕异常且有时会发育四分组效应（赵振华等，1999）。又例如，A型花岗岩与成矿的关系日益受到重视。国际上发现许多锡矿床与A型花岗岩有关，典型矿床实例有尼日利亚乔斯（Jos）高原的Sn(Nb、W、Zn)矿床、巴西北部皮廷加（Pitinga）的Sn(Zr、Nb、Ta、Y、REE)矿床、加拿大育空的海鸥-三十英里（Seagull-Thirtymile）的Sn矿床等。我国学者近年研究表明，新疆萨惹什克的Sn矿床、四川西部连龙Sn(Ag)矿床、江西会昌岩背Sn矿及湖南芙蓉、锡田、荷花坪Sn矿和柿竹园超大型W（Sn、Mo、Bi）矿床等的成矿岩体，均可能属于A型花岗岩，特别是在湘南-桂北地区可能存在一条延伸约350km，出露总面积超过3000km^{2}的独特的铝质A型含Sn花岗岩带（蒋少涌等，2006；陈骏等，2014）。国际上的研究表明与A型花岗岩相关的Nb-Ta-Zr-Hf及REE矿床经济意义巨大，该类矿床之前在国内重视不够，但近年也有发现，如南天山的波孜果尔钠闪石花岗岩Nb-Ta-REE矿床（Huang et al.，2014），因而对其研究应予以加强。

2. 高演化花岗岩与成矿研究

高演化的花岗岩常常与稀有金属成矿密切相关。但对于花岗质岩浆高度演化分异的机制，如岩浆结晶分异作用、矿物与岩浆分离的具体机制（重力沉降、流动分异、对流驱动等）、堆晶作用等，目前仍存在很大分歧（吴福元等，2017）。对于导致这类花岗岩中稀有金属富集机制也有许多关键科学问题值得深入探究，如：①控制高分异花岗岩致矿性差异的因素（源区特征、部分熔融、岩浆过程）；②导致稀有金属花岗岩成矿元素组合差异的因素；③岩浆-热液过程中，稀有金属元素迁移和富集的控制因素（挥发分、岩浆不混溶、岩浆流体抽取过程）等。

3. 成矿金属源区富集与岩浆分异演化研究

不同源区的花岗岩常常具有不同的成矿特征和成矿元素组合，但如何有效地识别源区过程及成矿元素是在源区富集还是由后期岩浆分异演化而成矿等问题仍长期存在争议。例如，Sr、Nd同位素作为传统的放射性同位素，常常用来反映源区的总体特征，而难以有效排除岩浆过程对岩石地球化学的影响，因此加强新的源区示踪方法的应用是今后发展的一个重要方向。例如，稳定同位素 Li 在变质作用、地壳深熔作用及花岗岩的结晶分异过程中几乎不发生分馏，δ^7Li 主要受源区的控制（Teng et al., 2007），因此可为识别花岗岩源区性质提供重要的信息。即使采用传统的方法，今后也应注重更加精细的研究，如 Farina 等（2014）对意大利厄尔巴岛一套大约 7Ma 的侵入杂岩中的花岗岩和岩墙中的钾长石巨晶及其不同环带位置包裹的黑云母，以及基质中的黑云母开展了 Sr 同位素的分析，发现 Sr 同位素有较大的差异，记录了矿物结晶过程中岩浆成分的变化，认为这是同一源区不平衡熔融造成的，与幔源岩浆的混合无关。此外，有些大家普遍认可的源区示踪方法，如锆石的 Hf 同位素法，由于复杂的源区过程（如不平衡熔融），有时并不真实记录源岩特征（Zhang et al., 2020），因此今后应用这些方法时需更加谨慎。

4. 花岗岩成矿作用的深部过程精细刻画

对花岗岩成矿作用的研究近来越来越重视深部过程的精细刻画，如研究发现弧环境斑岩矿床，其成矿金属可能是在弧岩浆岩的下地壳堆晶过程中富集的（Chiaradia, 2014）；在成矿岩浆演化过程中，通常会因磁铁矿的结晶导致地壳岩浆房发生硫化物饱和熔离，进而导致 Cu、Au 等成矿元素预富集，这是形成超大型矿床的一个关键（Wilkinson, 2013）。后期的高温富水玄武质岩浆注入已经发生硫化物熔离的岩浆房或岩浆房冷却导致的挥发分出溶均可以破坏早期熔离的硫化物，进而形成富铜金成矿元素的岩浆。尽管针对斑岩矿床的研究取得了丰富的成果，但一些关键的深部过程仍未得到深入理解，如成矿元素在岩石圈地幔 - 下地壳富集过程、岩浆房的运行机制、成矿金属的沉淀机制、非弧环境斑岩矿床的形成机制等，今后仍需继续深化研究。

5. 花岗岩的含矿性评价与找矿勘查

如何评价花岗岩的含矿性并区分成矿花岗岩与不成矿花岗岩，也是值得关注的一个重要问题。人们一般运用花岗岩的矿物学、岩石学、地球化学特征来评价花岗岩的含矿性及成矿潜力（蒋少涌等，2019）。已有研究表明，在区域尺度上，锆石及磷灰石微量元素特征可有效区分成矿及无矿系统；而在矿区尺度上，绿帘石、绿泥石、明矾石和黄铁矿的微量元素特征能够准确定位热液和/或矿化中心（Chang et al.，2011）。这种基于微区激光原位定量分析技术的"蚀变矿物勘查标识"研究是未来发展的一个趋势（陈华勇和吴超，2020）。目前其研究重点为斑岩型矿床及相关中酸性岩浆岩及矿化相关的各类矿物，包括矿石矿物，如磁铁矿、黄铁矿、白钨矿、辉钼矿、锡石、赤铁矿等；也包括脉石矿物和一些特征副矿物，如石英、方解石、绿泥石、绿帘石、石榴子石、磷灰石、锆石、金红石、独居石等。此外，高庆柱等（2010）根据河南省含矿性不好的S型花岗岩和与成矿关系密切的I型花岗岩具有不同的航磁异常特征，提出利用地球物理方法可区分成矿与不成矿花岗岩，开拓了新的找矿思路。

6. 花岗岩与关键金属成矿作用研究

面对我国战略性新兴产业和国防军工行业的快速发展对关键金属原材料的重大需求，需要高度重视对花岗岩与关键金属资源的研究，尤其关注对关键金属成矿作用和高效利用的基础研究，为摸清我国关键金属资源持有量、提升我国对关键金属的国际控制力和话语权提供科学依据。关键金属矿产具有"稀""伴""细"等主要特征（翟明国等，2019），这对关键金属元素的成矿机制研究和高效利用提出了更高的要求，目前这两方面均具有很大的难度，这也决定了花岗岩与关键金属资源成矿作用研究的持续性和必要性。

（二）关键科学问题

1. 花岗岩的源区组成与成矿作用的关系

一般认为，花岗岩是由不同类型的地壳物质部分熔融形成的，不同源岩形成的花岗岩具有不同的成矿金属元素组合，因此花岗岩的源区特征研究对揭示花岗岩的成矿意义重大。

Chappell和White（1974）认为I型花岗岩是未经地表风化作用的火成岩部分熔融的产物，而S型花岗岩则是由经历过地表风化作用的沉积物质部分熔融形成。Ishihara（1977）认为磁铁矿系列花岗岩是在高氧逸度条件下，由下地壳或上地幔物质衍生岩浆结晶形成，由于成岩过程中未受到沉积地层中碳质还原作用的影响，因而磁铁矿类的氧化矿物含量高；而钛铁矿系列花岗岩是在低氧逸度条件下，由中、下部地壳物质衍生岩浆形成，在成岩过程中受到沉积地层中碳质还原作用的影响，岩石中铁质不透明矿物含量少（<0.1%），且主要是钛铁矿。Fe-Cu-Mo-Pb-Zn-Au-Ag 多金属成矿作用主要与磁铁矿系列的花岗岩有关，而 W-Sn 矿化作用与钛铁矿系列花岗岩有关（Ishihara et al.，1979）。

徐克勤等提出"同熔型"花岗岩类主要由上地幔衍生岩浆或下部地壳部分熔融形成的岩浆，在上升过程中同化混染了硅铝层物质或与由硅铝层熔融的岩浆混合而形成，因此从物源上看，属壳幔混合型；"改造型"花岗岩类为中上地壳重熔再生岩浆结晶的产物（徐克勤等，1983）。徐克勤等（1983）较早注意到华南这两类花岗岩具有不同的成矿专属性，W、Sn、Mo、Bi、Nb、Ta、Be、U 主要与"改造型"花岗岩有关，而 Cu、Pb、Zn、Au、Ag 主要与"同熔型"花岗岩有关。

富集不同成矿物质的源区，可能主导了不同成矿元素组合矿床的形成。例如，最近发现的赣北超大型钨铜共生矿床不同于赣南钨矿，其原因可能与形成花岗岩的源区岩石在赣北为既富钨又富铜的新元古代双桥山群变质火山岩和沉积岩地层，而赣南则是中元古代的变质沉积岩地层（蒋少涌等，2015）。华南产铀花岗岩一般为强过铝 S 型花岗岩，源自富铀页岩-泥质岩的部分熔融，还原环境形成的沉积岩除了富含 U^{4+} 外，还富含 Fe^{2+} 或黄铁矿及有机质等，其部分熔融形成的富铀花岗岩的氧逸度较其他不产铀花岗岩的氧逸度低，这可能是导致华南产铀花岗岩中铀富集的主要因素。

2. 幔源岩浆作用对花岗岩成矿的贡献

尽管花岗岩不是地幔基性岩浆直接结晶分异而来的，但幔源岩浆活动不但可以为花岗岩浆的形成提供热源，而且在一定条件下也能提供部分成岩成矿物质。

人们根据花岗质岩浆多来源于下地壳这一认识认为，大量幔源岩浆底侵到地壳底部，其提供的热源可引起下部地壳大规模深熔作用，形成巨量花岗质岩浆，这种以幔源岩浆底侵和幔源-壳源岩浆混合成因为突破口来探索花岗质岩石成岩过程及其动力学机制是国际地学研究的一个重要方向（肖庆辉等，2003）。Sillitoe（1974）认为，尼日利亚乔斯高原的含锡花岗岩位于地幔热点之上，形成与地幔岩浆活动有关。赵振华等（2000）研究了湘南千里山花岗岩和区域内玄武岩，发现柿竹园超大型矿床形成中伴随较强烈的深源岩浆活动。对于斑岩型矿床，许多学者也认识到花岗质岩浆中幔源基性岩浆的加入可能是导致岩浆中 Cu 和 Au 进一步富集的重要因素。对于碱性花岗岩中稀有稀土金属矿床，也可能存在于相对富集成矿元素（如 Nb、Zr、Th、REE）的幔源岩浆或低密度、含 CO_2 的碱性流体加入至深熔作用形成的壳源熔体中（Siegel et al.，2018）。

3. 花岗岩浆结晶分异过程与成矿

花岗岩在侵位过程中会发生结晶分异而不断演化，从而形成不同演化程度的岩体，伴生不同种类的金属矿产。最终形成的岩浆往往演化程度较高。高演化花岗岩通常与 W、Sn、Nb、Ta、Li、Be、Rb、Cs 和 REE 等稀有金属成矿作用关系密切，同时伴生的可能还有受温度和构造控制的 Pb、Zn、Au、Ag 等岩浆热液矿床。南岭地区含铌钽花岗岩的分异程度显著高于含钨花岗岩，而含锡花岗岩分异程度低于含钨花岗岩（陈骏等，2008）。含钨花岗岩演化顺序主要为黑云母花岗岩向二云母花岗岩及白云母花岗岩演化，常以黑云母花岗岩为主体，而强过铝质的二云母花岗岩和白云母花岗岩体积较小，演化程度更高，与钨成矿密切相关；而与锡有关的花岗岩则不同，往往和分异演化程度较低，与 Hf 同位素值较高的准铝质–弱过铝质（含角闪石）黑云母花岗岩关系更密切（陈骏等，2014）。

花岗质岩浆往往具有高黏度，甚至出现晶粥体，会导致岩浆结晶分异作用难以进行（吴福元等，2017）；但岩浆中 F、B 和 Li 等元素含量的增加，可降低岩浆黏度和固相线温度，改变硅酸盐熔体的物理化学性质，从而促使稀有金属在残余熔体中富集。此外，在岩浆结晶晚阶段发生的流体出溶作用，以及在岩浆–热液过渡阶段逐渐增强的熔体–流体不混溶作用，均可促进稀有金属的极端富集。

4. 围岩同化混染作用与成矿

在岩浆演化过程中，围岩的同化混染作用对许多矿床的形成起重要作用。在高度结晶分异作用情形下，花岗岩浆较长的结晶时间使其极易受到围岩同化混染的影响，这种地壳岩石的同化混染对岩浆和岩浆热液的性质及矿化类型可能产生重要影响，如氧化型的富铜岩浆遭受碳质碎屑岩的同化混染后将使岩浆和热液的氧逸度大大降低，从而形成还原型斑岩铜矿（Rowins，2000）。

5. 岩浆物理化学条件与成矿

岩浆演化过程中元素能否富集成矿，以及形成什么元素组合的矿床也往往受控于物理化学条件。例如，氧逸度被认为与不同金属的成矿密切相关，Pirajno 和 Bagas（2008）研究表明，金属成矿对氧逸度的依赖程度按 Sn → W → Mo → Cu-Mo → Cu-Au 序列递增。Cu-Mo 矿床往往形成于氧化型的花岗岩中，而 W-Sn 矿床则与还原型花岗岩有关。还原条件下 W 更容易在熔体中富集，而氧化条件下的 W 会与 Ti 置换进入早期结晶矿物从而降低后期 W 的富集程度。在氧逸度相对较高的准铝质花岗岩中，锡以四价的形式存在并易进入含钛的造岩矿物（如黑云母）或副矿物中而不利于锡矿的形成，在相对还原的过铝质花岗岩中锡以二价为主，有利于锡在岩浆结晶分异的最晚期和热液中富集而成矿。在斑岩型矿床中，Au 在硅酸盐熔体中主要以 Au-S-O 的形式迁移，而 Cu 则主要以 $CuO^{0.5}$ 的形式迁移，其溶解度主要受岩浆氧逸度控制（Botcharnikov et al., 2011）。又例如，岩浆的富水性（H_2O 含量>4%）与斑岩型矿床的形成密切相关（Richards, 2011）；岩浆富水有利于上地壳岩浆房（6～10km）发生流体饱和出溶，促发成矿元素（如 Cu、Mo、Au 等）向流体富集，这是斑岩矿床形成的一个关键。

6. 花岗岩成矿的时空分布规律

花岗岩成矿常常显示出明显的时代规律。例如，南岭地区是世界上最大的钨锡成矿省之一，大量的高精度年代学研究证实该地区中生代成岩成矿事件集中发生在晚三叠世、晚侏罗世和早白垩世三个时段，并以晚侏罗世为高峰（Mao et al., 2013）。大多数与花岗岩有关的矿床，成岩成矿时差一般很小（大多<1Ma）。

在空间上，矿体往往围绕成矿母体花岗岩，可产于岩体内部、岩体外部、岩体与围岩接触带。对一些矿床有时还存在找不到花岗岩母岩的情况，如中国新疆阿尔泰可可托海三号伟晶岩、加拿大坦科 Li-Ta-Cs-Be 伟晶岩、澳大利亚格林布什 Li-Ta-Sn 伟晶岩等超大型矿床至今未找到花岗岩母岩，部分学者认为它们可能是地壳深熔作用成因。

花岗岩侵位深度与不同金属元素的成矿有关。地壳内不同深度的成矿母岩浆展现出相应的成矿专属性，如夕卡岩型矿床，与 I 型花岗岩有关的 Cu-Au 矿床常常形成较浅，而与 S 型花岗岩有关的 W-Sn 矿床往往形成稍深；

对于斑岩型矿床,浅部形成与 I 型花岗岩有关的斑岩 Cu 矿床,较深部位形成与 I 型花岗岩有关的斑岩 Mo 矿床,而与 S 型花岗岩有关的斑岩 W-Sn 矿床形成较深(张德会等,2007)。即使同一类型矿床,也往往可见随深度不同的矿化分带现象,如与侵入岩相关的金矿床,其形成与还原性 I 型花岗岩有关,由浅部(<1km)至中深部(3~6km),分别发育席状含金黄铁矿细脉、热液角砾岩型金矿化、云英岩型和浸染状金矿化(Thompson et al., 1999)。

7. 花岗岩成矿的构造控制

花岗岩的成矿作用与其形成的构造背景有关。以与浅成中酸性侵入体有直接成因关联的斑岩型矿床为例,过去一直认为这类矿床主要产于岛弧及陆缘弧环境,成矿岩浆起源于楔形地幔的部分熔融,与大洋板片的俯冲有关(Richards,2003)。近年来的研究发现,碰撞造山带及陆内也是斑岩型矿床形成的重要环境,此环境下成矿岩浆起源于俯冲改造的下地壳的部分熔融,其形成与大陆俯冲和/或岩石圈拆沉有关(Hou et al., 2015)。另外,单个花岗岩的成矿样式和矿床组合受构造控制明显。例如,斑岩铜矿床成矿系统,如果接触带构造不发育,岩体与外围构造连通性不好,则主要矿化集中于岩体顶部,形成细网脉状、角砾状或浸染状铜钼矿化;如果接触带构造发育,则通常形成夕卡岩型矿化或透镜状、厚板状矿化;如果有断裂构造体系有效连通花岗岩与围岩,则通常会在岩体内部或接触带分别形成细脉浸染状铜钼矿化和夕卡岩型铜金矿化,在离岩体较远的位置(可达 3~5km)形成脉状金-银-铅锌矿化。

第二节 国内花岗岩与成矿机制研究的优势与薄弱环节

一、国内的优势领域及分析

如前所述,花岗岩成因与成矿机制研究既有理论前沿,又有区域特色,还与分析测试技术等多学科交叉有关。我国在相关方面的研究有其发展的外部和内部动力,在国际上形成了区域特色和若干优势领域和方向。

（一）独具特色的成矿背景与矿床学研究科学意义

中国处于环太平洋构造成矿域、古亚洲洋构造成矿域和特提斯构造成矿域的拼合部位，经历了复杂的地质历史过程，具备有利的成矿条件。截至2018年年底，中国已发现各类矿产173种，其中探明储量的矿产162种，使中国成为世界上矿种最丰富、资源量最多的国家之一（李建威等，2019）。按我国的主要大地构造单元将中国划分为华南陆块、华北克拉通、塔里木克拉通、中亚造山带和青藏高原。这里仅以华南陆块和华北克拉通稍做说明。

华南地区是我国矿产资源的"大粮仓"，钨、锡、锑、铋储量世界第一，钒、钛、钽储量全国第一，铜、金、银、铅、锌储量全国名列前茅。华南地区有四大成矿带，包括长江中下游铁铜金成矿带、武夷金铜成矿带、钦杭铜金钨锡成矿带和南岭钨锡铌钽成矿带。其中尤以与南岭钨锡铌钽矿化有关的稀有金属花岗岩（如翁文灏，1920；谢家荣，1936；南京大学地质系，1980；陈骏等，2008，2014）和长江中下游铁铜金矿化有关的花岗岩火山岩研究程度最深。

华北克拉通是研究大陆演化与成矿的有利对象。通过华北克拉通破坏重大研究计划项目的实施，深刻揭示了华北克拉通东部陆块2亿年以来，岩石圈地幔性质从大陆克拉通型转变为类似大洋型，岩石圈厚度从约200km减薄到60～80km，克拉通破坏的峰期为距今约1.25亿年。由于该项研究的原创性贡献，在汤森路透发布的2014年、2015年研究前沿中，"克拉通破坏"均被评为由中国科学家主导的全球地学领域十大研究前沿。华北克拉通破坏及相关岩浆活动在华北东部、南部和北部边缘形成了以胶东、小秦岭为代表的多个大型－超大型金矿集区，探明黄金储量近7000t，使华北克拉通成为我国最重要的金成矿省，也是世界上重要的黄金产地之一（朱日祥等，2015）。东秦岭－大别造山带是我国最重要的斑岩型钼矿产地，形成于三叠纪华北与扬子陆陆碰撞之后的晚侏罗世－早白垩世伸展环境，主要与花岗岩、花岗闪长岩类斑岩体有关（Chen et al., 2017; Li and Pirajno, 2017; Wang et al., 2014）。

（二）优势研究区及其优势矿产资源

1. 华南地区

华南地区广泛发育花岗岩类及中酸性火山岩，具有多时代、多类型、多成因、成矿显著等特征。时代跨度从太古宙、古元古代、新元古代、早古生代（加里东期）、晚古生代（海西期）、早中生代（印支期）到晚中生代（燕山期），其中，中生代花岗岩和火山岩出露面积超过 25 万 km^2（Liu et al., 2020），犹以晚中生代的花岗岩类的分布最广，被称为"长英质火成岩省"或"大花岗岩省"（王德滋和周金城，2005）。

华南地区花岗岩（火山岩）的独特性与其漫长而复杂的构造－热演化史有关。从构造划分上，华南地区由扬子和华夏两个地块组成，扬子地块的地壳基底的形成可追溯到古太古代的 TTG 岩石组合，而华夏地块虽然没有可靠的太古宙岩石的记录，但目前发现的最老岩石为古元古代的花岗岩类和同期的基性火成岩。一般认为，华夏地块与扬子地块在新元古代沿萍乡－江山－绍兴断裂带拼合而成。之后，华南在显生宙至少经历了三期构造－热事件的改造，即早古生代、早中生代和晚中生代，三次主要的岩浆作用的产物均以花岗质岩石为主，但构造动力学背景却并不相同。目前大多数学者更倾向于认为早古生代和早中生代花岗岩类为陆内造山作用所形成，而晚中生代花岗岩类的形成受控于古太平洋板片的俯冲和后撤过程。目前对于不同构造背景下的花岗质岩浆形成的具体过程，仍是国内外研究者关注的焦点。

前已述及，基于华南花岗岩的分类研究在国际上具有较大的影响力，该领域的研究在 20 世纪 80 年代初就基本与国际同行的研究处于并行的地位。尤其是，华南是我国已探明多金属矿产最丰富的地区，其中钨、锡、稀有和稀土金属矿床大多与晚中生代花岗岩有关。这些金属元素在花岗质岩浆演化过程中是如何富集和运移的，一直是华南花岗岩成岩成矿研究的核心问题。

不可忽视的是，东南沿海地区中生代巨型火山－侵入杂岩带在国际上也颇具特色。该带是由多个破火山、火山穹隆、构造洼地等组成的巨型环状火山构造，呈北东向展布，总长约 2000km，属于环太平洋陆缘岩浆活动带。以王德滋为首的研究团队在 20 世纪末到 21 世纪初对东南沿海火山－侵入杂岩开展了多轮研究，认识到火山－侵入杂岩在时、空、源上的相关性。近年来，国际上对于花岗质岩浆的结晶分异－熔体抽离过程的精细研究成为花岗岩领域的一个重要发展方向，东南沿海发育良好的火山－侵入杂岩是研究结晶分异－熔体抽离作用与穿地壳岩浆演化过程的优良对象。

2. 华北和秦岭地区

华北克拉通位于中国东部，占地面积约 170 万 km^2，是我国规模最大的克拉通，在国际前寒武纪和克拉通研究中具有重要地位。华北克拉通主要由太古宙至早元古代基底和之后的沉积盖层组成，周围被年轻的造山带所围绕，其北部的兴蒙造山带和南部的秦岭-大别造山带记录了与古亚洲洋构造域和特提斯构造域的相互作用。中生代以来，华北还经历了古太平洋构造域板块俯冲作用的影响。在全球三大构造域的共同影响下，华北克拉通及其周缘造山带记录了几乎所有地壳早期发展和中生代以来的重大构造事件，成为研究大陆演化的理想实验室（翟明国，2010）。此外，大陆边缘通常是成矿作用集中发育的地区（翟裕生等，2002），因此华北克拉通及其周缘造山带也是我国最重要的矿产资源聚集区，包括了六个重点整装勘查区，是世界上最重要的稀土、钼、金等矿产成矿区带之一（陈衍景等，2009）。

花岗岩在具有漫长且复杂构造演化历史的华北克拉通广泛分布。据统计，华北地区花岗类岩石出露面积近 10 万 km^2，占区内深成侵入岩出露面积的 90% 以上（黎彤和张西繁，1992）。华北花岗岩类的侵位与华北克拉通的形成与演化密切相关，大致可以分为太古宙-早元古代克拉通形成阶段、新元古代-古生代地台阶段和中生代-新生代克拉通破坏阶段。目前，华北克拉通已发现的 TTG 岩石组合从始太古代至新太古代几乎连续分布，其古老岩石形成的峰期主要集中在 2.53Ga 左右（万渝生等，2017）。华北地块分别在新太古代晚期（2.6～2.5Ga）和古元古代晚期（1.9～1.8Ga）发生两期克拉通化，伴随广泛发育的壳熔花岗质岩石侵位（翟明国，2011）。

华北自中元古代起进入较稳定的地台阶段，其花岗质岩浆活动主要在克拉通北缘和南缘，分别受到中亚造山带和秦岭-大别造山带作用影响。其中，秦岭-大别造山带是由华北克拉通与华南板块汇聚形成的，发育新元古代、古生代、早中生代和晚中生代四次造山作用，相应的花岗质岩浆作用记录（王晓霞等，2015），是探讨花岗岩与造山作用关系的理想研究对象。

晚中生代以来，华北克拉通受太平洋板块俯冲影响，经历了强烈的大陆动力学体制转变，克拉通稳定性发生严重破坏，表现为自早古生代以来岩石圈厚度从约 200km 缩减为约 100km，在克拉通东部甚至减薄至 60～80km，同时伴随着岩石圈性质和热状态的转变，发育大量中生代岩浆作用（吴福元等，2008；朱日祥和郑天愉，2009）。华北克拉通破坏的具体起始时间和持续过程虽然还存在一定争议，但主要发生于晚侏罗－白垩纪，在125Ma左右达到高峰（徐义刚等，2009；朱日祥等，2011）。华北东部广泛分布的早白垩世A型花岗岩（130～110Ma）正是形成于岩石圈减薄和地壳伸展的背景下，对应了克拉通破坏的峰期（孙金凤和杨进辉，2009）。对中生代以来华北大规模构造变形和岩浆活动的研究经历了从20世纪50年代提出的地台活化，到90年代华北岩石圈减薄，再到近年来克拉通破坏的长期认识过程（吴福元等，2008；朱日祥和郑天愉，2009；朱日祥等，2012）。华北克拉通破坏理论是我国科学家提出的原创性理论，也是对国际地学研究的重大贡献。

此外，华北大规模金属成矿作用也与中生代花岗质岩浆活动密切相关（翟明国，2010），主要包括华北克拉通南缘和北缘与中－晚侏罗世花岗类有关的斑岩型钼矿床、东部边缘发育的中酸性火山－次火山岩和斑岩有关金、银、铅锌矿床（150～130Ma）和脉状金矿床（约120Ma），中部地区与中酸性侵入岩有关的夕卡岩型铁矿床（约130Ma）。其中，东秦岭钼矿带以发育大规模燕山期（150～110Ma）斑岩－夕卡岩型钼矿床为特色，探明钼储量超过500万t，已成为世界第一大钼矿带（Chen et al.，2017）。以胶东和小秦岭为代表的华北大规模金矿化探明黄金储量超4800t，是我国最重要的金矿集中区。由于其形成峰期与克拉通破坏峰期一致，并且成矿流体具有岩浆或地幔脱挥发分特征，因此被定义为"克拉通破坏型金矿床"，与传统造山型金矿加以区别（朱日祥等，2015）。

总的来说，华北克拉通无论是在其大陆演化过程、花岗岩时空分布，还是相关的金属成矿作用方面，都独具特色，是研究不同构造动力学背景下花岗岩成因，以及相关金属成矿作用的理想研究区，构成了我国花岗岩和成矿机制研究的重要优势之一。

3. 中亚造山带

中亚造山带为东欧、西伯利亚、塔里木和华北等多个克拉通之间的巨型造山拼贴体，西起里海，东临西太平洋北部，横跨俄罗斯、哈萨克斯坦、吉尔吉斯斯坦、乌兹别克斯坦、塔吉克斯坦、蒙古国及中国北方，是全球最大的大陆造山带（肖文交等，2019）。中亚造山带由大量增生杂岩、岩浆弧、弧相关盆地、蛇绿岩、海山及大陆碎片等构成，被认为是典型的增生型造山带（Windley et al., 1990, 2007）。中亚造山带的形成是古亚洲洋长期俯冲消减的产物，又称古亚洲构造域（Dobretsov et al., 1995）。古亚洲洋的长期俯冲过程形成巨大的俯冲-增生杂岩和大量岛弧岩浆岩，使亚洲大陆的面积在古生代期间增加了约55万km^2，其中约一半的大陆生长来自新生地壳的增生（Şengör et al., 1993）。多洋盆、多俯冲带、多向汇聚复式增生造山过程中山弯圈闭洋盆及洋中脊俯冲是中亚造山带大陆增生的重要机制（Xiao et al., 2015, 2018），中亚造山带发育的大量古生代和中生代花岗岩记录了这一增生过程。花岗岩的成分变化随着时间推移，具有从钙碱性到碱性再到过碱性演化的趋势。大部分花岗岩的侵位时代为500~120Ma。许多显生宙的花岗岩具有低的初始Sr同位素比值和正的$\varepsilon_{Nd}(t)$值，以及年轻的Nd模式年龄（1200~300Ma），锆石也具有正的$\varepsilon_{Hf}(t)$值，均显示出新生地壳特征。花岗岩中的负$\varepsilon_{Nd}(t)$往往存在于前寒武纪块体中，暗示可能有古老地壳物质混染到成岩过程中。

中亚造山带内蕴藏着丰富的矿产资源和能源，被称为"中亚成矿域"（涂光炽，1999），与环太平洋成矿域和特提斯成矿域并称全球三大成矿域。中亚成矿域内产出有世界级的金矿、铜矿等，同时还富含钨锡、Li-Be-Nb-Ta等稀有金属矿床，成为资源勘查和成矿理论研究的重要基地。中亚造山带内发育许多大型或超大型斑岩型铜-（钼）-（金）矿床，如科翁腊德（Kounrad）、卡尔马科尔（Kal'makyr）、奥尤陶勒盖（Oyu Tolgoi）和岔路口等。基于地质、成矿、年代学及构造环境等特征，中亚成矿域斑岩成矿系统划分为哈萨克斯坦铜-金-钼成矿省、蒙古国铜-金成矿省和中国东北钼-铜成矿省（Gao et al., 2018；高俊等，2019）。中国东北成矿省受古亚洲洋俯冲过程的影响，形成了早古生代斑岩型矿床（482~440Ma），三叠纪受蒙古-鄂霍茨克洋俯冲影响形成了少数中小型斑岩型矿床（248~204Ma），中生代时期（240~106Ma），受古太平洋板块俯冲的影响，斑岩钼成矿集中爆发（Zeng et al., 2015）。此外，在新疆阿尔泰地区发育Li-Be-Nb-Ta伟晶岩，在北山、东天山、大兴安岭南段，广泛发育与高分异花岗岩有关的钨矿、锡矿、铷矿等。

4.青藏高原

青藏高原是世界上隆起最晚、面积最大、海拔最高、活动性最强的高原，被视为南极、北极之外的"地球第三极"，被国际地学界誉为"打开地球动力学大门的金钥匙"。青藏高原西藏地区的构造单元，从南到北包括了印度大陆、拉萨地块、羌塘地块、松潘—甘孜地块等，是国际上具有特色的花岗岩区之一，主要出露了喜马拉雅淡色花岗岩带、冈底斯岩基花岗岩和羌塘花岗岩。

青藏高原自然条件极为艰苦，地质工作者怀着对祖国地质事业的热爱和对科学研究的满腔热忱，多年来不辞辛劳，采集了大量珍贵的样品，开展了卓有成效的研究，填补了地质研究的多项空白。西藏地区野外有其自身优势，如植被稀疏、土壤化程度低、岩石裸露，对于地质路线、岩石露头和野外产状的精准观察和描述可谓得天独厚。20世纪80年代的中法合作（1980~1982年）和中英联合考察（1985年）全面推动了西藏地区花岗岩的研究，更将青藏高原的研究推向了国际化；后续广泛开展的西藏全区区域地质填图和地质调查，使西藏地区花岗岩的研究向高度、深度和广度多维度发展。

西藏地区的花岗岩呈带状分布，规模大，南部地区的花岗岩分布面积达10万多平方千米，以冈底斯花岗岩类最发育，喜马拉雅花岗岩带呈东西走向也长达2000km，本松错复合花岗岩是羌塘中部地区最大的岩基，面积超过1800km^2，为科学家的研究提供了充足的新鲜样品，并且体现了完整的花岗岩序列。西藏地区花岗岩包含了斑状黑云母花岗岩、黑云母花岗岩、二云母花岗岩、白云母花岗岩、电气石花岗岩、石榴石花岗岩、钠长花岗岩，并发育有多条花岗质伟晶岩脉。它们被划分为过铝质花岗岩、准铝质花岗岩和过碱性花岗岩。依据多种判别方法，西藏地区的花岗岩被归类为I型、S型和A型多种类型。西藏地区的花岗岩具有多时代、多阶段、多期次的特点，从古生代到新生代的花岗岩均有出露。近年来对西藏地区花岗岩的分析测试结果的数量和精度都上一个新的台阶，不仅为今后的工作提供了基本资料，也可以更好地为该地区的花岗岩成因和演化等方面的综合论述提供可靠证据。尤其是，西藏地区花岗岩已经证明了是矿产资源的寄主岩，对这些花岗岩的研究也为国家提供了重要的勘探信息。

青藏高原是我国最重要的斑岩型铜矿基地，也是最重要的花岗伟晶岩型锂矿的基地，另外还有望成为锂铍铌钽稀有金属重要产地。青藏高原产出三条铜矿带，分别为冈底斯成矿带、玉龙成矿带和班公江—怒江成矿带，都形成于碰撞后造山环境，是典型的碰撞型斑岩铜矿。目前碰撞型斑岩铜矿的概念已经被国际广为接受，成为与经典的俯冲型斑岩铜矿并列的重要矿床类型，以侯增谦院士为首的我国学者在这一领域作出重要贡献（如侯增谦等，2006）。松潘—甘孜—甜水海造山带是我国继新疆阿尔泰之后，最有潜力的伟晶岩型锂矿成矿带，成矿作用主要形成于印支期，区内产出有亚洲最大的甲基卡锂矿（许志琴等，2018），许志琴等（2018）主导的3000m"川西伟晶岩型锂矿科学钻探"工作已初步完成。此外，呈东西向延绵超过2000km的喜马拉雅淡色花岗岩带形成于原喜马拉雅（44~26Ma）、新喜马拉雅（26~13Ma）和后喜马拉雅（13~7Ma）三大阶段（吴福元等，2015），具有良好的稀有金属成矿潜力，有望成为继华南、新疆阿尔泰之后中国又一个重要的稀有金属矿产资源宝库（王汝成等，2017）。

（三）迅猛发展的现代测试技术支撑体系

花岗岩成因与成矿机制的发展离不开分析测试技术的进步。我国在20世纪80年代以来，各个地学相关单位逐渐购置仪器设备，开始了常规的元素和同位素分析。到了21世纪的第一个十年，在微区原位测试技术和微量与同位素的溶液测试技术上有了一个质的提升，随着大型仪器设备的不断购置，形成了体量上的优势，锆石离子探针微区定年达到了国际水平，在锆石等矿物的元素和同位素分析上也在国际上崭露头角，且上升势头迅猛。最近十年，测试技术的进步更为显著。当前国际主流期刊上发表的大部分花岗岩和成矿的地球化学数据都是国内学者所完成的，尤其在金属稳定同位素、矿物原位元素和同位素测试上已经处于世界领先水平。同时，也催生了产业化，相互的协作竞争促使数据质量的提高，形成了科研院所+测试公司双驱动的中国特色分析测试体系。这在一定程度上推动了我国花岗岩成因与成矿机制研究的迅速发展，大量数据的产生，也对学科未来发展方向和大数据技术的应用提出了新的要求。另外需要指出的是，当前大量的分析测试都是基于国外进口仪器设备，而国内相关的测试设备整体产业化速度缓慢，质量偏低，这是未来需要解决的"卡脖子"技术问题。鉴于这一环节属于工程技术领域，在下一节的薄弱环节分析中不再提及。

二、薄弱环节的定性分析

（一）薄弱环节的产生

进入 21 世纪以来，得益于分析测试技术的进步，我国花岗岩及成矿机制研究取得了飞速的发展，在花岗岩成因、分类及区域构造动力学研究等方面形成了诸多优势领域。然而，需要注意的是，分析测试技术的进步是一把双刃剑，其一方面带动了地球化学和定年等相关方法手段的广泛运用，在积极运用分析测试技术及合理解释数据的基础上，国内学者发表的有关花岗岩的文章在质量和数量上均有很大提升，促进了国内花岗岩研究的繁荣局面，而另一方面，由于国内一些研究过于依赖分析测试，研究手段主要集中于全岩主、微量元素地球化学分析、锆石的定年和 Hf 同位素分析，研究思路局限于对花岗岩成因、分类和构造环境的岩石地球化学研究，制约了花岗岩研究的创新性发展。而国外同行同期的研究，更注重结合详细的野外调查实践，综合利用地球化学、地球物理、高温高压实验、数值模拟等多学科手段进行研究。

（二）解决薄弱环节的思路

事实上，国外的花岗岩研究在 20 世纪末期已经呈现出从单一的地球化学研究转向理解花岗质岩浆形成、运移、储存、分异乃至喷发等相关物理过程的趋势（Petford et al., 2000），而多学科交叉研究的思路正是适应这一转变趋势的需要。从这一角度来看，国内的花岗岩研究已经落后于国外的相关研究，而国内学者只有正视这种差距，找到相关的研究薄弱环节，并扎实地开展相关研究，才能弥补差距。具体来看，可从以下五个方面着手推进。

1. 加强花岗岩野外地质和多维岩相学研究

过去的研究虽然也强调野外地质调查的重要性，但不足之处主要在于缺乏小比例尺填图和岩体三维形态的刻画。而近年来，花岗岩体增量生长（Annen et al., 2015）、花岗质岩浆垂向结晶分异（Bachmann and Huber, 2016）及穿地壳岩浆系统（Cashman et al., 2017）等认识不断强化，使得岩体在三维形态的展布方面受到越来越多的关注。仅仅依靠传统的野外技术，不足以勾勒出岩体的三维形态，还需要结合地球物理和钻孔等手段。

2. 加强花岗岩和成矿的高精度定年工作

在此方面，尽管过去的大量研究中，使用锆石微区 LA-ICP-MS 方法可获得误差约 3% 的定年结果，而离子探针锆石 U-Pb 定年可降低定年误差至约 1%，但这样的精度仍不足以区分不同批次岩浆结晶的时间，从而掩盖了岩浆结晶过程的信息。国际上，一些研究机构采用化学剥蚀同位素稀释热电离质谱仪（chemical abrasion isotope-dilution TIMS，CA-ID-TIMS）U-Pb 定年，可降低定年误差至＜0.1%（Schoene and Baxter，2017），极大地提高了岩浆结晶过程认识的时间分辨率，目前国内尚未使用方法。

3. 加强花岗岩和成矿研究的实验岩石学工作

岩石学和成矿的实验工作是科学家重现并定量研究自然过程的重要手段。在花岗岩研究中，西方学者自 20 世纪中期 Bowen 的岩浆结晶实验开始，已经开展了大量的工作（如 Scaillet et al.，2016）；80 年代以后，又涌现出大量以变质沉积岩和变质火成岩为源岩的部分熔融实验（如 Vielzeuf and Holloway，1988）；而近十几年来，又有利用石蜡和明胶等材料模拟岩浆在围岩侵位三维过程等的模拟实验兴起。这些实验手段，为岩浆产生、结晶和侵位的相关过程提供了重要的制约。国内的一些单位，如中国科学院地球化学研究所、广州地球化学研究所和南京大学等，也积极开展了一些工作，但相对来说仍显不足。

4. 加强数值模拟在定量研究花岗岩成因与成矿机制中的作用

岩浆的产生、运移、侵位、分异和喷发等过程涉及岩浆的传热学、力学、流体力学和热力学等多种物理性质，相比实验来说，数值模拟的空间尺度更广、时间跨度也更大，具有重要优势。相关工作已在国际上广泛开展（如 Jackson et al.，2018），但在国内目前仍显空白。

5. 加强大数据的工作

通过当前积累的大量的花岗岩和成矿的岩石学、矿床学、矿物学、元素和同位素地球化学、年代学等多方面的数据资源，利用大数据手段来研究花岗岩成因与成矿机制的关键科学问题，是当前非常迫切和需要的工作。

上述列举的相关内容既代表国际上花岗岩研究的部分前沿热点，也是国内花岗岩研究较薄弱的环节，应是今后重点突破的方向。国内推进花岗岩研究有着良好的基础，过去几十年的研究积累了大量的数据，而更加重要的是，花岗岩领域的人才队伍保持稳定增长，国家的经费投入和支持也保持稳定增长的态势。只要国内学者转变思路，迎难而上，必有所成。可喜的是，越来越多的国内同行已经意识到国内发展的相关薄弱点，并在相关方向有了一定的积累。正如 2015 年召集的"香山科学会议"所倡议的，花岗岩对于大陆形成和改造具有非常重要的作用，只有跳出岩石学和岩石地球化学的范畴，才是真正成为理解大陆构造的钥匙，把花岗岩研究从岩石学范畴提升到陆壳结构和演化范畴将成为地学领域具有革命性意义的变革（翟明国，2015）。

第三节　学科建设与人才队伍情况

一、总体经费投入与平台建设情况

21 世纪以来，国家层面对花岗岩成因与成矿机制研究给予了持续性的资金投入，研究经费稳定增长。2010~2019 年，国家自然科学基金共资助花岗岩成因与成矿机制相关研究项目近 2000 项，资助总额超过 11 亿元，平均年度资助金额超过亿元，约占地球科学部年度资助总额的 1/10，为一大批创新研究成果的获取和科研领军人才的培养奠定了坚实基础。

除科研项目投入外，国内科研单位与高校分别建立了以花岗岩成因与成矿机制为主要研究内容之一的一批重点实验室，包括内生金属矿床成矿机制研究国家重点实验室、矿床地球化学国家重点实验室、地质过程与矿产资源国家重点实验室、岩石圈演化国家重点实验室、大陆动力学国家重点实验室、同位素地球化学国家重点实验室等一批国家重点实验室，还建成了包括自然资源部成矿作用与资源评价重点实验室、造山带与地壳演化教育部重点实验室、中国科学院壳幔物质与环境重点实验室等一批部属、省属重点实验室。另外，中国地质调查局成立了专门从事花岗岩地质及相关矿产研究的学术性机构——花岗岩成岩成矿地质研究中心，致力于开展岩浆岩及其与成矿关系的研究与理论创新，服务于地质矿产调查和国民经济建设。

经过多年投入和发展，国内各大实验平台先后配备了多种国际先进的大型科研仪器。2001年成立的北京离子探针中心成为世界级同位素研究平台，极大地促进了国内外地质科学的发展；近年来，在国家持续大力投入下，中国科学院地质与地球物理研究所已经建成了两个大型离子探针实验室，中国科学院地球化学研究所、中国科学院广州地球化学研究所和南京大学等单位也分别开始建设离子探针实验室。同时，国内各大实验平台分别引入了包括多接收器电感耦合等离子质谱在内的一大批先进的元素、同位素分析仪器，并建立了化学前处理、元素分析、原位微区分析、同位素定年和示踪及高温高压模拟等实验系统，为我国科研工作者开展花岗岩成因与成矿机制研究提供了不可或缺的关键技术手段。最近，中国科学院地球化学研究所、南京大学等单位分别建立了单个流体包裹体成分分析实验室，使我国成矿流体和成矿机制研究能力迈上新的台阶。这些实验平台分别形成了各自的研究优势和技术特色，已成为当前国际花岗岩成因与成矿机制研究的重要基地。值得注意的是，除了国家层面持续加强地球科学基础设施建设以外，民间资本也越来越多地参与到学科建设和发展之中，其中一些公司的分析测试技术甚至达到国际先进水平，为我国科研人员开展花岗岩成因与成矿机制研究提供了更加高效和多样化的选择。

二、人才队伍情况

国内花岗岩与成矿机制研究相关领域有强大的人才队伍支撑，其中包括15位中国科学院院士、2位中国工程院院士。同时，近年来在国家自然科学基金和科学技术部、教育部的系列项目支撑下，构建了较完整的创新人才发展体系，统筹设立了多学科、多领域、多方向的高层次人才培养计划，除了2010年之前杰出青年科学基金获得者的之外，2010~2021年新增杰出青年科学基金获得者24人，其中3人在2010~2017年获批为"长江学者"。持续的人才支持计划有力地助推了人才梯队建设，优秀的青年领军人才和科技专家不断涌现，整体上形成了一批优秀创新的人才队伍。

紧紧围绕国家"十四五"规划及2035年的远景目标，建成人才强国的目标，坚持人才是第一资源的思想，全方位培养、引进、用好花岗岩与成矿机制研究领域的专业人才，造就更多国际一流的科技领军人才和创新团队，培养具有国际一流竞争力的青年科技人才后备军，是当前和今后花岗岩成因与成矿机制研究领域的重要工作内容。该领域的人才队伍建设需要围绕以下三个方面加大建设力度。

（一）紧密围绕国家重大需求

花岗岩与成矿机制研究相关领域一直围绕国家矿产领域进行研究，当前的总体形势为学科发展提出了更高的要求。人才队伍建设需要聚焦国家关键矿产资源重大需求，以花岗岩成因、成矿机制领域，以及两者交叉学科领域的前沿科学研究为理论创新的方向，加快成果转化，解决国家需求瓶颈问题。

（二）加强多学科复合型人才队伍建设力度

花岗岩与成矿机制研究是地球科学的核心研究内容，当前该领域的研究已拓展到地球系统科学的研究领域，不光要有花岗岩和成矿领域的专业领先的知识体系，更需要多学科交叉复合的见识和眼光。花岗岩成因与成矿机制研究领域要不断加大对复合型人才的培养，尤其需要为优秀的青年科技人才提供更多的培训、交流、学习的机会，加强不同年龄段的科技人才与其他领域的交流与交叉，努力培养一大批多学科复合型的青年科技人才。

（三）加大国际科技人才合作交流力度

地球科学研究并无国界，认识地球探索宇宙演化是国际地球科学界同行共同的追求。花岗岩与成矿机制研究相关领域应鼓励并支持科技人才参与国际科技合作计划和项目，促进国际的人才交流与合作，目标是培养众多具有国际视野的科技专家。

第四节　重　要　举　措

我国花岗岩与成矿研究在过去几十年取得的快速发展与科学技术部、教育部、国家自然科学基金委员会和中国科学院等部门的大力支持密不可分。回顾这些年发展的历程，有以下四个方面的重要举措和经验值得进一步发扬。

（一）长期稳定经费支持基础科学，推动学科持续向好发展

一方面，通过国家各级部门长期稳定的经费支持，尤其是国家自然科学基金重点项目、面上项目和青年科学基金项目，科学技术部的973计划项目和近年来执行的重点研发专项，对花岗岩和成矿的基础科学领域形成了稳定的支持，同时稳定了队伍，科学家利用这些经费支持攀登科学高峰，并开展国内国际学术交流。青年人才队伍建设是一个学科队伍建设的关键所在，失去了青年人才的基础，学科的发展将难以为继。因此，这些经费支持对于青年人才显得尤其宝贵，对于吸引广大青年学者致力于在花岗岩成因与成矿机制研究领域开展基础科技攻关，至关重要。

另一方面，近年来相关实验技术平台建设的高速发展，科研院所和社会测试技术的双支撑体系也为学科的快速发展提供了强有力的支持，提高了学科的活力，为我国花岗岩和成矿这一基础学科科研实力的提升和科研成果的产生都提供了重要的保障。

（二）全方位营造良好的科研氛围，形成创新向上科研环境

我国在近些年的科研经费管理上，营造了公平公正公开的风气，产生了"公平竞争，学术为先"的良好科研氛围。在相关项目支持下，开展了广泛而深入的学术会议和学术交流讨论，尤其是青年学子参与这些学术讨论之中，与行业内的著名专家广泛交流，提升了他们的视野，促进了良好学术风气和氛围的传承。近年来，更是在高质量科研攻关上达成共识，把精力和资源都用在刀刃上，瞄准科学难题进行攻关，在花岗岩和成矿学科内部形成了创新向上的科研环境。相关领域的学者们齐心协力，团结向上，为未来我国在花岗岩和成矿领域的更大发展提供坚实的保障。

（三）多层次实施人才的质量提升，促进青年人才快速成长

花岗岩和成矿学科在人才队伍建设上也不断有新的提升。国家自然科学基金的"杰出青年科学基金"和"优秀青年科学基金"在其中发挥了重要作用，"中国科学院百人计划"、教育部"'长江学者'特聘教授"等一系列人才计划也发挥了积极作用，一批批青年才俊不断涌现。目前形成了以"50后"＋"60后"＋"70后"为基础的人才队伍，"80后"乃至"90后"也不

断有人才涌现。勇于攀登、敢于争先的精神代代传承，质量优先、全方位发展的理念深入人心。这些成效显著的人才战略极大鼓舞了士气，激发了青年人才钻研创新的斗志，对于学科梯队建设、学科未来发展都产生了重要的积极影响。

（四）创新成果评价机制，完善人才评价指标体系，营造"十年磨一剑"的学术氛围

尽管近年来国家和有关部门都在大力推动"破五唯"的工作，但面对我国花岗岩与成矿机制研究存在的重大挑战、面向世界科学前沿和国家重大需求，如何更有效地鼓励科学家不盲目追求论文和科技奖项，而是以原创性科学研究和重大理论创新为己任，抓住关键问题持之以恒地坚持下去，最终取得重大突破，仍然需要尽快改变目前的评价机制和评价体系，切实推行代表作制度和原创性成果展示制度，引进国际评审，改变对项目和成果的结题验收和评审机制，克服短期内出重大成果或达到国际先进水平的意识，制订好长远规划，设计好制度体系，提供稳定支持，容许和宽容失败，鼓励创新，营造出人人以原创为荣、以低水平重复研究为耻的氛围。要做到这一点，需要国家、有关部门、科研院所和高等学校共同发力，协同推荐，并在科学共同体中尽快达成共识。

还有其他重要的举措，限于篇幅，在此不一一赘述。尽管上述重要举措在推动学科发展、提升人才水平、营造创新环境等方面都发挥了重要的作用，但是在经费支持持续性和优先性的选择上，还存在一些问题，需要进一步思考和探索。例如，如何在进行国家大战略大科研的同时，维持基础学科的自由探索；如何确保基础学科人才遴选，开展有效的人才评价体系，防止学科差异引起的学科发展不平衡；如何在深化学科氛围上保持平等学术交流，共同营造学术创新环境等。只有充分总结经验，吸取教训，正视问题，才能在新时代继续将我国花岗岩和成矿这一基础学科的成绩进一步发扬光大，并在世界学术圈占有重要一席之地。

第四章
发展思路与发展方向

第一节 未来学科发展的关键科学问题与挑战

一、关键科学问题之一：花岗岩形成与大陆起源

（一）科学挑战1：地外行星花岗岩与"深空"观测

1. 地外花岗岩的成因机制

目前地外花岗岩的研究还很初步，很多研究几乎处于空白。月球花岗岩是地外花岗岩中研究最多的酸性岩类，其成因研究对地外花岗岩有重要的指导意义。月球花岗岩的成因主要有三种推测：玄武岩浆的极高程度分离结晶作用、玄武岩浆在分离结晶晚期发生的液态不混溶作用和月壳高地侵入岩极低程度的部分熔融作用（Lovering and Wark, 1975; Ryder, 1976; Watson, 1976; Quick et al., 1977; Taylor, 1989; Rutherford et al., 1976; Hess et al., 1975; Roedder, 1984; Jolliff, 1991; Shearer et al., 2001; Schmidt et al., 2006; Shearer et al., 2006; Seddio et al., 2013; Xu et al., 2020）。对于其他地外天体的花岗岩成因也有类似的推测，其成因机制和地球花岗岩的差异可能非常大，与板块构造运动及水并不相关。

2. 研究现状与存在问题

地外花岗岩研究与行星地质和行星化学的其他研究方向一样，面临许多

问题，但是核心科学问题是地外花岗岩的成因机制。虽然地外花岗岩的研究非常少，但过去几十年来陆陆续续积累的科学成果为后续的研究提供了基础，也提出了地外花岗岩研究中存在的亟须解决的问题。

1）地外花岗岩样品的稀缺性

在人类探月之前，曾推测月壳主要是由花岗岩组成的（O'Keefe and Cameron，1962）。超过半个世纪的月球探测显示，月球表面主要的岩石组成是高地侵入岩和玄武岩及由这两类岩石经撞击形成的碎片，再通过混合熔融胶结而成的撞击角砾岩。在探月带回的样品中，还有少量的花岗岩碎屑，阿波罗14号返回的花岗岩碎屑岩有14161、7269，14303、204，14321、1027，14305、441，14305、443B 和 14321、1198（Warren et al.，1983；Shervais and Taylor，1983；Jolliff et al.，1991；Salpas et al.，1985），阿波罗15号返回的花岗岩碎屑岩有15405、12，15434、10 和 15459、315 等（Ryder，1976；Ryder and Martinez，1991；Marvin et al.，1991），阿波罗17号返回的花岗岩碎屑岩有73215c 和 73255c（Blanchard and Budahn，1979）。此外，在阿波罗12号返回的样品中也发现了花岗岩物质（Quick et al.，1977；Warren et al.，1983）。与地球大陆表面广泛出露的花岗岩产状不同，阿波罗计划返回的月球花岗岩主要以碎屑形式存在，而且样品量非常少（Wieczorek et al.，2006）。

火星的遥感探测（Christensen et al.，2005；Wray et al.，2013）和就位探测（Sautter et al.，2015；Morris et al.，2016）均已发现火星表面有酸性岩，但是火星陨石中还没有明确发现有花岗岩样品。小行星的探测程度普遍较低，大部分没有进行探测。但是小行星给地球提供了很多的陨石。小行星陨石中的花岗岩，主要也是以岩屑的形式存在。目前已经在陨石 EET 87720（Beard et al.，2015）和 Adzhi-Bogdo（Terada and Bischoff，2009）中发现了花岗岩岩屑。

返回的月球样品和陨石中都只发现极少量的花岗岩样品。由于地外花岗岩样品非常稀缺，因此，地外花岗岩的矿物岩石地球化学数据非常少，导致其研究十分不足。

2）遥感和就位探测数据的多解性和可靠性

月球遥感数据表明在西经0°～50°范围内，月表 K、Th 和 U 的含量最高（Arnold et al.，1977），而阿波罗14号（西经18°）和阿波罗12号（西经23°）着陆区就位于此区间内。因此，阿波罗14号和12号返回样品中发现较大的花岗岩碎屑，暗示了月球表面富K、Th和U的地区可能也有较多的花岗岩露头。利用月球表面Th含量的分布已经成为在月球表面探测富硅物质的一个常用手段（Jolliff et al., 2011）。

火星奥德赛探测器利用搭载的THEMIS对火星表面进行了100m尺度的矿物成分勘查，探测到了多种火成岩岩石（Christensen et al., 2005）。在大流沙地带（Syrtis Major）破火山口发现从低硅玄武质到高硅英安质的系列岩石（Christensen et al., 2005），英安岩的存在表明火星岩浆的分离结晶可以产生高分异岩石。火星表面含石英的花岗质岩石的出现，表明火星已经演化出高分异岩浆。总之，火星地壳虽然以玄武岩为主，但是火成岩岩相具有多样性，成分可以从苦橄玄武岩到花岗岩类岩石。此外，遥感数据显示火星克珊忒大陆（Xanthe Terra）、诺亚地（Noachis Terra）和尼里·帕特拉（Nili Patera）火山口也存在酸性岩石（Wray et al., 2013），这意味着火星表面很可能存在很多酸性岩。遥感探测面临着一个信号识别的问题，当地表岩石中暗色矿物含量超过5%时，长石和石英的遥感信号就会被掩盖，因此在暗色矿物含量较高的岩石中很难分辨出酸性矿物的信号（Wray et al., 2013）。考虑这种信号识别困难，火星表面的酸性岩含量可能被低估了（Sautter et al., 2016）。

相比于遥感探测，就位探测可以在局部地区得到更详细的地形、地质、矿物学、地球化学等信息（Sautter et al., 2016）。好奇号探测器利用搭载的激光诱导击穿光谱仪分析了盖尔陨石坑中的22块浅色岩石，这些岩石的SiO_2含量超过63wt%，最高可达72wt%，成分上属于酸性岩浆岩，根据岩石结构图像，可以将这些酸性岩石分为三类（Sautter et al., 2015）。第一类岩石的矿物颗粒为粗粒，浅色矿物约占全岩的80%，珍珠状粗粒晶体（>5mm）和较细（1mm）的长方形半透明灰色颗粒交互生长。而他形的灰黑色晶体占岩石的20%。矿物颗粒的粒度和形状显示第一类岩石为侵入状成因。第二类岩石具有贝壳状断口和锯齿状表面，在分辨率为100μm的图像上显示的是无斑晶隐晶质，可能是火山喷发时快速冷却形成的。第三类岩石呈斑状，斑晶为长2cm、宽2mm的浅色矿物，约占全岩体积的50%，其冷却速率介于第一类和第二类岩石之间。陨石坑年龄显示这些岩石应形成于诺亚纪（年代）。因此，火星表面早期就已经有酸性岩浆活动。但是，这些就位探测数据只能对火星表面的酸性岩浆活动进行半定量的约束。

类地行星中，金星也一直被怀疑可能有花岗岩。由于探测的难度，金星的探测相对较少。金星表面存在一类独有的火山，称之为"薄饼火山"（Ivanov and Head，1999），目前还没有在其他天体上发现相似的火山。薄饼火山表面宽广而平坦，比地球上的盾状火山还要平坦，但是边缘非常陡峭，其喷发体积非常大，超过100km^3，中心有类似于火山口的坑状结构，可能是熔岩冷却形成的。薄饼火山在整个金星表面都可见，且经常集结成群。有观点认为薄饼火山是由大量低流动性的富硅岩浆冷却形成的（Bonin，2012）。但是，金星表面成分很难探测，而实验室火山喷发模拟结果并不能提供明确结论。

行星表面花岗岩的露头远少于玄武岩等基性岩石，以及遥感光谱数据的多解性和就位探测分析数据的可靠性不足，使得探测这些花岗岩具有很大的挑战性。

3）地外花岗岩样品的代表性

目前发现的最大地外花岗岩碎屑是撞击角砾岩14321中的岩屑角砾14321、1027，其质量为1.8g，大小为16mm×7mm（Warren et al.，1983）。同时，在撞击角砾岩14303中也发现了一块花岗岩碎屑14303、204，其质量为0.17g，大小为11mm×6mm（Warren et al.，1983）。根据阿波罗14样品中花岗质成分占比的估计，花岗岩占月壳的体积比为0.5%~2%（Shervais and Taylor，1983）。小行星的探测程度普遍较低，大部分没有进行探测。但是小行星给地球提供了最多的陨石。小行星陨石中的花岗岩，主要也是以岩屑的形式存在。

已发现的地外花岗岩不仅数量少，而且样品都很小，大部分都只是岩屑，或是月壤中的岩石颗粒，具有高度的不均一性。因此，这些样品是否具有代表性是关键的科学问题。

4）地外花岗岩和地球花岗岩的差异性

月球花岗岩碎屑的主要矿物为钙长石、石英和钾长石，还可含少量的铁橄榄石、单斜辉石、钛铁矿、锆石、磷灰石、白磷钙矿等（Warren et al.，1983；Shervais and Taylor，1983；Blanchard and Budahn，1979），但是不含角闪石和黑云母。岩石结构主要为花斑结构，一般表现为石英和长石的蠕虫状交生（Warren et al.，1983；Shervais and Taylor，1983；Blanchard and Budahn，1979）。月球花岗岩的年代学研究显示这些花岗岩年龄为4.37~3.87Ga，表明月球上花岗质岩浆作用的持续时间至少有500Ma（Shih et al.，1993；Bonin et al.，2002），而对12个花岗岩碎屑的Rb-Sr、K-Ca及其锆石的U-Pb年代学研究在这个年龄区间内识别出了8个年龄峰，可能代表了8次独立的花岗质岩浆事件（Shih et al.，1993）。这个月球花岗岩的结晶年龄范围意味着花岗岩并不是直接从岩浆洋中结晶出来的产物，可能与高地月壳的交代熔融事件相关（Xu et al.，2020）。

好奇号火星探测器上搭载的化学和矿物学X射线衍射仪，在火星盖尔陨石坑的玛丽亚斯山口（Marias Pass）的层状泥岩钻探样品中检测到了鳞石英（Morris et al.，2016）。鳞石英是SiO_2的低压高温（>870℃）矿物相。这个含鳞石英的泥岩样品约有40wt%的晶体和60wt%的X射线无定形物质。搭载的α粒子X射线谱仪分析数据表明，泥岩的全岩成分中SiO_2约占74wt%。泥岩所含的矿物中，斜长石约占17wt%，鳞石英约占14wt%，透长石约占3wt%，磁铁矿约占3wt%，方石英约占2wt%，硬石膏占1wt%。无定形物质富含二氧化硅（约占39wt%，主要为蛋白石或者高硅玻璃），富挥发性成分（占16wt%，主要是混合阳离子硫酸盐、磷酸盐和氯化物-高氯酸盐-氯酸盐），并且含少量的TiO_2和Fe_2O_3等氧化物（占5wt%）。在地球上鳞石英通常出现在富硅火山岩中，因此，好奇号火星探测器探测到的鳞石英是火星上有过富硅岩浆活动的第一个就位探测的矿物学证据。鳞石英的发现也说明火星岩浆作用的复杂性，以及证明了火星可以演化出高硅岩浆。

陨石EET 87720中的花岗质岩屑的矿物组成主要为奥长石、钠长石和石英，而全岩SiO_2的含量达到了77wt%。陨石Adzhi-Bogdo中花岗质岩屑的主要矿物组成包括石英、钾长石、单斜辉石、钛铁矿、磷灰石和钠铁闪石等。除了这两个花岗质岩屑之外，陨石NWA 11119也是酸性岩石，所含主要矿物为石英、斜长石、普通辉石和顽火辉石，并且其石英含量高达30%，而全岩的SiO_2含量也高达61wt%。此外，NWA 11119的年龄为4564.8Ma±0.3Ma，仅比球粒陨石中的钙铝包体的形成（4567.2Ma）晚了2.4Ma。这些小行星样品中的花岗质组分是太阳系最早的酸性岩浆活动记录。因此，太阳系很早就有花岗质岩浆作用形成酸性岩。

地外花岗岩年龄都非常古老，而且其形成与板块构造运动及水都没有关系，和地球现代花岗岩差别很大，但是地球又缺失冥古宙地壳，这给对比研究带来了很大的困难。

3. 主要研究方向和应对策略

地外花岗岩的研究应该结合国家深空探测计划和行星科学发展战略进行发展，主要可以通过以下几方面来进行：①结合不同遥感光谱数据，降低行星遥感模型解译的不确定性；②研发新的探测载荷，提高就位探测分析的精度；③寻找新的地外花岗岩样品，以及利用遥感数据精准返回地外花岗岩；④开展实验岩石学研究，模拟行星岩浆演化，研究地外花岗岩（酸性岩）的形成机制；⑤开展地外花岗岩与地球花岗岩的对比研究。

通过对地外花岗岩样品的矿物学、岩相学和地球化学研究，以及与地球花岗岩和酸性火山岩的对比研究，结合精确的遥感数据解译，可以明确地外花岗岩的成因机制，为地球早期大陆地壳的形成研究提供相关证据。

（二）科学挑战 2：太古宙花岗岩的形成机制与克拉通化过程

1. 科学挑战的提出

地球早期花岗岩的研究，尤其是从初始地壳出现到克拉通形成这一过程中花岗岩的形成机理及作用，是花岗岩领域面临的重大挑战，也是地球科学面临的主要挑战之一。该挑战包括如下四个方面：①初始地壳 / 最古老陆壳的地质记录、花岗岩的出现和克拉通地壳的形成；②地球早期表生环境体系形成演变对花岗岩的形成及其地球动力学的影响；③克拉通地壳的结构组成演变与早期地球热体制特征；④板块构造的启动机制与克拉通化过程等。连接四个方面的主线就是以花岗岩出现和发育为核心的克拉通化过程。

2. 当前形势与存在问题

除了加拿大斯阿卡斯塔片麻岩和零星出露的冥古宙碎屑锆石（如西澳大利亚杰克山砾岩）外，在地球上找到更老的岩石和更老的物质，甚至找到初始地壳的痕迹，这将有助于理解初始地壳向克拉通地壳转变的时间与过程，从而理解最古老花岗质地壳的出现及其构造机制。大量沉积碎屑锆石（如

Griffin et al., 2014)、同位素（如 O'Neil and Carlson, 2017）、元素地球化学（如 Dhuime et al., 2015）等资料指示, 成规模的中酸性的地壳从中太古代甚至始太古代或更老就开始形成。早期陆壳由钠质逐渐变为钾质, 特别是 25 亿年前克拉通是以钾质花岗岩的大量就位为特征, 标志着早期陆壳物质的再循环, 但其机制存在巨大争议（图 4-1）。

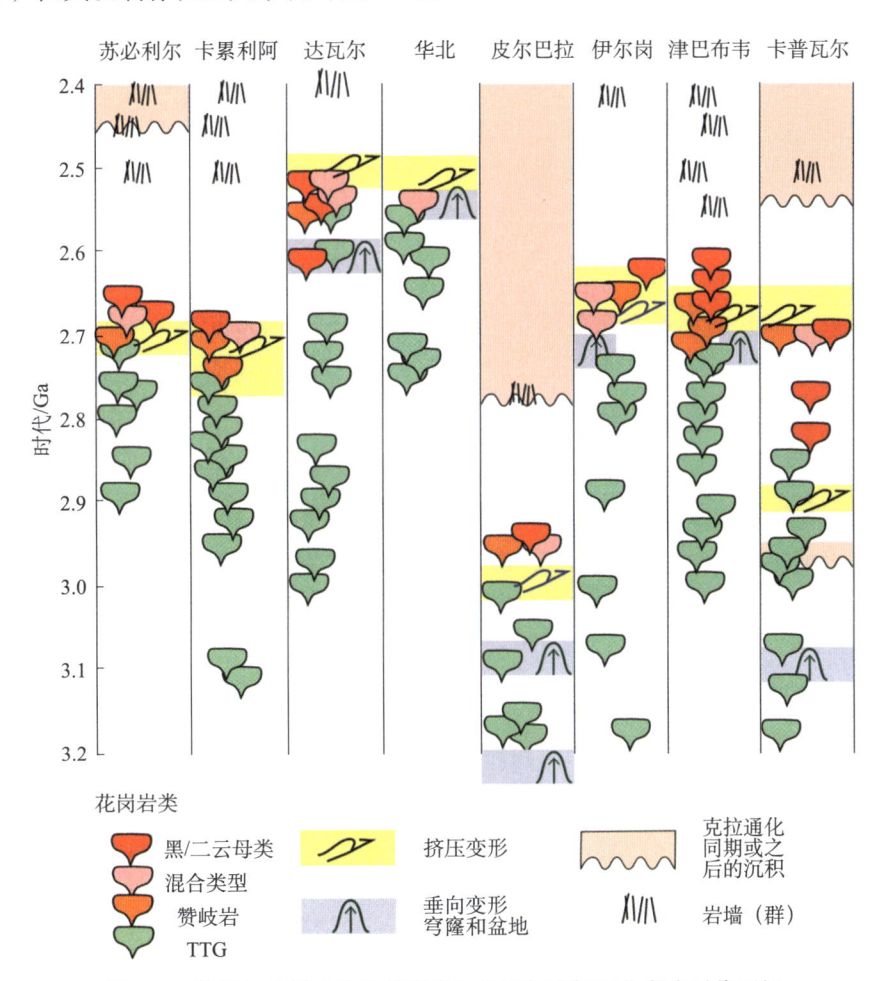

图 4-1 世界上典型克拉通花岗岩的类型与克拉通化完成时代图解
资料来源: Cawood et al., 2018

深熔作用最早是 Sederholm（1907）用来解释花岗质岩浆的形成及混合岩的形成过程, 在克拉通化过程中普遍发育。基于相图模拟及数值模拟（如 Sizova et al., 2015）的研究都表明, 深熔作用在早期大陆的形成特别是克拉通的稳定化过程中发挥了重要作用。深熔作用的动力学机制，深熔作用与板片/加厚地壳部分熔融两种过程在大陆成分演变过程中的作用尚有待进一步研究。如何通过揭示 TTG 质花岗岩类的成因和太古宙深熔作用的含义，揭示陆壳的生长和稳定化，是花岗岩研究面临的挑战。

花岗岩的形成可能还有不少表生过程的贡献，尤其是钙碱性花岗岩和钾质花岗岩的形成与表生过程关系重大。沉积物中记录着早期大陆的诸多信息，碎屑岩中的碎屑物质来自地壳，化学沉积岩则来自水体的化学沉积。前者记录大陆地壳的物质信息；后者则记录了大陆上水盆的物理化学信息。两者为我们理解早期地表过程提供了地质记录（如 Satkoski et al., 2017）。地壳的一部分从某个时间开始逐渐由整体上镁铁质转变为长英质；其中，风化作用形成的含水沉积物可能促进了花岗质岩浆的形成，因此，风化作用可能对长英质陆壳的形成有贡献（Lee et al., 2008; Liu and Rudnick, 2011）。大陆风化作用丢失的元素进入海洋后，部分通过俯冲回到地幔，从而影响地幔的化学组成，改变了地幔性质和岩浆作用特征。地球表生环境自地球形成以来不断发生演化，在古元古代发生重要转折，从而可能改变地表风化元素淋滤行为和风化元素在海洋中的沉积与再循环过程（Lee et al., 2016）。地球排气作用可能随着时间逐渐减少，CO_2 排放可能主要发生在 38 亿~18 亿年前，对应陆壳大量生长和板块构造启动的时期。风化作用可以很好地解释易溶元素的淋失，但地球早期风化环境下元素的溶解迁移能力可能与现今大不相同（Gaschnig et al., 2016）。如何认识太古宙风化作用对花岗岩起源、形成和演化，以及地球动力学的贡献，如何理解地球早期物质循环与深部-浅层响应机制是早期花岗岩研究面临的机遇。其中，钾质花岗岩和 S 型花岗岩的研究可能有特殊的意义。

深成花岗岩和相关的变质作用可以为我们认识早期大陆的形成和演化提供更多的信息。深成花岗岩的形成往往与变质作用/深熔作用密切相关。变质作用是地球出现固态岩石后构造演化的物质记录，是地球岩石圈的"黑匣子"、深部探针和指示剂；变质岩记录了地球特别是自大陆形成以来的演化历史，也是记录早期大陆物质组成、形成机制、生长过程和稳定化原理的最佳载体；变质岩的形成，记录了地壳的热状态和构造过程，反映着地球的热体制演化，是地球深部过程的反映，也是构造体制变迁、板块构造起源与发展的有力证据，为揭示地球浅层资源-环境演变的内在条件与机制提供重要制约（刘博等，2020）。

如何通过已经发表的海量数据认识早期大陆的形成、生长和稳定化过程，是地球科学最重大和前沿的科学问题之一。近年来，基于海量地球化学、地球物理、岩石学等方面数据的综合分析，我们对地球热结构和热体制的认识达到了前所未有的高度，对大陆成分的演化及中酸性大陆地壳的性质开展了一系列研究，如通过全球岩石记录的全岩地球化学数据研究早期地壳的成分与厚度（如 Dhuime et al.，2015）、通过酸性岩岩浆锆石和沉积岩碎屑锆石同位素的研究并结合地球物理资料反演地球的周期性演化等。然而，对于地球上特定时期，尤其是冥古宙-古元古代早期的了解受限于岩石记录；不同时期热体制演化的深度动力学机理为何，地球的热体制如何控制表生环境演变和矿产资源分布，仍然有很多亟待解决的问题。以变质岩和岩浆岩为关键媒介，以变质作用为纽带，综合地质、地球化学、地球物理、行星科学、地质环境等学科的数据，运用大数据方法，能更全面和历史地认识地球的热演化，了解花岗岩的出现与演化规律，揭示构造体制随时代的演化过程，推测地球环境演变的内部动力学机制，构建矿产资源形成与分布的时空谱系。

另外，地球的形成之初，地球表面可能遍布岩浆海。岩浆海可能是一个"短寿命"的演化阶段（Harrison et al.，2005）。岩浆海从下部地幔的底部向上冷却、结晶，导致沿固相线结晶的地幔重力失稳、地幔翻转。从形成初始地球的行星积聚，到有确切物质记录的大约44亿年前（Wilde et al.，2001），是非常极端的地球演化阶段，也即板块构造过程尚未形成的阶段（Smithies et al.，2007），该阶段可能延续到太古宙，可称为"前板块构造"，代表性的构造包括水滴构造、三明治流变构造、大规模对流翻转和表面重塑事件等（van Hunen et al.，2008）。太古宙高的地幔温度使得地幔黏度较低，并影响地块的强度和比重（浮力）。结合数值模拟，Moyen 和 van Hunen（2012）及 van Hunen 和 Moyen（2012）否定太古宙浅的平俯冲，提出一种周期性的、阵发性的短暂俯冲模型。

类地行星（或卫星）的对比为研究地球形成和早期演化提供了新的思路。木星的卫星之一艾奥（Io）剧烈的火山作用将相当于地球热流值40倍的热量带到星球表面，而不是通过板块构造作用完成。以此为模型，通过一系列的数值模拟，并结合古老克拉通的地质实例，Moore 和 Webb（2013）提出了与地幔柱类似的热管模型。O'Neill 和 Debaille（2014）认为，在前板块构造阶段，地球处于一种停滞盖层与周期性、阵发性短暂俯冲（或对流翻转）交替运行的构造体制中。板块构造是何时如何启动，早期的板块构造具有怎样的特征，克拉通化过程为什么集中在新太古代出现（图 4-1），克拉通化机制与板块构造的联系等问题依然是前寒武纪地质学面临的挑战（Brown et al., 2020；Zheng and Zhao，2020；Cawood，2020；Zhai and Peng，2020）。最近，岩石圈尺度和全球尺度的数值模拟取得了一系列成果（如 Sizova et al., 2015；Li et al., 2019），并提出了一些新的模式，如陨石撞击启动板块构造（Maruyama et al., 2018）。这些成果也为今后的科研工作提供了方向。

3. 主要研究方向和应对策略

在初始地壳/最古老陆壳的地质记录、花岗岩的出现和克拉通地壳形成方面有以下主要科学问题：初始地壳和最古老陆壳的组成、演化及其成因；基于比较行星学的初始地壳研究；太古宙花岗质岩石（TTG、紫苏花岗岩、混合岩等）的成因。需要通过以下研究方向的布局进行应对：地球上最古老的地壳物质记录有多老？初始地壳和最古老陆壳的成分特征如何？如何形成？大陆地壳尤其 TTG 片麻岩是如何形成的，其他花岗质岩石呢？太古宙深熔作用与现今有何不同？在大陆稳定化和成分分异中起何作用？在地球早期表生环境体系形成演变及其对花岗岩的形成及地球动力学的影响方面，存在以下主要科学问题：①前板块－始板块构造－早期板块构造阶段深部过程的浅层响应机制；②地球早期风化作用在克拉通地壳起源和成分演化中的贡献；③早期表生成矿作用特征与机理。需要通过以下研究方向的布局进行应对：地球早期风化作用在花岗岩起源、形成和演化过程中有何贡献？早期大陆物质循环与深部-浅层响应机制与现今有何不同？富钾花岗岩是如何起源的？S 型花岗岩是如何起源的？

在克拉通地壳的结构组成演变与早期地球热体制特征方面，存在以下主要科学问题：①克拉通地壳结构演变；②前寒武纪地球热体制演化；③大数据与前寒武纪大陆演化。需要通过以下研究方向的布局进行应对：早期陆壳的结构、组成与成熟化过程与现今有何不同？地球早期（18 亿年前）地球构造/热体制演变特点如何？花岗岩成分演变与地球构造/热体制演变有何关联？早期热体制如何制约大陆（克拉通）组成和结构的形成演变？

在板块构造的启动机制与克拉通化过程方面，存在如下主要科学问题：①前板块构造体制；②板块构造启动时间与启动机制；③克拉通形成、生长与稳定化的动力学模拟。需要通过以下研究方向的布局进行应对：板块构造出现之前的构造体制（前板块构造）有何特点，如何演变？不同体制是否都可以形成花岗岩，有何差异？板块构造的启动时间为何时？什么机制触发其启动？花岗岩在其中起什么作用？陆壳的巨量生长、成熟化和稳定化（克拉通化）的规律如何？

（三）科学挑战3：早期大陆的成分演变与大陆动力学机制

1. 科学挑战的提出

大陆地壳的成分演化存在众多争议，而导致这些争议的一个根本原因是地壳样品的保存问题。地球是一个非常活跃的行星，板块构造造成持续的大规模的物质交换和再循环，在新生地壳形成的同时，古老地壳会被破坏。早期的地质过程往往被复杂的多期次后期地质过程叠加覆盖。今天出露地表的大陆地壳岩石中，老于6亿年的岩石少于50%，老于30亿年的岩石不足5%，而老于40亿年的岩石记录则几乎完全缺失（Goodwin，1996；Hawkesworth et al.，2017）。残缺的岩石记录为重建大陆地壳的演化特别是早期的演化历史带来了极大困难，这使得学界不得不寻求各种间接的方法去推测早期的大陆演化。目前，关于地球早期地壳演化的一个争论核心问题是：长英质的大陆地壳是太古宙早期，甚至是冥古宙就已经大规模出现，还是直到太古宙晚期才开始出现的？

2. 当前形势与存在问题

过去几十年的观测为研究早期大陆演化积累了大量重要的数据和开辟了多样化的研究途径。以下从火成岩、锆石及沉积岩三种记录载体出发，总结学界取得的认识，并探讨各种记录载体和研究思路所存在的问题。

1）火成岩记录

前已述及，地球上出露的最古老的岩石是加拿大奴工克拉通（Slave

Craton）的阿卡斯塔英云闪长岩片麻岩，年龄约为 40 亿年，这也是冥古宙和太古宙的时间界限。46 亿～40 亿年前的地球历史没有岩石记录。除此之外，世界上出露始太古代（40 亿～36 亿年前）岩石的地方还有伊萨绿岩带（Isua Greenstone Belt）、拿尔野尔片麻岩地体（Narryer Gneiss Terrane）、努夫亚吉图克绿岩带（Nuvvuagittuq Greenstone Belt）、中国鞍山白家坟和塔里木的阿克塔什等（Bedard et al.，2013；Ge et al.，2018；Liu et al.，2008；Wilde et al.，2001）。完全缺失的冥古宙岩石记录和零星出露的太古宙岩石使得重建早期地壳的平均成分非常困难。Condie（1993）通过统计现今保存的地壳岩石估算了太古宙上地壳的平均成分，结果和现今的大陆上地壳差别不大，如 Condie（1993）得到的太古宙上地壳的平均 SiO_2 约占 66wt%，MgO 约占 3wt%。但是，经过长期的风化剥蚀和复杂的构造活动，今天出露的太古宙上地壳成分是否还能代表 40 亿～25 亿年前的存在有很大疑问。Condie（1993）意识到今天的太古宙平均上地壳成分和太古宙沉积岩记录的上地壳成分非常不一致，其统计的克拉通内的页岩反映了一个更为基性的太古宙上地壳，这一点将在后文中继续讨论。

Reimink 等（2016）研究阿卡斯塔片麻岩发现，其源区很可能为基性岩，并且没有任何成熟大陆地壳物质的迹象，因此提出冥古宙地球并不存在大面积的长英质地壳。Reimink 等（2014）认为阿卡斯塔片麻岩形成于类似今天冰岛的环境中，而 Johnson 等（2018）则认为阿卡斯塔片麻岩是小行星撞击导致地壳熔融分异加上后期变质过程的产物，并提出在冥古宙，小行星撞击可能是产生长英质岩石的主要方式。

O'Neil 和 Carlson（2017）通过研究加拿大东北部哈迪逊湾（Hudson Bay）的新太古代 TTG 的 ^{142}Nd 同位素发现，冥古宙的镁铁质地壳可能一直保存到了新太古代。今天，镁铁质的洋壳形成后不久就会通过俯冲返回地幔，最老的洋壳年龄不超过 2 亿年。O'Neil 和 Carlson（2017）认为，地球早期镁铁质地壳能够保存超过 10 亿年暗示冥古宙和太古宙大部分时候，板块构造可能并不活跃。

Dhuime 等（2015）通过分析火成岩 Sr-Nd 同位素大数据，并以此反推不同时代大范围地壳岩石的平均 Rb/Sr 值。他们发现，大约 30 亿年前，地壳成分为镁铁质，而长英质地壳是在距今 30 亿年后才逐渐产生的。

2）锆石记录

锆石是一种抗风化、抗蚀变的极其稳定的矿物。同时，锆石能给出高精度的 U-Pb 或 Pb-Pb 年龄。因此，在缺乏岩石样品的情况下，碎屑锆石的研究为地质学家认识早期地球提供了不可多得的手段。事实上，锆石为我们提供了几乎唯一的冥古宙地壳样品。

由于锆石饱和需要相对较低的岩浆温度和分异程度较高的岩浆成分，地壳里的锆石几乎全部来自花岗质岩石。因此，锆石记录能够反映大陆地壳生长的信息。全球碎屑锆石的年龄分布呈现明显的峰和谷（Voice et al.，2011）。Rino 等（2004）、Arndt（2013）和 Condie 等（2017）认为碎屑锆石年龄谱的峰代表大陆地壳快速生长的时期，而 28 亿年前锆石的匮乏被认为是没有大面积中酸性大陆地壳存在的证据（Lee et al.，2016）。但是，碎屑锆石可能会受到保存偏差的影响（Hawkesworth et al.，2010）。因此，碎屑锆石年龄谱的意义还需要进一步的研究。

除了频率分布，碎屑锆石中的元素和同位素信息也为认识地球早期地壳分异作用提供了重要的信息，特别是锆石的 Lu-Hf 同位素体系。高分异地壳的形成会造成 Lu-Hf 的显著分馏，形成高低 Lu/Hf 储库，并在 Hf 同位素上有所反应。Harrison 等（2005）通过分析西澳大利亚杰克山的冥古宙碎屑锆石发现其中极不均一的 Hf 同位素，并提出 45 亿~44 亿年前就已经出现广泛的高演化大陆地壳。然而，这一观点被 Kemp 等（2010）质疑。由于冥古宙碎屑锆石本身结构非常复杂，单颗粒锆石往往记录了多期次的岩浆和变质生长过程，而 Harrison 等（2005）的 Pb-Pb 年龄和 Hf 同位素数据并非严格基于同样的样品分析，可能存在年龄和 Hf 同位素不对应。Kemp 等（2010）利用 split-stream 分析技术，在线同时获得西澳大利亚碎屑锆石的 Pb-Pb 年龄和 Hf 同位素结果，并发现这些碎屑锆石所对应的花岗质岩浆可能来自冥古宙镁铁质地壳重熔，从而否定了 Harrison 等（2005）的冥古宙存在大量中酸性大陆地壳的假说。

Næraa 等（2012）分析了位于格陵兰岛西南部的基底岩石的锆石 Hf-O 同位素，发现 3.2Ga 之前，锆石 $\varepsilon_{Hf}(t)$ 非常接近球粒陨石值，而从 3.2Ga 开始，锆石 $\varepsilon_{Hf}(t)$ 开始强烈偏离球粒陨石值，表现为显著的负漂。Næraa 等（2012）推测板块构造特征性的地壳再循环起始于约 3.2Ga，提出板块构造和现代大陆生长模式可能启动于 3.2Ga。Wang 等（2021a）对南非巴伯顿（Barberton）地区的 TTG 进行的锆石 O 同位素分析表明，该区的花岗质岩石的锆石 O 同位素在 3.23Ga 时有一个明显的升高，可能也与初始的俯冲有关。

最近，Boehnke 等（2018）分析了加拿大努夫亚吉图克表壳带（Nuvvuagittuq Supracrustal Belt）古太古代和始太古代锆石中磷灰石包裹体的 Sr 同位素，发现了极高的 $^{87}Sr/^{86}Sr$ 值，从而提出冥古宙就已经存在钾质高硅的地壳的假设。不过，Boehnke 等（2018）的分析方法有很大的误差，数据量也非常有限（$n=10$），数据的可靠性有待进一步验证。

3）沉积岩记录

研究陆源碎屑沉积岩，包括页岩、黄土和冰碛岩，是获取大面积地壳平均成分的有效手段（Taylor and McLennan，1985）。起初，碎屑沉积岩的方法只被应用于稀土元素。碎屑沉积岩的稀土曲线形状非常均一，并且和大面积采样获得的大陆上地壳的稀土曲线吻合得很好。后来，碎屑沉积岩中的其他难溶元素也逐渐被用来研究大陆地壳的成分。碎屑沉积岩的局限是无法获得可靠的可溶元素（如 Mg）在大陆上地壳的平均成分，因为风化作用会严重影响这些元素在碎屑沉积岩中的分布。

Taylor 和 McLennan（1985）早在 30 多年前就认识到太古宙的页岩比后太古宙页岩有着偏低的 Th/Sc 值，暗示太古宙的大陆上地壳有着更多的镁铁质岩石。Tang 等（2016）通过研究页岩和冰碛岩里的 Ni/Co 和 Cr/Zn 值，重建大陆上地壳从 3.2Ga 至今的 MgO 含量和主要岩性的变化。他们发现太古宙早期（>3.0Ga），出露海平面的地壳成分非常富镁铁质，平均 MgO 含量大于 11wt%，基性岩和超基性岩是那时地壳的主要岩性，而到太古宙末期，地壳的平均 MgO 含量逐渐下降到 4wt%，接近现代大陆地壳的水平，地壳主要岩性从基性和超基性岩变成花岗质岩石。Tang 等（2016）认为地球上长英质的大陆地壳在 3.0~2.5Ga 才开始大量出现，并提出这次地壳成分的剧烈变化代表着板块构造的启动。Smit 和 Mezger（2017）通过研究页岩的 Cr/U 值得到了相同的结论，并将地球早期的大气氧化和地壳成分演化联系起来。Garçon 等（2017）通过研究南非巴伯顿地壳太古宙沉积岩中的 Sm-Nd 和 Lu-Hf 同位素体系，也发现太古宙早期的大陆上地壳比今天更富镁铁质，基性岩所占比例达到 50%。

Greber 等（2017）通过研究页岩的 Ti 同位素得到了和 Tang 等（2016）

不一致的认识。Greber 等（2017）发现页岩中的 Ti 同位素组成从 3.5Ga 以来变化不大，并以此提出地球长英质的大陆地壳可能早在太古宙早期就已经形成，板块构造的启动时间也应该更早。Greber 等（2017）将太古宙早期碎屑沉积岩中较高的 Ni/Co 值归因于科马提岩的存在，并认为少量科马提岩的加入就可以显著提高沉积岩的 Ni/Co 值，而不需要一个整体为镁铁质的大陆上地壳。最近，Greber 和 Dauphas（2019）通过分析页岩中的 Al_2O_3/TiO_2、Zr/TiO_2 等元素值进一步提出大量长英质陆壳早在古太古代就已经存在。由于 Zr 和 Ti 等元素往往受副矿物控制，沉积岩物质搬运过程中的矿物分选作用可能会影响最终碎屑沉积岩中这些元素的含量，因此页岩中的 Al_2O_3/TiO_2、Zr/TiO_2 等是否能代表地球早期上地壳的成分还需要进一步研究。

近期，Deng 等（2019）通过研究钙碱性序列和拉斑序列岩浆演化过程中 Ti 同位素的分馏发现，岩浆 Ti 同位素组成和 SiO_2 的相关性不唯一，拉斑序列的岩浆能够在玄武质成分的时候就饱和并分异氧化物，造成 $\delta^{49}Ti$ 的升高。由于太古宙页岩源区的构造背景和岩浆演化序列几乎无法限定，Deng 等（2019）的发现从根本上挑战了 Greber 等（2017）对页岩 Ti 同位素的解释，即页岩的 Ti 同位素可能不能反映大陆地壳的演化程度。

关于太古宙陆源碎屑沉积岩中明显偏高的过渡金属含量及 Ni/Co、Cr/Zn 值存在两种不同的解释，其争议的焦点在于这样的过渡金属特征是否反映一个整体为镁铁质的、玄武岩主导的上地壳还是整体为长英质的地壳混合少量超镁铁质的科马提岩（Greber et al.，2017；Tang et al.，2016）。针对这个争议，Chen 等（2019）研究了不同时代冰碛岩的 Cu 含量。由于受硫化物饱和特性的控制，玄武岩相比花岗岩和科马提岩有着高得多的 Cu 含量，因此沉积岩中的 Cu 含量对源区玄武岩的比例非常敏感。Chen 等（2019）发现中太古宙的冰碛岩有明显高于后太古宙的 Cu 含量。实际上，中太古代冰碛岩的 Cu 含量显著高于科马提岩和花岗质岩石，说明源区有着大量的玄武岩。因此，太古宙早中期碎屑沉积岩中的过渡金属特征不是花岗质岩石和科马提岩混合的特征，而是需要一个整体为镁铁质的上地壳。

3. 主要研究方向和应对策略

1）研究方向

目前，围绕地球早期大陆地壳的演化，需要解决的主要科学问题大体可以分为以下五类。

（1）长英质的大陆地壳是什么时候开始大规模出现的？

（2）控制早期长英质大陆地壳生长的关键因素是什么，TTG 的成因是什么？

（3）板块构造在大陆演化中扮演什么样的角色，最早的大陆地壳是否也在俯冲背景下产生？

（4）大陆地壳的形成和演化与克拉通形成的关系是怎样的？

（5）大陆地壳和地表环境是如何协同演化的？

陆壳区别于洋壳的一个重要特征是其更大的地壳厚度。由于早期放射性同位素丰度较高，地球的地壳和地幔可能会有更高的地温梯度。这将显著影响地壳的流变学特性，早期的厚地壳可能相对较"软"，缺乏刚性。在这样的条件下，地表的高程变化和地壳厚度的不均一是如何形成并维持的？是否存在大量的造山作用？造山的驱动力是什么？这些都会影响早期大陆地壳的形成和地表的物质循环。

地壳演化必然会影响地表的环境和物质循环，如地壳成分可能会影响大气中氧气的积累，大陆生长和造山作用可能会影响碳循环、水循环等，大陆地壳物质的风化剥蚀可能会控制早期地表营养元素的循环，从而影响早期生命演化进程。认识地壳和地表环境之间的关联性及不同过程之间的反馈机制将会是未来非常重要且有趣的研究方向。

2）应对策略

目前，越来越多的同位素体系已经成功开发并开始应用，包括短半衰期体系（如 $^{146}Sm\text{-}^{142}Nd$ 和 $^{182}Hf\text{-}^{182}W$）和非传统稳定同位素体系（如 Mg、Fe、K、Cu、Zn、Cl、Si 等）。这些新兴的地球化学工具或许会为示踪复杂的物质循环和甄别不同的地质过程带来新的证据。

由于地球经历了长期的构造活动，早期的地质现象已被大量破坏，而这些早期地质过程的记录在没有板块构造的其他岩石行星上往往保存较好，如火星。随着行星地质的发展，通过研究其他岩石行星的分异过程可能会为认识地球早期演化提供独特的视角。

早期大陆演化不仅是理解地球系统演化的重要环节，本身也是多学科交叉的研究领域，鼓励表生与深部地球学科之间的协同合作是实现基础创新和理论突破的关键之一。

二、关键科学问题之二：花岗岩的形成与大陆构造

（一）科学挑战4：花岗质岩浆形成-迁移的流变学及其构造制约

1.科学挑战的提出

经典的板块构造理论建立在岩石圈板块刚性和板缘变形假说之上。然而，作为大陆岩石圈的重要组成部分，大陆地壳组成复杂，在演化过程中，其温度压力条件、应变速率和流体活动性均会发生复杂变化，因而板缘与板内变形同生、局部和弥散变形共存。同时，大陆地壳在垂向上也存在明显的流变学分层现象（刘俊来，2004）。花岗岩浆作用是大陆地壳演化的重要表现，花岗岩浆的形成与侵位会降低地壳岩石的密度、强度和黏度，增加其浮力和膨胀系数，导致大陆地壳流变性增强，促进陆壳物质发生弥散性变形和抬升。对地壳深部岩石的流变状态、花岗岩体的侵位-隆升过程及其应变状态、强度和样式进行研究，有助于深入了解地壳流变学特征，深化大陆板块板缘与板内的变形特征和构造背景，丰富板块构造理论。

2.当前的形势与存在的问题

1）当前的形势

越来越多的研究显示，花岗岩浆的产生不仅仅是岩石学问题，还涉及地壳的构造变动、温压条件的改变、壳幔相互作用的大地构造问题。岩浆迁移和就位过程中地壳流变机制及构造制约一直是花岗岩研究的重要内容。近年来，多种测试技术的应用大大提高了这方面的研究程度。这些方面的研究都离不开花岗岩构造的研究。有关花岗岩的构造研究，通常主要针对大型花岗岩基，关注的科学问题也主要集中在同构造花岗岩本身定位过程或定位之后的宏观显性构造特征及其形成的地质条件、构造背景等，而对小型花岗岩脉、岩席、混合岩化带和花岗岩源区岩石及其流变学的研究相对薄弱；对花岗质岩浆就位前的熔体连通、聚集过程中的高温塑性和亚固相流动变形，及其对围岩物性和流变特性的影响等问题，涉及也较少。随着研究的不断深入和研究手段的不断进步，也必然向更加精细的构造分析方向发展，并注重花岗岩浆深部动力学过程的研究。

混合岩是花岗岩浆的起点，与相对均质的花岗岩相比，混合岩的宏观与显微组构复杂，因而传统的构造分析难以有效地反映混合岩和花岗岩中的流变规律。岩石磁组构（磁化率各向异性AMS）不易受构造-热事件的影响，可有效揭示复杂变形及均质岩石中磁面理与磁线理的总体构造特征及分布规律。国际上，AMS已被广泛应用于混合岩和花岗岩的组构研究（Charles et al., 2009; Joly et al., 2009; Schulmann et al., 2009）。EBSD方法能从矿物晶格尺度反映晶体在特定构造应力场下生长或变形的晶格优选定向（lattice preferred orientation，LPO）参数，可用于岩体与围岩构造型式的定量、定位研究（Schulmann et al., 2009）。

花岗岩浆的侵位机制是一个经久不衰的研究课题。尽管人们对岩浆房的认识发生了本质的改变，但岩浆的侵位总体上主要还是划分为主动或被动两种端元模型（Nédélec et al., 2015; Paterson et al., 1989; Hutton, 1988; Pitcher, 1979）。但在自然界，花岗岩体往往也是通过复合机制（主动、围岩扩展和岩浆侵吞多元机制）侵位或定位的（Wang et al., 2000）。花岗岩体的定位和形成是多期次、幕式侵位和生长的过程。岩体生长的方向、方式和时间跨度如何？这些问题至今尚无定论（Schoene et al., 2010; Bachmann et al., 2008）。单个大型花岗岩体的生长方式可能主要与岩浆本身的内部热动力学、岩浆聚集程度等相关，而多个岩体或岩体群的生长形式往往更多地受到区域构造应力场与大陆动力学控制。根据岩体空间形态学和数值模拟研究的结果，非极性的中心式生长形成对称、规则的花岗（杂）岩体，而极性的生长方式可形成各种形态的不规则、不对称和复杂的岩体（群）（Fernandez and Castro, 1999）。

关于花岗岩浆作用构造背景的研究，过去的几十年中得到了迅猛的发展。特别是花岗岩形成大地构造环境的岩石地球化学判别图得到了广泛使用，但也出现了一些误区。随着研究的深入和数据的积累，尤其是大数据和人工智能技术的发展，花岗岩浆作用的构造背景研究，已不再单纯依靠地球化学，而是将岩石组合、岩体形态、造山带类型和构造相等综合起来，采用数据统计和神经网络分析，可以更加精准和可靠地判别花岗岩浆作用的构造约束。

2）存在的问题

目前，对花岗岩浆产生、迁移和就位过程中地壳流变机制及构造制约的研究，仍面临诸多挑战和问题。主要包括：①花岗岩浆在地壳深部熔离、迁移的方式不仅受区域构造应力的控制，还与深部流体压力、化学势等因素直接相关，其在地壳中的时空分布并不清楚；②花岗岩体通常在结构构造和物质成分上不具有明显的各向异性，缺乏有效的途径确定花岗岩形成过程中组构的形成和演化特征；③花岗岩中的矿物组成相对简单，深成岩基与围岩接触变质不明显，因而较难确定花岗岩浆起源、温压条件和侵位深度，更难以确定地壳流变的温度、压力条件；④花岗岩的密度和磁化率与围岩的区别通常不显著，现有地球物理学探测方法难以将两者有效区分；⑤已有的定年手段尚不能对花岗岩浆形成、上升、定位结晶和构造变形等一系列事件进行连续、精准的约束等。对上述问题的深入研究，是深刻理解花岗岩浆的深部构造过程、大陆地壳流变学及其构造制约，构建和完善大陆动力学基础理论的重要保障。

3. 主要研究方向和应对策略

1）主要研究方向

根据国内外有关花岗质岩浆形成－迁移的流变学及其构造制约方面的调研，今后需要加强以下三个方面的研究。

A. 花岗岩浆的产生、运移和冷凝过程对地壳岩石流变性的影响

（1）从混合岩到花岗岩不同规模熔体的组构研究。花岗岩浆从形成到定位的过程，总体上是一个岩浆－构造作用过程。花岗质熔体的产生、分离、迁移和聚集过程又是其原岩不断发生部分熔融，熔体和残留体成分、比例和结构不断变化的过程，因此也是一种伴随变质变形作用的复杂过程。绝大部分花岗岩浆由先存地壳岩石经过部分熔融形成，无论部分熔融机制有多少种类，过程有多么复杂，程度有多大变化，熔体一旦形成，即改变了母岩的物理状态和强度。在熔体上升侵位过程中，随着熔体的不断聚集和热量传递，不同深度地壳岩石的流变性也随之变化，从而对地壳中应力应变产生很大影响。

对混合岩（化）带、大型花岗岩体及围岩中熔体比例、成分、变形样式进行精细测算，可确定花岗岩浆在形成、迁移、聚集、上升到定位不同阶段对地壳岩石强度、密度、黏度、膨胀比率、围岩压力等物性的改变。结合变形组构分析和有限应变测量，确定从混合岩到花岗岩全过程、不同地壳层次

的应变特征、应力大小和方向，进而探讨花岗岩形成的构造制约及其对大陆地壳演化的贡献。

（2）岩体侵位空间与形态分布的定量研究。花岗岩体的大小、形态和空间获取既是陆壳物质组成与结构不均一性的重要因素，也是地壳流变学各向异性的体现。不同深度的花岗岩体形态、规模和空间分布具有一定的规律性，是不同地壳层次应力状态、流变特征和岩浆膨胀等多种因素共同作用的结果。因此，岩体侵位空间和形态分布是研究地壳变形及其构造制约的重要依据。

在今后的研究中，应加大地球物理（重力、航磁）、岩石物理和深部钻探等方法的应用，结合物理和数值模拟，定量分析花岗岩体的三维结构、几何形态、空间展布方位等，并综合多方法、多矿物精确测年，揭示岩体发育的阶段性、定位深度和构造环境。对花岗岩体空间形态和规模进行定量刻画，能为研究花岗岩成矿作用和矿产资源勘察提供重要依据。

（3）花岗质岩浆侵位机制研究。花岗岩体的侵位机制一直是构造地质学和岩石学关注的焦点之一。研究花岗岩体侵位机制，应系统分析花岗岩体及其围岩变形组构特征、接触带构造变形与变质程度、区域构造应力场、大型构造带几何学与运动学特征等；需结合地球物理学研究，了解岩体在深部的空间形态；加强数值模拟研究，探讨不同类型、不同规模花岗岩体的生长方式和侵位过程。综合以上研究，可进一步揭示花岗岩体侵位的地壳流变学特征及区域构造运动学与大陆动力学演化过程。

（4）花岗岩变形特征与壳内应变局部化。应力集中和应变局部化一直是构造地质学研究的基础理论问题，它受区域应力分布、岩性变化、矿物组成、颗粒大小、温度条件、流体压力等因素的综合影响。花岗岩体是地壳内部特殊而常见的应变标志体，其内部组构往往具有不均一性，与区域构造应力的方向性和空间分布规律有关，又受花岗岩矿物成分、结构、构造、粒度及其与围岩关系等因素的制约。在不同尺度下，可以观察到单一构造单元、单一岩体中应变不均匀分布的现象，可为研究应变局部化及其形成机制提供基本素材。

可以选择不同阶段（前构造、同构造和后构造）、不同物理条件（高温、中温到低温）、不同变形类型（塑性流变、半塑性固态流变、脆韧性碎裂变形)、不同变形历史(单期变形、多期叠加变形)的花岗岩体,进行详细的野外和显微尺度构造分析,解析不同尺度的组构特征及其形成机制的组合特征、分布规律及其对定向构造应力的响应。通过分析花岗岩中刚性矿物(长石、石英、石榴石等)的变形残斑或旋转变晶、拖尾和压力影、S-C组构等,结合有限应变测量,确定区域大尺度剪切应力方向与局部变形动向的关联性,进一步探索地壳不同层次应变局部化和不同尺度构造变形带的定位和展布规律。

B. 花岗岩浆产生、定位(侵位)物理条件的约束

花岗岩浆从形成到冷却结晶的温度和压力条件可以反映岩浆起源和不同侵位阶段的深度范围、地壳厚度、地壳热状态等(Chappell et al., 2004; Miller et al., 2003),进而可为区域构造背景(挤压或伸展,岩石圈增厚或减薄)的构建,解决花岗岩浆作用的热源、花岗岩成因、构造背景等重大基础地质问题提供重要依据。

但花岗岩以长英质矿物为主,可用的地质温压计不多;传统的地质温压计也很少适用于花岗岩。因此,花岗岩浆定位和岩浆起源的温压条件估算方法亟需深入研究。已有的少量温压计都有严格的适用条件,只能约束相关联的构造-岩浆-变质事件中的一个或几个条件。可行的办法是运用不同的矿物温压计,综合分析其适用条件、计算结果和野外地质产状等,求取交集,得出最可能的结论。此外,今后应加强对花岗岩围岩的研究,通过野外地质调查,确定围岩接触带和变质晕的宽度、变质程度,然后选用适当的矿物温压计,估算围岩不同部位的受热程度,结合花岗岩体的规模大小,探讨地壳中热扩散速率、地壳热状态及其对地壳流变性的影响等问题。

C. 花岗质岩浆形成的构造制约

(1) 不同变形体制(挤压与伸展)下花岗岩浆的形成与迁移。岩浆演变与地壳挤压增厚和伸展减薄的转化有一定关联,研究构造过程中的岩浆演变特征,有可能揭示岩浆与区域构造环境的对应关系。例如,在地壳从挤压加厚向伸展减薄的转变过程中,花岗岩特性可能发生明显变化,如出现钙碱性向碱性的成分演化,以及一些地球化学指标(如Sr/Y、La/Yb等)的相应变化。

然而,花岗岩演化与地壳变形环境演变关系复杂,需要从多种角度综合

研究：①通过岩浆性质动态演变的分析，揭示变形环境及其演变，需要探索"岩浆地球化学性质演变轨迹"，判别构造环境及过程；②从岩体形态（由线状到圆形）、定位机制（主动到被动）和变形特征（由强到弱）的变化，检验从挤压到伸展构造环境的演变条件和过程；③研究不同规模岩体（带）的构建和生长方式，揭示挤压、伸展、剪切等区域和局部的构造应力场变化。开展岩浆物质性质和岩体物理性质的综合研究，揭示区域和局部的应力应变状态的变化过程。

（2）不同构造环境对花岗质岩石组合的制约。花岗岩大地构造环境判别、不同构造环境与花岗岩特征的相互关系一直是岩石学和大地构造研究的主题。板块构造理论诞生以来，岩浆岩与构造环境关系研究取得重要进展，确定不同构造环境与花岗岩的形成及特征具有密切关系（Barbarin，1999；Mandiar et al.，1989；Pearce et al.，1984；Pitcher，1983）。我国很多学者对此都有很好的研究和论述（从柏林，1979；莫宣学等，2005；王德滋和舒良树，2007；邓晋福等，2015a，2015b，2018）。经过多年的研究，这方面认识日趋成熟，提出了许多岩浆岩构造环境判别图（如 Pearce 图解），总结了不同构造环境下的花岗质岩浆岩的组合特征和地球化学判别特征，如俯冲（岛弧、陆弧）、（陆－陆）碰撞、后造山环境的岩浆岩组合、大洋环境（洋中脊、洋岛）、陆内环境花岗质岩浆岩等。

然而，随着研究的深入和数据的累积，发现简单地依靠地球化学判别图解来确定花岗岩构造环境存在诸多问题，因此需要探索新的思路和方法：①单个岩体的静态地球化学指标判别构造环境往往难以奏效，应从岩浆演化的动态角度，探索岩石组合和地球化学特征的演变轨迹；通过典型构造环境及其岩浆岩组合特征大数据分析，建立岩浆岩数据库，探索"岩浆岩演变轨迹"的构造环境判别标志，总结岩浆演变规律，揭示构造环境及其演变；②从区域到全球，探索构建不同时期、不同时间段的岩浆岩演化及其构造环境演变规律，回答岩浆与其环境如何响应大地构造环境及其演化的问题；③探究、解决花岗岩构造环境判别的多解性和矛盾性问题。

（3）不同类型造山过程对花岗岩演变的制约。造山带划分为俯冲增生、碰撞和陆内三种最基本的类型（Cawood et al.，2009；Şengör，1990）。然而，如威尔逊旋回所示，许多造山带都不同程度地包含了增生到碰撞造山过程

(Schulmann and Paterson, 2011; Cawood et al., 2009)。不同造山类型、造山过程及其演化如何制约岩浆演变？这方面研究对于理解花岗岩成因和构造-岩浆作用过程至关重要。

在增生造山过程中，花岗岩形成的主要背景是板块俯冲。在俯冲带之上，地幔楔的熔融会导致玄武岩浆和安山岩浆的形成。这些镁铁质熔体也可能会进一步分化，有可能产生大型低钾Ⅰ型花岗岩基（Jagoutz and Kelemen, 2015; Annen et al., 2006）。在碰撞造山过程中，更多的陆壳物质参与花岗岩浆的形成，如大量高钾花岗质岩浆主要来源于先存地壳岩石的部分熔融或再循环（Moyen et al., 2017; Brown, 2013; Chappell et al., 2012; Clemens, 2003）。通常，低钾（Ⅰ型）花岗岩与俯冲有关，过铝（S型）花岗岩与大陆碰撞有关，碱性（A型）花岗岩与裂谷或非造山作用有关（如Barbarin, 1999）。

很多造山带在不同演化阶段都对花岗岩的类型和演化产生制约关系。例如，由线状分布和变形的Ⅰ型花岗岩，向不规则、弥散性分布和变形的S型花岗岩，再向圆形不变形的碱性（A型）花岗岩的演化趋势，可能揭示俯冲到碰撞再到伸展的构造转化。反之，从S型到Ⅰ型、A型，可能揭示从碰撞到后碰撞伸展背景。这种花岗岩的系统演化过程反映了一个古老地壳被逐渐熔融的过程。岩浆作用多由弧环境（I-S型）向近端弧后型（I型）再向远端弧后型（A型）演化（Collins et al., 2019）。世界上其他许多造山带经历了类似的演化过程。如澳大利亚拉克兰造山带，从S型向Ⅰ型、A型花岗岩序列演化，且至少重复三次；所有花岗岩均形成于530～230Ma，发生在洋壳后撤的弧后同伸展构造背景（Collins et al., 2019; Glen et al., 2013）。阿巴拉契亚造山带在早期俯冲-增生过程中形成增生弧，到晚期碰撞阶段，则发育与后碰撞板片断离相关的岩浆作用（Zagorevski et al., 2011; Whalen et al., 2006）。尽管青藏高原是碰撞型造山带，早期同样经历了俯冲-增生阶段（Xu et al, 2015; Chung et al., 2009）。

从物源看，从增生到碰撞造山带，花岗岩同位素组成由年轻物源向复杂物源演化，古老陆壳物源比例增加。例如，环太平洋增生造山带和碰撞造山带的花岗岩显示了不同的Hf同位素演变趋势（Collins et al., 2011）。增生造山带一般具有较多的年轻地壳比例，如中亚造山带几乎50%面积为年轻地壳；而碰撞造山带主要由古老大陆物质构成，如秦岭－大别造山带。这两类不同造山带产生的花岗岩及其岩浆组合明显有异。形成于增生过程的花岗岩多以 I 型、A 型为特征，而形成于碰撞过程的花岗岩多显示 S 型特征。

总之，上述造山带类型是演变的，不同类型造山带的地壳组成及其发育也显示出渐变关系。不同类型造山带及其演变又如何制约花岗岩的特征，是值得探索的新问题（王涛等，2017）。纵观全球不同类型造山带，可以通过同位素填图，从花岗岩物源演化角度，探索造山带物质组成的新老比例即新生地壳相对大小，总结造山带类型与花岗岩特征的对应关系。近年已经开展造山带组成、类型、演变与花岗岩演变关系的研究（如 IGCP662），从而深入认识造山带的发育历程和花岗岩的生成演化。

（4）同类造山带演变过程（硬碰撞和软碰撞）对花岗岩形成与演化的制约。同类造山带的发育也是一个复杂的演变过程。其造山过程的细节差异如何制约花岗岩是一个新的探索方向。例如，大陆碰撞造山带可分为"硬碰撞"和"软碰撞"两种。目前，对大陆"硬碰撞"及其岩浆特征的研究已趋成熟。例如，在青藏高原"硬碰撞"造山带，同碰撞和后碰撞花岗岩带中（Hou et al.，2015a，2015b；莫宣学，2013）发育巨型淡色花岗岩带、高钾花岗岩带，出现岩浆 Sr/Y 值的增加和锆石 $\varepsilon_{Hf}(t)$ 值从正值向负值转变等特点。典型的增生造山带（如中亚造山带）演化到后期，显示软碰撞特征（如 Li et al.，2016）。迄今，软碰撞及其岩浆特征研究较薄弱。软碰撞往往发生于微陆块之间或大陆增生边缘之间。碰撞时，动能小，碰撞强度远小于巨型的大陆碰撞（任纪舜等，1999）。这种软碰撞下的岩浆特征如何？不同构造属性的小块体碰撞会产生什么样的花岗岩浆？软碰撞的岩浆标志与硬碰撞有何异同？增生如何演化到碰撞？这些均需进一步研究总结。这对完整认识全球造山带演化，特别是理解造山带演化对花岗岩演化的制约关系具有重要意义。

2）应对策略

（1）加强花岗质岩浆侵位过程与地壳流变性的精细研究。花岗岩浆的深部运移和侵位在其不同阶段和不同深度，表现出的构造特征和对地壳流变学性质的影响具有多变性和局部性。因此，需要在北方、青藏高原和华南对出露好、研究程度高的典型岩体系统开展花岗岩浆上升、迁移和定位过程的精细分析研究，以全面准确掌握地壳流变特征，诠释花岗岩浆深部过程的动力学背景。

（2）加强对花岗岩浆形成、迁移和侵位的物理条件和物理状态的定量研究。这方面的研究一直是花岗岩构造研究的薄弱点，需要加强应用地球物理学、高温高压实验等方法，结合不同类型的矿物－全岩化学温度计和压力计、相模拟软件等，对岩浆作用侵位不同阶段的物理条件和状态进行定量测定、计算和模拟，以更精准地了解岩浆侵位过程的物理学过程。

（3）加强物理模拟和数值模拟研究。基于观测和实验计算建立起来的各种概念模型，需要通过相似性实验和数值模拟进行检验和修正，据此更好地重现花岗岩浆侵位及地壳变形的全过程，并可靠地约束其动力学机制。

（二）科学挑战5：巨型花岗岩带和大陆聚合－离散作用

1.科学挑战的提出

在全球大陆演化过程中，发生过多期板块俯冲、大陆碰撞，以及陆块裂解作用，并伴随不同特征花岗岩带的形成。一般认为，古老地壳的部分熔融和壳幔物质相互作用是形成花岗岩浆的重要途径；块体聚合过程中地幔岩浆的底侵加热，以及地壳加厚中的地温增高、构造剪切生热、地壳中放射性元素的衰变生热，是花岗岩浆形成的热源因素；而板块俯冲、块体聚合、碰撞远程效应及地幔柱上涌，也都能成为花岗岩浆形成的动力源（Zhou et al., 2006）。至于巨量花岗质岩浆形成之后的上涌侵位空间，大规模的伸展构造作用必不可少。因此，花岗岩带见证了大陆构造过程，不同类型和特征的花岗岩指示着不同的构造背景，具有产生巨量矿产资源的潜能。

通常，在大洋俯冲的岛弧和陆缘增生带，因岩石圈地幔的部分熔融、岩浆分异和壳幔物质的交换，多形成壳幔物质混熔的中酸性岩浆和I型花岗岩类，伴随铁、铜、铅、锌、钼、金、银等矿产的聚集；而在陆块碰撞区，则会发生地壳增厚与陆壳熔融，形成壳源花岗岩浆和S型花岗岩类，伴随钨、锡、铌、钽、铀、稀土等矿产的聚集。诸多陆块碰撞形成联合大陆后，若其深部地幔失去平衡，就会引发幔源岩浆活动，沿地壳薄弱带上涌，致使大陆裂解和漂移，伴随基性岩带和碱性花岗岩的形成。通常，大陆增生和碰撞产生的花岗岩规模大，而大陆离散作用形成的花岗岩体规模较小（Condie, 2001, 2007）。

我国巨型花岗岩带是如何形成的？和大陆演化有何关系？大陆聚合-离散作用如何制约巨型花岗岩带形成与成分演化？大陆构造及其花岗岩带与矿产资源有何联系？这些问题既与基础理论研究密切相关，也与国家经济发展紧密关联，研究意义重大。

2. 当前形势与存在问题

1）当前形势

我国是世界上最早开展大陆聚合-离散作用及其巨型花岗岩带研究的国家之一。我国疆域广阔，与多次全球大陆聚合-离散有关的花岗岩带及矿产资源广泛发育，有雄厚的研究基础，也有独特的地域优势。通过覆盖全国的野外地质调查和精细剖面研究，结合深部探测和定时定量测试工作，通过在中亚、华北、东北、扬子、华夏和塔里木等诸多陆块和造山带地区的工作，我国学者在巨型花岗岩带与大陆聚合-离散的成因联系及其与全球对比方面获得了大量资料，发现了各期陆块分布的物质证据，以及许多与大陆聚合有关的花岗岩带和多金属-稀有金属成矿带。不仅发现我国存在多期巨型花岗岩带，而且发现各陆块具有自己独特的地质特征和演化规律，从而提出了不同陆块、不同时期花岗岩带的成分特征与成因类型具有明显地域特色的认识，取得了令国际地学界瞩目的研究进展。虽然目前还存在若干重大问题尚待解决，但现有积累的成果和资料，无疑为深入开展大陆形成与巨型花岗岩带的创新研究提供了有利的条件。

（1）晚太古代-古元古代花岗岩与大陆聚合事件。发生在晚太古代的花岗岩浆活动，规模较小，分布局限。在我国，零星见于华北陆块的晋冀内蒙古地区、扬子陆块的宜昌地区、塔里木陆块的库鲁克塔格与阿尔金地区，主要是一套 TTG 岩石组合和黑云母斜长片麻岩、奥长花岗质片麻岩、花岗闪长质片麻岩及混合岩，其定年时代为 29 亿～25 亿年前（Zhai et al., 2000; Zhai and Santosh, 2011）。其成因尚无一致认识，目前更趋向于地幔岩浆垂向活动的结果。

发生在 20 亿～18 亿年前的全球板块俯冲与大陆聚合事件，导致在全球各陆块俯冲带上盘都形成陆缘增生带和 I 型花岗岩，在各陆块的碰撞聚合带广泛发育褶皱造山带和 S 型花岗岩，伴随条带状铁建造（banded iron formation，BIF）矿床和铜、铅、锌和金银矿的形成。在塔里木陆块东北缘，发育 19 亿年前含金石英脉的蓝石英花岗岩基和混合花岗岩，Hf 同位素初始值为负值（Shu et al.，2011a），属于 S 型花岗岩。华夏陆块也有此期零星的花岗岩分布。16 亿～13 亿年前，一些陆块内部发生了拉张-裂解作用，形成非造山型碱性花岗岩。在我国，此时期大陆裂解及其非造山型花岗岩带研究很少，罕见报道。

（2）新元古代花岗岩带与大陆聚合事件。发生在新元古代早期的大洋板块俯冲与消亡、大陆碰撞与聚合，是全球罗迪尼亚超大陆形成的原因。这期构造事件形成了全球大型造山带和诸多岛弧型花岗闪长岩带及碰撞型花岗岩带（Li et al.，2008）（图 4-2）。各陆块聚合造山时间不均一，基底组成差别明显。劳伦古陆周缘格林威尔造山带形成时间为 13 亿～10 亿年前，而扬子周缘和塔里木周缘造山带形成时间为 10 亿～8.2 亿年前，均发育巨型花岗岩带（Li et al.，2009；Shu et al.，2011c）。其中延绵 1500km 的江南造山带就断续分布着十几个年龄为 8.4 亿～8.2 亿年前的 S 型花岗岩体（Shu et al.，2021），总面积达到 12000km^2。

在江南东段，与大洋俯冲有关的蛇绿岩、洋壳斜长岩和岛弧型花岗岩发育（Shu et al.，2019），形成时代为 9.7 亿～8.4 亿年前，而大陆碰撞期的二云母花岗岩则形成在 8.4 亿～8.1 亿年前；在江南西段，蛇绿岩和岛弧型花岗岩也很发育，形成时代为 8.7 亿年前，而碰撞期花岗岩则为 8.4 亿～8.2 亿年前（Wang et al.，2006；Yao et al.，2019）。表明聚合时间及其花岗岩浆活动时间具有明显不等时性。江南东段诸花岗质岩体含有较高的幔源组分，并产细碧岩铜矿，反映其基底具有明显的洋壳亲缘性（舒良树等，1995；Shu et al.，2021），而西段元宝山、三防等岩体富含电气石，不含幔源组分，岩浆来自古-中元古代陆壳基底的部分熔融，并有同期 Sn、Nb-Ta 等矿产的富集（Yao et al.，2019），表明江南各段基底组成差异很大。

在罗迪尼亚大陆裂解期，华南（扬子+华夏）发育了伸展型盆地，并形成了 8.1 亿～7.6 亿年前的基性岩墙、双峰式岩浆岩和小规模非造山型花岗岩。相比碰撞期岩浆活动，裂解-离散期的岩浆活动规模小，露头少。塔里木陆块离散的物质记录及其时间与扬子陆块相近，花岗岩规模也较小（Shu et al.，2011a）。

我国对新元古代离散期的岩浆活动研究薄弱，亟需加强。此外，除扬

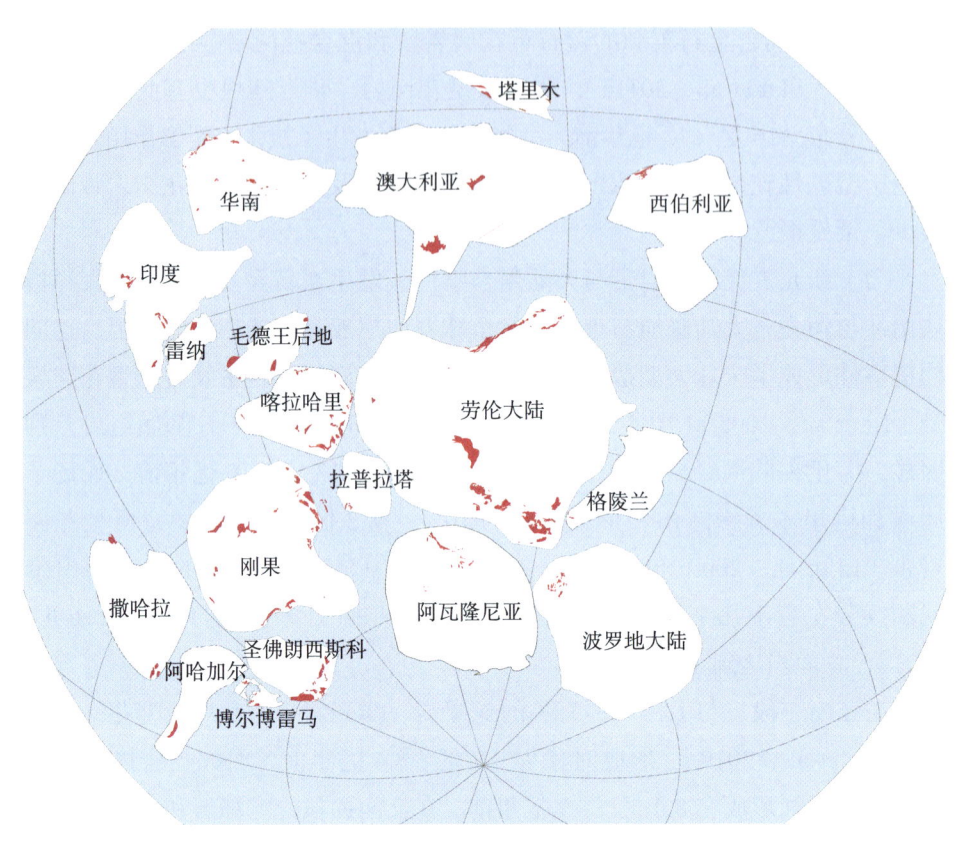

图 4-2 全球新元古代花岗岩的分布图

子和塔里木陆块外，我国其他陆块新元古代板块活动和花岗岩浆活动不太发育，原因不明，鉴于扬子和塔里木陆块通过洋壳俯冲、陆块碰撞形成的 10 亿～8.2 亿年前造山带远比劳伦古陆周缘 13 亿～10 亿年前的格林威尔造山带年轻，因此，我国这两个陆块周缘的造山带不是格林威尔期形成的，不宜称为格林威尔造山带。

（3）新元古代晚期花岗岩与大陆聚合事件。根据目前资料，中国大部分地区对新元古代末期的聚合事件（泛非事件）和花岗岩浆活动的响应并不明显；目前只在喜马拉雅、冈底斯和中亚的大兴安岭地区发现零星物质记录。古地磁资料表明，在新元古代晚期，华南、华北和塔里木陆块都位于赤道以北的原劳亚大陆区，并没有迁移到原冈瓦纳大陆区的位置（Yang et al., 2004）。因而，华南、华北和塔里木陆块均缺失 6.5 亿～5.5 亿年前构造变形与岩浆活动的直接记录。虽然近年在江南、华夏和中国东北等地的碎屑锆石中普遍获得峰值为670~530Ma的年龄数据（Xiang and Shu，2010；Yan et al.，2015），但地表也都没有同时期岩浆活动的物质记录，以及构造变形形迹。

（4）早古生代晚期花岗岩带与大陆聚合事件。在早古生代晚期，我国华南、秦岭、天山、阿尔泰等地区和西欧加里东造山带及北美洲阿帕拉契造山带相似，也发生过一次强烈的陆块聚合和花岗质岩浆事件。

在新疆天山和阿尔泰地区，广泛发育470~460Ma的岛弧型火山岩和花岗闪长岩（Ma et al.，2013）及420~390Ma的过铝质花岗岩带（Shu et al.，2004）。在北秦岭，出露480Ma的岛弧火山岩和放射虫硅质岩（李曙光和孙卫东，1996），以及440~400Ma的过铝质花岗岩带（张国伟等，2001；董云鹏等，1997）。

在江南和华夏地区，发育总面积2.1万km^2、呈弥散状分布的S型花岗岩区，年龄峰值为440~420Ma，极少无幔源组分（Song et al.，2015；Shu et al.，2014，2018，2021）。不少花岗岩边部发育片麻理和拉伸线理，片麻理产状和围岩片理产状一致，属于同岩浆期变质变形（张苑等，2011）。远离地表的或地下的花岗岩基的地区，花岗质片麻岩消失，只出现板岩和千枚岩，表明岩体边部和上部的花岗质片麻岩的热能是由花岗岩浆提供的。在华夏武功山，从岩体中心到围岩，发育退温变质分带现象：块状花岗岩→含夕线石花岗岩→含石榴石花岗片麻岩→二云母花岗片麻岩→泥砂质板岩（Wang et al.，2001）；在武夷山西缘，从岩体中心向边缘，也具降温分带特点：块状似斑状花岗岩→弱定向似斑状花岗岩→条带状混合花岗岩→眼球状花岗片麻岩→黑云母片岩、泥砂质千枚岩（张苑等，2011）。这些实例都证实了上述认识。

在华夏地区，从埃迪卡拉纪到奥陶纪均为稳定的泥砂质沉积环境（Rong et al.，2003，2010，2020），期间没有蛇绿岩和岛弧型火山岩-侵入岩，花岗岩中极少甚至没有幔源组分，花岗岩分布和形成时代没有带状迁移演化特点。研究表明，华夏早古生代造山带是陆内造山的产物，属于邻区板块碰撞的远程效应产物（舒良树等，2008b；Faure et al.，2009；Charvet et al.，2010；Wang et al.，2012；张国伟等，2013；Shu et al.，2015，2021）。但是，迄今为止对华南早古生代陆内造山及其巨量花岗岩浆的动力学机制仍有争议，尚未统一。

（5）晚古生代-早中生代大陆聚合、晚中生代陆内伸展与巨型花岗岩带。

我国华南、秦岭、昆仑山、北天山、阿尔泰等地区对全球聚合及裂解事件的响应非常明显（Zhao et al., 2018），形成了大规模的花岗岩带。在华南地区，还伴随有花岗岩型钨、锡、铌、钽、铀和稀土等矿产的发育（邓平和舒良树，2012）。川西、昆仑山和新疆阿尔泰等地则伴随有花岗伟晶岩型、花岗岩型锂矿和稀有金属矿产的发育，其规模达到特大型（许志琴等，2020）。

天山大洋俯冲蛇绿岩和岛弧型玄武岩、安山岩、安山玢岩、I型花岗岩的年龄为380～330Ma，而大洋闭合、各陆块拼合及S型花岗岩的形成年龄为320～300Ma，构成宽100（阿尔泰）～200km（北天山）、平行造山带近东西走向延伸1500km的巨型花岗岩带，并产出丰富的铜铁矿和金矿。在我国的中天山和南天山，没有晚古生代岛弧岩浆岩，但广泛出露330～300Ma的S型钾长花岗岩和二云母花岗岩。其聚合的时间、强烈褶皱和逆冲变形构造、花岗岩浆演化特征与欧洲中央高原海西期构造-岩浆特征非常相似。

从295Ma开始到250Ma结束，塔里木和天山地区发生大规模造山后裂解作用，以290～277Ma的玄武质杂岩大火成岩省（达24万km^2面积，喷发峰期290～288Ma）、碱性玄武岩、基性岩墙群和双峰式辉绿岩-花岗岩岩脉群、伸展成盆，以及大型韧性走滑剪切变形（Ar-Ar年龄为290～250Ma）为特征（Laurent-Charvet et al., 2002；Yang et al., 2007；Shu et al., 2011b；杨树锋等，2014）。

在近E—W向的中央造山带、NW—NNW向的古特提斯马江-哀牢山-金沙江带及近E—W向的华南南岭等地，对潘吉亚大陆聚合的响应非常强烈，但岩浆时代偏新，为三叠纪到早-中侏罗世，如北秦岭S型花岗岩带年龄为240～220Ma、南秦岭S型花岗岩类则年龄为230～215Ma（张国伟等，2001），华夏南岭和江南区100多个S型花岗岩体的年龄集中在230～210Ma（Song et al., 2015），表明我国对潘吉亚大陆聚合的响应具有北早南新的特点。

在华南西缘的云南到东南亚的越南北部，出露了二叠纪的岛弧安山岩和流纹岩及I型花岗岩类，年龄值为290～270Ma。在越南马江断裂带及其附近，出露了280～248Ma的辉长岩-闪长岩、253～242Ma的I型花岗岩、230～220Ma的铝过饱和花岗岩（Faure et al., 2014），其上被晚三叠世粗碎屑岩不整合覆盖。

在华南陆块内部，整个晚古生代均为浅海台地碳酸盐岩夹碎屑岩堆积环境，没有同时代超镁铁岩、岛弧岩浆岩和深海浊积岩。中生代早期花岗岩体极少幔源组分，呈弥散状分布，年龄值为230～210Ma，被普遍认为是板块碰撞远程效应、板内造山的产物（Wang et al., 2013；Shu et al., 2014, 2021）。

伴随晚三叠世开始的潘吉亚大陆裂解，法拉隆洋或伊泽奈琦洋逐渐形成，在2亿年前出现俯冲，形成南美洲安第斯安山岩山弧、北美洲内华达180Ma的Ⅰ型花岗质岩浆弧、日本中-酸性岩浆岛弧等。在弧后区的中国东南部陆缘，则形成了两个巨型花岗岩带：①时代较新的东南沿海花岗质岩带，其地壳与岩石圈厚度远比武夷山以西的内陆薄，形成了峰期为140～120Ma的Ⅰ型花岗质火山-侵入杂岩带；②时代较老、地壳与岩石圈厚度较大的内陆闽赣湘粤花岗岩带，形成了峰期为160～150Ma的S型花岗岩带。在中国东南部，其侏罗纪-白垩纪的花岗质火山-侵入杂岩分布面积达20.4万km^2（Zhou et al., 2006）。研究表明，150～130Ma是中国东南部伸展-岩浆活动的峰期，不仅形成了巨量花岗岩带，而且引发了花岗岩中金属矿产Fe、Cu、Au、Ag和稀有金属W、Sn、Nb、Ta、Li、Rb、U及稀土矿产的巨量堆积和富集（王汝成等，2020），被称为"成矿大爆发"，其中稀有金属储量位居世界前列。

2）存在问题

（1）大陆聚合作用如何影响花岗岩浆的形成？如何制约花岗岩带的时空展布？这两个问题研究较薄弱，亟需加强研究。大陆上的巨型花岗岩带形成离不开大陆碰撞聚合作用和深部物质流变学的制约。目前已有的研究表明，大陆块体的成分构成及三维展布、块体聚合期间地壳的厚度、热流值、构造应力场的分布、壳幔物质的交换、块体的边界断裂、构造变形与花岗岩浆的时空关系、构造-岩浆-深源热流体的互馈关系，都是制约巨型花岗岩带形成与分布的因素，但具体过程尚不清楚。

（2）后期大陆再造对花岗岩带及其成分有何影响？多数花岗岩基都是复式岩体，经历了后期构造-岩浆再造作用的反复改造。花岗岩带多会随时间、应力场性质与应力强度、不同源区成分、热流体成分与流体活动强度的变化而发生自组织调整与变化，导致花岗岩在深部和浅部、侧向和垂向的不同位置发生几何学的、矿物学的、岩石地球化学的有规律变化，导致花岗质成分变化及其含矿性多样化，致使不同区段、不同深度的花岗岩及其含矿性差异显著。这种再造作用是自然界的普遍现象，其对花岗岩带及其成分有何重大的影响，值得今后加强研究。

（3）巨型花岗岩带形成与巨量矿质堆积富集的成因联系怎样？这是一个与国家需求密切关联的科学问题。资料表明，巨量矿质堆积富集与花岗岩和地壳物质的不断循环与再造有关，导致矿质不断富集；许多亲石元素矿产都分布在高成熟高演化的花岗岩体顶部和边缘。在濒太平洋的华南晚中生代花岗岩带，其W、Sn、Nb、Ta及稀土矿产储量位居世界之首，Cu、Pb、Zn、Li等矿产储量也很可观。今后应继续加强不同时代花岗岩带及其对矿产资源制约因素的研究，从理论和实践上解决大陆聚合不同阶段巨型花岗岩带与巨量矿质堆积富集的成因联系和时空展布等问题。

（4）陆内弥散型巨量花岗岩浆的成因机制如何？在远离板块边界的地区，俯冲地质标志几乎不存在。但受邻区板块碰撞的远程效应，同一时期的花岗岩浆和构造变形却很强烈，形成陆内造山带。根据研究，陆内造山带的最显著标志是同时代弥散型的花岗岩浆活动及其同岩浆期的变质变形，没有超岩石圈断裂活动，有极少幔源组分。板内花岗岩浆作用是全球普遍现象，目前对这种陆内弥散型巨量花岗岩浆的成因机制研究较少，如华南志留纪和三叠纪两个时期过铝质花岗岩分布广、规模大、年龄非常集中，但动力学和深部原因并不清楚。随着与东南亚邻国国际合作的开展，以及大陆流变学和数值模拟等研究的深入，这方面问题有可能被解决。

（5）大陆聚合 - 离散作用与宜居地球演化有何关联？地球历史上的大陆聚合 - 离散与宜居地球的演化关系密切。研究表明，每期全球大陆聚合与离散都伴随着全球环境的变化和地质灾害，如地震、火山、环境突变等。发生在华南大陆内部的多期构造 - 岩浆再造事件最后在晚中生代太平洋俯冲和弧后伸展作用下，形成有史以来最大规模的花岗质火山 - 侵入杂岩带和巨型成矿带（如德兴超大型斑岩铜矿，赣北和南岭世界级钨、锡、稀有金属矿）。因此，这是未来10年值得广泛重视和开展的研究内容。

3. 主要研究方向和应对策略

1）主要研究方向

（1）获取充分可靠的新证据，精确厘定我国陆块在各期全球大陆中的名称、位置和规模，查明中国诸陆块的边界断裂及其变形期次，明确碰撞拼合时限与裂解离散时限，诠释从聚合到离散的构造转换机理，重建中国陆块多期聚合-离散动力学演变过程。提出我国诸陆块与全球陆块链接的合理方案，恢复古洋陆格局。

（2）查明大陆构造作用对巨型花岗岩带形成及其成分变化的制约，阐明构造作用与花岗岩浆侵位动力学的关系，确定巨型花岗岩带三维分布规律及其制约因素，特别是在地下深部的规模、形态、延伸和变化方面，阐述大陆内部花岗岩弥散型展布的动力学原因，探索陆内造山与花岗岩浆作用的时空源关系。

（3）从全球的视野，了解花岗岩带对大陆形成的贡献，以及大陆再造、岩浆活动、岩浆流体出溶等的内在联系，探明早期地壳和花岗岩带对后期花岗岩类及其矿化作用的制约，同时阐明后期构造和花岗岩浆活动对早期花岗岩和地壳成分及其含矿性的继承和改造，弄清我国各个陆块和造山系中花岗岩带的成分差异与含矿性差异，总结大陆聚合-离散过程中的构造-岩浆-成矿-风化作用规律。

2）应对策略

（1）用地球系统和多层圈作用的观点认识地球演化，分析国内外研究现状，凝练关键科学问题。围绕大陆聚合-离散过程与巨型花岗岩带成因关系问题，开展野外调查、构造流变学、变形运动学、岩浆动力学的研究，以及开展大地构造学、岩石学、地球化学、同位素年代学、古地磁学和地球物理学的多学科综合研究。

（2）既要开展基础地质理论的创新研究，又要结合国家和人类可持续发展对矿产与能源的需求，将大陆聚合-离散过程与花岗岩暨矿产的形成、富聚或破坏紧密联系，服务于人类宜居地球建设的宏伟目标。

（3）更新知识结构，培养青年科技骨干人才。采用地表-浅部地质调查与深部探测相结合、传统方法和现代先进技术相结合的方法开展研究，运用现代地球物理、科学深钻、遥感、地理信息、物理模拟与数值模拟等先进技术、U-Pb 和 Ar-Ar 等测年技术、ppb 精度的 ICP-MS 成分测试、花岗岩区三维同位素填图等新方法，扩展微观和深部地质认知水平，逐步形成一支高水平、多学科、知识宽厚、实践能力强、具有国际视野、勇于创新的青年人才队伍。

（4）开展广泛的国际合作，利用国际学术舞台，了解最新进展和动态，交流研究成果，从全球的视野认识中国各陆块和花岗岩带的基本特征，将中国的地域特色融入全球规律中，提升国际化研究层次和水平。

（三）科学挑战6：汇聚边缘花岗岩浆作用与大陆侧向增生机制

1. 科学挑战的提出

花岗岩是大陆地壳的重要组成部分，是地球区别于其他行星的重要标志。在板块构造背景下，大陆地壳和花岗岩都主要产生在汇聚板块边缘（俯冲带和碰撞带），并且二者都具有相似的成分特征，因此汇聚板块边缘的花岗岩往往指示了大陆侧向增生。面对的科学挑战是，汇聚板块边缘的花岗岩是如何形成的，它们记录了什么样的大陆侧向增生过程。

2. 当前形势与存在问题

1）当前形势

北美洲内华达岩基的规模和厚度是最经典的研究例子。早在20世纪60年代，根据P波滞后时间和布格重力异常之间的关系、地球物理剖面获得的纵波速度、不同压力实验条件下获得的不同岩石的纵波速与密度之间的关系，揭示了北美洲内华达岩基的岩性组成（从上到下分别对应于花岗岩、花岗闪长岩、石英闪长岩到闪长岩，更深的为角闪岩或辉长岩）（Bateman and Eaton，1967）。这一岩性变化后来得到了综合详细的野外填图资料、年代学数据、不同岩体侵位深度、同位素数据、上地幔和下地壳包体资料的证实。横跨内华达岩基的地震反射剖面结果显示现今厚约33km内华达岩基地壳也主要为长英质成分（花岗岩和花岗闪长岩）。最近利用三维航磁异常反演和重磁模型，发现青藏高原南部的冈底斯岩基下部可能存在比出露的花岗岩类具有更高磁化强度的岩浆根，表明冈底斯岩基下部比上部更偏镁铁质（Wang et al.，2020）。

大洋板块的俯冲是一个不断发展的地质过程，包括俯冲开始、低角度俯冲、洋中脊俯冲、大洋高原俯冲、俯冲终止等阶段，不同阶段伴随着不同性质的弧花岗质岩浆作用。这些弧花岗质岩浆作用记录了陆壳的生成和演化过程，是查明弧演化过程中陆壳增生机制的物质档案，但目前有关岩浆弧演化过程与大陆增生关系的研究还主要集中在北美洲科迪勒拉大陆弧。在北美洲科迪勒拉弧约170Ma岩浆活动历史中，岩浆活动并不是呈稳态地进行（non-steady-state），而是发育晚三叠世、中侏罗世和晚白垩世三个岩浆峰期，岩浆峰期的岩浆通量是岩浆平静期的100～1000倍，其中晚白垩世岩浆峰期贡献了大约85%的岩浆物质（Ducea et al.，2015；Paterson and Ducea，2015）。岩浆峰期增高的Sr/Y、(Sm/Yb)$_N$值表明岩浆作用位置更深，地壳更厚，而初始^{87}Sr/^{86}Sr值增大、ε$_{Nd}$(t)减小，暗示着更多陆壳成分加入了岩浆源区（DeCelles et al.，2009；Kirsch et al.，2016）。这种岩浆成分随时间的演化，被认为受控于大陆弧的内部过程（地壳的增厚、拆沉）（图4-3）（DeCelles et al.，2009）。对北美洲科迪勒拉弧的研究表明，大洋弧花岗岩随同岛弧侧向拼贴增生到大陆边缘，紧接着发生大陆边缘弧岩浆作用，经历岩浆分异、幔源玄武岩浆补给、镁铁质堆晶岩和残留体拆沉等多阶段过程，形成显生宙大陆地壳（Lee et al.，2007），实现大陆地壳的侧向增生。

与俯冲带相比，碰撞带经历的地质过程更为复杂。如何利用古老造山带的花岗质岩石来重建碰撞带经历的洋壳俯冲、弧-陆或陆-陆碰撞过程，一直是学术界研究的主题。很早就有学者将花岗质岩石与造山过程联系起来，并根据已知不同构造背景花岗质岩石的微量元素特征区分为火山弧、同碰撞、板内、碰撞后等不同类型（Harris et al.，1986）。然而，花岗质岩石的地球化学成分主要取决于源岩的矿物组成、化学成分和熔融时的物理化学条件（包括温度、压力和挥发分）和随后的岩浆过程（如分离结晶、岩浆混合和同化混染）。最近的研究根据板块运动的主要驱动力（即俯冲大洋板片下沉引起的板片拖拉力）和岩浆产生的三要素（加流体、升温和降压），将碰撞带造山过程和岩浆响应之间的关系表达为初始碰撞期、同碰撞（或正在进行的碰撞）期和碰撞后（构造转换期）三个阶段（图4-4）（Zhu et al.，2015，2019）。这一新思路强调了板片断离的重要性，但在多数碰撞造山带，板片断离是否发生本身就是一个有争议的命题，同时如何限定板片断离的时间也是研究的难题（Zhu et al.，2019）。

2）存在问题

（1）大型花岗岩基厚度、三维形态和岩性组成。查明大型花岗岩基的厚度、三维形态和岩性组成，是建立汇聚边缘大陆侧向增生机制的基础。但在限定大型花岗岩基中不同岩性的出露面积、获取大型花岗岩基中地壳和地幔

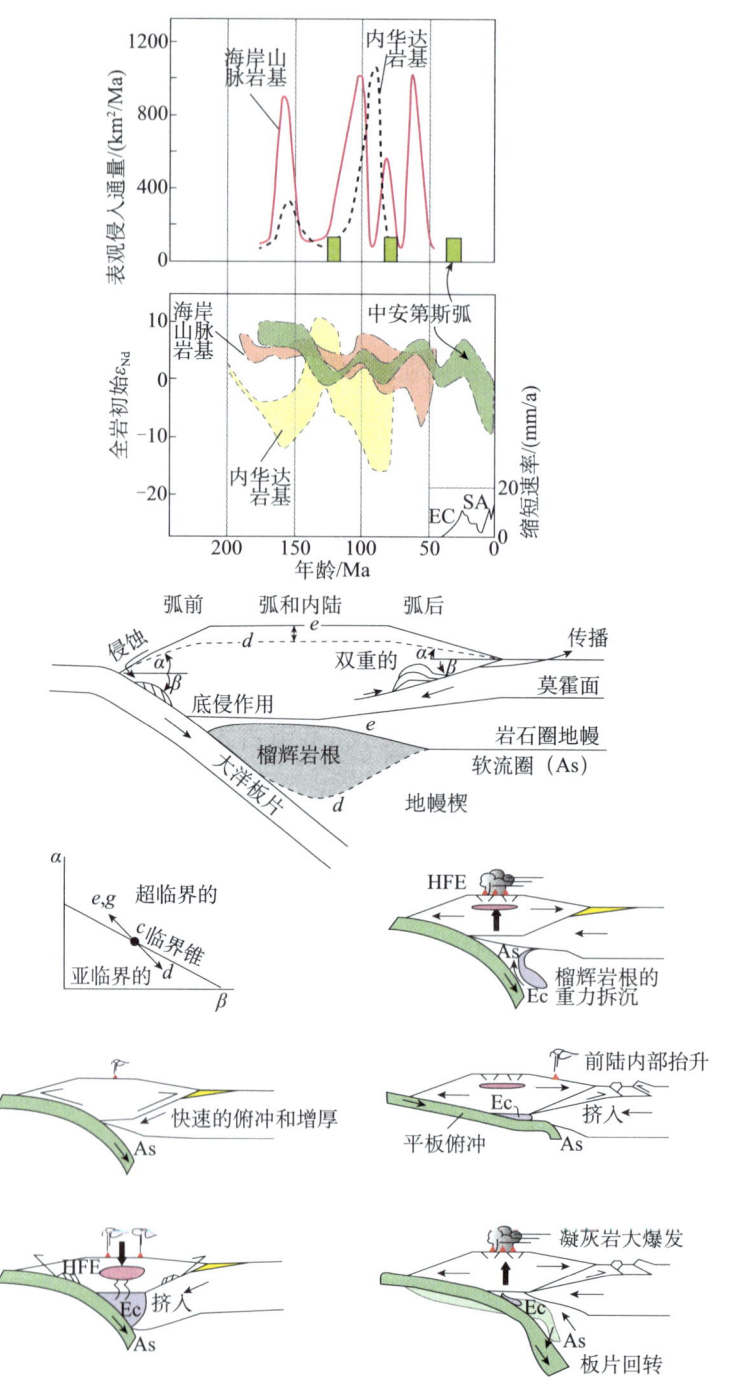

图 4-3 北美洲科迪勒拉弧岩浆活动周期性、成分变化及其与弧演化过程之间的关系

资料来源：DeCelles et al.，2009

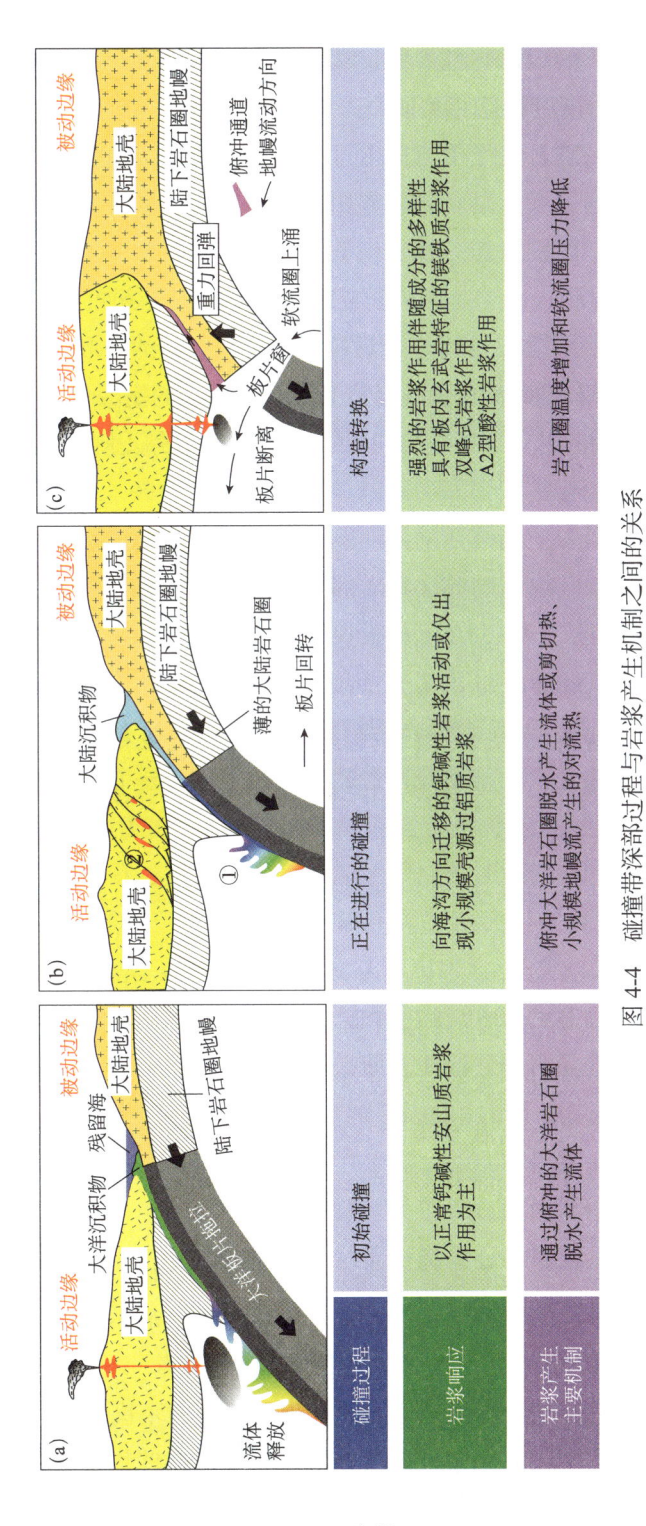

图 4-4 碰撞带深部过程与岩浆产生机制之间的关系

（b）中的①和②分别代表正在进行的碰撞（同碰撞）过程中岩浆产生的两种可能机制：①板片回撤，楔形地幔区的地幔对流增强，板片脱水带向海沟方向扩展，岩浆作用强度增强且大井向海沟迁移；②受地壳剪切热和小规模地幔对流热影响，仅发育小规模壳源过铝质岩浆作用；资料来源：Zhu et al., 2019

岩石不同温压条件下的地球物理参数，从而建立不同岩性与地球物理参数之间的关系等方面，目前开展的相关研究工作还很薄弱。

（2）碰撞带花岗质岩浆作用与造山过程之间的关系。建立花岗质岩浆作用与造山过程之间的关系，是对岩浆作用进行构造解释的基础。但早期研究提出的各种地球化学识别标志一直受到学术界的广泛质疑。花岗质岩浆记录能否用来识别造山过程，仍然是未来研究需要努力的重要方向。

（3）岩浆活动的周期性及其与岩浆弧演化过程之间的联系。研究的切入点在于构建弧岩浆成分随时间的变化特点和规律。面临的挑战包括：能否准确建立岩浆弧岩浆活动的时空迁移规律和周期性？能否有效识别导致岩浆弧形成的深部过程（如正常俯冲、低角度俯冲、洋脊俯冲、大洋高原俯冲、板片断离和岩石圈拆沉等），建立起岩浆活动周期性与岩浆弧演化过程之间的联系。

（4）大型花岗岩基中不同源区物质的贡献量与大陆侧向增生率。幔源岩浆上升底侵在下地壳，同时也在上覆板块分异成长英质成分，代表了大陆地壳新的生长（crustal growth），而先存上覆板块的重熔，代表了大陆地壳的再造（crustal reworking）。岛弧岩浆作用形成新的地壳是没有争议的，但准确限定大陆弧环境下地壳生长与地壳再造的相对贡献，却是非常具有挑战性的工作。

（5）大型花岗岩基的成因机制与大陆地壳侧向增生过程。汇聚带大型花岗岩基记录了地幔楔、俯冲板片、沉积物和上覆板片等不同组分的贡献，准确约束其成因机制的关键，在于识别不同时期的岩浆源区和岩浆作用过程。但由于同样成分的弧玄武岩分离结晶和部分熔融形成花岗质熔体时，都将产生矿物组合类似的堆晶岩和残留体，使得很难鉴别大型中酸性花岗岩基究竟是由分离结晶作用还是由部分熔融作用产生的。

3. 主要研究方向和应对策略

1）主要研究方向

（1）大型花岗岩基厚度和岩性组成。对代表性大型花岗岩基开展穿越岩基的大比例尺路线地质调研，结合区域地质填图资料限定不同岩性的出露面积；利用地球物理探测技术（如大地电磁和地震层析成像），获取岩基的深部结构和物性图像；对大型花岗岩基中地壳和地幔来源的不同岩石，开展高温高压实验测试，获取不同温压条件下已知不同岩性的地球物理参数，建立不同岩性与地球物理参数之间的对应关系,从岩石学角度解释地球物理探测结果,确定大型花岗岩基的厚度和岩性组成。

(2)碰撞带花岗质岩浆作用与造山过程之间的关系。以岩浆成分的时间演化为主线,查明不同时期岩浆产生的主要机制,对构造环境已知的长英质岩石进行大数据分析,可能是未来将汇聚带花岗质岩浆作用与造山过程关联起来的努力方向。

(3)岩浆活动的周期性及其与岩浆弧演化过程之间的联系。在区域地质调查和已有研究基础上,避免采样偏差,获取大型花岗岩基不同岩性的代表性样品,需要综合利用邻近沉积盆地中的碎屑锆石记录,准确建立岩浆弧岩浆活动的时空迁移规律和周期性,需要通过分析岩浆起源和岩石成因,识别出导致岩浆弧形成的可能深部过程(如正常俯冲、低角度俯冲、洋脊俯冲、大洋高原俯冲、板片断离和岩石圈拆沉等)。

(4)大型花岗岩基中不同源区物质的贡献量与大陆侧向增生率。采用多学科(包括岩石学、年代学、地球化学、地球物理学和低温热年代学等学科)交叉结合的办法,限定岩基构建的时间和岩基的体积,获得合理的岩浆通量,需要利用岩石学、元素地球化学、传统同位素(如 Sr、Nd、Pb、Hf、O)和金属稳定同位素(如 Li、Mg 等)相结合的方法,识别出不同阶段弧岩浆作用中古老地壳物质、新生地壳物质或幔源物质的相对贡献量。

(5)大型花岗岩基的成因机制与大陆地壳侧向增生过程。根据岩相学特征和地球化学成分演变趋势准确鉴别矿物的结晶顺序,利用矿物-熔体平衡法恢复原始岩浆成分并模拟矿物结晶顺序,有效鉴别岩浆混合、部分熔融和分离结晶等不同岩浆过程在大型花岗岩基形成过程中的作用,从而论证大型花岗岩基的成因机制(榴辉岩化镁铁质岩石拆沉、长英质岩浆刮垫或其他机制),需要利用单矿物(包括橄榄石、辉石、石榴子石、角闪石、斜长石)成分获取不同岩性矿物结晶时的温压条件并建立岩浆弧不同时期的垂向地壳成分剖面,选择合适样品定量或半定量评估地壳厚度随时间的变化及其成熟历史,重建俯冲带大陆地壳的侧向增生过程。

2)应对策略

中国大陆处于古亚洲洋、古太平洋和特提斯洋三大构造域的复合部位,由多块体、多个复合造山带组成,经历了复杂的洋-陆俯冲和众多大小陆块的多期聚合拼贴，伴随着强烈的壳幔相互作用，在一些板块汇聚带，尤其是碰撞带，发育大型花岗岩，这使得中国大陆成为通过研究汇聚板块边缘花岗质岩浆作用来研究大陆侧向增生的理想地区。

为此，基本的应对策略应以中国大陆特有的碰撞造山带为重点，通过国际合作，兼顾地球上其他典型的碰撞造山带，深入开展如下四个方面的研究。

（1）采用地质填图、地球物理学、构造地质学、岩石学、地球化学和实验岩石学等多学科的原理和方法，约束典型汇聚板块边缘大型花岗岩基的规模。

（2）对典型碰撞造山带开展花岗质岩浆成因与造山过程之间关系的立典性研究，通过与其他造山带造山过程的对比，获得普适性规律。

（3）综合考虑岩浆弧和相关沉积盆地的岩浆记录，限定岩浆作用时间和岩浆通量。

（4）采用矿物学和地球化学的原理和方法（尤其是多元同位素示踪体系），揭示地壳生长和地壳再造的相对贡献，查明大型花岗岩基的成因机制和大陆地壳的侧向增生过程。

（四）科学挑战7：板内花岗岩浆作用与陆内构造过程

1. 问题的提出

自20世纪80年代以来，针对大陆问题，地学界先后提出了"大陆动力学""大陆流变学"研究等地学前沿重大课题（金振民和姚玉鹏，2004；郭安林等，2004；张国伟等，2011）。一些研究计划或工作也着手思考如何建立"超越板块构造"的新理论（金振民和姚玉鹏，2004；郭安林等，2004）或进一步发展板块构造理论（郑永飞等，2009，2013；张国伟等，2011）等。在这些理论中，大陆动力学理论备受关注（如Molnar，1988；金振民和姚玉鹏，2004；张国伟等，2006）。大陆动力学理论适合于大陆内部构造过程，同时也是发展和完善板块构造理论的关键，一直是国际地球科学界优先发展的方向（国家自然科学基金委员会和中国科学院，2017）。但是，经过近30年的探索，大陆动力学的系统理论至今尚未形成（国家自然科学基金委员会和中国科学院，2017）。

岩浆作用是揭示深部动力学过程的重要岩石探针。伴随陆内构造过程，常常有大规模花岗质岩浆作用（如Xu et al.，2008；Li et al.，2010；Wang et al.，

2011；Shu et al.，2015；Ayalew et al.，2019）和共生的重要金属（如 Cu、Mo、Li、Nb、Sn、Zn、Be、Rb 等）成矿作用。大陆内部花岗岩类的形成远离板块边界，其形成的动力学过程仍是当前板块构造理论发展的薄弱点和新的增长点。对这些岩石的深入研究可以为理解大陆内环境中岩浆起源、岩石成因、地壳生长与演化、大陆动力学、地壳流变学与陆内变形，以及成矿过程等提供重要的岩石学制约。因此，大陆内部花岗岩浆作用与陆内构造过程研究具有重要的科学和现实意义。

2. 面临的问题与挑战

1）大陆内部花岗质岩浆产生条件与机制的复杂性

无论是非造山伸展，还是陆内造山环境，产生的花岗岩类及其岩石组合非常复杂。但是，可以发现非造山环境以 A 型花岗岩或碱性花岗岩为主，而陆内造山环境以淡色花岗岩为主，两种环境里有时都会出现紫苏花岗岩。目前陆内构造环境中三类主要花岗岩类的形成条件仍然存在争议。

（1）A 型花岗岩。A 型花岗岩多为过碱至准铝质的，主要成因机制包括：幔源碱性岩浆分异（Loiselle and Wones，1979；Eby，1990）或其与地壳物质相互作用生成的正长岩岩浆进一步分异或与地壳物质混染（Dickin，1994；Charoy and Raimbault，1994；Litvinovsky et al.，2000）；幔源拉斑质岩浆极度分异或者底侵的拉斑玄武岩低程度部分熔融（如含铁橄榄石花岗岩、环斑或过碱性花岗岩）（Turner et al.，1992；Frost C D and Frost B R，1997；Frost et al.，1999；Kemp et al.，2005），或年轻的地壳或再循环洋壳的部分熔融（如 Wei et al.，2002；Wu et al.，2002；Wang et al.，2010；Yang et al.，2017）；被抽提过的富氟麻粒岩相残留下地壳重熔（如 Collins et al.，1982；Clemens et al.，1986；Whalen et al.，1987；Wu et al.，2002）；地壳火成岩（英云闪长岩和花岗闪长岩）直接熔融（Creaser et al.，1991）或钙碱性岩石在上地壳层位低压熔融（如 Skjerlie and Johnston，1993；Patiño Douce，1997）；壳源长英质和幔源基性岩浆的混合（如 Bédard，1990；Yang et al.，2006）等。此外，澳大利亚拉克兰褶皱带和喜马拉雅等地报道有过铝质 A 型花岗岩（King et al.，1997，2001；Ma et al.，2018），被认为由地壳长英质岩石熔融形成（King et al.，1997，2001）。一些铝质或过铝质 A 型花岗岩被认为与地壳麻粒岩相沉积岩的熔融有关（Huang et al.，2011；Ma et al.，2018）。因此，A 型花岗岩的源区十分复杂（Bonin，2007）。

除了源区之外，A 型花岗质岩浆的产生也受到了温度、压力、水等因素的影响。一般认为，A 型花岗质岩浆产生的条件为高温（>900℃）、低压（约 4kbar，熔融深度一般≤15km）和低的含水量（一般<4%）（如 Clemens et al.，1986；Patiño Douce，1997；Agnol et al.，1999；Klimm et al.，2003）。源区一般包含有斜长石、斜方辉石和一些副矿物组成的麻粒岩相残留体（如 Patiño Douce，1997；Skjerlie and Johnston，1992，1993）。这些矿物相的残留，使得熔体中对应组分的亏损，如 Al_2O_3、Na_2O、CaO、Sr、Eu 及 Ga/Al 值受控于斜长石，MgO 及 Fe/Mg 值受控于斜方辉石，高场强元素（high field strength element，HFSE）主要受控于一些副矿物。另外，F 的含量对 A 型花岗质岩浆的产生可能也有影响（Collins et al.，1982；Skjerlie and Johnston，1992），但源区高 F 易形成过铝质岩浆（如黄玉流纹岩，Patino Douce and Beard，1995），并不具有 A 型花岗岩的特征。F 含量高低对花岗岩熔体成分的影响还有待进一步研究（贾小辉等，2009）。另外，导致岩浆源区熔融的热源究竟是地幔柱上涌、伸展背景条件下软流圈地幔上涌带来的热还是地壳放射性生热，需要进一步深入研究。

（2）紫苏花岗岩。紫苏花岗岩一般被认为是在高温麻粒岩相条件下地壳熔融产生的一种含紫苏辉石的长英质侵入岩。除了一些弧环境（如洋脊俯冲和板片后撤，Tang et al.，2010；Ma et al.，2013）外，紫苏花岗岩也常出现陆内造山带环境，如澳大利亚中部中元古代马斯格雷夫（Musgrave）造山带（Smithies et al.，2011；Gorczyk et al.，2015）、古生代武夷－云开造山带（Wang et al.，2013a）。由于在陆内造山带中，紫苏花岗岩常常同麻粒岩相变质作用密切共生，因此其形成很可能与麻粒岩相变质作用过程中的深熔有关（Smithies et al.，2011；Wang et al.，2013a）。大量矿物相平衡、岩石学熔融实验和地质温压计研究对紫苏花岗岩的形成条件进行了约束（Perkin and Newton，1981；Sen and Bhattacharya，1984；Grant，1986）。研究发现，准铝质紫苏花岗岩可能形成于一个相对高温（800℃）、较低水含量（H_2O <3wt%）并含有重要 CO_2 组分的体系，熔融压力随 CO_2 组分变化，可为 5~15kbar（Grant，1986）；然而一些研究也指出在富流体（H_2O = 3wt%~6wt%）和相对低温（750~790℃）条件下，可以形成过铝质紫苏花

岗岩（Santosh et al.，1990；Zhao et al.，2017），这种岩浆可以在低压贫水（$P\leqslant 0.3GPa$，$H_2O=1wt\%\sim 2wt\%$）环境下结晶（Zhao et al.，2017）。目前对于不同源区、挥发分组分和岩浆过程等与紫苏花岗岩的形成及成分变化之间的联系尚缺乏实验岩石学等研究约束（Sen and Bhattacharya，1984；Zhao et al.，2018）。

（3）淡色花岗岩。淡色花岗岩虽然在碰撞造山带和陆内造山带中都非常广泛，主要可能由变沉积岩脱水熔融形成（邓晋福等，1994；舒良树等，2008a；Li et al.，2010；Shu et al.，2015；Guo and Wilson，2012；Gao and Zeng，2014），二云母花岗岩被认为是纯的地壳熔体（Sylvester，1998；Barbarin，1999；Hopkinson et al.，2017；Liu et al.，2018），且变沉积岩脱水熔融的温压条件集中于750～900℃、6～13kbar范围（Patiño Douce and Harris，1998；Patiño Douce and Johnston，1991；Patino Douce and Beard，1995）。但是，相当一部分研究认为，下地壳部分熔融（Hou et al.，2012；Zeng et al.，2011）、准铝质花岗岩浆演化（Liu et al.，2019；Ma et al.，2017；Wu et al.，2020；Xia et al.，2020）、壳幔岩浆混合（Xu W J and Xu X S，2015；Jiang et al.，2009；Zhong et al.，2016）或分离结晶也可能形成淡色花岗岩（Liu et al.，2019；Ma et al.，2017；Wu et al.，2020；Xia et al.，2020）。除了陆内造山之外，一些大火成岩省中，也会出现一些淡色花岗岩或过铝质花岗岩类（如Li et al.，2003；Xu et al.，2008），可能与中上地壳变沉积岩的熔融有关（Li et al.，2003）。淡色花岗岩主要出现在碰撞和陆内造山带中，其热源产生机制包括逆冲和剪切加热（Harrison et al.，1999；Shu et al.，2015）、壳源原位放射性元素生热（Searle et al.，2010；Wang et al.，2012）、伸展减压（Collins and Richards 2008；Guo and Wilson，2012；Patiño Douce and Harris，1998）、来自地幔的热或幔源岩浆底侵加热（Jiang et al.，2009；Wang et al.，2007，2012；Xu W J and Xu X S，2015）。除了造山带之外，一些大火成岩省中出现的淡色花岗岩极有可能是上升的地幔柱或底侵的玄武质岩浆为中上地壳变沉积岩的熔融提供了热（Li et al.，2003）。

2）大陆内部花岗类的形成与大陆再造、垂向生长的联系

大陆内部花岗岩类的形成与大陆再造、垂向生长过程存在密切的联系。一般认为，陆内非造山环境（如地幔柱、陆内裂谷）的花岗岩可能来源于幔

源岩浆的分离结晶、新生地壳熔融或壳幔岩浆的混合（如 Shellnutt and Zhou，2007；Xu et al.，2008；Pankhurst et al.，2011；Charles et al.，2018；Ayalew et al.，2019），指示了地壳垂向生长。但是有些陆内非造山环境中的酸性火山岩或花岗岩或酸性大火成岩省的长英质岩石的形成也可能与古老地壳的重熔有关（如 Li et al.，2003；Allen et al.，2008；Xu et al.，2008；Bryan and Ferrari，2013；Dan et al.，2014a；Charles et al.，2018；Troch et al.，2018），揭示了大陆地壳的再造。陆内造山带中的淡色花岗岩、部分闪长岩 – 花岗闪长岩类分别与地壳变沉积岩、古老基性岩的重熔有关（如 Sheppard et al.，2007；Faure et al.，2009；Wang et al.，2011，2013a；Raimondo et al.，2014；Shu et al.，2015），也与陆内再造有关，而另外一些闪长岩 – 花岗闪长岩类包含有一些镁铁质包体，甚至与一些镁铁质 – 超镁铁质岩石（如含辉石角闪石岩、含角闪石辉长岩、辉长岩、玄武岩等）共生，其形成与壳幔岩浆混合有关（如 Yao et al.，2012；Huang et al.，2013；Guan et al.，2014；Xia et al.，2014；Yu et al.，2016；Zhong et al.，2016），可能指示了地壳垂向生长。目前的大陆地壳的生长与再造主要是基于全岩的 Nd-Hf 同位素研究，而锆石 Hf-O 同位素揭示即使是淡色花岗岩或 S 型花岗岩也可以有幔源物质的贡献（Dan et al.，2014b；Kemp et al.，2006）。因此，到目前为止，与弧环境中大陆地壳的生长受到广泛关注相比，对陆内背景地壳生长特别是花岗岩类的形成与地壳生长或再造的联系的研究还非常薄弱，大陆地壳垂向生长和再造的机制还需要深入的研究。

3）陆壳熔融与地壳流变、陆内变形的关联

大量的研究显示，地壳熔融会明显改变地壳岩石的强度，影响其流变学性质，从而会导致地壳流动和高海拔地形（如山脉、高原）的形成（如 Bird，1991；Royden et al.，1997；Grujic et al.，1996；Wang et al.，2012，2016；王强等，2016）。数值模拟研究显示，碰撞造山带在早期形成的可能是线性的造山带，但到晚期由于地壳的熔融导致的地壳流动将形成宽广的高原（图 4-5）（Jamieson et al.，2011）。一些研究认为，地壳流动也是导致陆内造山带形成的重要原因（Cunningham，2003；Raimondo et al.，2014）。在一些陆内造山带，如华南；（Li et al.，2010；Shu et al.，2015）和澳大利亚马斯格雷夫造山带（Smithies et al.，2011；Gorczyk et al.，2015），很多麻粒岩相变质作用经历高温-超高温演化阶段，伴随出现深熔作用，同时有同期的混合岩（环斑或紫苏）花岗岩出现（Smithies et al.，2011；Wang et al.，2013b；Gorczyk et al.，2015）。这说明，陆内岩石圈异常热且发生了地壳高温熔融，将会导致地壳流变学性质的改变，很可能会触发地壳流动，对形成陆内造山带非常有利。但是，到目前为止，大陆内部地壳熔融与地壳流变、陆内变形的关联并不清楚，说明这是一个非常值得研究的前沿领域。

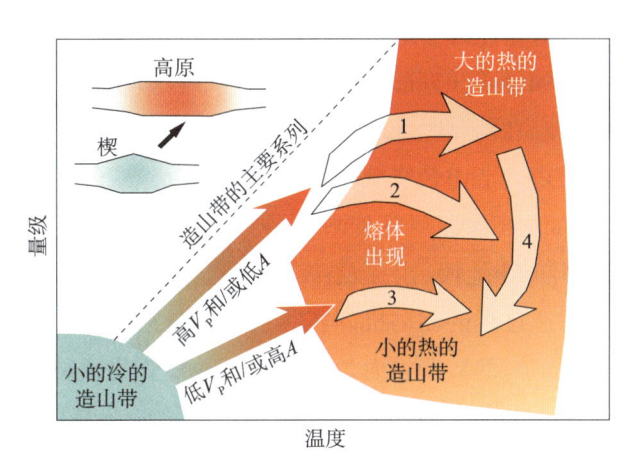

图 4-5 造山带的温度-量级（magnitude）图

图中显示了地壳熔融（增长温度）如何影响造山带的尺度［用地壳厚度表示（"量级"）］。V_P= 汇聚速率（控制增厚的速率）；A= 放射性热产生（控制加热的速率）。红色的区域为设想的脱水熔融可能发生的区域（用地壳厚度代表压力）。沿着造山主要顺序（orogenic main sequence）（路径1），当地壳变热，一个小的冷的造山带会变成一个大的热的造山带（高原）

资料来源：Jamieson et al.，2011

4）大陆内部花岗岩的形成与陆内构造动力学机制的耦合

陆内造山带形成的驱动机制一直是国际地球科学界关注的重要科学问题。一般认为，陆内造山的驱动力与远程应力效应有关（如 Tapponnier and Molnar，1979；Roberts and Houseman，2001；Raimondo et al.，2014；Li et al.，2016）或与远程大陆边缘俯冲（Livaccari et al.，1981；Li Z X and Li X H，2007）有关。远离大陆边缘的应力传输会在陆内薄弱带产生强烈的变质和变形作用（Raimondo et al.，2014），但并不产生岩浆作用或产生少量岩浆岩。与远程大陆边缘俯冲有关的陆内造山产生大量的岩浆作用，以花岗岩为主，少见火山岩，典型地区如印支期华南内陆（如 Li Z X and Li X H，2007）。但是，一些造山带尽管被认为是由于板块的远程效应导致的陆壳叠置或俯冲而形成的陆内造山带，如华南古生代武夷-云开陆内造山带中出露大量花岗岩类，其中绝大部分是淡色花岗岩，以及少量的 I 型、A 型、紫苏花岗岩和少量共生的基性岩（Li et al.，2010；Yao et al.，2012；Huang et al.，2013；Guan et al.，2014；Xia et al.，2014；Shu et al.，2015，2021；Wang et al.，2013；Huang et al.，2013；Yu et al.，2016；Zhong et al.，2016）。导致这些岩浆岩形成的机制存在陆内地壳叠置深熔（如 Shu et al.，2015）与造山带的垮塌（如 Li et al.，2010；Yu et al.，2016）的争议。也有研究者提出，华南古生代武夷-云开造山带并不是一个陆内造山带，其形成很可能与陆陆碰撞有关（Lin et al.，2018），但该观点被质疑（如 Shu et al.，2018）。最近，也有研究提出陆内造山带的形成可能与古老造山带或缝合带岩石圈拆沉、减薄导致的软流圈上涌有关（如 Zheng and Zhao，2017；Zheng and Wu，2018）。实际上，除了陆内造山，陆内非造山（如地幔柱、裂谷）环境也会导致大量陆内花岗岩类产生。因此，陆内构造过程的驱动机制实际上是十分复杂的，而陆内花岗岩类的形成与板块、大陆内部构造动力学机制之间的耦合关系仍然是一个悬而未决的重要科学问题。

3. 主要研究方向和应对策略

1）主要研究方向

（1）陆内花岗岩类成因与地壳增生与再造，陆内花岗岩类成因的高温高压熔融实验约束，典型陆内花岗岩类的时空格架与岩石特征，陆壳深熔与大陆再造，以及陆内壳幔相互作用与地壳生长。

（2）陆内造山带岩石圈组成、结构、热演化与地壳流变与变形，典型陆内造山带与非造山区岩石圈组成、结构与热演化过程，以及地壳熔融与流变变形的对比。

（3）陆内构造过程及其动力学驱动机制，陆内造山作用与非造山作用的精细过程，以及陆内地质过程的动力学驱动机制研究。

2）应对策略

当前陆内造山作用仍然是国际地学界的研究前沿，也是研究的薄弱环节，并有望成为发展固体地球理论的重要突破点。我国有很多被公认的陆内造山带，如古生代华南云开-武夷造山带、早中生代雪峰山造山带、晚中生代阴山-燕山造山带、新生代天山造山带等，也有一些尚需进一步确证的陆内造山带,如三叠纪龙门山造山带、晚中生代秦岭-大别造山带、太行山造山带、大兴安岭造山带等。在这些大陆腹地,花岗岩类分布广泛,经典板块构造理论很难解释这些现象。因此,发展和完善板块构造理论,深入研究陆内造山作用对陆内弥散状分布的 S 型花岗岩形成的制约关系,建立新型大陆动力学的理论,是历史赋予我们的新使命。

要解决板内岩浆作用与陆内构造过程之间的关联,建议采取和加强以下两个方面的应对策略。

(1) 加强多学科研究队伍交叉合作,建立或利用高水准的观测、实验平台。国际上研究得非常详细的彼得曼 (Petermann)、爱丽丝泉 (Alice Springs)、达马拉兰 (Damara) 和拉勒米 (Laramide) 陆内造山带和地幔柱或裂谷 (如黄石公园),常常是构造地质学、年代学、沉积学、岩石学、矿床学、地球物理探测、数值与物理模拟、环境生态学等多学科联合攻关,特别是注重在典型地区详细野外地质调查、研究(包括大比例的野外地质填图)和建立地球物理探测、GPS 观测平台,然后结合室内高精度年代学、原位微区分析和实验、数值、物理模拟技术及大数据分析,已经取得了许多非常有影响的成果,建立了一些经典的研究区域。因此,目前应尽可能采取措施,借助多个高校、研究所或国家重点实验室的平台,组建多学科研究队伍,选择我国的重点区域进行深入研究,有可能获得重要研究成果。

(2) 开展国家层面的系统规划,培养更多优秀的青年人才。对可能取得重要理论突破的学科领域,国家层面要系统规划,要优先启动一批有关陆内过程的重大计划、项目或重点研究项目,针对关键环节率先突破,使我国在陆内花岗岩成因与陆内构造过程领域取得重要成果。同时,也要积极培养专业技术人才和综合创新人才,特别是开展跨学科复合型人才的培养,使更多的青年人才茁壮成长。

三、关键科学问题之三:花岗岩的形成机制

(一) 科学挑战 8:高温高压实验约束花岗岩形成的条件和源区

1. 科学挑战的提出

花岗质岩浆的形成条件(包括温压条件、氧逸度、水逸度)和源区性质

及其熔融过程是导致花岗岩成分与成因类型多样性的关键因素，同时也是控制成矿元素迁移和富集乃至最终成矿的主导机制。然而，目前用于约束花岗岩形成条件和源区性质的高温高压实验岩石学研究明显不足，这不仅制约了对花岗岩成因与大陆地壳演化之间关系的认识，而且也制约了与花岗岩有关成矿过程和机制的认知。因此，高温高压实验约束花岗岩形成的条件和源区性质及其熔融过程已成为花岗岩成因与成矿研究的重要科学挑战。

2. 当前形势与存在问题

1）当前的形势

目前花岗岩成因的实验岩石学研究主要集中在不同源岩类型、熔融反应类型对岩浆成分的制约、不同熔融条件（压力、温度、水含量和氧逸度）对花岗质岩浆成分的影响，以及俯冲带体系下岩浆分异机制与岛弧大陆地壳的形成。在花岗岩成矿实验研究中，主要集中在两个方面：一是以地壳内成岩成矿过程及物理化学条件为主要模拟对象的高温高压实验，以解决与成矿作用相关的一系列关键科学问题，以便阐明地球深部过程与成矿元素在有限的空间内发生巨量堆积之间的内在联系；二是精细地刻画成矿过程和机制（Botcharnikov et al.，2005a，b）。

2）存在的问题

虽然花岗岩的成岩成矿实验研究取得了诸多进展，但是还不足以揭示花岗岩形成与大陆地壳形成演化的成因联系及成矿作用的机理。目前存在的关键问题有如下四个方面。

（1）缺乏对造山带深部花岗质片麻岩部分熔融过程及其与造山带花岗岩形成联系的高温高压实验岩石学的系统研究。

（2）对含 CO_2 流体参与的熔融过程对花岗岩成分影响的实验研究明显不足。

（3）对某些关键副矿物（如石榴石和榍石）在熔融过程中的地球化学行为了解不清，导致对花岗岩成分（尤其是同位素体系）多样性的动因认识不清。

（4）对花岗质岩浆的分异机制及其与关键金属元素的迁移、富集、成矿过程和机制的高温高压实验研究有待进一步加强。

除上述花岗岩成因与成矿实验岩石学研究中存在的科学问题外，我国还缺乏研究队伍规模和主攻方向稳定的学术团队；在仪器设备方法的创新方面还非常薄弱，缺乏技术人才储备、同步辐射等国家大型科学装置支持；我国还没有形成地质天然观测、实验模拟和计算模拟协同创新的工作模式。

3. 主要研究方向和应对策略

1）研究方向

未来花岗岩成因与成矿实验岩石学研究的主要有如下五个方向。

（1）造山带深部花岗质片麻岩的部分熔融过程及其与造山带花岗岩形成。在花岗岩成因研究中，已有的研究主要集中在变质沉积岩和变质基性岩的部分熔融反应过程，然而，在造山带的深部陆壳中往往存在大量的花岗质片麻岩，它们是花岗岩形成的可能来源之一。与变沉积岩相比，该类岩石往往含有较少的云母和斜长石，较难部分熔融，它们的熔融过程如何？它们对造山带花岗质岩浆作用的贡献如何？它们与造山带的演化历史有何联系？这些内容都是未来高温高压实验岩石学研究的重要前沿研究课题之一（曾令森和高丽娥，2017）。

（2）含 CO_2 流体体系熔融对花岗质熔体成分的制约。在已有开展的不同类型源岩部分熔融体系中，目前主要集中在两种流体体系——即含水体系（水致熔融）和贫水体系（脱水熔融），同时开展了含 F 体系的部分熔融作用实验。然而，在自然界中，CO_2 是地幔和深部陆壳中重要的挥发组分之一，它们也可能涉入源岩部分熔融过程中，含 CO_2 体系熔融对熔体成分有何影响？熔融过程如何？这些都是未来花岗岩成因实验岩石学研究所要解决的重要科学问题之一。

（3）部分熔融过程中副矿物的地球化学行为与花岗岩成分及同位素组成变异。与地幔部分熔融不同，地壳深熔作用往往通过一系列复杂的部分熔融反应来完成。由于常见的副矿物（锆石、磷灰石、独居石等）是 REE 和关键放射性同位素（Nd、Hf）的主要赋存矿物，在这些反应中，副矿物是否参与部分熔融对花岗岩质岩浆的关键微量元素和同位素（Sr、Nd、Hf 和 Pb）地球化学特征具有控制作用（Watson and Harrison，1984；Ayres and Harris，1997；Zeng et al.，2005a，2005b，2012；Perini et al.，2009；Gao et al.，2017）。在地壳深熔作用中，锆石影响花岗质熔体的 Pb 及 Hf，石榴子石影响 Hf，磷灰石及独居石影响 Nd 的同位素地球化学特征。

在过去几十年来，已有一系列的实验研究了磷灰石、独居石、锆石及含 Nb-Ta 矿物在花岗质熔体的溶解行为（Watson and Harrison，1983，1984；Harrison and Watson，1984；Rapp and Watson，1987；Montel，1993；Wolf and London，1994；Chevychelov et al.，2010；Bartels et al.，2010；Fiege et al.，2011；Boehnke et al.，2013），为建立符合地质情况的地壳深熔作用的理论模型提供了关键的限定。但是至今还缺乏石榴子石和榍石在花岗质熔体的溶解行为的实验研究。在不同类型的源岩部分熔融过程中，石榴子石是如何影响花岗质熔体中的 HREE 和 Hf-Nd 同位素组成及其不平衡的？榍石的溶解行为是如何影响花岗质熔体的 Sr 和 Nd 同位素组成及其 Nb-Ta 系统关系的？这些都是未来花岗岩成因实验岩石学研究的重要科学问题之一（曾令森和高丽娥，2017）。

（4）花岗质岩浆的分异机制与高硅花岗岩成因及成矿。花岗质岩浆包括高硅（$SiO_2 \geqslant 74wt\%$）花岗质岩浆和伟晶花岗质岩浆，这些岩浆具有特殊的熔体结构，导致与普通花岗岩不同的高场强元素和稀有金属元素地球化学行为。高硅花岗质熔体常被认为是普通花岗质岩浆通过分离结晶作用演变而来，常被称为"高分异花岗岩"。但已有研究认为，高硅花岗岩也可能是富硅源岩岩石在 Li、B、Be、F 和 Cl 等元素饱和条件下，低程度部分熔融的产物（Inger and Harris，1993；Simmons et al.，1995，1996；Simmons and Webber，2008）。同时自然界存在过度冷却的花岗质熔体也表明（Sirbescu and Nabelek，2003；Sirbescu et al.，2017），在富集挥发分的条件下，某些花岗质熔体的结晶和分异行为与普通花岗岩相比，可能具有完全不同的演化路径。

在花岗质岩浆体系中，稀释元素（fluxing elements）主要包括 B、Be、Li、Cl 和 F 等，是通常意义上的流体活动元素。它们的出现或富集强烈地影响着花岗质岩浆的液相线下降形式，改变熔体结构，控制主要副矿物（锆石、铪石、锡石、铌钽矿等）的溶解和结晶行为，控制岩浆的高场强元素（HFSE）和 B-Be-Li 的系统关系。已有的有关玄武质岩浆的实验数据和观测结果表明：在岩浆演化过程中，虽然 Be 和 Li 的地球化学行为相似，但 B 明显偏向于更富水熔体，导致随岩浆演化程度的增高，Be-Li 与 B 之间发生分馏。在花岗质体系中，B-Be-Li 的系统行为是否一样？是值得关注的重要问题，了解它们的系统行为，对于深入了解高演化的花岗质岩浆（高硅花岗岩）的稀有金属成矿潜力具有较重要的意义。

上述简要分析表明：①高硅花岗岩（及伟晶花岗岩）是否可能代表变沉积岩低程度（<10%）部分熔融产物，需要实验来验证，但可能部分含电气石花岗岩的确是富B（可能与蒸发岩组分有关）变沉积岩直接部分熔融的产物；②伟晶岩花岗质熔体是如何生成的，涉及的源区类型如何？③在伟晶岩花岗质岩浆形成过程中，伟晶岩的区域成分成带、地壳深熔作用和化学退火固结作用之间的互动关系如何？这些都是未来需要开展高温高压实验来揭示的关键科学问题。

（5）金属成矿实验岩石学。建立金属成矿理论的核心是查明成矿元素的来源、迁移和富集机制，而查明成矿元素在岩浆分异、流体出溶和热液作用过程中的地球化学行为是上述研究的基础。

除了成矿元素在熔体中的溶解度和扩散行为等研究外（Linnen，1998；Xiong et al.，1999，2002；Fiege et al.，2011；Che et al.，2013；Tang et al.，2016；Ni et al.，2018；Zhang et al.，2018；Huang et al.，2019），精确测定矿物/熔体和熔体/流体之间的元素分配系数是认识金属超常富集机制的关键。获得岩浆演化过程中的元素分配系数主要有两条途径：一是天然样品的地球化学分析；二是高温高压实验。天然样品的地球化学分析主要通过分析火山岩斑晶和基质的元素组成获得矿物/熔体间的分配系数，通过分析天然样品中共生熔体-流体包裹体的成分获得流体/熔体之间的元素分配系数（Zajacz et al.，2009）。天然样品获得的元素分配系数的准确性受影响的因素较多，如斑晶与基质之间的化学不平衡，以及温度、压力和氧逸度等条件的不确定性等。高温高压实验能够准确地控制岩浆成分、挥发分、温度、压力等物理化学参数，并且通过延长实验时间可以检验实验是否达到化学平衡。因此，高温高压实验被广泛应用于测定矿物/熔体和流体/熔体间的元素分配系数（Xiong et al.，2005，2011）。然而，前人报道的W、Sn、Nb、Ta等稀有金属在矿物/熔体和流体/熔体间的分配系数存在较大偏差，甚至达到几个数量级以上，严重制约了成矿作用过程的定量描述。从高温高压实验看，以下两项技术缺陷是影响元素分配系数测定结果的主要原因：①合金效应，样品被包裹在贵金属容器或胶囊（capsule）中，许多金属元素（如Sn、W等）会与贵金属管形成合金而从样品中丢失，破坏体系化学平衡，严重影响测定分配系数的有效性和准确性（Liu et al.，2014，2015；Wang et al.，2020）；②传统双管技术难以有效控制实验的氧逸度。最近，熊小林研究员课题组攻克了上述难题，查明了 Pt 样品仓中氧逸度对元素损失行为的影响，开发了新的 Pt 样品仓组装方法以避免"合金效应"并实现氧逸度的准确控制（Wang et al.，2021）。此外，应用合成包裹体的方法也可以有效避免合金效应，即分析捕获在硅酸盐玻璃中的流体包裹体和附近的玻璃成分获得目标元素在流体-熔体间的分配系数（Schmidt et al.，2020；袁顺达和赵盼捞，2021）。在上述技术改进的基础上，获取更多关键金属在岩浆演化过程中有效的分配系数，对于理解关键金属在层圈相互作用过程中的地球化学行为和超常富集机制具有重要意义，也是今后成矿实验应重点关注的研究领域之一。

近年来，可视化在线观测实验技术被广泛用来研究熔体-热液阶段成矿元素的迁移和富集机制。该技术以金刚石压腔或毛细石英管等作为透明高压腔，以激光拉曼探针等光谱仪为测试手段，从而实现高温高压条件下（约 1000℃、3GPa）熔体-流体相变、组成和结构的实时的、连续的揭示，在元素的赋存形式、迁移和沉淀机制等研究领域具有广阔应用前景（Wang et al.，2013，2016；Li et al.，2018）。目前，中国科学院深海科学与工程研究所周义明、中国地质科学院李建康、南京大学王小林等均在各自单位建立和发展了该实验技术。在周义明的指导下，Schmidt 在亥姆霍兹波茨坦研究中心-德国地学研究中心建立了热液金刚石压腔实验室。最近，Schmidt（2018）应用这一技术发现 Sn（Ⅳ）-Cl 络合物是热液中 Sn 的重要迁移形式，从而修正了现有的 Sn 成矿机制（图 4-6、图 4-7）。Wang 等（2020）应用该技术研究了 W 在热液中的迁移机制，否定了碳酸盐络合物迁移 W 的观点，提出了围岩蚀变过程中 CO_2 的 "H^+ 储库效应"，即通过缓冲流体的 pH 提高流体从围岩中萃取 Fe、Mn 的效率并成矿。总体上看，以金属成矿机制为研究方向的热液实验相对较少，除了前述的 W-Sn 等稀有金属和稀土金属外，需进一步拓展研究领域。此外，今后的实验研究应综合多种数据分析方法，如通过物理模拟和分子动力学模拟查明熔体-流体中元素的迁移形式并建立相应的热力学参数，而后运用热力学模拟描述成矿作用过程（Liu et al.，2020；Wang et al.，2020a，2021）。

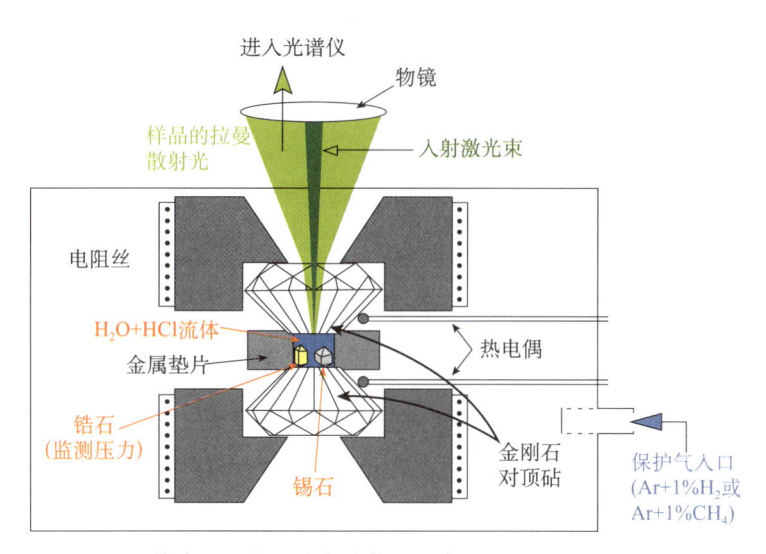

图 4-6 热液金刚石压腔实验装置示意图

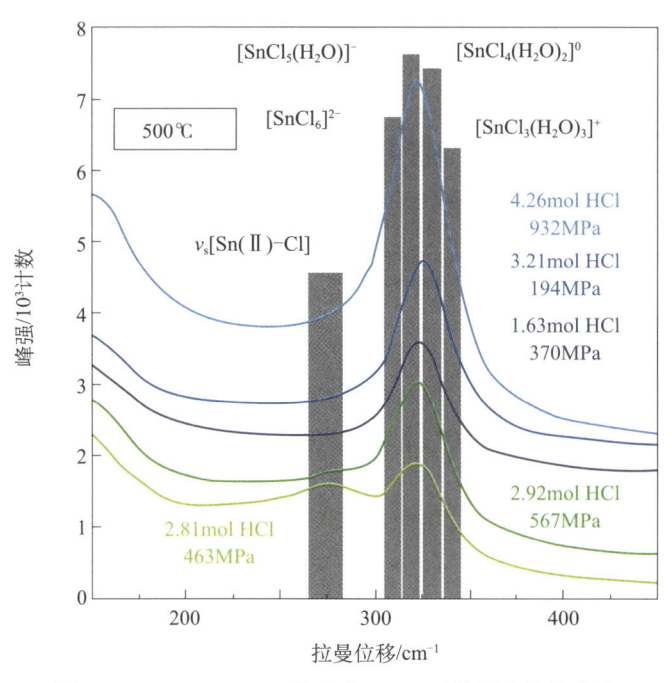

图 4-7 SnO$_2$-H$_2$O-HCl 体系在 500℃时的原位拉曼光谱

在发展实验技术的基础上，未来花岗岩关键金属成矿研究应当主要包括以下五个方面。

（1）深部过程和壳幔相互作用对成矿元素循环的控制。

（2）矿物-熔体间成矿元素的分配行为及控制成矿元素在岩浆演化过程中（超常）富集的机理。

（3）流体出溶过程中成矿元素在岩浆-流体间的分配与控制因素。

（4）热液流体演化过程与成矿元素的迁移与富集机制。

（5）成矿实验体系化研究。除 W、Sn 等稀有金属外，需关注其他典型关键金属的成矿实验研究。

2）应对策略

针对我国花岗岩成因与成矿实验岩石学研究中存在的不足，应采取以下措施或对策。

首先，应建立与我国地学研究队伍相适应的实验岩石学团队，以及具有国际视野学科带头人的培养与引进。虽然近年来我国在实验设备与团队建设上取得了长足进步，但缺少领军人才，同时也缺乏如美国卡内基研究所、布鲁克海文国家实验室、阿贡国家实验室，德国的拜罗伊特大学研究院（Bayerisches Geoinstitut，BGI）和地学研究中心，日本的东京大学、冈山大学、爱媛大学等世界知名的研究团队。

其次，要加强仪器设备方法创新技术人才的培养与储备。目前我国多家研究单位或高校已经装备了具有国际水准的实验设备，但实验技术的原始创新和开发明显不足，实验技术人才缺乏是其主要原因。

最后，目前我国还没有形成地质天然观测、实验模拟和计算模拟协同创新的工作模式，这需要国家通过资助重大科技项目或科技计划凝聚国内分散但精干的研究力量开展协作。

（二）科学挑战 9：花岗岩多样性与"深地"熔融机制

1. 科学挑战的提出

如前文所述，花岗岩作为地球陆壳最独特的岩石类型，具有重要的科学价值。需要强调的是，通常所说的"花岗岩"是指由岩浆结晶的以长石（包括钾长石和/或斜长石）和石英（含量在 5%~60%）矿物为主的一类岩石。这类岩石在岩石学上又可根据石英、斜长石和钾长石的相对含量来划分成多种类型，其中一类是狭义的花岗岩，本书所指的是以狭义的花岗岩为代表的花岗岩类岩石。因此，花岗岩本身存在着成分的变化，这种成分的变化在20世纪40~50年代就被关注，现今仍然是花岗岩成因研究的核心内容。花岗岩成分多样性是花岗岩形成的核心关键问题，该问题涉及花岗岩形成的源区、熔融机制、熔体迁移上升和汇聚、岩浆结晶分异和堆晶等诸多花岗岩成因有关的问题（Wang et al., 2021b）。源区的问题在前文中已有涉及，熔体和岩浆过程在后文中还有阐述，这里将集中围绕熔融机制来阐述。

2. 当前形势与存在问题

1）地球早期的花岗岩多样性

目前对于早期陆壳的成分似乎更倾向镁铁质（Tang et al., 2016），但是越来越多的人认同地球早期已存在花岗质岩浆活动。除了4.02Ga的阿卡斯塔片麻岩（Mojzsis et al, 2014）以外，该方面的记录主要聚焦在了西澳大利亚杰克山地区的变质砾岩中的碎屑锆石中（Froude et al., 1983; Wilde et al., 2001）。大量的离子探针定年工作从中发现了不少冥古宙年龄（4.4~3.9Ga）的碎屑锆石（Cavosie et al., 2004）。通过对这些杰克山地区的碎屑锆石进行精细的微量元素研究，发现这些冥古宙锆石主要是从由还原的、含石榴石火成岩地壳部分熔融形成的I型花岗质岩浆中结晶而来的，而非沉积物为源区的部分熔融形成的。然而，也有学者依据锆石微量元素认为这些岩石主要为安山质（Turner et al., 2020）。对这些锆石的寄主岩成分进行深入研究对于理解早期地球演化历史具有重要的意义。

从冥古宙进入太古宙，花岗质岩浆活动的记录明显增强。除了阿卡斯塔片麻岩以外，地球上为数不多古老克拉通出露的最古老岩石主要是一类富钠的花岗岩类岩石，一般称为"TTG岩石组合"。到目前为止，关于TTG的形成条件和构造背景一直都在争论当中，很难确定哪一种模式能够完全合理地解释TTG的成因及早期地球的动力学过程（Jahn et al., 1981; Moyen and Martin, 2012）。研究发现，在以TTG岩石为主的太古代克拉通中，酸性侵入岩不仅有TTG，而且伴生有少量的非TTG特征的花岗岩，主要包括三种类型：①赞岐岩类花岗岩；②黑云母或白云母或二云母花岗岩；③这些岩石特征复合在一起所构成的混合型的花岗岩（Laurent et al., 2014）。这种太古代多样性的花岗岩出现在多个克拉通中，如在南部非洲林波波带（Limpopo）带中部的彼得斯堡（Pietersburg）地块，其中各种不同类型的花岗岩的总出露面积甚至可与绿岩相当（Laurent et al.，2014）。Laurent 等（2014）统计了世界上不同克拉通中太古代花岗岩多样性的出露情况，结果发现这些多样性花岗岩的出现有三个规律：①对于单个克拉通来说它们往往出现在广泛的 TTG 阶段形成之后；② TTG 的形成时间可以持续约 500Ma，而多样性花岗岩的形成过程只持续大约 150Ma；③这种大量出现的多样性花岗岩最早出现在约 3.0Ga（图 4-1）。他们认为，这些花岗岩的形成可能与全球板块构造的启动有某种联系，指出 3.0~2.5Ga 是一个重要的构造转折期，自此之后全球性的威尔逊俯冲碰撞旋回才开始广泛出现（Laurent et al.，2014）。由于在 21 世纪初尚未找到当时存在板块构造的确凿证据，因此部分学者提出其形成可能与地幔柱的活动有关（Condie，2001）。还有人推测，在太古宙有大量铁镁质-超镁铁质岩浆岩，这些可能也与地幔柱密切相关，因为这些铁镁质-超镁铁质岩浆与 TTG 同步形成（翟明国，2017）。但具体是哪种成因导致出现了 TTG 岩石组合及之后多样的花岗岩，还亟需地质学家进一步探索。

2）源区不均一性和不平衡熔融制约花岗岩多样性

花岗岩的形成是从地壳深部岩石部分熔融，到熔体集聚、岩浆上升、就位和结晶等一系列过程的结果。探索花岗岩的成因，首先需要理清其源区的性质和组成。实验岩石学已经证实，地幔橄榄岩的部分熔融直接产生的不是花岗质熔体，而是玄武质熔体（Wolf and Wyllie，1994）。玄武岩部分熔融可以产生中性乃至酸性成分的长英质熔体，其中结晶的英云闪长岩部分熔融也可以产生狭义的花岗岩（Johannes and Holtz，1996）。因此，花岗质岩石的形成主要是地壳物质重熔的结果。对于原地-半原地的花岗岩（通常指那些深熔的花岗岩），可结合未熔融的变质岩围岩和熔融的残留体一起来研究其源区和熔融过程。而对于非原地的花岗岩，由于岩浆形成深度和就位深度的差异，其源区在野外很难直接识别。尤其是对于那些相对高温且相对低黏度的花岗岩（主要是 A 型花岗岩）来说，由于难以找到那些有可能在一定程度上指示源区的包体（事实上，相对低温的花岗岩中的包体也未必为源区残留），使得源区的研究更为困难。

另外需要注意的是，地壳的成分极度不均一，且这个不均一要比玄武岩研究中常说的地幔不均一大得多。例如，在同一个地壳层位发生部分熔融时，源区物质可能既有变砂岩，又有变泥岩和变页岩等，还可能有不同类型的火成岩，且每种岩石的同位素组成可能变化很大；在这种情况下，源区岩石成分的差异必然造成熔融出的岩浆成分的差异。从更深层次上来看，组成花岗岩源区岩石的矿物成分本身就存在着较大的不均一性，不同的矿物具有不同的元素和同位素组成，这些矿物的熔融方式也可能会在产生的花岗质岩浆中有所反映。然而，地壳源区本身的不均一性在研究花岗岩成因时往往被忽视，这可能使得我们在研究花岗岩成因时有时显得有点"机械"地套用分异结晶模型。

地壳源区物质在发生部分熔融时，其不均一性有可能被继承下来并被传递到岩浆中。先熔出的熔体可能来自那些具有较低共熔点矿物组合的岩石，从而与后产生的熔体在同位素上很可能无法达到平衡。这些不同批次的熔体上升、集聚，进而形成岩浆房。不同批次熔体间不平衡的同位素特征在这一过程中可能由于岩浆对流和元素扩散而渐趋平衡。这种地壳的不均一性是否能够在最终结晶的花岗质岩石中保留下来，取决于岩浆的温度、结晶时间、成分等多方面的因素制约。如果岩浆的温度足够高、结晶持续的时间足够长，源区的这种不均一性很可能会在花岗岩的岩浆演化过程中被"破坏"（均一）掉。

对花岗岩源区深部熔融过程的精细研究，对于了解花岗岩某些元素和同位素地球化学变化至关重要。而精细的矿物原位分析往往是揭示这一过程的"利器"。Farina 等（2014）对意大利厄尔巴岛一套大约 7Ma 的侵入杂岩中的花岗岩和岩墙中的钾长石巨晶开展工作，他们注意到这些钾长石巨晶中不同环带位置都包裹了黑云母矿物，并对不同环带位置的钾长石及其中的黑云母矿物包裹体开展了 Sr 同位素的分析。结果发现，巨晶中核部和边部的 Sr 同位素有较大的差异；同时巨晶核部所包裹的黑云母和边部所包裹的黑云母，以及基质中黑云母的 Sr 同位素的成分也有极大的差异。这种早期结晶的斑晶和晚期结晶的基质矿物之间的同位素存在较大的 Sr 同位素不平衡，记录了矿物结晶过程中岩浆成分的变化。随着温度的变化，源区熔融的矿物组合发生变化，熔体快速从源区抽离（即不平衡熔融），使得不同批次的熔体具有不同的 Sr 同位素组成，而这种 Sr 同位素的变化与幔源岩浆的混合无关（Farina et al., 2014）。

类似地，近年来在花岗岩研究中使用较多的 Hf 同位素也可能存在这种问题，因为不同矿物的 Lu/Hf 值之间的差异甚至比 Rb/Sr 值更大。这完全不同于 Sm-Nd 同位素的使用，因为在不同的矿物体系中 Sm/Nd 值没有大的变化。矿物之间不同的 Lu/Hf 值，会造成这些矿物在熔融过程中产生的熔体有较大的 Hf 同位素变化。而这一点在我们使用 Hf 同位素时却很少被重视。模拟计算也表明，即使是同时生成的矿物，如锆石、石榴子石、单斜辉石和角闪石，由于 Lu/Hf 值有较大差异，它们在经历一段地质历史后所测量的 $\varepsilon_{Hf}(t)$ 值就会有极大的差别。例如，锆石和石榴子石，在经历 500Ma 后产生的 $\Delta\varepsilon_{Hf}(t)$ 值（即初始 Hf 同位素值的差异）就可达到 200（Tang et al., 2014）。这表明，在使用锆石或全岩 Hf 同位素来判断花岗岩的源区时需要特别小心。例如，近年来不少文章都将花岗岩中较大的锆石 Hf 同位素变化解释为幔源岩浆的加入，进而来谈论壳幔混合过程和相关的动力学机制。但是，往往这些花岗岩体都很少看到基性岩浆混入的岩石学证据（如大量的镁铁质包体、快速冷凝的矿物结构、矿物的核边构造等）。此时，较大的锆石 $\varepsilon_{Hf}(t)$ 值变化可能仅仅是如前所说的地壳源区不平衡熔融所导致的岩浆中 Hf 同位素的不均一未能完全在后期过程中达到平衡的结果而已（图 4-8）。

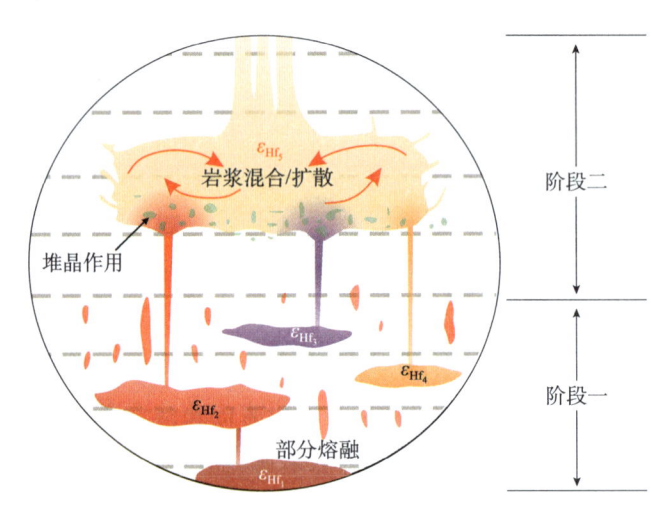

图 4-8 不平衡熔融的示意图
资料来源：Wang et al., 2018; Wang et al., 2021，修改

总的来看，地球化学不均一性是花岗岩多样性的一种表现形式，而源区不均一性是关键问题之一。因此，将源区不均一性与不平衡熔融结合起来理解花岗岩形成过程中的岩石学现象和同位素特征，对于花岗岩研究是非常必要的。

3）复杂的岩浆过程制约花岗岩多样性的机制

无论花岗岩的源区经历了怎样的熔融过程，部分熔融产生的花岗质岩浆达到一定的量之后（Brown，2013；Yu and Lee，2016），熔体就可上升。岩浆上升的深部过程中可能会经历熔体的集聚、岩浆的混合、矿物的分离结晶、地壳同化混染等一系列复杂的过程；上升到地壳某个深度后，岩浆可能会发生进一步的分异演化（吴福元等，2015；陈璟元和杨进辉，2015），然后或形成巨大的岩基，或经某些断裂上升形成小的岩体或者岩株。因此，花岗质岩浆演化过程是花岗岩研究的一个重大的科学问题。

矿物微区元素和同位素变化可能记录了花岗质岩浆的演化过程。例如，Lackey 等（2012）通过对美国缅因州中南部的托乌什（Togus）和哈洛韦尔（Hallowell）岩体中含石榴子石花岗岩中的石榴子石（前人的结果已证实是岩浆成因）的原位氧同位素分析，发现其中的一些石榴子石从核部到边部有一个氧同位素升高的过程，且相对应地，全岩成分也变得更加富铝。作者将其解释为岩浆上侵过程中由于围岩的同化混染而导致有新的地壳组分加入的结果。这个实例说明，新的地壳组分的加入可使得花岗质岩浆的成分具有过渡型的特征。

事实上，很多花岗岩在成分上都不具有典型的 I 型或 S 型花岗岩特征，而是具有不同类型之间过渡的矿物学或地球化学成分，这也是花岗岩多样性的一种表现形式。华南花岗岩实际上很多就是过渡成分的花岗岩，如江南造山带东段皖南、赣北地区出露的新元古代（835～800Ma）部分花岗岩，具有高的铝饱和指数，且其中常常见到石榴子石和堇青石等强过铝矿物，不含原生白云母，岩性以含黑云母而不含角闪石的花岗闪长岩为主，在岩石学上表现为典型的 S 型花岗岩所具有的矿物学和岩石化学特征。但是，这些花岗岩具有相对亏损的 Nd-Hf 同位素组成（Wu et al.，2006；Zheng et al.，2007；Wang et al.，2013），展示出 I 型花岗岩所具有的放射成因同位素特征，指示其原岩为新生地壳风化形成的沉积岩。Wang 等（2013）通过锆石原位 Hf-O 同位素分析，发现这些花岗岩的锆石核部和边部具有明显不同的 O 同位素组成，但 Hf 同位素组成基本一致，且年龄一致。这说明，这些高氧同位素的边部来自一个成分变化的岩浆；同时这一事实也表明，花岗岩浆的成分随着花岗岩浆演化过程有新的表壳物质加入，这一加入导致了岩浆的成分从类 I

型转化为类 S 型。

除了地壳物质的混染和表壳熔体的加入之外,壳源与壳源岩浆混合的这个机制可能也是造成花岗岩多样性的重要原因。需要明确的是,在岩石学上,"岩浆混合"的概念有两重含义:一是岩浆的机械混合(magma mingling);二是岩浆的化学混合(magma mixing)(Clemens and Stevens,2012)。显然,我们通常所说的"混合"乃是我们期待看到的化学混合,而单纯的机械混合对于我们研究花岗岩中所蕴含的壳幔相互作用信息来说并无多大意义。

幔源岩浆和壳源岩浆之间的化学混合究竟能否发生,在多大程度上能发生,一直是地质学家们想要弄清的一个重要内容。其中涉及岩浆的物理化学条件(如温度、黏度、比重)及岩浆的运动学的制约。基于现有的资料,基性岩浆和酸性岩浆的黏度差别巨大(几个数量级),温度差别可能在 300~400℃,这两种性质迥异的岩浆在一起能否发生完全的化学混合值得质疑。实验及理论计算也表明,真正的化学混合在花岗质岩浆中是很难实现的。另外,花岗岩中的暗色包体常常被作为基性岩浆和酸性岩浆混合的一个重要地质证据。然而,需要指出的是,野外看到的绝大多数暗色包体(由于不少暗色包体具有细粒的结构,它们大多被称为"暗色微粒包体")都是闪长质成分的,而非玄武质成分。对其成因,张旗等(2007b)认为"暗色微粒包体不是花岗质岩浆混合作用最显著、最直接证据,而是玄武质岩浆混合能力强过花岗质岩浆的证据"。花岗岩中的这些暗色包体的成因很可能并不是单一的,其中有一些包体并非岩浆成因。例如,在研究花岗岩分类最著名的 Lachlan 褶皱带中也有一些暗色包体出现,这些包体的四周还常常发育一圈更加暗色的边;这些 S 型花岗岩中的暗色微粒包体是重结晶形成的,不具岩浆成因,更多是围岩物质发生变质而形成的(Chappell and Wyborn,2012)。彭卓伦等(2011)对华南深圳王母花岗岩体进行了详细的野外观察,结果也找到了不少围岩坠入岩浆房中以后形成暗色包体的野外证据。这些都说明,花岗岩中暗色包体的出现并不能说明幔源基性岩浆与花岗质岩浆之间的混合。

倘若基性和酸性岩浆之间可以发生有效的混合,那么中性岩浆是否可以大范围地由基性和酸性岩浆的混合来产生?这个问题对于了解中性岩的形成及地壳成分的演化都有重要的意义。Farner 等（2014）对美国加利福尼亚南部半岛山脉（Peninsular Ranges）岩基中的白垩纪贝尔纳斯科尼山（Bernasconi Hills）花岗岩侵入体中开展了研究，结果在其中的镁铁质包体的外围也发现具有一圈类似 Chappell 和 Wyborn（2012）所描述的边。这一圈边主要由黑云母所组成，且会受到岩浆的流动过程中的形变而受到一定程度的破坏。基于野外详细观察和地球化学分析及模拟计算，Farner 等（2014）认为，这一圈边是两种不同性质的岩浆发生混合时所产生的反应边，该反应边的存在实际上起到阻碍两种不同性质岩浆继续发生充分的化学混合的作用。进而他们指出，镁铁质-长英质的岩浆混合不是产生中性岩的一个有效手段，除非岩浆能够在低温的状态下维持足够长的时间，这样可使得这些暗色包体或混入的镁铁质岩浆在经历充分的变形后得到完全的分解。

此外，分离结晶作用也在花岗岩多样性方面起到举足轻重的作用。例如，关于准铝质 I 型花岗质岩石的成因，目前有两种主要的成因模型：①岛弧玄武岩的分离结晶，由于岩浆中晶体被抽离并形成堆晶岩，残留熔体继续演化成更为酸性的花岗质成分（Tuttle and Bowen，1958；Alonso-Perez et al.，2003；Nandedkar et al.，2014；Jagoutz and Klein，2018）；②部分原岩为火成岩的岩石（如角闪岩、中性片麻岩等）发生部分熔融形成花岗质熔体（Chappell，1984；Chappell et al.，1987；Petford and Atherton，1996；Collins，2002；Clemens et al.，2011）。至于哪个成因模型为准铝质 I 型花岗质岩石的成因，地质学界尚未达成共识；实际上第一种模型产生的是 M 型花岗岩而不是 I 型花岗岩。为了解决这个问题，Moyen 和 Laurent（2018）通过地壳的热力学模拟与花岗岩的成因进行探讨，认为地壳部分熔融和玄武质岩浆分离结晶这两种模型均可以产生此类花岗岩。而在造成花岗岩成分变化的方面，部分学者提出"分离结晶和同化混染"模型，认为地幔来源的基性岩浆在上升过程中混染围岩的比例，以及分离结晶的程度为主要控制因素（Kemp et al.，2007）。Lee 和 Bachmann（2014）模拟了从基性到中酸性岩浆演化过程中矿物分离结晶对熔体成分的影响，提出中性岩浆可以由基性岩浆通过晶体-熔体的分离过程产生。随后，Lee 和 Morton（2015）进一步利用高度不相容元素和相容元素，提出美国加利福尼亚南部地区半岛山脉岩基中高硅花岗岩（>70wt% SiO_2）是长英质岩浆晶体黏粥中晶体和熔体分离的结果。吴福元

（2017）通过对高分异花岗岩研究认为，岩浆结晶分异作用不仅是导致花岗岩体成分变异的重要机制，而且是引起大陆地壳垂向成分变化的重要因素。可见，分离结晶过程可能对花岗岩的成分产生了非常重要的影响，这一过程可能也会引起花岗岩在矿物组成、元素和同位素成分上的变化。

正是因为同化混染、岩浆混合、分离结晶等这些复杂的岩浆过程导致了花岗岩在岩性和成分上的多样性，目前，利用矿物微区元素和同位素（包括稳定同位素和放射性同位素）来精确示踪岩浆的演化过程应是现代花岗岩岩石学研究的重要内容。

4）深熔作用与花岗岩的形成机制

一方面，地壳深熔作用（crustal anatexis）在古老地壳基底或受到强烈造山作用叠加的地区普遍发育，与花岗岩的形成有密切的关系，因而一直受到广泛关注（Ashworth，1985；Brown，2001，2013；White et al.，2001），Brown（2013）对深熔作用的过程和花岗岩的形成进行了深入的讨论。另一方面，深熔作用也是大陆地壳活化、改造、分异和演化的重要机制（Gao et al.，2017；Zheng and Chen，2017）。

深熔作用主要表现为在中高级变质区出露于中高级变质岩（主要是片麻岩、角闪岩、麻粒岩、榴辉岩等）中的浅色体，而分布于浅色体边部或少量在其内部的暗色体则代表了源区熔融的残留（Mengel et al.，2001），再往外围的中色体则通常代表了浅色体的原岩（Henkes and Johannes，1981；Ashworth，1985）。一些研究者认为，这种深熔作用不可能是高侵位花岗岩的熔体的主要来源，因为这些熔体的温度不高，会在混合岩内部凝固结晶，即"夭折的花岗岩"理论（Clemens，1990；White and Chappell，1990）。但不排除另外一种可能，即深熔作用是形成大面积花岗岩的初始过程，深熔的熔体在地壳内部可以迁移聚集，进而形成大的花岗岩基。研究也表明，深熔的浅色体的成分与实验和理论得到的熔体成分相差较大，说明分离结晶作用在熔体的形成过程中已经起到较大的作用（Milord et al.，2001；Otamendi and Patiño Douce，2001）。华南加里东花岗岩、高喜马拉雅的淡色花岗岩都与地壳的深熔作用有关，在研究这一问题上具有天然的优势和条件。Gao等（2017）通过对喜马拉雅的新生代淡色花岗岩的研究，甄别出两类地壳深熔作用——变泥质岩的白云母脱水熔融作用和水致白云母部分熔融作用。这对于了解花岗质岩石的性质、成因、形成时代及演化历史，进一步理解花岗岩多样性，探讨花岗岩源岩组成及再造时代，示踪花岗质熔体的产生及迁移过程都有重要意义（刘锐等，2009）。研究深熔作用与花岗岩形成之间联系的最大的挑战是如何明确建立深熔熔体与高侵位花岗岩体之间的联系。在这里面最重要的问题可能还是热，如何维持深熔熔体的热使其保持到高侵位的花岗岩体中是一个值得深入探索的问题。

5）存在的问题

总的来说，全球构造背景的变化、花岗岩源区的不均一性和不平衡熔融、复杂的岩浆演化过程（同化混染、岩浆混合、分离结晶等），以及深熔作用等都是导致花岗岩岩性、地球化学特征多样性变化的重要因素。当前对于花岗岩成分多样性还存在以下四个关键的问题亟待解决。

（1）控制花岗岩成分多样性的首要机制是什么？是源区、部分熔融，还是岩浆过程？

（2）花岗岩成分多样性是否影响了TTG的成分变化？亦即不同类型（高压、中压、低压）TTG的形成是否与岩浆的晶粥过程有关？

（3）花岗岩浆的结晶分异过程是否是控制成矿的主要因素？

（4）花岗岩浆的堆晶和分异过程的驱动机制是什么？

通过对这些问题的进一步探讨研究，有助于我们在深化花岗岩成因研究的基础上理解大陆地壳形成与演化的历史，有助于理解相伴生的内生金属矿床成因，对国民经济发展也具有重要的科学意义和战略价值。

3. 主要研究方向和应对策略

当代快速发展的地球化学分析手段，有望将花岗岩成分多样性的机制研究进一步深化。针对上述存在的问题，可以在以下五个方面开展进一步的研究。

（1）开发新的分析测试技术方法，以及大数据的方法，并应用于花岗岩成因研究中。

（2）开展实验岩石学，利用新的测试手段，来深化早期TTG的源岩研究。

（3）利用现代全岩和矿物微区同位素地球化学手段解释岩浆过程在多样性形成中的作用。

（4）加强岩浆动力学的模拟和实验工作，结合野外具体观察和热力学模拟等恢复岩浆过程。

（5）开展典型实例研究，构建花岗岩成分多样性的工作模型。

（三）科学挑战10：花岗质火山-侵入岩浆作用的成因联系与热力学模拟

1. 科学挑战的提出

随着地球化学分析技术快速发展，花岗岩成因类型与成因机制、花岗岩成因与大陆地壳演化、花岗岩形成与构造背景识别、花岗岩浆的分异与成矿效应、花岗岩与壳幔相互作用等诸多方面取得了巨大的进展，但在花岗质岩浆起源与演化过程方面仍然存在许多前沿科学问题亟待解决。马昌前和李艳青（2017）指出，只有将侵入岩与火山岩、长英质岩石与镁铁质岩石相结合，重点从侵入体形成的时间长短、岩浆相互作用的规模和频率、岩浆通量的演变、高结晶度的岩浆分异机理、侵入岩与火山岩的关系、地幔热和物质的贡献、挥发分在岩浆分异和火山喷发中的作用等方面入手，开展野外地质、岩石学、地球化学、同位素年代学及岩浆动力学的综合研究，才能深入认识花岗岩的成因机制，深化对大陆地壳形成和演化过程的理解。

定量估算岩浆结晶过程中的温度、压力和水含量，对全面、深入理解复杂的岩浆过程至关重要。结合矿物温压计、热力学模拟和实验岩石学等手段，可以对上述物理化学参数进行有效的制约。热力学模拟是制约变质岩和火成岩体系相平衡关系的一种方法，自20世纪80年代以来，国外陆续建立了Theriak/Domino（de Capitani and Brown，1987，2010）、THERMOCALC（Powell et al.，1998；Powell and Holland，1988）和Perple_X（Connolly，1990，2005）等应用于变质岩领域的热力学模拟方法，以及MELTS（Ghiorso and Sack，1995；Asimow et al.，1998）、pMELTS（Ghiorso et al.，2002）、alphaMELTS（Smith and Asimow，2005）和Rhyolite-MELTS（Gualda et al.，2012）等应用于火成岩领域的热力学模拟方法。近年来，国内学者也开发出具有类似功能、但操作界面更友好的热力学模拟软件（GeoPS，Xiang and Connolly，2021）。这些热力学模拟方法的设计理念和使用方法不尽相同，所解决的岩石学问题也各有侧重，但它们所依据的热力学原理相同，甚至使用相同的热力学数据库（魏春景，2013）。

综合热力学模拟，以及精细的矿物学、岩石学研究方法正逐渐成为定量制约花岗质火山-侵入岩浆结晶条件和动力学过程的有效手段。由于热力学模拟方法存在一系列简化和假设，如体系假设处于完全平衡状态、计算所使用的矿物成分-活度模型仅考虑主要组分而忽略一些次要组分的影响等，因此，当将模拟的结果应用于复杂的自然体系时难免存在一些偏差甚至是错误，我们应当以谨慎的态度，在综合温压计估算及实验数据的基础上解译热力学模拟结果。以下，我们针对几款常用的热力学模拟软件简述相关应用的情况和存在的问题。

2. 当前形势与存在问题

1）当前的岩浆岩成岩热力学模拟研究形势

A. Rhyolite-MELTS 模拟

MELTS 热力学模拟软件早期由 Ghiorso 和 Sack 两人合作研发，其第一个正式版本模拟软件发布于 1995 年，而后广泛应用于模拟（超）基性岩的部分熔融与结晶分异过程。此热力学模拟软件随后分别在 2002 年、2012 年发布了不同的衍生版本，即模拟地幔橄榄岩等超基性岩部分熔融相平衡的 pMELTS 软件（Ghiorso et al., 2002）和模拟含石英和长石的中酸性岩浆相平衡的 Rhyolite-MELTS 软件（Gualda et al., 2012）。

近年来，中-上地壳深度的酸性岩浆储库通过晶体-熔体分离形成高硅花岗岩或贫晶高硅流纹岩的模式逐渐得到认可。但对于晶体-熔体分离的物理机制与时间尺度、富硅岩浆房的寿命，以及水含量对岩浆成分、黏度、结晶速率与结晶潜热释放的影响等科学问题缺乏足够的研究和认识。针对这些问题，Lee 等（2015）通过对加利福尼亚州南部的半岛山脉岩基的一个白垩纪多门沟尼谷（Domenigoni Valley）花岗岩岩体进行矿物学、岩石学结合热力学模拟的研究。野外观察发现，岩体在与变质沉积岩围岩接触界线附近发育一个数十米厚度的"富硅边界层"，其成分较岩体内部的花岗岩更富硅，并含有更少的暗色矿物。由于富硅边界层与围岩具有截然不同的氧同位素组成，且花岗岩的地球化学组成与其所包含的暗色微粒包体（mafic microgranular enclave，MME）的百分含量表现为协同变化的特点，本书依次排除了围岩混染与热-化学扩散机制形成"高硅花岗岩"的成因模式。基于野外地质与岩石地球化学特征，本书认为晶粥的压实或受阻沉降机制控制了多门沟尼谷花岗岩在边界层附近的分异演化。通过热力学模拟和地球化学计算，本书认为花岗岩中的 MME 为岩浆早期不同结晶阶段的堆晶产物，而富硅边界层则代表了抽离并聚集于岩体顶部的粒间熔体。为了更准确地评估初始水含量在花岗质岩浆结晶分异过程中所产生的影响，本书应用 Rhyolite-MELTS 软件在不同水含量条件下进行了热力学模拟。结果表明，高的初始水含量降低粒间熔体的黏度，有助于粒间熔体的抽离，同时高水含量也延缓结晶潜热的释放，延长岩浆在高结晶度状态下的存留时间，从而为熔体抽离的进行提供充足的时间。

为了进一步制约晶粥与粒间熔体的物理性质和熔体抽离发生时物理条件的持续时间，并了解这两个因素对岩浆储库中熔体抽离的效率与熔体分布的控制作用。Hartanget 等（2019）选取日本中部的 Takidani 岩体进行了研究，在详细的岩石结构和地球化学研究基础上，运用 Rhyolite-MELTS 软件评估了在 0.2GPa 压力时，含水的英安质岩浆在结晶过程中物理性质的变化。同时，使用热力学模拟方法制约了岩浆储库在不同初始水含量条件下完全固结的时间尺度，并计算了通过压实或受阻沉降分异时熔体抽离速率，进而限定了熔体抽离发生的最佳条件。研究表明，对于含水的长英质岩浆体系来说，岩浆的初始含水量直接影响随温度变化的岩浆的物理性质和不同结晶温度区间内岩浆冷却所耗费的时间，从而影响残余熔体的抽离。

为揭示高硅流纹岩的起源与演化及其与侵入岩的成因联系问题，中国地质科学院地质研究所颜丽丽等对我国东南沿海代表性的福建永泰云山破火山口发育的火山岩和侵入岩进行了 Rhyolite-MELTS 模拟研究（Yan et al., 2018）。Rhyolite-MELTS 模拟以稍早于破火山口形成之前的玄武岩作为母岩浆成分，结果显示主要的分离结晶矿物有长石（以斜长石为主，其次为钾长石）、单斜辉石、铁橄榄石、钛铁矿和磷灰石等。在压力约为 0.3GPa、水含量约为 1.9wt% 的时候，可以产生与浅成侵入相石英二长斑岩和其中暗色微粒包体一致的成分，而在压力为 0.07~0.1GPa 时，可以产生与高硅流纹岩 SiO_2 含量基本一致的岩石。他们还依据模拟结果提出，在浅部中性岩浆房中，持续地分离结晶和堆晶作用，可形成富集晶体的堆晶（固结形成浅成侵入体）和晶体含量少的高硅流纹质熔体。提取出来的熔体一部分直接喷出地表形成了云山准铝质流纹岩，另一部分经历了进一步的演化形成了云山过碱性流纹岩岩浆。此外，他们还注意到在 SiO_2 含量超过72wt%时，模拟结果朝着高的CaO含量，低 Al_2O_3 含量的方向偏离，这类似于Rooney等（2012）在埃塞俄比亚（Ethiopian）裂谷火山岩的研究结果，可能与Rhyolite-MELTS模拟的平衡矿物没有考虑萤石有关，实际岩石样品中有萤石矿物，导致模拟结果的CaO含量变化出现偏离。

B. Perple_X模拟

Perple_X是广泛应用于变质岩相平衡模拟计算的方法（Connolly，2005），但近来也有研究将其用于花岗质岩浆系统（如Clemens et al.，2011；Zhao et al.，2017）。然而，这一方法用于花岗质岩浆系统的不确定性需要评估。Zhao等（2017）利用岩浆结晶实验所限定的相关系（Clemens and Phillips，2014）与热力学模拟的相关系进行了对比分析表明，热力学模拟在较低压力（≤0.2GPa）条件下可以在温度误差为20~60℃、水含量误差为0.5wt%~1.0wt%的范围内较好地重现实验结果（图4-9）。在此基础上，作者将此方法应用于对华夏地块钦州湾地区发育的旧州紫苏花岗岩（含斜方辉石的花岗岩）的研究中。流体包裹体成分研究表明，钦州湾地区的过铝质紫苏花岗岩缺乏以 CO_2 为主的流体成分，这不同于国内外报道的准铝质紫苏花岗岩中的流体成分。结合岩相学分析和热力学模拟，作者认为钦州湾地区发育的过铝质紫苏花岗岩中的斜方辉石结晶于相对较低的温度［（750±30）~（790±30）℃］和中高到较高的熔体水含量［（3.5wt%±0.5wt%）~（5.6wt%±0.5wt%）］条件下，而岩浆最终是在0.2GPa和水饱和的固相线条件下，即相对"湿""冷"的条件下结晶。在这种条件下，斜方辉石不能稳定存在，应该被与富水、富碱的粒间熔体的反应所消耗掉，产生含水矿物黑云母。斜方辉石得以保存的可能原因是富水、富碱的粒间熔体发生抽离，从而与斜方辉石发生物理隔离。

进一步结合详细的显微构造研究和热力学模拟，可以定量制约花岗质岩浆分离结晶的矿物组合及T-XH_2O 条件（Zhao et al.，2018）。旧州岩体在垂向上从紫苏花岗岩逐渐过渡为上部成分更酸性的不含斜方辉石的花岗岩。紫苏花岗岩和部分不含斜方辉石的花岗岩具有比由变质沉积岩源岩部分熔融实验产生的熔体更加基性的成分，这表明岩体内矿物组合及全岩成分的变化并非由源区熔融过程导致。紫苏花岗岩中斜长石颗粒在粒径大于3.8mm时具有

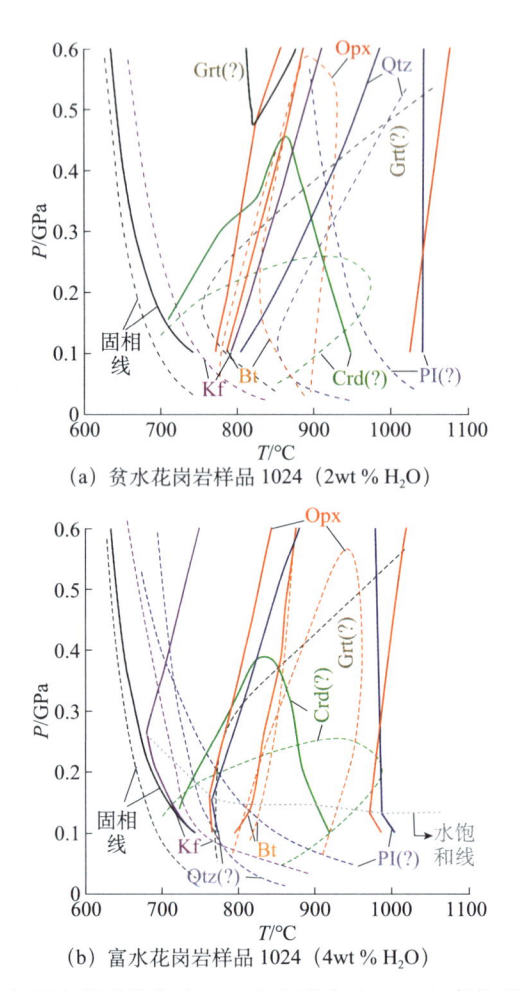

图 4-9 *P-T* 相图比较了在相对贫水（2wt%）和富水（4wt%）条件下热力学模拟和结晶实验的结果

花岗岩样品 1024 来自澳大利亚过铝质的 Strthbogie 岩基。图中实线代表基于热力学模拟所获得的矿物稳定场边界，虚线代表结晶实验确定的实验相关系。图中的"？"指示模拟矿物相饱和温度与实验结果相差较大，说明模拟相关系存在较大不确定性

资料来源：Clemens and Phillips，2014

向上弯折的晶体粒度分布（crystal size distribution，CSD）曲线，结合紫苏花岗岩和不含斜方辉石的花岗岩中斜长石和碱性长石的台阶状环带，指示了晶粥中粒间熔体抽离、堆晶矿物部分溶解，以及随后滞留粒间熔体的近共结点结晶的过程。紫苏花岗岩具有显著的矿物扩散蠕变变形导致的团状和链状组构，以及少量的矿物尺度的位错蠕变变形（如斜长石机械双晶和波状消光），而岩体上部的不含斜方辉石的花岗岩则缺乏这些显微构造特征，表明重力压

实驱动的岩浆分异作用向岩体下部逐渐增强。野外观察、岩相学研究及热力学模拟计算表明，重力压实作用使厚度≥100m 的晶粥的滞留粒间熔体分数从上部的＞30% 变化为下部的约 10%。因此，在斜方辉石稳定场内高程度的熔体抽离抑制了斜方辉石与富水、富碱的粒间熔体的反应，从而斜方辉石可以在花岗质岩浆固结时部分保存。

2）存在的问题

流体和熔体包裹体的研究可以制约岩浆结晶时的水含量及流体的种类，但是原始流体和熔体成分往往很难保存下来。岩浆结晶实验为岩浆水含量、结晶温度及压力提供了较精确的制约，但是实验过程往往较费时，且国际上仅有为数不多的实验室开展岩浆结晶实验。而结晶热力学模拟为探究岩浆结晶温度、压力及水含量条件提供了方便快捷的途径。目前使用较广泛的热力学模拟方法是 Rhyolite-MELTS，该方法对结晶度小于 50% 的准铝质火山岩较有效。近年来该方法开始应用在侵入岩中（如 Lee et al.，2015），但目前还缺少其在模拟过铝质体系矿物相关系时的误差评估的工作，Zhang 等（2020）将 Rhyolite-MELTS 热力学模拟与实验岩石学的工作进行了仔细的对比，在更高的压力范围（＞300MPa）和过铝质体系中，Rhyolite-MELTS 可在合理的误差范围内（≤60℃）制约石英、斜长石和钾长石的相关系，而对于镁铁质矿物，其模拟结果相比实验结果偏差较大（≥100℃）。因此在实际应用时，对于 Rhyolite-MELTS 给出的有关镁铁质矿物的相关系和结晶条件要慎重解释。Yan 等（2018）在对福建永泰云山破火山口发育的火山岩和侵入岩进行的 Rhyolite-MELTS 模拟研究时，也指出了 Rhyolite-MELTS 热力学模拟在研究高演化岩浆系统中具有局限性。

虽然 Perple_X 热力学模拟可以作为一种补充应用于解析花岗质岩浆系统的结晶过程，但其不确定性仍然需要评估。Zhao 等（2017）对于 Perple_X 模拟结果的评估表明，在富水或者高压条件下，斜长石的成分-活度模型具有较差的适用性。这可能与斜长石的成分-活度模型主要针对相对贫水的变质岩体系有关。

由此可见，热力学模拟方法给出的压力、温度和熔体水含量结果在一定程度上仍然存在不确定性，而这些不确定性可能极大地影响我们对花岗岩和火山岩形成所涉及的物理过程的认识。例如，熔体的黏度是影响高结晶度晶粥中晶体-熔体分离过程和时间尺度的重要因素，而熔体黏度在很大程度上受熔体水含量的影响（Lee et al.，2015）。而且相对于玄武质岩浆，熔体水含量对高硅花岗质/流纹质岩浆黏度的影响更加显著（图4-10）。

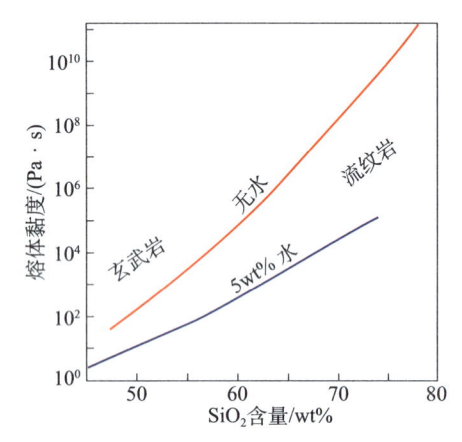

图 4-10　水含量对玄武质到流纹质熔体黏度的影响
相对于玄武质熔体，流纹质熔体的黏度受水含量的影响更大
资料来源：Lundstrom and Glazner，2016

3. 主要研究方向和应对策略

从上述分析来看，对于广泛分布的多种多样的花岗岩和火山岩，寻找一种可估算其结晶温度、压力和水含量的准确并有效的手段仍然是当前花岗岩研究中的迫切需求。在今后的研究中，应该明确不同的热力学模拟软件及其所使用的矿物和熔体活度模型在应用到不同岩浆体系时的不确定性。尽管这类研究已经针对 Rhyolite-METLS（Gualda and Ghiorso，2014；Zhang et al.，2020）和 Perple_X（Zhao et al.，2017）等方法开展，但对这些方法和模型在不同成分（如水含量、过铝和过碱度等）体系不确定性的认识仍然需要细化。在此基础上，应当继续通过结晶实验来标定并改进矿物和熔体的活度模型。显然，更多的实验数据将确保模型更加可靠。

另外，如何利用热力学模拟的结果合理地反演岩浆的结晶条件和成分演化，以揭示花岗质火山-侵入岩浆的动力学过程，是今后研究的重要方向，也是可能面临的挑战之一。应对这一挑战，需要寻找合适的研究对象，并结合详细的野外调查和精细的矿物学、岩石学研究。在具体研究过程中，应当注意到一些基本细节，如自然样品可能很少达到热力学平衡、样品的全岩组成能否代表岩浆的初始成分等，忽略这些细节可能给模拟结果带来重大偏差甚至是错误。

（四）科学挑战 11：花岗质岩浆动力学过程的模拟和监测

1. 科学挑战的提出

最近 40 多年来，关于花岗质岩浆动力学过程研究最多的是岩基尺度的花岗岩体在中上地壳的侵位机制问题，基本的假定是大体积岩浆在地壳内的瞬时侵位，认为现在出露的大型侵入体，代表了岩浆活动期间的大型岩浆房。从而把岩浆如何获得占位的空间问题作为岩体侵位的关键科学问题。对此，先后提出了底辟、热气球膨胀、顶蚀、岩墙扩展等模式及多元复合侵位机制（Pitcher，1979；Castro，1987；Hutton，1988；Ma，1989；马昌前等，1994；Clemens，1998；Wang et al.，2000）。最近的研究表明，深部可能不存在岩基尺度的大型岩浆房。大型的花岗岩基是在数百万年甚至更长的时间跨度内，由岩浆的多次脉动生长、累积组装而成的（Petford et al.，2000；Michel et al.，2008；Li et al.，2019；马昌前和李艳青，2017）。岩浆多次脉动所形成的是流动性弱、以晶粥为主要组成的岩浆储库，而不是具有高度活动性的以熔体为主要组成的大岩浆房（Bachmann and Bergantz，2004；Cashman et al.，2017；Cooper and Kent，2014；Glazner et al.，2004）。花岗岩类岩浆黏度高，进入岩浆储库后，更是处于一种冷储存状态，即处于固相线以下的温度条件（约 650℃以下）（马昌前等，2020），因此，岩浆的活动性和晶体-熔体之间的分离都受到了显著抑制。显然，在这样的岩浆系统中，岩浆的物理性质（黏度、密度和屈服强度）和岩浆动力学过程都与熔体为主的岩浆系统有很大不同，以往构建的花岗岩成因和大型侵入体侵位模式需进一步修正。恢复贯穿地壳的岩浆通道系统的形成过程和控制因素，认识岩浆储库内的物质状态和晶粥活化-岩浆分异的动力学机理，成为理解花岗质岩浆的动力学过程、解决花岗岩成因与成矿问题的关键环节。

2. 当前形势与存在问题

1) 当前的形势

经过近 20 年的研究，对花岗质岩浆动力学过程获得了很多新的认识。概括起来，最主要的有以下三个方面。

（1）关于大型侵入体的生长问题。大型侵入体的生长是理解穿地壳岩浆通道系统动力学的关键环节。在花岗质侵入体的多批次脉动和累积组装过程中，岩浆的注入规模、岩浆中心迁移、侵入体的生长方式、不同批次注入的岩浆之间的相互作用，都直接影响到岩浆通道系统的构建、岩浆的分异和火山喷发的机制。研究表明，花岗质侵入体的生长方式包括中心式、偏心式、侧向式、不规则式和中心多点式；单个岩体的生长方式反映了局部的构造运动学和动力学状况，大量岩体群生长方式可能反映了区域构造运动学和动力学特点（王涛等，1999，2007）。地壳的热状态、流变学性质及构造环境会制约岩浆的添加侵位序次和生长方式，而岩浆添加方式的差异又影响到岩体侵位的地壳热动力状态（Bachmann et al.，2007）。定量描绘大型侵入体形成的动力学过程必然要求准确恢复岩体的空间形态、内部结构和岩浆活动强度（McCaffrey and Petford，1997；Paterson et al.，2011；Ardill et al.，2018）。同时，确定岩体的生长方式还要与岩浆储库的流变学演化、岩浆中心迁移，以及区域构造演化的研究结合起来。

（2）关于岩浆通道系统问题。岩浆储库冷储存的晶粥模型和岩浆通道系统概念的提出（Bachmann and Bergantz，2004；Cashman et al.，2017；Cooper and Kent，2014），极大地挑战了以熔体为主的"大水缸"岩浆房的传统模型（Glazner et al.，2004），以及花岗质岩石的成因观，岩浆动力学的研究主题因此发生了很大的变化。就现在所知，岩浆通道系统在形成方式上，是多批次岩浆运移、上升、侵位而生长的；在纵向结构上，是由若干的供浆岩墙与不同深度上的多个储库（侵入体）构成的网络系统（Morley，2018）；在储库内的组成上，一般都是多成因、多来源的晶粥体或晶体-熔体-挥发分的混合物（Bergantz et al.，2015；Caricchiand Blundy，2015）。由于大地构造环境和围岩构造的不同，不同环境和地区的岩浆通道系统就有不同的发育规律。岩浆储库是深部岩浆源区或岩浆储库喷发与地表火山之间的中转站，也是巨量岩浆的储存场所。因此，以岩浆储库（侵入体）为重点，研究岩浆通道系统的组成、结构和动力学，是认识地壳分异演化、理解岩浆作用过程的关键。

（3）关于花岗质岩石的属性与成因问题。以往认为，花岗质侵入岩和酸性火山岩都代表了岩浆成分，前者侵位于地下，后者喷出于地表。但一些大型火山单一的喷发事件就能产出体积巨大的熔结凝灰岩（如 Lipman，2007），这就要求地壳内同时储存有大体积的可以喷发的岩浆，这与小体积岩浆多批次脉动和反复堆垛形成岩浆储库的模式（Hutton，1992；Paterson et al.，1998；Johnson et al.，1999；Miller and Paterson，2001）相矛盾。于是，就有学者提出，大规模的熔结凝灰岩与岩基尺度的侵入体之间可能并无关联（Mills and Coleman，2010；Tappa et al.，2011），或二者属于互补关系：侵入岩代表以堆晶为主的物质，而喷出岩是从晶粥中抽取的以熔体为主的物质（马昌前等，2020）。如果大多数的花岗岩类岩石属于堆晶岩（Barnes et al.，2019），在侵入岩中包含了大量的再循环晶，直接用侵入岩的成分代表岩浆成分甚至熔体成分的做法就不合时宜。因此，重新考察花岗岩与酸性火山岩的成因联系（Jackson et al.，2018；马昌前和李艳青，2017），深入认识分离结晶、AFC过程和岩浆混合等过程的机理，开展高分异花岗岩和高硅流纹岩的成因（吴福元等，2017）和与深部储库的关系的成因研究，是当前和今后花岗岩研究的重要任务。

2）存在的问题

关于大型侵入体的形成机制，存在的问题主要包括：花岗质岩浆如何在数千年甚至数百万年间在地壳中多批次侵位和增生，进而形成巨大的花岗质侵入体？岩浆脉冲式侵位和增生过程与岩浆成分、壳幔相互作用、地质构造环境存在什么样的联系？上升的岩浆在什么条件下停止上升并转换为水平的流动和侵位？岩浆分批次注入到中上地壳的机制、速率与物理化学制约条件是什么？如何恢复花岗质侵入体的内部组成、空间形态、分布格局和岩浆运移和侵位的中心？

关于岩浆通道系统问题，存在的问题主要包括：岩浆通道系统的组成、结构和分布有何规律？岩浆储库的性质如何推断？岩浆侵位和增生的中心有什么迁移规律？不同构造环境的岩浆通道系统有何差异？岩浆从下地壳到地表的上升、储存过程的主要控制因素有哪些？哪些因素触发了岩浆储库内的物质发生火山喷发？

关于花岗质岩石的成因问题，存在的问题主要包括：冷储存的花岗质岩浆如何发生分异、混合和晶粥活化？火山喷发的物质与岩浆储库内的物质有无成因联系？高分异花岗岩与高硅流纹岩是如何产生的？二者之间有无关联？如何识别花岗质堆晶岩？地壳内的堆晶岩是如何分布的？如何从岩浆动力学视角理解全球尺度俯冲有关火山岩和侵入岩的地球化学关系？

总之，探讨上述科学问题，对于认识岩浆储存、岩石成因、与成矿的关系、火山活动乃至大陆地壳的生长演化等一系列科学主题至关重要。阐明这些问题，是恢复花岗质岩浆作用的动力学过程的基础。

3. 主要研究方向和应对策略

1）岩浆侵位-增生过程与大型侵入体内部结构和空间形态模拟

深入研究岩浆侵位-增生过程和大型侵入体内部结构和空间形态问题，采用岩石学、构造地质学、变质地质、地球化学、地球物理、流体力学、计算机科学等多学科多手段方法，研究地下深处物质特性、多尺度运动规律及其驱动力。

首先，以岩体内部填图、查明岩石单元之间的接触关系、定量测定岩体内外组构特征为基础，结合高精度年代学资料和成岩物理化学条件估算，评估侵位的先后次序和空间分布规律，确定侵位机制和与区域构造的关系；利用磁组构与其他传统方法相结合的手段恢复岩浆的侵位过程及构造变形，确定岩浆的流动方向、岩体生长与区域构造的关系（如 Siachoque et al.，2017；Hrouda and Lanza，1989；Heller，1973）。其次，对大型侵入体进行详细解剖，精细划分出岩石单元，统计各岩石单元的出露面积和厚度，确定各岩石单元的侵位年龄，估算侵入体的建造时间和各阶段的岩浆通量（magmatic flux）或岩浆添加速率（magma addition rate）（Paterson and Ducea，2015；Paterson et al.，2011；Gehrels et al.，2009），进而研究造山作用各阶段的岩浆活动强度（马昌前等，2015），进行岩体增生过程的数值模拟或相似实验验证。最后，要考察岩浆储库的组成和结构随时间和空间的变化，研究侵入单元的体积、形态变化及其与岩浆流变学和地壳流变学的关系，理解区域和围岩构造对侵入体生长的影响，厘定侵入体中心迁移与火山机构中心迁移的规律性，分析侵入体生长如何为火山的喷发提供物质和喷发动力，限定火山喷发的位置（火山口）。

岩浆侵位-增生过程的数值模拟取得了很多新进展。目前模拟较多的是岩浆底劈。通过构建有限元标记代码 MILAMIN_VEP（Polyansky et al.，2010；Kaus，2010；Thielmann and Kaus，2012）来进行底劈过程的数值模拟，一般是假设地幔玄武质岩浆侵入下地壳后通过分异作用或导致地壳岩石的部分熔融形成花岗质岩浆（Gerya，2014；Cao et al.，2016），岩浆主要在浮力驱动下向地壳浅部运移（Polyansky et al.，2010）。顶蚀（stopping）作用通常与壳内熔融和岩浆房内的对流有关，这一过程的计算与模拟已有不少研究（Molina et al.，2012；Das et al.，2014）。数字建模可以用 MFIX Ver.（Symlal，1998）和 Underworld 1.7（陈国能等，2017）等软件，在 MATLAB、FORTRAN 等程序或天河 2 号超级计算机上运行。

地质学与地球物理方法相结合，是恢复岩体形态和空间结构的有效手段。地质填图可以提供近地表的几何形态资料，但深部构造需要地球物理方法加以限定。通过重磁、大地电磁异常，对比岩体与围岩的物性差异，推断与围岩性质不同的岩体分布，构建地质模型，确定侵入体的形状和规模等参数（如 Joly et al.，2008；Vigneresse，1990）。此外，地震方法也可用于侵入体或者活火山研究。对于侵入体，可以直接用反射或折射地震信号，研究侵入体的空间位置和分布规律。把重力模拟、磁性模拟、地质填图和构造解析及 AMS 应变分析结合起来，构建岩体的系列剖面图，恢复三维形态（Simancas et al.，2000；Fernandez and Catalan，2009）。还可以通过地震波频率、波形等参数推测岩浆运动和密度变化，利用速度结构和反射界面建立岩浆体的分布模式（如 Direen et al.，2001）。

2）岩浆通道系统结构及岩浆储库演化过程的模拟和监测

岩浆通道系统的研究对于认识大陆地壳的生长和演化，以及宜居地球发展过程具有重要意义。现代岩浆通道系统组成和结构的观察方面，主要采用地球物理、大地测量及岩石学等多学科的方法，在活火山区进行地壳深处的物性特征的探测，反演和模拟岩浆系统组成、结构和分布规律。例如，利用各种仪器和技术，如地面倾斜仪、GPS、人造孔径雷达卫星等，来监测火山区的形变，理解岩浆活动过程（Burchardt and Galland，2016）。

对古岩浆通道系统，重点要将侵入岩与火山岩相结合、镁铁质岩石与长英质岩石相结合、火成岩与变质岩和沉积岩相结合，综合利用岩石学探针方法与地球物理深部探测开展岩浆系统的研究（莫宣学等，2009）。要在岩体侵位-增生过程和岩体的空间形态研究基础上，重点开展晶体种群、矿物微区结构和晶体化学分析，进行温压条件计算和相平衡模拟，重塑岩浆通道系统的深度、结构和所经历的演化过程（Nicoli and Mathews，2019）。

首先，要在野外对各岩石单元内部的包体和斑晶进行统计，结合室内显微尺度 CSD 的统计，进行火成岩结构定量化研究和模拟（Marsh，1988；马昌前等，1994；杨宗锋等，2010）。岩相学方法与火成岩晶体化学分析相结合，是解开岩浆通道和物质再循环过程的强大工具（Jerram and Martin，2008）。其中，利用罗得图解，鉴别岩石中的自生晶、再循环晶、捕房晶（马昌前等，2020），理解不同类型晶体种群的地质意义，测定环带矿物的元素和同位素组成，估算岩浆的通道深度和储库深度，分析不同深度上的岩浆储存情况和储库内多次岩浆注入、增生、混合和分异历程（Font et al.，2008；Luo et al.，2018；Camilletti et al.，2020；吴福元等，2017）。

其次，要结合全岩、矿物成分和高精度地质年代学进行模拟计算。在目前情况下，能量约束下的开放系统演化过程中的同化混染与分离结晶作用模型（EC–AFC；Spera and Bohrson，2001，2002，2004；Bohrson et al.，2014）是理解花岗质岩浆演化过程的有效工具，其适用于模拟计算各种微量元素和同位素的同化混染和分离结晶作用（Spear and Bohrson，2018）。在 Excel 上运行的 AIFCCalc（Nishimura，2009，2012，2013）、FC–AFC–FCA 和 mixing modeler（Ersoy et al.，2010）、OPTIMASBA（Cabero et al.，2012）及 PETROMODELER（Ersoy，2013）等程序，可应用全岩微量元素、同位素和矿物成分来模拟计算部分熔融、平衡结晶、同化混染和分离结晶及岩浆混合等岩浆演化过程（Hoffmann et al.，2016；Eskandari et al.，2020）。基于 R 语言调控的 GCDkit 5.0 软件也可结合花岗岩主微量元素来模拟计算岩浆分离结晶的矿物组合及其晶出矿物的含量（Janoušek et al.，2016；Janoušek and Moyen，2019）。未来，要考虑岩浆系统冷储存的特点和再循环晶的存在，对这些模型进行修正。

此外，运用扩散方程、流变学和热力学公式及相关软件模拟成岩的物理化学条件和过程的速率。其中，利用扩散方程可以计算岩浆在储库中的停留时间和过程的速率（马昌前，1988a；Morgan et al.，2004；Acosta-Vigil et al.，2012）。模拟的方法可以较真实地还原岩浆过程状态、矿物相组成、物质循环、迁移规律，记录岩浆演化过程中的动力学行为，阐明火山喷发方式（溢流或爆发）的控制因素，并预测火山喷发（如 Bachmann and Huber，2019；Huber et al.，2019；Szymanowski et al.，2019）。

岩石学和地球化学大数据分析在理解岩浆通道系统及岩浆储库的性质和演化过程等方面已经展示了巨大的潜力。近年来，国际上出现了许多可开放获取的岩石地球化学数据库（如 GROROC、EarthChem 等），这些数据库收集了包括全球火成岩及其所含矿物的产出位置、构造环境、主微量元素含量、同位素组成、年龄等在内的海量信息，为研究者从全球角度探索岩浆系统演化的科学问题提供了有力支撑。通过收集、清洗这些全球岩石地球化学数据集，结合地球化学、统计学、机器学习等方法，就关键科学问题进行探索性数据分析和挖掘，进而发现规律。然后，再利用 MELTS 等热力学模拟手段对解释结果进行验证。这种数据和模型"双驱动"的研究方法逐渐成为岩浆系统和陆壳演化研究的新范式（Keller et al.，2015）。目前，借助大数据手段研究的问题多集中在岩浆过程与大陆地壳生长和演化等方面（Keller and Schoene，2018；Tang et al.，2019）。未来，把全岩成分与单矿物、地球物理等的数据更广泛地结合起来，开展综合研究，对于阐明岩浆通道系统的时空结构、岩浆储库的性质及演化等科学问题将发挥关键作用。

四、关键科学问题之四：花岗岩的成矿机制

（一）科学挑战 12：不同类型花岗岩的成矿专属性与成矿规律

1. 科学挑战的提出

成矿专属性是指特定条件下形成的岩浆岩通常形成特定的矿床（矿种）类型和特定的矿化样式。苏联学者最早提出成矿专属性这一专门术语，1958 年我国学者闻广将其引入国内（闻广，1958）。花岗岩类成矿专属性的研究最早在华南开展，以徐克勤院士为代表的南京大学研究团队通过华南花岗岩与成矿的长期研究，在不同时代花岗岩的演化与成矿专属性特征、控制成矿专属性的因素、成矿规律等方面取得了许多重要成果，但仍存在许多关键科学问题亟待解决。

2. 当前形势与存在问题

1）花岗岩成矿是否受源区成分制约？

花岗岩成矿是否受源区组成制约一直是一个争论的问题。花岗岩研究的一个重要方面是以源区为基础对花岗岩提出的各种成因分类（如 I 型和 S 型，

磁铁矿系列和钛铁矿系列，同熔型和改造型）。从成矿专属性来看，S型花岗岩多形成Sn、W、Li、Be、Nb、Ta等矿床，而I型花岗岩多形成Cu、Fe、Mo、Pb、Zn和Au矿床。前者多形成脉型、云英岩型、蚀变花岗岩型、夕卡岩型矿化，局部也有斑岩型和热液角砾岩型矿化（图4-8），成矿物质以壳源为主；而后者可形成斑岩型、夕卡岩型和浅成低温热液型矿化（图4-11），地幔物质的加入可能是导致岩浆中Cu和Au等成矿金属富集的重要因素。岩浆端元除提供直接的成矿物质以外，俯冲过程中加入的Cl和H_2O，泥岩中的F，地幔中的CO_2等挥发分都会影响源区性质、岩浆演化过程及成矿元素的富集。

对于斑岩型Cu矿床，前人研究表明含矿斑岩幔源组分的比例越高，成矿物质越丰富，成矿潜力越好。例如，侯增谦和王涛（2018）在拉萨地体开展了Hf同位素填图，发现加厚新生下地壳具有较高$\varepsilon_{Hf}(t)$值和较小Hf模式年龄T_{DM}^{C}值，记录了岩浆源区的新生地幔组分，对造山带中斑岩型Cu矿床的形成起主要控制作用。

前人根据岩体中元素或同位素组成的不均一性来佐证壳幔物质的混合在花岗岩形成中的重要作用，并提出在许多与花岗岩有关矿床的形成过程中幔源岩浆的加入至关重要。值得注意的是，也有研究表明，在同一地壳源区部分熔融过程中，随着温度的变化，源区熔融的矿物组合将发生变化，熔体快速从源区抽离产生不平衡熔融，因此不同批次的熔体也可能具有不同的同位素组成，而不一定要用幔源岩浆的混合来解释（Farina et al.，2014）。这一发现也启示人们，今后对花岗岩浆源区的研究需要更加慎重，以往获得的一些结论也可能需要重新认识。

一些学者研究发现，成矿初始岩浆不一定要富集成矿元素（Cu、Au、Mo等），只要有足够体积的岩浆即可提供足够量的成矿物质，同时要求岩浆中的挥发分自岩浆冷却过程中得以有效释放和出溶，从而将成矿物质高效地运移到成矿地点成矿（Chiaradia，2014）。Zhang和Audétat（2017）对宾厄姆斑岩型铜-钼-金矿床开展熔体包裹体的研究发现，初始岩浆并不明显富含铜、金、硫等成矿物质或挥发分等有利组分，但由于存在一个足够大的岩浆房，提供较大的岩浆通量，故可形成超大型矿床。

2）岩浆演化过程对花岗岩成矿的制约？

大量研究表明花岗岩成矿差异的确与岩浆演化和结晶分异过程密切相

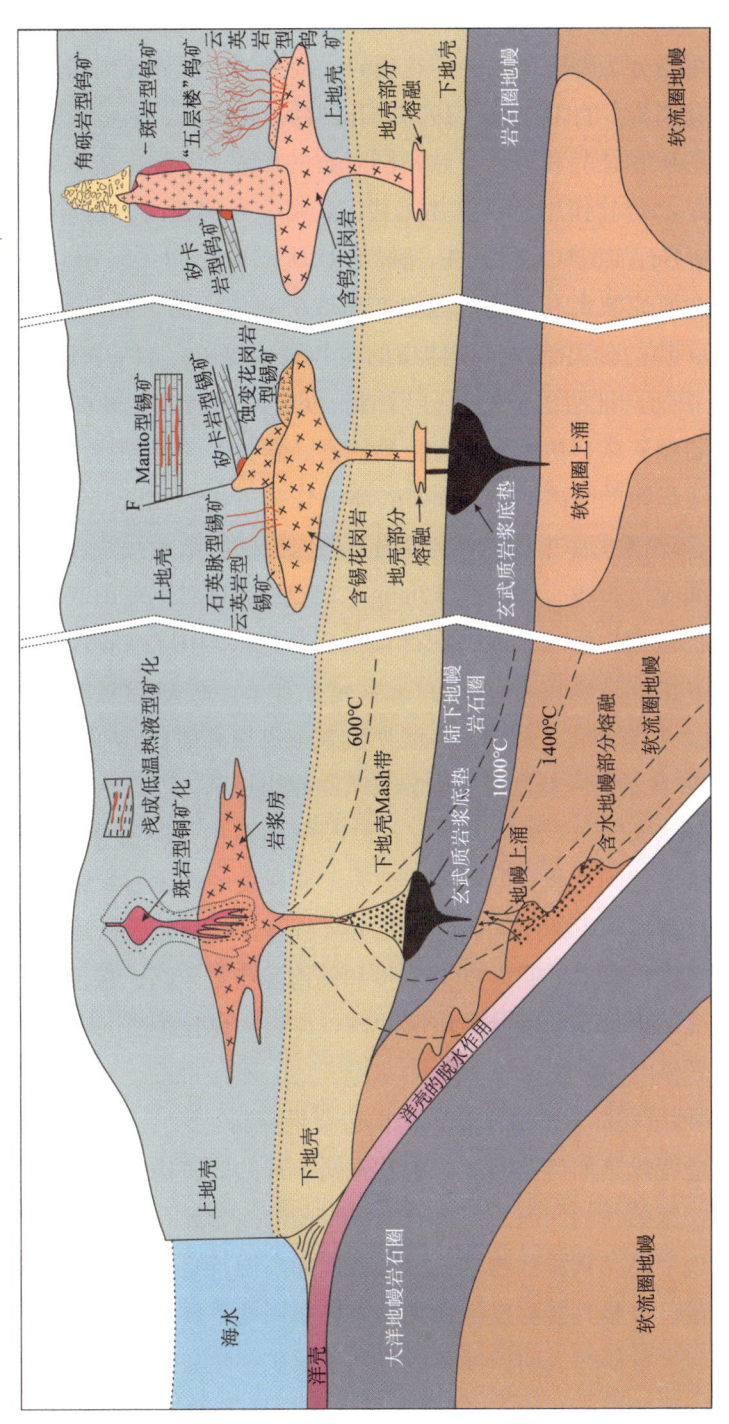

图 4-11 不同源区花岗岩及其成矿作用模式图

关。人们发现不同矿种的成矿与母体花岗岩分异程度有关。根据结晶分异程度，花岗岩可划分为低（弱）分异花岗岩、高（强）分异花岗岩，以及与之伴生的堆晶花岗岩。自 Bowen（1928）开创性工作以来，大量研究已证明镁铁质岩浆中的矿物结晶和分异导致不同岩石的形成，但对花岗质岩浆为何能够发生高度结晶分异作用，目前并无共识。高分异的花岗岩通常与 W、Sn、Nb、Ta、Li、Be、Rb、Cs 和 REE 等稀有金属成矿作用关系密切。Mustard 等（2006）在研究澳大利亚提巴拉金矿床成矿岩体中的熔体包裹体时发现，随着岩浆中矿物的分离结晶，熔体中的金和其他成矿元素（如铜、铅、锌）含量也逐渐增加，证明了矿物的分离结晶可以使残余熔体更加富集成矿元素。对于斑岩型矿床，初始岩浆发生角闪石、斜长石、钾长石、磁铁矿、榍石、磷灰石等矿物的分离结晶，而 Cu、Mo 作为不相容元素，会在残余熔体中富集，这一过程可通过不同期次角闪石的原位微区微量元素含量的测定来示踪（蒋少涌等，2019）。Duan 和 Jiang（2017）通过对铜绿山成矿岩体不同期次角闪石的研究，发现早期在深部岩浆房结晶的角闪石 Cu 含量比晚期角闪石低得多，也就是说晚期岩浆的 Cu 含量上升了，而 Li 含量的变化趋势与 Cu 正好相反。岩浆演化过程中，在晚期岩浆中更加富集 Cu 从而有利于成矿。晚期角闪石 Li 含量的降低则可能受分离结晶作用控制。

Tartèse 和 Boulvais（2010）研究了欧洲海西造山带具有相同地质历史、相同构造环境、相同体积、但侵入在地壳不同深度的两个石炭纪过铝质淡色花岗岩，提出侵位深度的不同制约了其分异程度。经历较长搬运距离的浅就位花岗岩暗色矿物含量更低，SiO_2 含量和铝饱和指数较高，在一系列地球化学指标上也显示出更高程度分异作用的特点，表明更长距离的上侵也是花岗岩浆发生分异作用的重要途径。

3）不同地区花岗岩的成矿是否受构造背景控制？

不同构造背景是如何控制成矿的？不同矿种的成矿构造背景有何规律？一直是矿床学家关注的问题。与稀有金属有关的高分异花岗岩，在大型岩浆房中它的出现主要与其源区物质、源区条件如高温及富挥发分等相关，而沿伸展构造的侵位也是其能够发生强结晶分异作用的重要控制因素。再以斑岩型矿床为例，大量研究表明俯冲环境有利于成矿并建立了俯冲岩浆弧环境斑岩成矿理论（Sillitoe，2010），如在太平洋东岸科迪勒拉造山带和安第斯造山带陆缘弧就有铜储量在千万吨级的矿床十余个,沿太平洋西岸岛弧带也产出数个特大型斑岩铜金矿床。而我国学者则总结了大陆环境斑岩大规模成矿规律,建立了陆陆碰撞造山成矿理论(陈衍景等,1999;Hou and Zhang,2015)。

4)不同时代的花岗岩成矿专属性有无规律?

同一构造带同一类型的花岗岩,其成矿与否及成矿专属性往往表现各异,其原因值得深究。以斑岩型矿床为例,我们知道显生宙弧岩浆普遍是富水和中度氧化的,这些岩浆易形成斑岩 Cu±Au±Mo 矿床。但人们发现寒武纪斑岩型铜矿十分稀少,有学者提出寒武纪的还原条件不利于斑岩型铜矿的形成,导致该类矿床稀少(Evans and Tomkins,2011)。当然,目前很少发现寒武纪和更早时期的斑岩铜矿床的另外一个原因可能是因为斑岩型矿床通常形成较浅,在后期地壳隆升和剥蚀过程中被剥蚀破坏而难以保存至今。又例如,特提斯造山带斑岩型 Cu±Au±Mo 矿床大多数是中-新生代中新特提斯洋盆俯冲形成的,很少发现与古特提斯俯冲有关的矿床,Richards 和 Sengor(2017)认为这与古特提斯海盆缺氧事件有关,古特提斯弧岩浆氧化条件弱,斑岩铜矿形成的能力低。因此,不同时代的花岗岩成矿专属性及成矿潜力需综合考虑多种地质因素。

5)花岗岩成矿条件与成矿规律总结与找矿勘查应用

对不同类型花岗岩的成矿条件与成矿规律的正确认识有利于找矿勘查工作,但建立客观实用的找矿指示标志是一件具有挑战性的工作。有学者发现埃达克岩与 Cu-Au 成矿关系密切,故而提出"先找埃达克岩,再找 Cu-Au 矿"的观点(张旗等,2004)。也有学者提出富 H_2O 和高氧逸度岩浆是形成斑岩型 Cu-Au 矿床的重要条件,因此厘定相关岩体的氧逸度和含水性是评价其成矿潜力及成矿规模的前提(Richards et al.,2012)。成矿斑岩体在成 Cu 或成 Au 方面也常表现出不同的专属性,已有的研究表明 Cu 主要以 $CuCl_2$、CuCl 等络合物的形式在液相中富集与运移,Au 在还原条件下主要以 AuHS、$Au(HS)_2^-$ 等形式迁移。因此,揭示这些元素迁移形式的差异,厘定斑岩-浅成低温热液成矿系统演化过程中这两种元素共生分离的机制,有助于科学家找矿勘查。在钨矿勘查领域,我国学者通过对花岗岩 W 矿床相关的矿脉形态和空间分布规律性的总结,提出的"五层楼"或"五层楼+地下室"成矿模型，也已广泛应用于找矿实践中。

3. 主要研究方向和应对策略

1）主要研究方向

围绕上述存在问题，未来研究的主要方向应包括：成矿花岗岩的岩浆源区特征研究、花岗质岩浆分异演化过程及其与成矿的关系研究、花岗岩形成的大地构造背景及其对不同类型矿床的控制作用研究、不同时代的花岗岩成矿专属性研究、花岗岩成矿条件与成矿规律研究，以及与花岗岩有关矿床的找矿理论研究与勘查评价技术研发等。

2）应对策略

（1）精细的矿物学研究。花岗岩中的造岩矿物（云母、长石、石英）和多种副矿物（如锆石、磷灰石、独居石、铌钽矿）等可以记录岩浆演化历史，通过精细的矿物学研究可以反演岩浆热液演化。此外，不同阶段的矿物中熔体包裹体往往能反映花岗岩源区特征，以及岩浆演化过程中成矿元素的富集过程，能更好地判断成矿母岩。

（2）高精度原位微区元素和同位素分析与定年。高分异花岗岩中的锆石，在阴极发光图像下常为黑色，指示较高的铀含量，SIMS 等高分辨率分析方法对于高铀锆石常会受到基质效应的影响，从而导致年龄不可靠（偏老）。LA-ICP-MS 方法可以获得更为精确的年龄，但需要开发更小束斑的方法。同时应加强花岗岩中特征矿物的高精度原位微区元素和同位素分析方法的开发及其在成矿规律研究中的有效应用。

（3）不同类型和成因的花岗岩识别。不同矿种往往与不同类型的花岗岩有关，如稀有金属通常都与高分异花岗岩有关，如何识别和鉴定高分异花岗岩显得尤为重要。应包括：①花岗岩形态特征识别，平面上高分异花岗岩主要位于岩体的中心部位，剖面上高分异花岗岩主要位于岩体的顶部；部分分异程度高的岩体，从底部到顶部呈现从正常花岗岩向微斜长石花岗岩、天河石花岗岩、锂云母花岗岩、云英岩的岩相变化；②矿物学特征识别，一些特征矿物如绿柱石和铌钽矿是高分异花岗岩中常见的标志性矿物；③地球化学特征识别，SiO_2 和 MgO 含量、含镁指数（$Mg^\#$）、分异指数（differentiation index，DI）、固结指数（solidification index，SI）、特征元素对比值（如 K/Rb、Zr/Hf、Nb/Ta）等都是衡量岩浆结晶分异作用的重要指标。总之，应依靠地质学、岩石学、矿物学和地球化学等多方面的综合指标进行判断。

（4）多地球化学指标指示成矿潜力与成矿差异。对岩浆成矿能力最简单的评价方法就是岩石中金属矿物的富集及主微量元素含量及元素对比值的高低。以古、新特堤斯成矿带为例，研究表明 Cu 和 MgO 的分馏图显示古特提斯花岗岩的铜相对于新特提斯岩组的铜含量始终较低，这表明其成矿的可能性较低。另外与古特提斯相比，新特提斯花岗岩的 V/Sc 值和 Sr/Y 值较高，表明了更高的岩浆氧化态和水含量，显示具有更大的斑岩铜矿床的形成潜力。最近也有学者提出，对斑岩成矿体系中广泛存在的白云母开展短波红外光谱、电子探针和激光烧蚀 – 电感耦合等离子体质谱综合分析，可以作为指示矿化斑岩系统中心的指标（Uribe-Mogollon and Maher，2020）。对长江中下游地区鄂东南和九瑞矿集区花岗岩的系统对比研究表明，成矿岩体和不成矿岩体在矿物组成、主微量元素成分及成岩年龄上并无明显差异，而氧逸度、岩浆侵位深度、温度等因素对岩体含矿性起关键作用，成矿岩体一般具有较高的氧逸度、较低的形成压力（<4kbar）和较浅的侵位深度，此外成矿岩体也往往具有比不成矿岩体更高比例的幔源物质贡献（蒋少涌等，2019）。

（二）科学挑战 13：花岗质岩浆 – 热液中矿质的生、运、储过程与机制

1. 科学挑战的提出

矿床的形成，包括成矿物质来源、搬运及沉淀，都离不开流体，没有流体就没有热液矿床。与花岗质岩浆有关的金属矿床绝大多数是岩浆 – 热液矿床，其中以斑岩 – 浅成低温热液铜金钼多金属矿床和与花岗岩有关的钨锡稀有金属矿床为主要代表。成矿流体对这些金属矿床的形成起到不可替代的、决定性作用。成矿元素在岩浆中如何富集？在热液流体中如何迁移？在成矿部位如何卸载？是理解此类矿床成因机制的核心问题。近 20 年来，对花岗质岩浆 – 热液成矿过程研究的革命性突破主要来自两个方面：①对现代活动岩浆 – 热液矿床或同类型地热系统的直接观察和测量，如巴布亚新几内亚拉多拉姆（Ladolam）金矿（Simmons and Brown，2006）、SuSu Knolls 地热区（Yeats et al.，2014）及新西兰陶波（Taupo）火山岩带地热钻井（Simmons et al.，2016）等；②通过单个流体 / 熔体包裹体成分分析技术直接获取古岩

浆-热液成矿系统中的熔体和流体成分信息（如 Heinrich et al., 2003），从而实现对成矿元素在上地壳演化过程的追踪；③通过高温高压实验模拟揭示不同温压条件和氧逸度、硫逸度等条件下各种金属元素的迁移形式、分配系数和沉淀机制等（Jugo et al., 2005; Seo et al., 2012; Zajacz et al., 2012; Hsu et al., 2019）。上述三个方面的研究进展极大地促进了对花岗质岩浆-热液成矿系统中矿质初始富集、迁移过程和卸载机制的深入认识，同时也提出了新的挑战。

2. 当前形势与存在问题

1）花岗质岩浆-热液中矿质的初始富集

与花岗岩有关岩浆-热液矿床经历了复杂的形成过程，包括上地壳岩浆房侵位、成矿流体出溶、流体-矿物相互作用、流体聚集迁移和矿质沉淀等。在形成最终热液成矿流体运移矿质之前，岩浆过程及岩浆到流体的过渡过程均对矿质具有富集作用，对成矿禀赋和矿化潜力产生重要影响。

（1）岩浆过程对矿质富集的影响。成矿花岗岩在形成过程中会经历多种岩浆过程，包括分离结晶、岩浆混合和不混溶等，均会对金属富集过程产生影响。分离结晶过程已经被证实对 Mo、W、Sn 等成矿元素的富集有重要作用，通过对斑岩 Mo 矿［如美国克莱马克斯（Climax）钼矿］及与花岗岩有关的 W/Sn 矿［如澳大利亚莫尔花岗岩（Mole Granite）钨锡矿］的不同演化程度的熔体包裹体成分研究显示，矿质含量呈现出随岩浆分异程度增高而显著富集的趋势（Audétat et al., 2000; Audétat, 2015）。一些矿床实例的研究还指出分离结晶过程有利于 Au 的富集，并以此来解释与侵入体相关金矿的形成，如澳大利亚的提巴拉金矿床（Mustard et al., 2006）。基性岩浆与酸性岩浆的混合在斑岩 Cu 矿的岩浆演化过程中普遍存在，基性端元具有明显高的 Cu 含量（高于酸性端元近 10 倍）和水含量（大于 6 wt%），而酸性端元则保存富硫矿物（如硬石膏），因此岩浆混合过程中基性岩浆的加入为成矿提供了大量的金属和 H_2O，而酸性端元可能补充提供了成矿所必需的硫（Halter et al., 2004, 2005）。岩浆在演化程度很高时出现的不混溶现象同样会引起矿质的富集。例如，在埃伦弗里德斯多夫和锡林伟晶岩中发现了显著的熔体成分不均一的现象，由相对贫水、富 F 和富 Al 为特征的和富水、相对贫 F 和富碱为特征的两端元组成（Thomas et al., 2006）；对两种不混溶熔体的成分测定结果表明，在富水富碱端元中显著富集各类金属元素（Li、Be、Zn、Sn、W、Nb、Ta 等），对成矿具有积极意义（Borisova et al.，2012）。某些金属（如 Nb、Ta 等）在岩浆演化阶段就可以直接成矿。尽管在富流体环境中存在对 Nb-Ta 矿化的活化和叠加，与花岗岩有关的浸染状 Nb-Ta 矿化主要形成于岩浆阶段（Cerný et al.，2005；Zhu et al.，2015），熔体包裹体成分数据也支持了晚期熔体富 Nb-Ta 的特征（Agangi et al.，2014）。

（2）岩浆到流体过渡过程对矿质富集的作用。London（1986）较早使用超临界流体描述岩浆到流体的过渡，此后其强大的金属富集能力越来越受到研究者的关注。伟晶岩相关的 Li、Be、Rb、Cs 等矿床的形成直接与此过程相关，这些稀有金属通常在地壳的丰度仅为几 ppm，在强烈岩浆演化和流体出溶后，其含量显著富集可达到上百 ppm，并在岩浆到流体过渡阶段直接成矿（London，2018）。另外，稀土矿床中也有在伟晶岩阶段成矿现象的报道，并且在包裹体中检测到超高的稀土元素含量（Xie et al.，2015）。对于其他类型的矿床，虽然在此阶段没有直接成矿，但是也有显著的金属富集作用，此过程被成矿岩体中的熔体及共生的初始流体包裹体所记录。这一现象在斑岩 Cu 矿、斑岩 Mo 矿及与花岗岩有关 Sn-W 矿床中普遍存在，如迪尼基德（Dinikidi）（Kamenetsky et al.，1999）、Bajo de la Alumbrera（Harris et al.，2003）和 Climax（Audétat，2015）等。通过共生的熔体和流体包裹体计算出各种金属元素在岩浆和热液中的分配系数表明：流体中 Cu 含量可提高近百倍，Mo 与 W 也富集 10 倍以上，指示流体出溶过程对金属具有显著的富集作用。此外，该过程也决定了金属络合剂的分配进而影响金属的富集。Hsu 等（2019）评估了不同条件（如温度、压力和 CO_2）对最重要金属络合剂 Cl 在熔体-流体过程中的分配行为，结果表明 CO_2 的加入会显著抑制出溶流体中 Cl 和与 Cl 络合的 Cu、Ag、Pb、Zn 等成矿金属浓度，故而解释了与花岗岩有关的 Cu、Ag、Pb、Zn 等矿床成矿流体大多不含或仅含少量 CO_2 的原因。

（3）矿质在成矿与贫矿体系中的初始差异。一直以来，成矿与贫矿的岩浆－热液系统是否存在显著的成矿元素含量差异，是成矿机制研究关注的核心问题。通过熔体包裹体获得的矿质含量及温度压力等信息可以用于对比不同类型的岩浆－热液系统，并以此判断成矿潜力。最近，Audétat 等学者针对斑岩型 Mo 矿相关的成矿和贫矿体系熔体包裹体开展了一系列开创性工作，发现成矿与贫矿体系岩浆在 Mo 的初始含量上并没有系统差异，指出斑岩 Mo 成矿体系岩浆中没有超常的 Mo 富集；而通过对比岩浆房体积、侵位深度、岩浆温度和黏度等方面，发现成矿岩浆的黏度均显著低于花岗岩的平均值，表明低黏度的岩浆可能有利于矿质的循环和提取，进而有利于成矿（Lerchbaumer and Audétat，2013；Audétat，2015；Audétat and Li，2017）。对于斑岩 Cu 矿相关的成矿与贫矿体系，由于存在岩浆混合现象，需要全面考虑各个端元岩浆成分及混合比例等多方面信息。目前，对美国宾厄姆等三个成矿体系与岛弧背景下的七个贫矿体系的初步对比研究表明：成矿体系和贫矿体系无论在 Cu 含量或混合比例方面均未体现出明显差异，表明斑岩 Cu 矿成矿岩浆并不显著富铜（Zhang and Audétat，2017）。

2）花岗质岩浆热液中矿质的运移过程

近年来，对花岗质岩浆热液中矿质运移过程的研究主要取得了三个方面的创新认识，包括热液中矿质的运载能力、金属的气相迁移机制和 CO_2 对金属迁移的作用。

（1）热液中矿质的运载能力。对现代地热区岩浆–热液矿床的直接观察和测定，提供了有关成矿物质在热液流体中运载能力的直观认识。位于巴布亚新几内亚利希尔（Lihir）岛上的拉多拉姆（Ladolam）金矿是目前已知唯一且正在开采的活动浅成低温热液矿床，已探明金储量达 1300t，且成矿作用仍然在持续进行之中。Simmons 和 Brown（2006）率先获取并分析了拉多拉姆金矿地热钻井中 1km 深处的热卤水，结果表明成矿流体为一类中性–偏碱性，盐度在 5%～10% NaCl 当量的中温流体。该流体中富含各类成矿元素和挥发分，其中金元素高度富集，金的平均浓度达到 15ppb。按照目前的热卤水流量，仅需 55000 年即可形成当前规模的矿床。除了少数活动案例外，对古岩浆-热液流体的矿质运载能力研究主要依赖于单个流体包裹体的成分分析。通过对墨西哥弗雷斯尼约（Fresnillo）地区超大型浅成低温热液银多金属矿床开展单个流体包裹体成分分析，Wilkinson 等（2013）首次报道了此类矿床成矿流体中的矿质含量。成矿流体中银含量平均为 14ppm，最高可达 27ppm，其在热液中的含量显著高于预期，而估测的成矿时限仅需 500 年甚至更短。据此，该研究认为高品位的超大型矿床可以由异常富集矿质的流体在很短时间内形成。最近，Audétat（2019）总结了近 20 年来已发表的 25 例与花岗岩有关岩浆-热液系统的流体成分数据，包括斑岩型铜钼矿床、与花岗岩有关钨锡铀稀土矿床和非成矿花岗岩，并在此基础上系统分析了不同成矿元素在热液中的含量与成矿潜力的相关性。分析结果显示，流体中 Cu 和 Sn 的浓度与热液系统的成矿潜力呈明显正相关，W 和 REE 的浓度与成矿潜力亦呈较弱的正相关，而 Mo 元素则不存在上述相关性。这表明，与非成矿系统相比，成矿热液对多数成矿元素确实具有更高的运载能力，但少数非成矿热液亦可具有较高的金属含量，暗示成矿热液系统的成矿潜力还与其他因素有关。

（2）金属的气相迁移机制。斑岩型矿床与浅成低温热液矿床通常具有密切的时空联系，大量研究表明二者为同一岩浆-热液系统在不同空间部位成矿元素卸载的产物（如 Hedenquist et al., 1998；Sillitoe, 2010）。虽然这两类矿床间的成因联系已得到较充分的认识，但矿质到底是如何从斑岩成矿域迁移到浅成低温热液成矿域一直存在较大争议。依靠单个包裹体成分分析技术，Heinrich 等（1999）首次系统揭示了成矿元素在流体"沸腾"过程中的分配行为；Heinrich 等（2004）根据斑岩矿床沸腾包裹体组合中 Au、Cu 等元素高度富集于低密度气相的测试结果，提出 Au 从斑岩到浅成低温热液成矿域的"气相迁移"理论。随后，Williams-Jones 和 Heinrich（2005）、Heinrich（2005）从活动地热系统观测结果、典型矿床地质特征、流体相变过程重建和矿质溶解度实验模拟等多个角度系统论证了低密度气相对 Au、Cu 的有效迁移能力，并阐述了成矿流体从斑岩向浅成低温热液成矿域的迁移机制，即岩浆释放的初始成矿流体首先在深部发生"沸腾"形成斑岩型 Cu 矿化，该过程中很大一部分 Au、Cu、S 等成矿元素进入低密度气相；随后，富含成矿元素的低密度气相可在更低渗透率的岩石中进行更长距离的迁移，迁移过程中不再进入两相区，而是逐渐冷却收缩直到到达浅成低温热液成矿域。最近，Large 等（2016）通过单个包裹体成分分析首次获取了美国内华达（Nevada）地区卡林型 Au 矿的成矿流体成分信息，结果显示卡林型成矿流体具有高 As、B 特征，与附近斑岩 Cu 矿中流体沸腾产生的低密度气相成分一致。据此，该研究推断卡林型 Au 矿成矿流体亦来自深部岩浆，并由低密度气相流体迁移至浅部成矿，从而进一步证实了 Au 的"气相迁移"机制。

（3）CO_2 对金属迁移的作用。CO_2 是绝大多数岩浆-热液矿床成矿流体中的常见组分，其对成矿金属在流体中分配和迁移的影响备受关注。最近，Kokh 等（2016）首次通过水热实验定量分析了热液中 CO_2 浓度对金属在不混溶过程中分配行为的影响，发现在无 S 体系中 CO_2 的增加仅略微抑制 Cu、Fe 进入气相，但可以显著促进 Pt、Au 进入气相；在富 S 体系中，还原 S 的加入极大地增加了 Au、Mo、Cu、Fe 等元素进入气相的能力，但 CO_2 对各类金属的分配系数几乎没有影响，仅能扩展不混溶区的压力和温度范围。随后，Kokh 等（2017）进一步开展了单相热液流体中 CO_2 含量与各类金属溶解度关系的实验研究，发现 CO_2 对金属溶解度的影响还与 S 含量和氧逸度等变量有关，其中对于斑岩成矿系统特征的氧化性高盐度富 S 流体，少量 CO_2（<20wt%）的加入都会导致 Cu、Au、Fe 溶解度的显著降低，而 Mo、Sn 等元素在不同热液条件中的溶解度基本不受 CO_2 含量影响。近年来，CO_2 对 W 在热液中迁移的作用也受到了更多关注。由于 W 在热液中主要以简单钨酸或碱性钨酸盐离子对形式迁移，尚未发现存在 W 与 CO_2 的络合物（Wood and Samson，2000），且早先的红外显微研究并未在黑钨矿中观察到 CO_2 存在的证据（Ni et al., 2015），因此即便富 CO_2 流体在与花岗岩有关 W-Sn 矿床中较常见，其对 W 的迁移作用在很长一段时间内并未引起足够重视。最近，Li 等（2017）、Chen 等（2018）及 Pan 等（2019b）通过细致的红外测温学研究，在南岭地区石英脉型黑钨矿床的黑钨矿中发现了原生含 CO_2 和富 CO_2 包裹体，表明 CO_2 仍有可能参与了 W 的迁移过程。刘永超等（2017）和 Li 等（2018）则利用热液金刚石压腔开展了黑钨矿在高温高压及 CO_2 存在条件下的溶解结晶实验，观测到黑钨矿的溶解度与体系内 CO_2 的相对含量成正相关。

3）花岗质岩浆热液中矿质的卸载机制

当携带金属元素的成矿流体运移到合适部位时，通过卸载的方式沉淀金属，形成具有经济价值的矿体。引起金属元素从流体中沉淀的决定因素是金属络合物的溶解度和稳定性，溶解度降低或稳定性破坏，可以导致成矿元素的卸载富集，从而形成矿床。花岗质岩浆热液矿床中最常见的矿质卸载方式主要有：流体冷却、流体沸腾或不混溶、流体混合及水岩反应。

（1）流体冷却。斑岩 Cu 矿含矿石英脉中往往记录了大量共生卤水和气相包裹体的沸腾组合，因此长期以来流体沸腾被认为是斑岩 Cu 矿形成的主要机制。但是，近年来的流体过程精细研究对这一认识提出了不同看法。通过对斑岩 Cu 矿含矿石英脉开展详细的石英阴极发光成像研究，Landtwing 等（2005，2010）率先揭示了脉石英多阶段溶解和再沉淀的复杂过程，而 Cu 硫化物的沉淀并非伴随主石英世代的形成，而是与石英溶解过程相关。进一步对比黄铜矿沉淀前后的流体元素成分可以发现，黄铜矿沉淀发生在 350～425℃的狭小温度区间内，主要受控于流体冷却而非沸腾。此外，流体冷却也可能控制了与花岗岩有关 W-Sn 矿床中黑钨矿的沉淀。Ni 等（2015）首次对南岭地区多个石英脉型黑钨矿床的黑钨矿中包裹体开展了红外显微测温研究，结果表明黑钨矿中流体包裹体总体盐度变化小，但温度差异明显，指示了黑钨矿沉淀过程中流体的简单冷却，与前人有关 W 在热液中的溶解度模拟结果相吻合（Heinrich，1990）。

（2）流体沸腾或不混溶。流体沸腾或不混溶是岩浆－热液矿床中最普遍存在的一类矿质卸载机制。沸腾作用可导致成矿元素的再分配，同时造成流体中 H_2、CO_2、H_2S 等挥发分逃逸，使流体中 pH、氧逸度及金属硫化物稳定性发生剧烈变化，进而导致矿质沉淀。在浅成低温热液矿床中，沸腾作用导致金属卸载的直接证据来自对活动地热钻井的观测。例如，在新西兰的高压地热钻井中观察到剧烈沸腾的流体可以在沸腾部位快速卸载 Cu、Au、Ag 等金属矿物（Simmons et al.，2016）。值得一提的是，近年来我国学者通过对斑岩 Mo 矿开展系统的流体研究，揭示了以富 CO_2 流体不混溶为主导的辉钼矿沉淀机制（Chen et al.，2016；Ni et al.，2017），从而打破了斑岩型矿床成矿过程通常缺少 CO_2 参与的传统认识。此外，流体沸腾在与花岗岩有关的钨锡矿床中亦可作为黑钨矿和锡石的主要沉淀机制。最近，Korges 等（2018）对德国津瓦尔德－基诺维奇（Zinnwald-Cínovec）石英脉型 Sn-W 矿床开展了详细的流体包裹体研究，首次在黑钨矿中识别出沸腾包裹体组合，并结合测温和流体成分数据提出岩浆流体的剧烈沸腾是导致黑钨矿和锡石沉淀的主要控制因素。Pan 等（2019b）对南岭瑶岗仙钨矿中共生黑钨矿和石英晶体开展了精细的岩相学工作，重建了黑钨矿和石英的多阶段沉淀过程。对黑钨矿和共生石英中的包裹体成分分析结果显示，黑钨矿沉淀时的成矿流体相比于沉淀前明显亏损 B、As、S 等元素和 CO_2、CH_4 等挥发分，暗示黑钨矿沉淀由流体沸腾或不混溶引发。

（3）流体混合。虽然流体混合广泛存在于各类岩浆－热液成矿过程之中，但明确由流体混合导致矿质沉淀的案例并不常见。在一些与花岗岩有关的钨锡矿床中，流体混合被证实为控制锡石沉淀的关键因素。Audetat 等（1998）对澳大利亚莫尔花岗岩地区杨克（Yankee Lode）富锡多金属石英脉开展了成矿流体精细解剖，在与锡石伴生的石英晶体中共识别出 28 个连续流体捕获事件，并归为三大流体作用阶段。对不同阶段流体包裹体开展的显微测温和 LA-ICP-MS 元素成分精确测定表明，尽管低密度气相和高密度卤水组成的"沸腾组合"广泛出现，但是锡的成矿作用并不是由成矿流体的"沸腾"作用造成的，而是在晚阶段由岩浆流体与大气降水的混合所致。

（4）水岩反应。水岩反应可以通过与成矿流体进行物质交换，从而改变流体 pH、氧逸度及提供金属沉淀剂等促使矿质沉淀。通常来看，成矿金属元素往往以阳离子形式与 Cl⁻、HS⁻ 等阴离子形成络合物迁移。与大多数以 Cl⁻、HS⁻ 等阴离子形成络合物迁移的成矿金属元素不同，W 本身就是以氧化物阴离子形式迁移（Wood and Samson，2000），因此钨矿物的沉淀格外依赖于金属阳离子（Fe、Mn、Ca）的加入。在与花岗岩有关钨矿床中，围岩性质对钨的沉淀和矿化类型可能具有至关重要的控制作用，虽然这一观点很早就被提出（如徐克勤，1957），但直到最近才得以进一步证实。Lecumberri-Sanchez 等（2017）通过对比葡萄牙帕纳斯奎拉（Panasqueira）矿区黑钨矿石英脉中的流体包裹体和蚀变围岩的元素成分，发现流体中虽含有可观的 W 含量，但 Fe 含量过低不足以形成黑钨矿，而脉体两侧围岩中存在明显的 Fe 亏损，指示围岩中 Fe 的加入是控制黑钨矿沉淀的决定性因素。类似的原理也被用于解释卡林型 Au 矿的成矿机制，即围岩中 Fe 的加入促使黄铁矿和毒砂形成，进而导致 Au 的络合物失稳沉淀（如 Large et al.，2016）。

3. 主要研究方向和应对策略

围绕当前存在的主要问题，今后的主要研究方向应该集中在三个方面，即加强岩浆过程及岩浆－热液转换过程金属元素富集行为的研究；加强岩浆热液过程金属元素迁移形式及影响因素的研究；加强岩浆热液过程金属元素卸载方式及影响因素的研究。

1）加强岩浆过程及岩浆－热液转换过程金属元素富集行为的研究

前人对 Cu、Mo、Sn 等成矿元素在岩浆阶段和熔体－流体过渡阶段的富集过程，以及控制因素方面开展了卓有成效的研究，但是对其他金属成矿元素（如 W、Li、Be、Nb、Ta 和 REE）的研究较缺乏。此外，有关成矿与贫矿花岗质岩浆热液系统的矿质富集程度差异方面，亟待更多精细的解剖工作对之进行补充和检验。可以采用天然矿物中熔体、流体包裹体 LA-ICP-MS 成分分析，SIMS 原位同位素成分研究等，辅助于高温高压合成实验等手段开展上述研究工作。

2）加强岩浆热液过程金属元素迁移形式及影响因素的研究

前人研究成果为成矿元素在花岗质岩浆热液中的运移过程提供了全新的认识，但也提出了新的挑战。例如，在成矿与非成矿热液系统的初始流体中 Mo 含量无显著差别，判断成矿与非成矿热液系统的标准仍需进一步完善；Cu 在石英中流体包裹体内快速扩散、富集现象的发现，导致 Cu 的"气相迁移"机制受到了一定质疑（Zajacz et al.,2009；Seo and Heinrich,2013）；CO_2 对 W、Sn 迁移的作用机制尚不明确，亟待进一步探索。因此，加强热液过程中金属元素迁移形式及影响因素的研究势在必行。可以采用 LA-ICP-MS 成分分析、热液流体的高温高压实验，辅助于流体性质的热力学计算模拟等手段开展上述研究工作。

3）加强岩浆热液过程金属元素卸载方式及影响因素的研究

前人通过对成矿流体的精细研究，揭示出花岗质岩浆热液中矿质多种卸载机制，取得了丰硕成果。但是，上述成矿机理对于具体的矿床是否具有普适性？不同金属元素、不同矿床成因类型是否存在多种成矿机制？什么样的机制处于主导地位？其影响、控制因素是什么？这些问题均是未来成矿机制研究的重点方向。可以采用深入的野外矿床地质研究和室内矿石结构构造研究，结合主微量元素、同位素、流体包裹体、热液实验模拟等研究手段开展上述研究工作。

（三）科学挑战 14：花岗岩与战略性关键金属矿产

1. 科学挑战的提出

战略性关键金属，简称"关键金属"（critical metals）或关键矿产资源（critical minerals）是国际上近年新提出的资源概念，是指现今社会必需、安全供应存在高风险的一类金属元素及其矿床的总称，它们对新能源、新材料、信息技术等新兴产业和国防军工等行业具有不可替代的重大用途。这些元素绝大部分都属于稀有金属（如 Li、Be、Rb、Cs、Nb、Ta、Zr、Hf、W、

Sn等)、稀土金属(La、Ce、Pr、Nd、Sm、Eu、Gd、Tb、Dy、Ho、Er、Tm、Yb、Lu、Sc、Y)、稀散金属(Ga、Ge、Se、Cd、In、Te、Re、Tl)和部分稀少稀贵金属(PGE、Co等)。

由于关键金属在新型能源、高新技术和国防军工广泛的应用，它们已成为欧美发达国家核心安全战略之一，近年来先后制订了各自的相关矿产的发展战略，美国地质调查局从过去的传统矿产资源转移到以关键矿产资源为核心的科学研究，以期通过研究来获得对关键金属的控制权，欧盟也从本国勘探开始着眼于世界范围内勘探增加储备。在新的时期，深入开展关键金属成矿机制研究对于国家的发展稳定至关重要。

2. 当前形势与存在问题

我国自改革开放以来，加快了工业化进程，以及工业转型和升级的步伐，围绕国家需求带动了关键矿产资源的勘探和研究，发现了一批我国的优势关键矿产资源。一方面，我国关键矿产资源的传统优势正面临挑战，如REE、Sn等矿产资源存在新矿产基地匮乏、找矿方向不明等严峻问题，我国关键矿产资源的对外依存度依然非常高（图4-12），严重影响了国家的经济和国防安全。另一方面，我国现阶段对关键金属的基础研究相对比较薄弱，战略统筹不足。关键金属以地壳丰度低、共伴生产出和赋存矿物颗粒小为主要特征，造成了认识关键金属矿床成矿机理、提高金属元素利用的难度。针对严峻的国际资源态势和国内资源需求的形势，国家不同层面也都纷纷启动各种应对措施，其中国家自然科学基金委员会设立重大研究计划，加强对关键金属成矿作用和高效利用的基础研究，2019年"战略性关键金属超常富集成矿动力学"重大研究计划获批，立足地球科学前沿和国家重大需求，瞄准我国重要的紧缺和优势关键矿产资源，以低丰度金属元素超常富集过程与驱动机制研究为主线，实现理论突破和技术创新，为发现新型资源、深度利用资源提供坚实的科学基础。

3. 主要研究方向和应对策略

1) 地球多圈层相互作用与花岗岩稀有金属岩浆富集的关系

稀有金属元素是关键金属的主要成员，它们的最大特点是"稀"，地壳丰度很低。与Fe和Al等大宗金属元素富集几倍就可成矿完全不同，稀有金

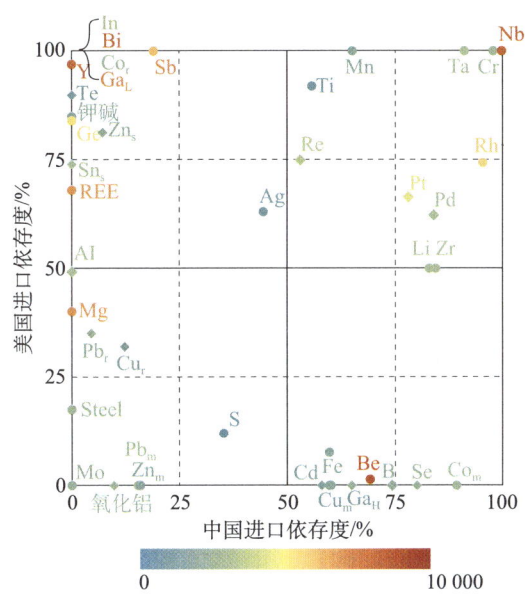

图 4-12　中美之间关键金属优势与紧缺程度对比图

资料来源：Gulley，2018

属元素需要数百至上万倍的超常富集，才能形成有价值的工业矿床，如含绿柱石伟晶岩中 Be 的平均含量大约 200ppm（Evensen and London，2002），而地壳中 Be 的平均含量仅为 2~3ppm。

目前对稀有金属元素富集行为的研究需要重点关注的是，驱动地球多圈层相互作用的地质事件，以及各圈层间的物质和能量循环等因素，如何从宏观上控制不同类型稀有金属矿床的形成与分布，以正确理解稀有金属花岗岩（包括花岗伟晶岩）的形成规律。主要包括：①稀有金属的壳幔地球化学行为，包括早期地球稀有金属特征、板块作用与稀有金属行为等；②部分熔融过程中稀有金属元素的再分配行为；③表生风化‐沉积作用与稀有金属元素富集。

2）花岗质熔体中关键金属地球化学性质

地壳中低丰度的稀有金属元素超常富集成矿，除受地球多圈层相互作用诱导的元素循环控制外，还深受岩浆过程的制约，是成矿驱动力、元素地球化学性状、元素源‐运‐聚过程最佳配合的结果。

与热液体系形成鲜明对比的是，岩浆体系中稀有金属存在形式的定量化认识目前尚很匮乏，其主要原因在于熔体体系的温度压力高、不确定因素多，使得通常的实验手段难以进行。金属元素在熔体中的存在形式同时受到岩浆类型、水含量、配体基团、温度、压力等物理化学条件的控制和影响。岩浆是稀有金属所处的载体，其中的 Na、K 含量直接影响岩浆的桥氧数量从而影响金属的配位（倪怀玮，2013），同时它们也会与稀有金属竞争配体基团，因此对其存在形式有直接的影响。配体基团、水含量不仅可以改变岩浆的属性如黏度从而影响金属的搬运，更为重要的是，它们可以参与到与稀有金属离子的配合反应中形成配合物。温度、压力对岩浆属性的影响是不言而喻的，同时它们也会影响金属元素所形成配合物的热力学稳定性。此外，这些因素往往交织在一起，同时施加作用，从实验上难以区分出单一因素的效果，因此很难揭示其底层机理。

配位地球化学是稀有金属最基础的地球化学性质，其中包括：稀有金属是以何种配合物形式赋存的，配合物的分子结构及与岩浆网络的溶剂化结构，它们的热力学稳定性（包括岩浆组成、水、配体基团、温压的效果）和在岩浆中的扩散性。稀有金属在熔体、热液、矿物中存在形式及其热力学属性的对比可以为认识熔体–流体、熔体–矿物之间的分配行为提供微观层次的信息，从而为认识岩浆之后的热液、成矿过程提供线索。孪生金属在高演化岩浆中配合物的微观结构和热力学的细微差异，能够为认识地质上观察到的分异（如 Nb-Ta 分异）提供基础（蒋少涌等，2019）。配合物的扩散性与所处岩浆的黏度共同制约成矿元素的迁移能力，从而可以用来认识稀有金属成矿中的分区（Vigneresse et al.，2019）。这些方面与稀有金属的富集机理直接相关，因此是目前亟待研究的课题。

3）稀有金属花岗岩的源区与地壳混染作用

全球稀有金属花岗岩、伟晶岩的分布具有明显的区域性特征，部分形成花岗岩成矿带，如西欧海西期稀有金属花岗岩带、南岭燕山期稀有金属花岗岩带、喜马拉雅期稀有金属花岗岩带，也有部分集中分布于一个区域，如与 Nb-Zr-REE 成矿有关的科拉半岛、格陵兰岛的碱性花岗岩。这种区域性特征有板块构造控制的大地构造背景，是一个花岗岩能否成矿的第一关键，如喜马拉雅淡色花岗岩带、川西–西昆仑伟晶岩带东西延伸都超过 2000km，每个带的成矿特征很相似，也应该有相似的源区。源区物质具有什么样的稀有金属初始富集特征，它们在部分熔融过程中的行为等，都需要进行实际样品的详细分析和成岩成矿高温高压实验研究。此外，还需要注意到，许多大型的稀有金属成矿花岗岩出露区的围岩都显示出相关稀有金属富集的特征，因此，在花岗质岩浆侵位、就位过程中是否发生显著的地壳混染作用也是值得高度关注的问题。

（四）科学挑战 15：花岗岩与成矿机制研究的技术革新

1. 科学挑战的提出

近 20 年来，同位素年代学技术在两方面取得了快速发展和长足进步：① 2003 年开始的深时国际合作计划（http://www.earth-time.org），极大地推进了高精度锆石 U-Pb 和含钾矿物 Ar/Ar 定年精度和准确度（优于 0.1%），使得同位素定年技术不仅可以确定地质作用发生的时间，而且可以研究地质作用发生的速率和过程；②以 SIMS、纳米离子探针和激光剥蚀-等离子体质谱（LA-Q/MC/HR-ICP-MS）为代表的现代微区分析技术快速发展及其在微区原位同位素年代学中的应用，实现了多种含 U、Th 矿物的微区原位定年和在微米尺度解析复杂地质作用的时间序列，极大地提高了定年分析的效率，为全面认识地球形成以来全球和区域重大地质作用和演化提供了大量高质量的年代学数据。当前，花岗岩成因与成矿机制的研究向更深层次发展，对新的分析测试技术提出了更高的要求，技术革新将是该领域科学研究的重要推动力。

2. 当前形势与存在问题

近年来新技术的发展进步已明显推动了花岗岩成因与成矿机制的研究，尤其是在定年和同位素示踪技术上，在以下三个方面极大地促进了花岗岩与成矿机制的深入研究，并引发了对花岗岩成因与成矿机制的更多思考。

1）岩浆侵位-结晶过程的高精度锆石 U-Pb 年代学

如前文所述，Coleman 等（2004）对内华达山脉著名的图奥勒米（Tuolumne）侵入岩套进行的高精度 ID-TIMS 锆石 U-Pb 定年研究，揭示了该岩套中不同侵入体的锆石 U-Pb 年龄为（85.4±0.1）Ma～（95.0±1）Ma，并且从外向内年龄逐渐变年轻，指示图奥勒米（Tuolumne）侵入岩套是由一系列不同期次小规模侵入体组成的，很可能不存在巨大规模的岩浆房。在此基础上可知，侵入岩套的地球化学组成变化不是前人认为的岩浆分离结晶作用的结果。该研究不仅为花岗岩的成分变化和侵位机制研究提供了新的思路，而且提出了一系列重要的科学问题，如岩浆房的时间-空间规模、单个侵入体的规模与演化时限、岩浆侵入增量与岩石组构的关系、基性和酸性岩浆的侵位速率差异等。

精细的年代学工作可以更好地帮助理解精细的岩浆过程。Schoene 等（2010）研发的 ID-TIMS 单颗锆石 U-Pb 精确定年和微量元素-Hf 同位素综合分析技术（U-Pb TIMS-TEA），对区分花岗岩中不同阶段锆石具有重要的作用。Schoene 等（2012）应用该技术精确测定了意大利北部阿达美罗（Adamello）岩基中拉戈德拉瓦卡（Lago della Vacca）杂岩不同岩石类型新成锆石的结晶年龄为 42.2～41.8Ma，其中基性岩结晶仅持续了 10～30ka，没有经历地壳物质同化混染；相反酸性岩结晶则持续了 300ka，并伴有同化混染。美国黄石公园最早和最大规模的火山喷发凝灰岩中透长石的 Ar/Ar 年龄为 2.0794±0.0046Ma，而锆石自生晶的 U-Pb 年龄为 2.0912±0.0037Ma，表明母岩浆在喷发前仅经历了约 10ka 的聚集和分异演化（Rivera et al.，2014）；印度尼西亚 74ka 多巴火山大喷发的岩浆房则经历了约 400ka 的演化（Reid and Vazquez，2017）。这些最新的成果显示酸性岩浆房的结晶演化时限介于几万至几十万年。高精度年代学和数值模拟综合研究限定了大型花岗岩基是由多期岩浆侵入形成的，单期岩浆的结晶固结时限一般不超过几十万年，两期岩浆之间没有明显的岩浆活动，岩浆房的体积与单期侵位岩浆量相当（Schöpa and Annen，2013；Barboni et al.，2015）。

2）岩浆-热液成矿过程精细锆石 U-Pb 年代学

von Quadt 等（2011）最早通过高精度 ID-TIMS 锆石 U-Pb 定年论证宾厄姆峡谷（Bingham Canyon）和巴乔德拉阿鲁姆贝拉（Bajo de la Alumbrera）斑岩矿床深部的岩浆房可能具有百万年尺度的活跃时间，但成矿作用相对较短，可能仅为几十万年或更短。然而，传统的年代学研究和数值模拟等给出的成矿作用时间则通常长达几百万年，亟待矿石矿物直接高精度定年进行验证。

以我国西藏驱龙超大型斑岩铜钼矿床为研究对象，Li 等（2017）基于详细的矿床地质研究及蚀变脉系统厘定，通过高精度 ID-TIMS 辉钼矿 Re-Os 和锆石 U-Pb 定年，获得巨量金属沉淀的时限为<266ka，具有明显的瞬时性，且成矿作用仅与规模较小的石英斑岩侵位有关。Li 等（2018）还进一步将高

精度定年与微区原位氧同位分析结合，定量重建了成矿流体的高时间分辨率演化过程，证明上述"瞬时"成矿作用还具有"幕式"特征，由三次持续时间仅为几万年的脉冲式成矿事件组成。这些观测结果暗示周期性含矿岩浆流体出溶主要受控于多期次岩浆热液补给和深部岩浆房结晶分异引起的水饱和等过程。

Buret 等（2017）对巴乔德拉阿鲁姆贝拉斑岩及火山系统开展了高精度 ID-TIMS 锆石 U-Pb 定年，结果显示凝灰岩与矿化近同时形成（仅比成矿作用晚 19±12ka），对应的长石环带结构暗示成矿作用和火山喷发均受深部岩浆房补给作用驱动，且补给事件可以在较短时间内多次发生。

3）花岗岩与成矿作用的其他富 U 矿物的高精度精确定年

与金属成矿作用有关的花岗岩通常是经历了高度结晶分异的高 Si 淡色花岗岩小岩体，成分上接近最低共熔组成，其中的锆石 U 含量非常高（>几千 μg/g），不适合于 U-Pb 精确定年，但这些花岗岩中通常含有独居石、磷钇矿等稀土磷酸盐副矿物。高精度 SIMS 独居石和磷钇矿 U-Th-Pb 定年技术研发（Li et al., 2013）为高分异花岗岩形成时代的精确定年提供了技术保障；而黑钨矿、锡石、铌锰矿、铌铁矿和钽铁矿等造矿矿物的微区原位 U-Pb 定年技术研发和应用，实现了稀有金属成矿时代的精确快速定年（Legros et al., 2019; Luo et al., 2019; Zhang et al., 2017）。近年来钙铁榴石和钙铝榴石 LA-ICP-MS 微区 U-Pb 定年技术的快速进步（Deng et al., 2017; Seman et al., 2017），实现了夕卡岩及相关成矿作用高精度快速定年。碱性岩常常与 REE、Nb 等成矿作用相关，独居石、氟碳铈矿和异性石等矿物高精度微区原位 U-Th-Pb 定年技术的研发（Wu et al., 2010），为碱性岩及相关的成矿年代提供了关键的方法。

3. 主要研究方向和应对策略

1）常规同位素体系的定年新突破

微区分析技术的高效率特征为准确限定大规模成岩-成矿作用的时代、动力学背景和控制机制提供了可靠的技术支撑。常规的同位素分析技术仍然是解决成岩成矿机制的重要手段，完善传统的分析技术是该研究领域发展的基本保障。这些技术在未来的发展方向可以概括如表 4-1 所示。

表 4-1 与花岗岩及成矿作用相关的常见定年技术

定年方法	适用对象	技术瓶颈	发展方向
U-Pb	锆石、斜锆石、榍石、独居石、磷灰石、石榴子石、锡石、白钨矿、黑钨矿、铌钽矿、氟碳铈矿等	高精度 CA-ID-TIMS 方法掌握在欧美发达国家的实验室；高普通铅样品的高空间分辨率分析成功率较低；微区分析缺乏某些基体匹配的标样（如 Th <1wt% 的独居石，热液矿床中很常见）	自主研发稀释剂，降低本底，攻关 ID-TIMS 高精度定年；研发多元素快速可视化与定年联用技术，提高成功率；研发涵盖更多自然界矿物成分的标样
Ar-Ar	透长石、云母、伊利石、流体包裹体等	辐照时间长标样缺乏	加强标准物质研究
Re-Os	辉钼矿、其他硫化物	高精度 ID-TIMS 定年技术主要掌握在欧美发达国家的实验室；除辉钼矿外，其他矿物定年成功率较低	自主研发稀释剂，降低本底，攻关 ID-TIMS 高精度定年；加强元素化学行为研究，提高成功率
Rb-Sr	常规（常量）矿物和岩石样品、硫化物、云母、磷灰石等	单矿物分析成功率低；超低含量、高空间分辨率微钻取样分析困难；原位分析技术仍待发展	提升单矿物分析效率；研发超低含量、高空间分辨率微钻分析方法和微区分析技术
Sm-Nd	石榴子石、独居石、磷灰石、磷钇矿、萤石等常规（常量）矿物和岩石样品等	除独居石、磷灰石外，其他矿物的高空间分辨率微钻取样分析困难	研发超低含量、高空间分辨率微钻分析方法
Lu-Hf	石榴子石、磷灰石、独居石等常规（常量）矿物和岩石样品等	超低含量、高空间分辨率微钻取样分析困难	研发超低含量、高空间分辨率微钻分析方法
扩散年代学	绝大多数矿物	纳米尺度高空间分辨率分析技术；已知扩散系数的元素非常有限	提高离子探针等分析技术的空间分辨率；通过实验和计算等方法确定扩散系数

注：以上除了扩散年代学外都是长周期放射性核素，短周期的未考虑（如 U 系不平衡、灭绝核素、放射性宇宙成因核素等）

2）发展微区原位元素-同位素快速分析与成像新技术

近年来发展和不断完善的矿物微量元素 LA-ICP-MS 面扫描分析技术具有样品制样简便、检测限低、分析效率高、成本低的优势，并可以对多元素同时进行成像分析，弥补了传统的电子探针和扫描电镜只能进行主量和次量元素成像分析的不足，为研究与成矿作用有关的微量元素的分布形式、赋存状态和成矿期次与规律等提供了重要的手段。Large 等（2009）最早报道了该技术及其在北美洲造山带型和卡林型金矿的黄铁矿中 Au 和其他微量元素的分布成像研究，在每个矿床中均揭示了两期 Au 富集，即早期沉积阶段不可见的细小 Au 在自生含砷黄铁矿中与 As、Ni、Pb、Zn、Ag、Mo、Te、V、Se 共同富集，以及晚期热液阶段的新生黄铁矿的裂隙中形成独立 Au 颗粒或在热液黄铁矿最外部形成 Au-As 富集边。卡林型热液金矿 Au 和 As 有非常密切的共生关系（Muntean et al.，2011；Kusebauch et al.，2019）。然而，Gao 等（2015）对加拿大阿比提比（Abitibi）绿岩带的几个热液金矿的黄铁矿微量元素 LA-ICP-MS 面扫描结果则显示 Au 和 As 没有密切的共生关系。

    SIMS 不仅是微米尺度高精度元素、同位素和 U-Th-Pb 定年的最有力技术，而且其离子扫描成像技术能够在微米尺度进行高分辨率同位素图像分析。Kusiak 等（2013）和 Ge 等（2018）分别用 SIMS 离子扫描成像技术研究了东南极始太古代纳皮尔（Napier）杂岩中锆石和西澳大利亚杰克山冥古宙碎屑锆石中 Pb 同位素的分布特征，发现锆石局部有放射成因 Pb 同位素的"富集"从而导致计算出的 U-Pb 年龄偏老和呈现出反向不谐和。NanoSIMS 具有更高的空间分辨率并已经越来越多地应用到地学研究的各个领域。Hu 等（2016）用 NanoSIMS 对锆石进行了 Pb、U 同位素图像分析，通过对某个特定区域图像的 $^{206}Pb/^{238}U$ 和 $^{207}Pb/^{206}Pb$ 进行积分可以获得约 2μm 超高空间分辨率的年龄信息。近几年来，应用透射电子显微镜分析测试热液磁铁矿，发现包括了纳米级透辉石、单斜顽火辉石、角闪石、云母、钛铁尖晶石及富钛磁铁矿，还在单个磁铁矿晶体中发现富铝（2wt%～3wt%）纳米级晶域（nanodomain），这将花岗岩类地球化学与相关矿床成因矿物学（如锆石、磷灰石、榍石、独居石、锡石、石榴子石等）研究拓展到更深层次的研究领域——纳米矿物地球化学研究。

    原子探针层析（或三维原子探针技术）是目前空间分辨率最高的分析测试技术，可以在＜1nm 的深度和平面分辨率下实现样品中主、微量元素和同位素的定量分析及其三维分布信息。该技术在材料科学领域已经得到广泛引用，并在近年来引入地球科学研究领域。Valley 等（2014）首次应用原子探针层析技术对杰克山 44 亿年前的碎屑锆石进行了单原子尺度元素和 Pb 同位素三维成像分析，在锆石晶体中观察到了大量均匀分布、富集 Y 并具有异常高 $^{207}Pb/^{206}Pb$ 值的纳米团簇。作者认为这些纳米尺度的异常团簇不足以造成在 20μm 空间分辨率下的 U-Pb 年龄分析。

3）深化非传统同位素示踪体系研究

进入 21 世纪以来，随着 MC-ICP-MS 和新一代热电离质谱仪（TRITON）的应用，非传统稳定同位素地球化学在高温地质过程的研究中取得快速发展。目前，有关花岗岩非传统稳定同位素的研究主要集中在制约重要地质储库的同位素组成，探究不同类型花岗岩中的同位素分馏行为和机理，也有一些工作开始关注金属矿床的成因。相关的应用性研究虽然还只是刚刚起步，但是现有的研究成果显示，非传统稳定同位素在精细刻画花岗质岩浆过程（分离结晶、流体出溶、熔体提取），以及成矿金属元素富集等方面具有广泛而独特的优势，值得开展更多的研究工作。

由于元素和同位素的性质差异，各种非传统稳定同位素在花岗质岩浆作用中的分馏体现了不同过程的影响，为示踪花岗岩的形成与演化，以及与花岗岩相关的成矿作用等过程提供了全新的手段。现有的研究表明矿物分离结晶可能不会造成显著的 Li 同位素分馏，但是热液过程可以导致强烈的 Li 同位素分馏（Teng et al., 2006；Li et al., 2018）。全球花岗岩的 Mg 同位素组成显示一定程度的不均一性（Liu et al., 2010；Telus et al., 2012），这可能反映了源区的不均一（Shen et al., 2009），而深熔作用和花岗质岩浆分异的影响可能不大（Liu et al., 2010；Li et al., 2010）。花岗岩的 Si 同位素组成同样受控于源区成分的变化，变沉积岩组分的加入使 S 型花岗岩具有比 I 型和 A 型花岗岩更轻的 Si 同位素组成（Savage et al., 2012；Liu et al., 2018）。Foden 等（2015）测试了不同类型花岗岩的 Fe 同位素组成，发现总体上 A 型花岗岩具有最重的 Fe 同位素组成，I 型花岗岩最轻，S 型花岗岩则介于两者之间，而同种类型中高 Si 花岗岩具有更高的 $\delta^{56}Fe$ 值，这可能是由矿物分离结晶及其伴随的体系氧化还原状态的变化导致的，晚期流体出溶也可能是重要的诱导因素（Telus et al., 2012）。与 Li、Mg 同位素相似，高温岩浆过程同样不会产生花岗岩 Cu 同位素组成的显著分馏，但是热液蚀变和源区不均一性则有可能改变花岗岩的 Cu 同位素组成（Li et al., 2009）。Nan 等（2018）同样观察到了花岗岩 Ba 同位素组成随分异程度升高而明显变轻的现象，这也可能是由富 Ba 矿物（云母）分离结晶或者热液流体控制的。最近 Deng 等（2021）发现山东回里花岗岩的 Ba 同位素组成随岩浆演化时钾长石的结晶而变重，且花岗岩中矿物之间处于同位素不平衡状态，暗示了矿物和熔体的提取分离过程。综上所述，应用多种非传统稳定同位素示踪复杂的花岗质岩浆及成矿过程很有潜力，未来的重点是对分馏机理和应用开展深入系统的研究。

第二节 学科发展的总体思路和发展目标

一、花岗岩成因与成矿机制发展的总体思路

如前所述，地球区别于太阳系其他行星的最重要标志之一就是产出大量的花岗岩。花岗岩是地壳演化程度的岩石学指标，大量花岗岩在地球的产出也表明地球是充满活力的星球。花岗岩的形成与地壳演化、深部地球、大陆风化和板块构造等多种因素有关，而且花岗岩在形成过程中，常伴随着有色金属、贵金属、稀有金属的产出，因此，花岗岩的研究具有重要的理论、经济和社会意义。

花岗岩成因与成矿机制作为地球科学领域和地质学科的核心内容，也是国际和国内地球科学领域优先发展的方向。我国在该领域研究的未来发展思路是：面向国家科技和经济发展的重大战略和重大需求，依托我国花岗岩特色及其伴生的优势矿产，从系统地球科学和行星演化的角度，以现代化的研究手段，深入探索花岗岩成因及与花岗岩形成有关的大陆形成和演化的重要科学问题，揭示与花岗岩有关的金属矿床成矿机制，以多学科融合来提升花岗岩研究的广度和深度，进一步扩大花岗岩成因与成矿机制在地球科学发展的影响力和引领作用。围绕这一思路，需要我们继续保持近年的科研投入和快速发展，继承和发扬地学工作者艰苦奋斗和勇于探索的品质，在科学数据、科研成果和队伍建设等方面继续取得佳绩，提升学科水平和国际影响力。

展望未来，根据花岗岩成因与成矿机制领域面临的科学挑战和科学问

题，结合当前的发展态势，今后在"新方法、新理论上寻找新的增长点"，"不同学科相互融合，促进花岗岩成因与成矿机制学科发展"这两个方向进行深入研究，有望取得新的突破。

（一）新方法、新理论上寻找新的增长点

将当前最新的分析测试方法，如高精度 ID-TIMS 矿物原位定年方法、非传统同位素示踪等，应用于花岗岩成因与成矿机制的研究，有助于更为精细地限定其岩浆成因和演化。此外，使用离散元数值模型，能够解决晶体尺度的颗粒相互作用和流体流动问题，模拟岩浆的开放系统动力学过程等。同时，可以应用岩浆动力学理论上分析岩浆的各种动力学性质、状态与过程，从而解释野外所观察到的现象；利用实验岩石学方面的理论，进行探索花岗质岩浆与成矿之间的联系。

（二）不同学科相互融合，促进花岗岩成因与成矿机制学科发展

将花岗岩成因与成矿机制作为地球系统科学中的一部分来进行研究，注重与地球物理、地球化学、材料科学、环境科学等不同学科之间的交叉，系统分析早期大气圈、水圈、陆圈和生物圈等之间的演化过程，了解宜居地球的形成，探索其他星体的形成演化。

（三）开展精细岩石矿床学研究，剖析花岗岩与成矿机制

在研究具体的岩石和成矿机制上，可以从以下多个角度取得突破。例如，针对花岗岩中发育的大量造岩矿物和副矿物开展精细的成因矿物学和找矿矿物学研究，判断花岗岩演化与成矿的关系，揭示花岗岩成矿潜力；通过高精度原位微区同位素分析，识别成矿过程及成矿时代；通过综合化学指标有效判断花岗岩成因类型和形成机制，研究成矿专属性和成矿潜力；通过实验岩石学、热力学模拟及地球物理等研究，反演花岗岩形成过程，了解花岗岩形成的全过程及控制因素；探讨花岗岩形成、大陆生长，以及元素循环和成矿效应，解释地质历史中重要的地壳快速增生或再造与成矿类型、成矿元素的耦合关系；利用非传统稳定同位素、SIMS 平台的高精度分析技术，为花岗岩与成矿研究提供全新视角和地球化学约束条件；加强花岗岩几何学和岩浆动力学研究，以及岩浆系统动力学研究，对岩浆形成、演化及就位的物理

过程进行深入理解；结合深空战略，开展类地行星的对比研究，深刻理解早期地球的板块构造启动、巨量地壳生长和 TTG 岩石形成，解开太古代巨量金矿、铀矿和条带状铁建造矿产形成之谜。

目前和今后一段时间，我国经济社会发展对矿产资源的刚性需求仍将保持在高位，但是某些主要矿产的资源储量增长速度有所放缓，找矿难度加大。由本调研项目催生的"战略性关键金属超常富集成矿动力学"国家自然科学基金委员会重大研究计划项目的启动，为我国"四稀"（稀有、稀土、稀散、稀贵）金属的成矿理论创新、成矿新类型发现、成矿远景区和成矿靶区圈定奠定了坚实基础。未来，有必要针对铜、金等花岗岩有关战略紧缺矿产开展面向地质找矿和综合开发利用的启动专项计划，服务国家重大需求，为国家战略安全提供资源保障。

二、学科新生长点

进入新时期的花岗岩学科应当转变发展思路，并寻找新的学科生长点。这些学科生长点，在研究思路上不能囿于传统的岩石地球化学认识花岗岩成因、分类和构造环境，在技术上应当建立更高精度、更高空间分辨率的研究方法和手段，在指导思想上必须要适应新时期国家战略需求，如对国家战略领域发展至关重要的与花岗岩有关的关键金属矿产，并对人类未来宜居环境相关的课题有前瞻性启示意义。基于这些考量，本节提出未来学科发展一些可能的新生长点。

（1）大陆形成和演化是地球科学的重要核心问题之一。稳定的大陆为生命的长期演化提供了稳定环境，而大陆长期演化与一些关键金属、贵金属等元素超常富集有关。针对这一问题，尽管国内外学者已经进行了长期的探讨，但是许多问题尚不清晰，如大陆是如何形成的？分离结晶和部分熔融作用，哪个才是大陆演化的主导机制？大陆的形成和演化与板块构造的关系如何？因此，大陆的形成和演化是未来花岗岩研究的长期的生长点。

（2）新技术、新方法的应用将为今后花岗岩研究注入新的生长动力。科学的进步离不开技术和方法的不断开发，今后可能推动花岗岩研究迈向新高度的新技术和新方法包括但不限于以下几点：更高空间分辨率的原位微区分析技术，如原子探针可以分析逐个原子来了解物质微区化学成分的不均匀性，并已在太古代锆石定年等方面得到应用（如 Valley et al.，2014）；更高精度的定年方法，如化学剥蚀 TIMS 锆石稀释法 U-Pb 定年能降低定年误差至 <0.1%（Schoene and Baxter，2017），可极大地提高岩浆结晶过程认识的时间分辨率，对于认识脉动式岩浆作用具有重要意义；更高精度和高空间分辨率的非传统稳定同位素分析测试方法（如 SIMS），空间分辨率达到微米级别。

（3）加强对花岗岩岩体的深部探测，特别是一些大型花岗岩岩基，以及与关键金属等矿床密切相关的岩体，以期查明岩体的生长过程，探测岩体生长、分异过程与金属成矿的联系，并理解其中所蕴含的地壳演化的信息。深部侵位的花岗岩体是开展上述研究的理想研究对象，利用野外地质调查和填图、EBSD 和 CT 研究矿物的定向组构、岩石磁组构分析，是理解大型花岗岩岩体侵位、生长过程的重要手段；还可采用地表-浅部地质调查与深部钻探、地震、电磁等地球物理探测相结合的方法，以及运用现代地球物理、科学深钻、遥感、地理信息、物理模拟与数值模拟等先进技术开展研究。

（4）有关太古宙花岗岩的形成与地外行星花岗岩方面的研究，是人们理解早期和未来地球演化的钥匙，这种演化如何影响表生环境的演变，进而影响人类未来的发展方向？将是未来潜在的学科增长点。

上述几方面的举例旨在抛砖引玉，以期国内花岗岩研究学者不断开拓思路、举一反三，在今后的花岗岩研究中，只有与大陆的形成与演化、国家战略性关键矿产资源，以及环境演变与人类长期发展等主题相结合，才能不断催生新的前沿热点和学科生长点。

三、学科发展目标

中国的花岗岩与成矿研究要瞄准地球科学领域的核心问题，注重多学科的联合研究，通过地质学与化学、物理学、数学、生物学、气候学、生态学等多学科的交叉，依照学科发展的总体思路，建议在以下四个方向重点投入。

（1）花岗岩起源与早期大陆形成：一方面要结合国家的深空探测计划，抓住国际上新一轮的深空探测热潮，利用好现有的花岗岩研究基础，推动我国地外花岗岩研究水平迅速发展和追赶国际先进水平。另一方面要立足于华南、华北和塔里木，在前寒武纪大陆生长的机制等关键科学问题方面提出具有影响力的理论模型。同时，还要将地外花岗岩和地球早期花岗岩研究相结合，探讨地球早期的演变过程和动力学机制。

（2）花岗岩与大陆演化：要将花岗岩与大陆构造紧密结合，既要将中国的花岗岩研究放入全球大陆构造的格局中，从更宏观的视角研究中国的花岗岩；也要从微观入手，从花岗岩组构、变形样式与流变特征了解大陆构造与地壳演化过程，以及花岗质岩浆的迁移、聚集、侵位和定位机制。花岗质岩浆与大陆的侧向和垂向增生均关系密切，要重点研究汇聚板块边缘、大陆碰撞带和陆内构造背景下花岗岩的形成与大陆的生长和再造过程。

（3）花岗岩的形成和演化过程：要在研究基础较好的花岗岩成因研究和花岗岩成因分类等方向上推陈出新，针对薄弱环节重点攻关。关注花岗质岩浆的演化及与酸性火山岩的联系是目前国际上花岗岩研究的一个重要趋势，我国是花岗岩-火山岩研究大国，随着分析测试手段迅猛发展，有望在这一方面取得有国际影响力的研究成果。花岗质岩浆动力学与侵位和增生机制研究是目前国际上比较关注而我国仍比较薄弱的领域，在未来要以学科交叉为导向，将我国花岗质岩浆动力学研究推向国际前沿。

（4）花岗岩成矿作用：要继续推动花岗岩的成矿专属性研究，立足于我国的优势金属矿产，结合新的分析测试手段，从物源、岩石类型和演化程度等方面深入解剖花岗岩的成矿专属性规律，综合理解成矿元素的富集和迁移过程。面对我国战略性新兴产业和国防军工行业快速发展对关键金属原材料的重大需求，要加强花岗岩与关键金属成矿作用的研究，摸清我国关键金属资源持有量，为提升我国对关键金属的国际竞争力和话语权提供科学依据。同时，针对花岗岩与关键金属相关研究中出现的科学问题，通过多学科融合、交叉协同攻关解决。

此外，还需将花岗岩与生物学、环境变迁、气候变化、生态变化、生命健康等学科方面相结合，真正拓宽花岗岩研究的范畴和宽度，服务国家需求和科学前沿。

总之，要瞄准未来学科发展的关键科学问题与挑战，围绕国家重大需求，努力建设人才队伍，营造创新环境，加大国际合作交流，将中国的花岗岩与成矿研究推上新的高度。

第三节 未来学科发展的重要研究方向

花岗岩成因与成矿机制研究在国际上经历了漫长的研究历程，我国改革开放以来，地质学及相关学科的研究得到了飞速发展。在21世纪的新阶段，学科的发展在一定程度上存在着"学科老化""发展乏力""竞争不强"的问题，面临着学科发展转型的重要转折期。因此，利用本次学科发展调研的契机，发动国内相关领域学者，共同思考花岗岩和成矿未来学科发展的方向，是关乎学科生命力的重要时机。

结合近年来国内外花岗岩和成矿研究的现状和存在的关键科学挑战，未来花岗岩成因与成矿机制研究危机与机遇并存。正如前文15个科学挑战所展示的，花岗岩和成矿学科的发展还有不少重要的科学难题亟待解决，这些难题不仅来自学科自身，还与其他学科有紧密联系，有着广阔的发展空间。总的来看，未来我国花岗岩成因与成矿机制学科发展的重要研究方向主要有以下五个方面。

（一）与深空探测相结合，开展行星对比研究，揭示宇宙起源

近年来，我国加大了行星探测的投入，月球和火星探测相继开始。深空探测也为固体地球科学的发展打开了一扇新的窗口，因为从地球科学研究的角度而言，不同星体的研究工作都是基于固体岩石矿物样品的，只是在研究手段上和具体科学问题上有差异。目前行星科学研究所要探索的"地外星球有没有水""太阳系其他固体星球是否存在板块构造""其他星球上是否存在生命"等重要的问题与我们所研究的地球早期水从何处而来、板块构造如何启动、生命和环境演化如何进行等问题在本质上是一致的。因此，深入开展行星对比研究便显得极为重要。地球科学研究中的许多问题和研究方法可以应用到其他星球的研究中，在矿床学研究方面也是如此，且可能有更大的研究空间。地外星球的样品难以获得，目前只能利用极其微小的样品进行分析，因此更多地利用原位微区无损分析手段。行星对比研究还需要加大与其他学科的融合，包括遥感探测、地球物理探测等，进而来分析不同星球的演化历史，揭示宜居星球的形成机制，探索宇宙形成和演化的奥妙。这方面国际上已经较早开展了研究，我国落后几十年，只有充分利用我国学者在固体

地球科学上的人力、平台、组织等优势，才能迎头赶上，在未来学科交叉、发展、融合上取得新的成就。

（二）与深地探测相结合，探究深部组成和结构，揭示成岩成矿机制

地球深部探测是我国近10年固体地球科学领域的重点科技攻关方向，一系列地球物理剖面为深入揭示我国岩石圈深部的物质组成、结构和动力学机制提供了重要的信息，也为研究花岗岩和成矿提供了新的资料。花岗岩和矿床通常赋存于上地壳中下部，并在后期地质构造过程中剥露于地表。然而，花岗岩最新研究围绕岩体的增量式生长和岩浆房的过程产生了许多争议，关于基性岩浆对酸性岩产生的作用也众说纷纭。目前我国在深地探测上居于国际前列，在花岗岩和成矿研究上也有优势，如果能结合精细的年代学资料，将深地探测与花岗岩形成结合起来，一方面探测深部的地幔和地壳物质组成和结构，另一方面分析岩体的三维结构及岩体与围岩之间的空间关系，必将为花岗岩和成矿的研究提供广阔的空间，有望在深化花岗岩的研究空间上取得较大突破，并在国际上形成更明确的优势。

（三）与深海探测相结合，分析洋陆转换机制，揭示大陆生长和再造机制

花岗岩的研究归根结底是大陆形成和演化的研究。板块构造理论中，大洋和大陆岩石圈的密度差引发大洋板片俯冲，俯冲产生新生地壳并最终导致大洋闭合，产生洋陆转换。花岗岩通常是地壳物质再造的产物，其源区可以是新生地壳，也可以是古老地壳，还可以是新生和古老地壳物质经过不同的构造过程或循环并经不同比例的混合以后形成，而花岗岩的产生还与俯冲所产生的地壳深部热带和其他的陆内过程有关。因此，花岗岩是大陆生长和再造的产物，记录了早期大陆（幕式）生长和地壳再造的重要信息，与构造过程息息相关。然而，在洋陆转换过程中，转化的机制究竟如何，大陆的生长究竟通过何种方式进行，大洋斜长花岗岩、岛弧中酸性岩的成因与地幔岩浆的关系如何，新生地壳再造的机制怎样，这些问题都尚需更多的工作来解决。如前文所述，花岗岩主要形成于聚敛板块边缘，可以产生巨型花岗岩带，甚至产生较宽的弧后盆地环境和陆内伸展及地壳再造。在探索这些过程

中的内部构造-岩浆动力学机制上，需要对深海资料进行分析和利用。尤其是大陆架区域，没有花岗岩的露头，制约了对大陆边缘花岗岩和成矿作用的理解。目前我国开展的深海探测为解决这一问题提供了契机，在东海通过钻孔发现了晚中生代花岗岩，对这些地区的地球物理探测也极为重要。因此，将深海探测与花岗岩成因与成矿机制研究紧密结合起来，对于深入分析洋陆转换机制和揭示大陆生长与再造机制具有重要的科学意义。

（四）与地球早期研究结合，分析早期地壳组成和演变，揭示大陆形成机制

洋陆转换与花岗岩的形成这一问题在地球早期更为重要。如第一条所述，地球与其他固体星球不同，可能在距今 44 亿年就已有一些花岗质岩石，反映了完全不同的大陆形成和演化历史。然而，根据目前的研究，地球在古太古代之前陆地很少，基本都被水所覆盖，早期的地壳成分也与现今的有很大差异。大陆的抬升在距今 32 亿年可能开始较普遍，而大量的花岗质岩石在此之前就已经广泛形成。尤其是，地球早期的花岗质岩石基本都为钠质，缺乏钾质的花岗岩。不同古老陆块都展现出了一个自约 32 亿年前开始的花岗质岩石逐渐钾化的过程。在距今 25 亿年之后开始出现，花岗岩开始表现为以钾质为主。这一过程伴随着地壳成分的改变，有可能与板块构造的初始启动有关。因此可见，太古宙及以前的花岗质岩石是研究早期大陆形成机制的重要对象，基于花岗岩中所记录的年龄信息和地球化学资料，有助于我们恢复早期的地壳形成和演化历史，理清板块构造启动的机制，探索与大陆形成可能有关的地幔动力学过程、变质过程，以及相关的海水演变、大气变化、环境变迁等。同时，地球早期与花岗岩有关的成矿作用也有体现，产生了较早的锡矿、锂矿、铌钽矿等，这些都是值得进一步关注的对象。

（五）与新型技术手段结合，寻找新的研究途径

上百年的花岗岩和成矿研究表明，新技术手段是推进研究深化的重要驱动力。过去 30 年，原位微区元素和同位素、锆石 U-Pb 定年和 Hf-O 同位素分析、全岩放射性和金属稳定同位素，以及其他矿物体系的元素和同位素分析等极大地推动了花岗岩和成矿研究的快速发展，尤其在助推我国学者在国际上产生较大的显示度方面发挥了重要作用。相关技术应用到成矿有关的流体和包裹体中，更直接对成矿机制研究产生了重要贡献。目前，随着这些技术的不断应用，许多以前认为"先进"的分析方法逐渐成为"常规"，对根本科学问题的探索迫切需要有新的技术手段。放眼未来，花岗岩和成矿研究的进一步发展，需要在包括测试技术、大数据、人工智能等方面发挥作用，结合前述的地球物理研究等，进一步开发新方法，获得新应用理论和实践经验。其中，利用先进的原位微区离子探针和多接收质谱仪可以深化花岗岩成岩成矿的精细过程；利用熔体和流体包裹体的成分分析可以示踪岩浆、流体特征，分析其源区；加大实验岩石学和成矿机制的研究，可以进一步约束成岩成矿条件；开展一系列类型数据库的大数据分析，辅以人工智能技术，完善数据提取和过滤，并基于大数据来改变和思考研究花岗岩成岩成矿的角度，思考花岗岩与环境和气候变化、生命演化、生命健康等的多维联系，也将是今后值得深入研究的领域。

第五章 资助机制与政策建议

第一节 加强花岗岩与成矿机制的科学布局，明确战略定位

花岗岩与成矿历来是地球科学的重点领域，长期以来得到来自科学技术部和国家自然科学基金的持续稳定支持。在新的时期，国家可持续发展和经济高质量自立自强的战略目标对矿产资源保障和科技创新提出了更高的要求。正如前文所述，花岗岩成矿作用与国民经济和可持续发展息息相关，花岗岩与大陆形成和演化又密切相关，花岗岩和成矿近百年的研究也极大地推动了地球化学、矿物学、岩石学、矿床学、构造地质学、实验岩石学等多个学科的发展，更是地质学在近30年高速发展中的中流砥柱。因此，在新的时期，进一步加快推动花岗岩与成矿的发展，对于整个地学的发展都具有重要意义。

（一）加快花岗岩与成矿的发展，需要进一步深化学科内涵，探索学科外延

根据目前行星探测的资料，花岗岩是地球区别于其他固体星球最重要岩石组成，只有地球上才有大量的花岗岩；但是正如前文调研总结中所指出的，在火星、月球上也有酸性岩石的信息，因此，借助深空探测的契机，加快开展以花岗岩为对象的行星对比研究，开展花岗岩与深部地球结构的联系研

究，开展行星找矿，深化深部找矿，将花岗岩与生命演化、环境变迁、大陆演化结合起来，利用深部探测、大数据、人工智能、新型测试技术等深化该领域研究是未来的重点方向。

（二）加快花岗岩与成矿的发展，需要进一步加强队伍能力建设

队伍建设是科技发展的核心，新的阶段对队伍能力建设有了更高的要求。目前，我国花岗岩和成矿研究在国际上具有较大的影响力，形成了一定的规模，也产生了重要的影响，这些都与我国政府在推动花岗岩和成矿领域队伍建设上的投入密不可分。面对花岗岩和成矿领域发展的新阶段，一方面，我国仍然需要保持足够的人力优势，这是我国学科发展阶段的必然选择。另一方面，需要注意的是，虽然我国学者在近些年对花岗岩和成矿研究做了大量的工作，也受到了国际同行的重视，在某些地区和某些方面的研究也居于国际优势地位；但客观上来看，我国在花岗岩和成矿研究上仍与国际一流机构一流学者之间存在一定差距，尤其在引领性科研工作上显得创造力不够。因此，加快科研人员的能力建设是加快我国花岗岩和成矿研究的关键。进一步开展密切的国际合作，围绕重大科学问题开展联合攻关，多学科的融合等，可能是破解这一难题的出路。

（三）加快花岗岩与成矿的发展，需要进一步加强组织保障和环境建设

国家自然科学基金和科学技术部在过去几十年对花岗岩和成矿持续投入，设立了一系列重大计划、重大和重点项目，以及若干的一般性项目和青年人才项目，这些经费支持都极大地促进了人才队伍的发展和成长，加快了我国科学家赶超世界一流的速度。面临学科发展的新阶段，国家的持续发展、科技实力的增强，不仅要靠技术，更要靠基础科学的进步，科学来不得急功近利。在当前国际竞争与发展并存的新常态下，更要继续支持对基础学科的投入，尤其是花岗岩和成矿是将基础理论与成矿生产实践的有机融合领域，具有较高的投入产出比，持续推进对该学科方向的经费支持，持续加大对该学科领域的人才队伍建设的支持，加快学科的能力建设、国际化建设、环境建设，营造良好的学术氛围，确保能者上，公平竞争，这样才能有望在

国际上迅速具有主导地位，掌握国际范围内该学科发展和实践的话语权，也有助于提升国家地位和国民经济实力。

（四）加强花岗岩与成矿机制学科的布局需要上下联动

从国家层面，继续加大支持力度，加强考核，加快资源优化，引导做有贡献的、有创新的科研，逐渐抛弃重复性的工作，在加快数据资源的积累、整合和利用，开发高精尖研究方法和实验模拟手段，多学科融合联动等方面加大投入，从宏观上组织好学科发展方向，保障学科旺盛生命力。从单位和组织层面，需要营造良好竞争氛围，设计好考核评价方案，鼓励做高水平科研，鼓励做"有用的"科研，将花岗岩与成矿研究与行星探测、深地探测、深海探测、碳达峰与碳中和等重大工程结合起来，引导瞄准学科前沿和应用难题开展科研工作，同时注意加强人才培养。这样，对于发挥花岗岩和成矿在国计民生中的作用、提升在国际科学研究中的影响力、提高我国国防安全都具有重要的积极意义。

第二节 推动学科交叉，加速以"行星－矿产－环境"为核心的地球系统学科建设

进入21世纪，花岗岩成因与成矿机制方向的发展挑战与机遇并存。为了解决制约学科发展的系列阻碍，提升学科水平，须跳出地质学传统的知识体系，形成地球系统科学的学科发展理念。推动地球科学领域与其他科学领域的学科交叉与知识融合，通过多学科的理念和思维碰撞，可找到更多的学科新生长点，将花岗岩成因与成矿机制领域的研究升华为以"行星－矿产－资源－环境"为核心的地球系统学科的重要组成部分。围绕这一学科发展的关键目标，本节将着重阐述有利于学科进一步发展的有效资助机制和政策，并提出具有操作性的建议，包括如下三个方面。

一、以队伍建设引导学科交叉

学科的高效发展离不开一支优秀的人才队伍。为了促进花岗岩成因与成

矿机制与其他相关学科的交叉融合，队伍建设应当分为初步创建期、队伍发展期两个阶段。在初步创建期，队伍组建应当主要基于现有的优秀研究团队进行整合、优选，同时围绕未来本学科发展的关键科学问题与科学挑战引进具有国际一流水平的研究团队，吸引国内外创新青年人才进入本学科领域。在人员组织方面，尤其要重点改变以某些科学家个体为中心的传统科研组织形式，强调以关键前沿科学问题、国家重大需求等目标来引导学科发展，从而提升整体人才队伍的凝聚力，在较短时间内组建出一支初具规模、富有活力的花岗岩成因与成矿机制研究队伍。在队伍发展期，队伍组建一方面要紧紧围绕关键科学问题不动摇，不断优化队伍结构，另一方面则要突出多学科交叉、年轻创新等特色化建设，强化人才队伍建设战略布局，以建设具有国际引领性一流地球系统学科为目标，吸引不同学科的人才加入本学科开展研究，推进交叉研究的新生态建设，积极探索以问题为导向的"无学科"新模式。

二、以人才培养保障学科交叉

学科的长期发展离不开优秀的青年人才。针对当前本学科人才知识体系相对单一、创新能力略显不足的现状，以地球系统科学新思想体系为指导，在青年人才培养方面积极探索适用的结构性改革机制，以期培养适应当代花岗岩成因与成矿机制方向发展的新型拔尖人才。未来地球系统科学人才的培养必须强调与国际学科前沿和国家重大需求有机结合，围绕学科发展的关键问题系统制订培养计划并引导学生开展课程学习，培养方案应当兼顾基础与个性，构建多学科的课程体系，提高学生的学科交融能力，强调培养能够解决实际问题的跨学科拔尖人才。在本科生培养阶段，应当着重夯实理工基础，打破传统学科之间的壁垒，以"厚基础、宽视野、重创新"为原则；在研究生培养阶段，则应着重将学生培养与学科前沿的科研任务和主攻方向进行深度融合，同时提升学生对先进技术开展探寻研究的能力，尤其强调坚持以解决具引领性的国际前沿科学问题为导向培养适应学科发展的基础研究型人才，坚持以满足国家重大需求为导向培养服务社会大众的应用技术型人才。

三、以环境建设推动学科交叉

科研环境的健康向上将直接影响科研水平的高度与广度,创造良好的科研和文化环境,给学科交叉足够的空间和有力措施,有利于实现"从0到1"的原创突破。要对努力探索学科交叉的科研人员给予项目和经费的有力支持,并在某些交叉领域积极引导,在一些有发展苗头的领域给予持续支持。应当重视关键科研成果的首发权,不鼓励跟踪性的研究工作,鼓励科研人员潜心原创研究;鼓励科研人员寻求开发创新性的研究方法,拓展学科发展的新领域、新增长点,重视对科学研究的支撑作用和贡献。要采取合理的考核评价和激励机制鼓励交叉,建立多元化的科学评价体制,强调鼓励原创性的科学研究,注重过程引导,弱化过程考核,建立容错机制。要在人才项目申请和评奖评优中对从事学科交叉的科研人员给予积极肯定,引导学界营造良好的学术竞争氛围。

第三节 积极引导,为国家矿产资源战略做好人力保障

在《中共中央关于制定国民经济和社会发展第十四个五年规划和2035年远景目标的建议》中提到:"健全以创新能力、质量、实效、贡献为导向的科技人才评价体系"。充分调动科技类人才积极性、创造性和主动性,促进科技人才潜心研究和创新,是保障国家矿产资源战略的重要有力举措。花岗岩成因与成矿机制作为基础学科领域的重要方向,需要积极引导,发扬科研人员的钉子精神,潜心探索,才有可能实现"0到1"的突破。此外,该建议也要求建立起以创新、质量、实效和贡献这四个方面为标准的政策制度。

一、引导紧密围绕国家和社会的重大战略需求

花岗岩与成矿机制研究是围绕国家矿产资源较紧密的一门学科。近年来,由于部分国家"民粹主义""保护主义""单边主义"思潮的盛行,对部分矿产资源的出口进行了限制,这也极大地影响了我国工业、科技和民生领

域的发展。中国政府积极应对，对其中的关键金属的探明、开发和利用提出了更高的要求，避免被其他国家"卡脖子"。在这样一个大背景下，就需要我国从事花岗岩和成矿机制领域的科研人员瞄准国家关键矿产资源重大需求，聚焦前沿基础科学问题，积极推动理论创新，提升找矿勘查能力和我国的找矿潜力，应用新技术、新理论来开发潜在矿产资源。

二、引导加强人才队伍的培养力度

要发挥以院士为首的引领作用，以中青年人才队伍为中流砥柱，需要担当起科技创新重任，勇于创新、敢于创新，争取在国际地学领域获得更多的话语权。引导中青年人才积极响应国家和社会的号召，发挥自身长处，紧密围绕国家的需求，为社会的发展做出力所能及的贡献，同时做好传承，积极培养年轻人才，尤其是具备国际视野的年轻科研人才。积极引导中青人才队伍发挥自身的特点，对新领域、新理论积极学习、敢于探索，大胆假设，小心求证，做引领科研。同时，地学人才队伍尤其是年轻人应该融入全球化的进程中，走出国门，走向世界，与全球领域的科学家进行对话，增强思维的碰撞。这就需要在政策上对中青年科研人才给予更多的支持，如增加项目支持、岗位编制、人才待遇，鼓励国际交流合作等。

三、引导推动人才评价体系的改革

评价体系对于人才有风向标的作用。在之前的评价体系中主要是以"唯论文、唯帽子、唯职称、唯学历、唯奖项"这五唯为标准，导致论文的数量非常多，但是创新性不够等情况发生。因此，需要完善评价体系，增加国内外同行的评价、在研究领域上的影响和引领性等，评价突出对大众、社会的贡献，强化成果的转移转化，促进科研真正服务于经济社会，着重提高新技术的开发能力，强调评价技术的创新集成能力、自主知识产权的转化运用能力和对产业发展的实际贡献等。同时，需要调整评价体系的灵活性和适应性，要依据不同领域的发展规律，科学合理设立评价考核的周期，突出中长期目标为导向。要适当延长对基础研究领域人才的评价考核周期，适度放宽年龄等方面限制；简化评价流程，使得科研人员能够将更多的时间充分投入到所在的研究领域中。

四、引导推进科技成果转化

人才的评价不仅仅从科研论文方面，也需要从科研成果的应用方面，激励我国科技成果转化，激发科研人员创新创业的积极性。目前来看，在花岗岩成因与成矿机制领域的成果转化较少，更多地停留在理论层面。如何将好的科技成果，科研认知应用于实践中，更好地服务社会和国家，也是科研工作者亟须解决的问题。因此，在政策上不仅需要鼓励科研创新，更需要鼓励科技转化。这将能够极大地调动科研领域人才的积极性，更好地激发起矿产资源领域产业的活力。

通过紧密围绕国家和社会的重大战略需求、加强人才队伍的培养力度、推动人才评价体系的改革及鼓励科技转化这四个方面制度和政策上的改革和发展，不仅可以稳步提升花岗岩成因与成矿机制领域的人才培养的质量和数量，拓宽该领域的研究广度和深度，增强队伍建设的凝聚力和向心力，而且更能为国家战略资源发展做好人力保障，为国家未来五年和更长时间的发展提供更为强劲的"助推器"。

第四节　鼓励开展多方位国际合作与基础设施建设，促进学科引领

本次调研由国家自然科学基金委员会、中国科学院和南京大学等单位联合发起，在今后的立项和资助形式上要充分考虑多方协同合作的战略。本次调研的战略目标是在总结国内外研究前沿基础之上提出的，虽强调发挥我国地域优势，但花岗岩成因与成矿机制是全球性前沿研究领域，推动这一研究离不开国际地学界的广泛合作研究。近年来，我国地球科学研究的国际学术地位和影响力不断提高，中国地球科学家走出国门开展研究的方式日渐普及。国家自然科学基金委员会地学部需建立多种形式的国际合作平台和渠道，推动和发起重大国际研究计划和国际合作专项，同时鼓励中国地球科学家开展国际及全球化研究。鼓励或者资助中国科学家参加每四年一次的 Hutton 花岗岩国际会议、每两年一次的伟晶岩国际会议，以及经济地质学

家会议（society of economic geologists，SEG)、应用地质学学会（society for geology applied，SGA）、国际矿床成因协会（international association on the genesis of ore deposits，IAGOD）等国际矿床会议，实现与国际科学家的直接交流与讨论。组织花岗岩成因与成矿机制相关的国际会议，选择典型的花岗岩露头及矿床进行野外考察，让更多的人了解中国花岗岩与矿床。参考欧洲花岗岩会议的举办方式，召开中国或者亚洲花岗岩野外会议，对典型花岗岩岩体的典型露头进行野外观察。以多种多样的形式鼓励与国际上花岗岩与成矿研究的著名地质学家的合作与交流，如短期交流、联合培养博士、访问学者等。建立与国际上具有引领学科研究的科学家和研究机构进行互访和合作的机制。

应该重点加强优秀野外基地、地学教育研究基地，以及花岗岩大数据平台的建设与完善。野外调查与观测是地球科学的命脉，花岗岩成因与成矿机制的研究更依赖于长期的野外观察观测，因此，需要重视野外天然实验室建设，鼓励对重大基础科学研究地区进行精细的野外观测研究，鼓励在经典地区和经典领域内的立典研究。优秀野外基地建设，旨在选取集中体现花岗岩成因与成矿机制科学问题的经典地区，如华南、华北、青藏高原、中亚和秦岭造山带，组织实施长期稳定的多部门、多学科交叉联合攻关研究，探索花岗岩成因与成矿机制。与有关行业部门协作，共同建设与完善行业部门已有的野外基地。根据研究领域的特点及重大需求，有针对性地加强和完善实验测试平台的建设，促进研究向精细化和深时深地发展。高温高压实验是了解花岗岩成因与成矿机制的重要突破口，国内这方面起步相对较晚，研究相对薄弱。应加强花岗岩与成矿相关的高温高压实验平台建设，以促进对花岗岩形成条件、侵位冷却机制，以及各种成矿元素及挥发分的元素行为和分配机制的认识。

为国家培养大批具有国际视野和竞争能力的科技人才队伍，是新形势赋予我国地质教育的核心任务。为了达到此目标，建议资助开展（多功能）地学教育研究基地建设。基地任务包括：国际化基础地质教育、野外实践技能和解决复杂地球科学问题能力培训、典型地区野外科研能力强化训练、精英人才选拔与复合型人才培养、面向全社会的地球科学普及教育。

岩石学和地球化学大数据分析在理解花岗岩成因与成矿等方面已经展示

了巨大的潜力，国际上出现了许多可开放获取的岩石地球化学数据库（如GROROC、EarthChem等），这些数据库收集了包括全球火成岩及其所含矿物的产出位置、构造环境、主微量元素含量、同位素含量、年龄等在内的海量信息，为研究者从全球角度探索岩浆系统演化的科学问题提供了有力支撑。通过收集、筛选这些全球岩石地球化学数据集，结合地球化学、统计学、机器学习等方法，就关键科学问题进行探索性数据分析和挖掘，进而发现规律。借助大数据手段研究的问题多集中在岩浆过程与大陆地壳生长和演化等方向。进一步把不同类型的数据库如全岩数据和单矿物数据、地球物理数据，以及地球其他圈层数据有机结合起来进行综合分析，对于阐明岩浆通道系统的空间结构、岩浆储库的性质及演化等科学问题都将发挥关键作用。对大数据进行分析和解剖，有助于加深对花岗岩成因及成矿机制的了解。目前花岗岩数据库中主要为国外花岗岩，应建立和完善中国花岗岩数据库建设的平台。

参考文献

毕献武，胡瑞忠，叶造军，等，1999. A型花岗岩类与铜成矿关系研究——以马厂箐铜矿为例. 中国科学: D辑，29: 489-495.

常印佛，刘湘培，吴言昌. 1991. 长江中下游铜铁成矿带. 北京: 地质出版社.

陈锋. 2019. 明清世代的"统计银两化"与"银钱兼权". 中国经济史研究，(6): 18-25.

陈国能，王勇，陈震，等. 2017. 花岗岩浆形成定位机制的思考与研究进展. 岩石学报，33 (5): 1489-1497.

陈华勇，吴超. 2020. 俯冲带斑岩铜矿系统成矿机理与主要挑战. 中国科学: 地球科学，50 (7): 865-886.

陈璟元，杨进辉. 2015. 佛冈高分异I型花岗岩的成因: 来自Nb-Ta-Zr-Hf等元素的制约. 岩石学报，31 (3): 846.

陈骏，陆建军，陈卫锋，等，2008. 南岭地区钨锡铌钽花岗岩及其成矿作用. 高校地质学报，14: 459-473.

陈骏，王汝成，周建平，等. 2000. 锡的地球化学. 南京: 南京大学.

陈骏，王汝成，朱金初，等. 2014. 南岭多时代花岗岩的钨锡成矿作用. 中国科学: 地球科学，44: 111-121.

陈衍景，陈华勇，刘玉琳，等. 1999. 碰撞造山过程内生矿床成矿作用的研究历史和进展. 科学通报，16: 1681-1689.

陈衍景，翟明国，蒋少涌. 2009. 华北大陆边缘造山过程与成矿研究的重要进展和问题. 岩石学报，25 (11): 2695-2726.

从柏林. 1979. 岩浆活动与火成岩组合. 北京: 地质出版社.

邓晋福，冯艳芳，狄永军，等. 2015a. 岩浆弧火成岩构造组合与洋陆转换. 地质论评，61 (3): 473-484.

邓晋福，刘翠，冯艳芳，等. 2015b. 关于火成岩常用图解的正确使用: 讨论与建议. 地质论评，61 (4): 717-734.

邓晋福，刘翠，狄永军，等．2016．地壳对接消减带和叠接消减带与陆－陆碰撞造山和俯冲增生造山：来自侵入岩构造组合的记录．地学前缘，23（6）：34-41．

邓晋福，刘翠，狄永军，等．2018．英云闪长岩－奥长花岗岩－花岗闪长岩（TTG）岩石构造组合及其亚类划分．地学前缘，25（6）：42-50．

邓晋福，赵海玲，赖绍聪，等．1994．白云母／二云母花岗岩形成与陆内俯冲作用．地球科学——中国地质大学学报，19（2）：139-147．

邓平，舒良树．2012．南岭东段中－新生代盆山动力学及其铀成矿作用．北京：地质出版社．

地质矿产部地质辞典办公室．2005．地质大辞典（四）矿床地质．应用地质分册．北京：地质出版社．

董云鹏，周鼎武，张国伟．1997．东秦岭松树沟超镁铁质岩侵位机制及其构造演化．地质科学，32（2）：173-180．

杜斌，王长明，贺昕宇，等．2016．锆石Hf和全岩Nd同位素填图研究进展：以三江特提斯造山带为例．岩石学报，32（8）：2555-2570．

冯佐海．2003．广西姑婆山－花山花岗岩体侵位过程及构造解析．长沙：中南大学．

高俊，朱明田，王信水，等．2019．中亚成矿域斑岩大规模成矿特征：大地构造背景、流体作用与成矿深部动力学机制．地质学报，93（1）：24-71．

高庆柱，彭朝晖，肖金平，等．2010．河北省S型与I型花岗岩体上的航磁异常特征及找矿作用．物探与化探，34（2）：158-162．

顾连兴．1990．A型花岗岩的特征、成因及成矿．地质科技情报，（1）：25-31．

顾雪祥，王乾，付绍洪，等．2004．分散元素超常富集的资源与环境效应：研究现状与发展趋势．成都理工大学学报（自然科学版），31（1）：15-21．

郭安林，张国伟，程顺有．2004．超越板块构造——大陆地质研究新机遇评述．自然科学进展，14（7）：729-733．

国家自然科学基金委员会，中国科学院．2017．中国科学发展战略·板块构造与大陆动力学．北京：科学出版社．

何洁，范少锋，周锋，等．2013．我国科研组织模式发展建议．中国高校科技，7：16-18．

侯增谦，王涛．2018．同位素填图与深部物质探测（Ⅱ）：揭示地壳三维架构与区域成矿规律．地学前缘，25（6）：20-41．

侯增谦，莫宣学，杨志明，等．2006．青藏高原碰撞造山带成矿作用：构造背景、时空分布和主要类型．中国地质，2：340-351．

侯增谦，郑远川，杨志明，等．2012．大陆碰撞成矿作用：（Ⅰ）．冈底斯新生代斑岩成矿系统．矿床地质，31（4）：647-670．

胡玲．1998．显微构造地质学概论．北京：地质出版社．

黄凡，王登红，王成辉，等．2014．中国钼矿资源特征及其成矿规律概要．地质学报，88（12）：2296-2314．

黄汲清.1994.中国主要地质构造单元.北京：地质出版社.

贾小辉，王强，唐功建.2009.A型花岗岩的研究进展及意义.大地构造与成矿学，33（3）：469-484.

江彪，张通，陈毓川，等.2019.内蒙古赤峰双尖子山银多金属矿床成矿流体来源及金属沉淀机制探讨.地质学报，93（12）：3166-3182.

蒋少涌，段登飞，徐耀明，等.2019.长江中下游地区鄂东南和九瑞矿集区成矿岩体特征及其识别标志.岩石学报，35（12）：3609-3628.

蒋少涌，彭宁俊，黄兰椿，等.2015.赣北大湖塘矿集区超大型钨矿地质特征及成因探讨.岩石学报，31（3）：639-655.

蒋少涌，赵葵东，姜耀辉.2006.华南与花岗岩有关的一种新类型的锡成矿作用：矿物学、元素和同位素地球化学证据.岩石学报，22（10）：2509-2516.

金振民，姚玉鹏.2004.超越板块构造——我国构造地质学要做些什么？地球科学，29（6）：644-650.

匡永生，郑广瑞，卢民杰，等.2014.内蒙古赤峰市双尖子山银多金属矿床的基本特征.矿床地质，（4）：847-856.

冷秋锋，唐菊兴，郑文宝，等.2015.西藏甲玛斑岩成矿系统中厚大矽卡岩矿体控矿因素研究.矿床地质，34（2）：273-288.

黎彤，张西繁.1992.华北花岗岩类的大地构造岩石化学特征.大地构造与成矿学，16（4）：315-324.

李才等.2016.羌塘地质.北京：地质出版社.

李东旭，张达，刘文灿，等.1996.凤凰山花岗岩体构造系统分析及侵位机制.地质力学学报，12（2）：55-65.

李建威，赵新福，邓晓东，等.2019.新中国成立以来中国矿床学研究若干重要进展.中国科学：地球科学，49：1720-1771.

李曙光，孙卫东.1996.南秦岭勉略构造带黑沟峡变质火山岩的年代学和地球化学——古生代洋盆及其闭合时代的证据.中国科学：地球科学，26（3）：223-230.

李献华，李武显，王选策，等.2009.幔源岩浆在南岭燕山早期花岗岩形成中的作用：锆石原位Hf-O同位素制约.中国科学：D辑，（7）：872-887.

李应运.1962.皖南吕梁晚期花岗岩的发现及其岩石学特征.地质学报，42（4）：422-434.

刘博，翟明国，彭澎，等.2020.大数据驱动下变质岩岩石学研究展望.高校地质学报，26（4）：411-423.

刘冲昊，范凤岩，柳群义.2018."一带一路"地区铜资源供需格局趋势分析.矿产保护与利用，2：44-51.

刘凤山，石准立.1998.太行山—燕山地区中生代花岗岩生成动力学机制与陆内造山作用.地球学报，19（1）：13-18.

刘俊来.2004.变形岩石的显微构造与岩石圈流变学.地质通报,23(9-10):980-985.

刘永超,李建康,赵正.2017.利用热液金刚石压腔开展黑钨矿结晶实验的初步研究.地学前缘,24(5):159-166.

卢欣祥.1984.河南的四类花岗岩及其一些特征.河南地质科技情报,(4):12-14.

马昌前.1987.一门新兴的边缘学科——岩浆动力学.世界科学,6:45-47.

马昌前.1988a.北京周口店岩株侵位和成分分带的岩浆动力学机理.地质学报,4:329-341.

马昌前.1988b.扩散方程的岩浆动力学意义.地质科技情报,2:93-100.

马昌前.1990.岩浆动力学与花岗岩研究.地球科学进展,6:37-41.

马昌前,李艳青.2017.花岗岩体的累积生长与高结晶度岩浆的分异.岩石学报,33(5):1479-1488.

马昌前,熊富浩,尹烁,等.2015.造山带岩浆作用的强度和旋回性:以东昆仑古特提斯花岗岩类岩基为例.岩石学报,31(12):3555-3568.

马昌前,杨坤光,李增田,等.1992.基于花岗岩类形成的岩浆动力学过程的分析判别其形成的构造背景——以大别碰撞带大王寨岩体为例.地球科学,17(S1):103-112.

马昌前,杨坤光,唐仲华,等.1994.花岗岩类岩浆动力学——理论方法及鄂东花岗岩类例析.北京:中国地质大学出版社.

马昌前,邹博文,高珂,等.2020.晶粥储存、侵入体累积组装与花岗岩成因.地球科学,45(12):4332-4354.

马克思.2004.资本论第一卷.北京:人民出版社.

毛景文,谢桂青,李晓峰,等.2004.华南地区中生代大规模成矿作用与岩石圈多阶段伸展.地学前缘,11(1):45-55.

孟祥金,侯增谦,董光裕,等.2009.江西冷水坑斑岩型铅锌银矿床地质特征、热液蚀变与成矿时限.地质学报,83(12):1951-1967.

莫宣学.2013.青藏高原及邻区构造-岩浆岩图及说明书.北京:地质出版社.

莫宣学,董国臣,赵志丹,等.2005.西藏冈底斯带花岗岩的时空分布特征及地壳生长演化信息.高校地质学报,3:281-290.

莫宣学,赵志丹,愈学惠,等.2009.青藏高原新生代碰撞-后碰撞火成岩.北京:地质出版社.

南京大学地质系.1980.中国东南部花岗岩类的时空分布、岩石演化、成因类型和成矿关系的研究.南京大学学报地质专刊,1-37.

倪怀玮.2013.硅酸盐熔体的物理化学性质研究进展及其应用.科学通报,58(10):865-890.

彭卓伦,Grapes R,庄文明,et al. 2011.华南花岗岩暗色微粒包体矿物组成及微结构研究.地学前缘,18(1):11.

邱检生，王德滋，蟹泽聪史，等．2000.福建沿海铝质A型花岗岩的地球化学及岩石成因．地球化学，29（4）：313-321.

任纪舜，牛宝贵，刘志刚．1999.软碰撞、叠覆造山和多旋回缝合作用．地学前缘，3：85-93.

芮宗瑶，黄崇轲，齐国明，等．1984.中国斑岩铜（钼）矿床．北京：地质出版社．

申萍，潘鸿迪．2020.中国还原性斑岩矿床研究进展及判别标志．岩石学报，36（4）：967-994.

舒良树，孙岩．1995.江南东段花岗岩天然变形与显微构造模拟实验研究．中国科学：D辑，25（11）：1226-1232.

舒良树，王博．2019.巨型花岗岩带与大陆聚合—裂解作用成因联系研究进展．高校地质学报，25（2）：161-181.

舒良树，邓平，于津海，等．2008a.武夷山西缘流纹岩的形成时代及其地球化学特征．中国科学：地球科学，8：950-959.

舒良树，于津海，贾东，等 2008b.华南东段早古生代造山带研究．地质通报，27（10）：1581-1593.

宋鹏．2017.阿尔泰－东准噶尔－东天山东段花岗岩Nd、Hf同位素特征对比及深部组成结构示踪意义．北京：中国地质大学（北京）．

孙晨阳，唐杰，许文良，等．2017.造山带内微陆块地壳的增生与再造过程：以额尔古纳地块为例．中国科学：地球科学，47：804-817.

孙金凤，杨进辉．2009.华北东部早白垩世A型花岗岩与克拉通破坏．地球科学－中国地质大学学报，34（1）：137-147.

孙涛．2006.新编华南花岗岩分布图及其说明．地质通报，25（3）：332-335.

唐功建，王强．2010.高镁安山岩及其地球动力学意义．岩石学报，26（8）：2495-2512.

涂光炽．1999.初议中亚成矿域．地质科学，4：397-404.

涂光炽．2002.我国西南地区两个别具一格的成矿带（域）．矿物岩石地球化学通报，21（1）：1-2.

万明．2003.明代白银货币化的初步考察．中国经济史研究，（2）：39-51.

万天丰，Teyssier C，曾华霖，等．2000.山东玲珑花岗质岩体侵位机制．中国科学：D辑，30（4）：337-344.

万渝生，董春艳，任鹏，等．2017.华北克拉通太古宙TTG岩石的时空分布、组成特征及形成演化：综述．岩石学报，33（5）：1405-1419.

王德滋．2004.华南花岗岩研究的回顾与展望．高校地质学报，10（3）：305-314.

王德滋，舒良树．2007.花岗岩构造岩浆组合．高校地质学报，3：362-370.

王德滋，周金城．1999.我国花岗岩研究的回顾与展望．岩石学报，15：161-169.

王德滋，周金城．2005.大火成岩省研究新进展．高校地质学报，11（1）：1-8.

王德滋，周新民．2002．中国东南部晚中生代花岗质火山-侵入杂岩成因与地壳演化．北京：科学出版社．

王德滋，周金城，邱检生，等．2000．中国东南部晚中生代花岗质火山-侵入杂岩特征与成因．高校地质学报，6：487-498．

王福生，张招崇，李树才．2004．镜泊湖地区全新世火山岩熔体结构及其与某些岩浆动力学过程关系探讨．岩石矿物学杂志，4：313-317．

王强，苟国宁，张修政，等．2016．青藏高原中北部地壳流动与高原扩展：来自火山岩的证据．中国科学基金，30（6）：492-498．

王强，许继锋，王建新，等．2000．北大别山adakite型灰色片麻岩的确定及其与超高压变质作用的关系．科学通报，45（10），1017-1024．

王汝成，车旭东，邬斌，等．2020．中国钽锆铪资源．科学通报，65（33）：3763-3777．

王汝成，吴福元，谢磊，等．2017．藏南喜马拉雅淡色花岗岩稀有金属成矿作用初步研究．中国科学：地球科学，47：871-880．

王汝成，朱金初，张文兰，等．2008．南岭地区钨锡花岗岩的成矿矿物学：概念与实例．高校地质学报，14（4）：485-495．

王思然，李丽，唐羽锋．2018．2018年铜市场展望．资源再生，1：20-25．

王涛，侯增谦．2018．同位素填图与深部物质探测（I）：揭示岩石圈组成演变与地壳生长．地学前缘，25（6）：1-19．

王涛，童英，郭磊，等．2020．侵入岩地质调查与填图方法．北京：地质出版社．

王涛，童英，李舢，等．2010．阿尔泰造山带花岗岩时空演变、构造环境及地壳生长意义——以中国阿尔泰为例．岩石矿物学杂志，29（6）：595-618．

王涛，王晓霞，郭磊，等．2017．花岗岩与大地构造．岩石学报，33（5）：1459-1478．

王涛，王晓霞，郑亚东，等．2007．花岗岩构造研究及花岗岩构造动力学刍议．地质科学，42（1）：91-113．

王涛，张国伟，王晓霞，等．1999．花岗岩体生长方式及构造运动学、动力学意义——以东秦岭造山带核部花岗岩体为例．地质科学，34（3）：326-335．

王涛，郑亚东，张进江，等．2007．华北克拉通中生代伸展构造研究的几个问题及其在岩石圈减薄研究中的意义．地质通报，26（9）：1154-1166．

王晓霞，王涛，柯昌辉，等．2014．秦岭晚中生代花岗岩的Nd-Hf同位素填图及其对基底和钼矿的约束．矿床地质，33：285-286．

王晓霞，王涛，张成立．2015．秦岭造山带花岗质岩浆作用与造山带演化．中国科学：地球科学，45（8）：1109-1125．

王孝磊．2017．花岗岩研究的若干新进展与主要科学问题．岩石学报，33（5）：1445-1458．

魏春景．2013．固体地球科学研究方法．见：丁仲礼．变质相平衡模拟方法．北京：科学出版社．

魏春景，关晓，董杰．2017．基性岩高温-超高温变质作用与TTG质岩成因．岩石学报，

33（5）：1381-1404.

闻广 .1958. 就岩石化学特征论花岗岩类成矿专属性 . 科学记录，2（11）：446-459.

翁文灏 .1920. 中国矿产区域论 . 地质学报，2：9-14.

吴福元，李献华，杨进辉，等 . 2007. 花岗岩成因研究的若干问题 . 岩石学报，6：1217-1238.

吴福元，刘小驰，纪伟强，等 . 2017. 高分异花岗岩的识别与研究 . 中国科学：地球科学，47：745-765.

吴福元，刘志超，刘小驰，等 . 2015. 喜马拉雅淡色花岗岩 . 岩石学报，1（1）：688-723.

吴福元，徐义刚，高山，等 . 2008. 华北岩石圈减薄与克拉通破坏研究的主要学术争论 . 岩石学报，6：1145-1174.

肖庆辉，王涛，邓晋福，等 . 2009. 中国典型造山带花岗岩与大陆地壳生长研究 . 北京：地质出版社 .

肖庆辉，邢作云，张昱，等 .2003. 当代花岗岩研究的几个重要前沿 . 地学前缘，10（3）：221-229.

肖文交，宋东方，Fwindley B，等 . 2019. 中亚增生造山过程与成矿作用研究进展 . 中国科学：地球科学，49（10）：1512-1545.

肖自力 . 2006. 中央苏区对江西钨矿的开发与钨砂贸易 . 中共党史资料，（2）：126-130.

谢家荣 . 1936. 中国之矿产时代及矿产区域 . 地质论评，1（3）：363-380.

谢家莹，陶奎元 . 1996. 中国东南大陆中生代火山地质及火山–侵入杂岩 . 北京：地质出版社 .

徐克勤 . 1957. 湘南钨铁锰矿矿区中矽卡岩型钙钨矿的发现，并论两类矿床在成因上的关系 . 地质学报，（2）：3-126.

徐克勤 .1963. 华南多旋回的花岗岩类的侵入时代、岩性特征、分布规律及其成矿专属性的讨论 . 地质学报，43：141-155.

徐克勤，丁毅 . 1943. 江西南部钨矿地质志 . 重庆：经济部中央地质调查所 . 甲种第十七号 .

徐克勤，胡受奚，孙明志，等 . 1982. 华南两个成因系列花岗岩及其成矿特征 . 矿床地质，2：1-14.

徐克勤，胡受奚，孙明志，等 . 1983. 论花岗岩的成因系列——以华南中生代花岗岩为例 . 地质学报，57（2）：107-118.

徐克勤，刘英俊，俞受鋆，等 . 1960. 江西南部加里东期花岗岩的发现 . 地质评论，20（3）：112-114.

徐克勤，陆建军，倪培 . 1992. 与金矿床有关花岗岩类的岩石地球化学特征 . 桂林理工大学学报，1：1-11.

徐夕生，王孝磊，赵凯，等 . 2020. 新时期花岗岩研究的进展和趋势 . 矿物岩石地球化学通报，39：899-910.

徐兴旺, 王杰, 张宝林, 等. 2006. 岩浆运移动力学及其研究进展. 地球科学进展, 4: 361-371.

徐义刚, 李洪颜, 庞崇进, 等. 2009. 论华北克拉通破坏的时限. 科学通报, 54 (14): 1974-1989.

许志琴, 王汝成, 赵中宝, 等. 2018. 试论中国大陆"硬岩型"大型锂矿带的构造背景. 地质学报, 92: 1091-1106.

许志琴, 王汝成, 朱文斌, 等. 2020. 川西花岗–伟晶岩型锂矿科学钻探: 科学问题和科学意义. 地质学报, 94 (8): 2177-2189.

许志琴, 杨经绥, 嵇少丞, 等. 2010. 中国大陆构造及动力学若干问题的认识. 地质学报, 84 (1): 1-29.

杨树锋, 陈汉林, 厉子龙, 等. 2014. 塔里木早二叠世大火成岩省. 中国科学: 地球科学, 44 (2): 187-199.

杨宗锋, 罗照华, 卢欣祥. 2010. 定量化火成岩结构分析与岩浆固结的动力学过程. 地学前缘, 17 (1): 246-266.

袁顺达, 赵盼捞. 2021. 基于新的合成流体包裹体方法对成矿金属在熔体–流体相间分配行为的实验研究. 中国科学: 地球科学, 51 (2): 241-249.

袁顺达, 赵盼捞, 刘敏. 2020. 与花岗岩有关锡矿成岩成矿作用研究若干问题讨论. 矿床地质, 39: 607-618.

曾令森, 高丽娥. 2017. 喜马拉雅碰撞造山带新生代地壳深熔作用与淡色花岗岩. 岩石学报, 33 (5): 1420-1444.

翟明国. 2010. 华北克拉通的形成演化与成矿作用. 矿床地质, 29 (1): 24-36.

翟明国. 2011. 克拉通化与华北陆块的形成. 中国科学: D 辑, 41 (8): 1037-1046.

翟明国. 2015. 大陆动力学的物质演化研究方向与思路. 地球科学与环境学报, 4: 1-14.

翟明国. 2017. 花岗岩: 大陆地质研究的突破口以及若干关键科学问题——"岩石学报"花岗岩专辑代序. 岩石学报, 33: 1369-1380.

翟明国, 吴福元, 胡瑞忠, 等. 2019. 战略性关键金属矿产资源: 现状与问题. 中国科学基金, 33 (2): 106-111.

翟明国, 杨树锋, 陈宁华, 等. 2018. 大数据时代: 地质学的挑战与机遇. 中国科学院院刊, 33 (8), 825-831.

翟裕生, 姚书振. 1992. 长江中下游地区铁铜 (金) 成矿规律. 北京: 地质出版社.

翟裕生, 邓军, 汤中立. 2002. 古陆边缘成矿系统. 北京: 地质出版社.

张德会, 周圣华, 万天丰, 等. 2007. 矿床形成深度与深部成矿预. 地质通报, 26 (12): 1509-1518.

张德全, 李大新, 赵一鸣, 等. 1991. 福建紫金山矿床——我国大陆首例石英–明矾石型浅成低温热液铜–金矿床. 地质论评, 37 (6): 481-491.

张国伟, 郭安林, 董云鹏, 等 . 2011. 大陆地质与大陆构造和大陆动力学 . 地学前缘, 18 （3）: 1-12.

张国伟, 郭安林, 王岳军, 等 .2013. 中国华南大陆构造与问题 . 中国科学: 地球科学, 43 （10）: 1553-1582.

张国伟, 郭安林, 姚安平 .2006. 关于中国大陆地质与大陆构造基础研究的思考 . 自然科学进展, 16: 1210-1215.

张国伟, 孟庆任, 刘少峰, 等 . 1997. 华北地块南部巨型陆内俯冲带与秦岭造山带岩石圈现今三维结构 . 高校地质学报, 3（2）: 129-143.

张国伟, 张本仁, 袁学诚, 等 .2001. 秦岭造山带与大陆动力学 . 北京: 科学出版社 .

张立雪, 王青, 朱弟成, 等 . 2013. 拉萨地体锆石 Hf 同位素填图: 对地壳性质和成矿潜力的约束 . 岩石学报, 29: 3681-3688.

张旗, 翟明国 . 2012. 太古宙 TTG 岩石是什么含义？岩石学报, 28（11）: 3446-3456.

张旗, 金惟俊, 李承东, 等 . 2010. 再论花岗岩按照 Sr–Yb 的分类: 标志 . 岩石学报, 26 （4）: 985-1015.

张旗, 潘国强, 李承东, 等 .2007. 花岗岩混合问题: 与玄武岩对比的启示——关于花岗岩研究的思考之一 . 岩石学报, 23（5）: 1141-1152.

张旗, 秦克章, 王元龙, 等 . 2004. 加强埃达克岩研究, 开创中国 Cu、Au 等找矿工作的新局面 . 岩石学报, 20（2）: 195-204.

张旗, 王焰, 钱青, 等 .2001. 中国东部燕山期埃达克岩的特征及其构造成矿意义 . 岩石学报, 17: 236-244.

张少兵, 郑永飞 . 2011. 低 $\delta^{18}O$ 岩浆岩的成因 . 岩石学报, 27: 520-530.

张文钊, 卿敏, 牛翠祎, 等 .2014. 中国金矿床类型、时空分布规律及找矿方向概述 . 矿物岩石地球化学通报, 5: 721-732.

张永, 郝永利, 于海峰, 等 . 2014. 辽宁庄河地区花岗岩侵位机制及岩浆动力学的初步探讨——以光明山花岗岩复式岩体为例 . 地质与资源, 23（1）: 68-72.

张苑, 舒良树, 陈祥云 . 2011. 华南早古生代花岗岩的地球化学、年代学及其成因研究——以赣中南为例 . 中国科学: 地球科学, 41（8）: 1061-1079.

章邦桐, 吴俊奇, 凌洪飞, 等 . 2011. 南岭寨背和陂头花岗岩基属印支期侵位的岩浆动力学证据及构造意义 . 地质找矿论丛, 26（2）: 119-130.

章邦桐, 吴俊奇, 凌洪飞, 等 . 2014. 燕山早期花岗岩基印支期侵位的岩浆动力学证据及构造意义: 基于南岭 8 个岩体侵位年龄计算结果 . 高校地质学报, 20（1）: 1-8.

赵振华 . 2007. 关于岩石微量元素构造环境判别图解使用的有关问题 . 大地构造与成矿学, 31（1）: 92-103.

赵振华, 白正华, 熊小林 . 2006. 中国新疆北部富碱火成岩及其成矿作用 . 北京: 地质出版社 .

赵振华，包志伟，张伯友．2000．柿竹园超大型钨多金属矿床形成的壳幔相互作用背景．中国科学：地球科学，30（增刊）：161-168．

赵振华，王中刚，邹天人．1993．阿尔泰花岗岩 REE 及 O、Pb、Sr、Nd 同位素组成及成岩模型．北京：科学出版社．

赵振华，熊小林，韩小东．1999．花岗岩稀土元素四分组效应形成机理探讨——以千里山和巴尔哲花岗岩为例．中国科学：D 辑，29（4）：331-338．

郑永飞，叶凯，张立飞．2009．发展板块构造：从大洋俯冲到大陆碰撞．科学通报，54（13）：1799-1803．

郑永飞，赵子福，陈伊翔．2013．大陆俯冲隧道过程:大陆碰撞过程中的板块界面相互作用．科学通报，58（23）：2233-2239．

中华人民共和国自然资源部．2021．中国矿产资源报告．北京：地质出版社．

钟玉婷，徐义刚．2009．与地幔柱有关的 A 型花岗岩的特点——以峨眉山大火成岩省为例．吉林大学学报（地球科学版），39（5）：828-838．

周金城，王德滋．1996．对岩浆过程的进一步解析．地质论评，4：321-328．

周金城，王孝磊．2005．实验及理论岩石学．北京．地质出版社．

周新民．2007．南岭地区晚中生代花岗岩成因与岩石圈动力学演化．北京：科学出版社．

周新民，李武显．2000．中国东南部晚中生代火成岩成因：岩石圈消减和玄武岩底侵相结合的模式．自然科学进展，10：240-247．

朱大岗，吴珍汉，崔盛芹，等．1999．燕山地区中生代岩浆活动特征及其与陆内造山作用关系．地质论评，45（2）：163-172．

朱日祥，郑天愉．2009．华北克拉通破坏机制与古元古代板块构造体系．科学通报，54（14）：1950-1961．

朱日祥，陈凌，吴福元，等．2011．华北克拉通破坏的时间、范围与机制．中国科学：地球科学，41（5）：583-592．

朱日祥，范宏瑞，李建威，等．2015．克拉通破坏型金矿床．中国科学：地球科学,45（8）：1153-1168．

朱日祥，徐义刚，朱光，等．2012．华北克拉通破坏．中国科学：地球科学，42（8）：1135-1159．

朱日祥，朱光，李建威，等．2020．华北克拉通破坏．北京：科学出版社．

Acosta-Vigil A, London D, Morgan VI G B, 2012. Chemical diffusion of major components in granitic liquids: Implications for the rates of homogenization of crustal melts. Lithos, 153: 308-323.

Agangi A, Kamenetsky V S, Hofmann A, et al. 2014. Crystallisation of magmatic topaz and implications for Nb-Ta-W mineralisation in F-rich silicic melts-The Ary-Bulakongonite massif. Lithos, 202: 317-330.

Agnol R D, Scaillet B, Pichavant M. 1999. An experimental study of a Lower Proterozoic A-type granite from the eastern Amazonian Craton, Brazil. J Petrol, 40: 1673-1698.

Ahmed E, Yaqoob I, Hashem I A T, et al. 2017. The role of big data analytics in Internet of Things. Computer Networks, 129: 459-471.

Albertz M, Paterson S R, Okaya D. 2005. Fast strain rates during pluton emplacement: Magmatically folded leucocratic dikes in aureoles of the Mount Stuart Batholith, Washington, and the Tuolumne Intrusive Suite, California. Geol Soc Am Bull, 117: 450-465.

Allen S R, McPhie J, Ferris G, et al. 2008. Evolution and architecture of a large felsic Igneous Province in western Laurentia: The 1.6Ga Gawler Range Volcanics, South Australia. J Vol Geotherm Res, 172: 132-147.

Altherr R, Holl A, Hegner E, et al. 2000. High-potassium, calc-alkaline I-type plutonism in the European Variscides: Northern Vosges (France) and northern Schwarzwald (Germany). Lithos, 50(1-3): 51-73.

Anhaeusser C R. 2014. Archean greenstone belts and associated rocks-a review. J African Earth Sci, 100: 684-732.

Annen C, Blundy J D, Leuthold J, et al. 2015. Construction and evolution of igneous bodies: Towards an integrated perspective of crustal magmatism. Lithos, 230: 206-221.

Annen C, Blundy J D, Sparks R, et al. 2006. The genesis of intermediate and silicic magmas in deep crustal hot zones. J Petrol, 47: 505-539.

Annen C, Paulatto M, Sparks R, et al. 2013. Quantification of the intrusive magma fluxes during magma chamber growth at Soufrière Hills Volcano (Montserrat, Lesser Antilles). J Petrol, 55: 529-548.

Ardill K, Paterson S, Memeti V. 2018. Spatiotemporal magmatic focusing in upper-mid crustal plutons of the Sierra Nevada arc. Earth Planet Sci Lett, 498: 88-100.

Arndt N T. 2013. The formation and evolution of the continental crust. Geochem Perspect, 2: 436-504.

Arnold J R, Metzger A E, Reedy R C. 1977. Computer-generated maps of lunar composition from gamma-ray data. Lunar Planet Sci Conf Proceed, 8: 945-948.

Aseri A A, Linnen R L, Che X D, et al. 2015. Effects of fluorine on the solubilities of Nb, Ta, Zr and Hf minerals in highly fluxed water-saturated haplogranitic melts. Ore Geology Reviews, 64: 736-746.

Asimow P D, Ghiorso M S. 1998. Algorithmic modifications extending MELTS to calculate subsolidus phase relations. Am Mineral, 83: 1127-1132.

Audétat A. 2015. Compositional evolution and formation conditions of magmas and fluids related to porphyry Mo mineralization at Climax, Colorado. J Petrol, 56: 1519-1546.

Audétat A. 2019. The metal content of magmatic-hydrothermal fluids and its relationship to mineralization potential. Economic Geology, 114: 1033-1056.

Audétat A, Günther D, Heinrich C A. 1998. Formation of a magmatic-hydrothermal ore deposit: Insights with LA-ICP-MS analysis of fluid inclusions. Science, 279(5359): 2091-2094.

Audétat A, Günther D, Heinrich C A. 2000. Magmatic-hydrothermal evolution in a fractionating granite: A microchemical study of the Sn-W-F-mineralized Mole Granite (Australia). Geochimica et Cosmochimica Acta, 64: 3373-3393.

Ayalew D, Pik R, Bellahsen N, et al. 2019. Differential fractionation of rhyolites during the course of crustal extension, Western Afar (Ethiopian rift). Geochemistry, Geophysics, Geosystems, 20: 571-593.

Ayer J, Amelin Y, Corfu F, et al. 2002. Evolution of the southern Abitibi greenstone belt based on U-Pb geochronology: Autochthonous volcanic construction followed by plutonism, regional deformation and sedimentation. Precambrian Research, 115(1-4): 63-95.

Ayres M, Harris N. 1997. REE fractionation and Nd-isotope disequilibrium during crustal anatexis: Constraints from Himalayan leucogranites. Chem Geol, 139: 249-269.

Bachmann O, Bergantz G W. 2004. On the origin of crystal-poor rhyolites: Extracted from batholithic crystal mushes. J Petrol, 45: 1565-1582.

Bachmann O, Bergantz G W. 2008a. Deciphering magma chamber dynamics from styles of compositional zoning in large silicic ash flow sheets. Rev Mineral Geochem, 69: 651-674.

Bachmann O, Bergantz G W. 2008b. The magma resevoirs that feed supereruptions. Elements, 4: 14-21.

Bachmann O, Bergantz G W. 2008c. Rhyolites and their source mushes across tectonic settings. Journal of Petrology, 49(12): 2277-2285.

Bachmann O, Huber C. 2016. Silicic magma reservoirs in the Earth's crust. Am Mineral, 101: 2377-2404.

Bachmann O, Huber C. 2019. The inner workings of crustal distillation columns: The physical mechanisms and rates controlling phase separation in silicic magma reservoirs. J Petrol, 60: 3-18.

Bachmann O, Miller C F, de Silva S L. 2007. The volcanic-plutonic connection as a stage for understanding crustal magmatism. J Vol Geotherm Res, 167: 1-23.

Baker M B, Grove T L, Price R. 1994. Primitive basalts and andesites from the Mt. Shasta region, N. California: Products of varying melt fraction and water content. Contrib Mineral Petrol, 118: 111-129.

Barbarin B. 1990. Granitoids: Main petrogenetic classification in relation to origin and tectonic setting. Geol J, 25: 227-238.

Barbarin B. 1999. A review of the relationships between granitoid types, their origins and their geodynamic environments. Lithos, 46: 605-626.

Barnes C G, Werts K, Memeti V, et al. 2019. Most Granitoid rocks are cumulates: Deductions from hornblende compositions and zircon saturation. J Petrol, 60: 2227-2240.

Bartels A, Holtz F, Linnen R L. 2010. Solubility of manganotantalite and manganocolumbite in pegmatitic melts. Am Mineral, 95: 537-544.

Bartoli O, Cesare B, Poli S, et al. 2013. Recovering the composition of melt and the fluid regime at the onset of crustal anatexis and S-type granite formation. Geology, 41: 115-118.

Bartoli O, Cesare B, Remusat L, et al. 2014. The H_2O content of granite embryos. Earth Planet Sci Lett, 395: 281-290.

Bateman R. 1984. On the role of diapirism in the, segregation, ascent and final emplacement of granitoid magmas. Tectonophysics, 110(3-4): 211-231.

Bateman P C, Eaton J P. 1967. Sierra Nevada batholith. Science, 158: 1407-1417.

Beard A D, Downes H, Chaussidon M. 2015. Petrology of a nonindigenous microgranitic clast in polymict ureilite EET 87720: Evidence for formation of evolved melt on an unknown parent body. Mete Planet Sci, 50: 1613-1623.

Beard J S, Lofgren G E. 1991. Dehydration melting and water-saturated melting of basaltic and andesitic greenstones and amphibolites at 1.3 and 6.9 kb. J Petrol, 32: 365-401.

Beaumont C, Jamieson R A, Nguyen M H, et al. 2001. Himalayan tectonics explained by extrusion of a low-viscosity crustal channel coupled to focused surface denudation. Nature, 414: 738-742.

Bédard J. 1990. Enclaves from the a type granite of the mégantic complex, white mountain magma series: Clues to granite magmagenesis. J Geophy Res: Solid Earth, 95: 17797-17819.

Bédard J H. 2006. A catalytic delamination-driven model for coupled genesis of Archaean crust and sub-continental lithospheric mantle. Geochimica et cosmochimica acta, 70 (5): 1188-1214.

Bédard J H, Brouillette P, Madore L, et al. 2003. Archaean cratonization and deformation in the northern Superior Province, Canada: An evaluation of plate tectonic versus vertical tectonic models. Precambrian Research, 127(1-3): 61-87.

Bédard J H, Harris L B, Thurston P C. 2013. The hunting of the snArc. Precambrian Res, 229: 20-48.

Bergantz G W, Schleicher J M, Burgisser A. 2015. Open-system dynamics and mixing in magma mushes. Nature Geosci, 8: 793-796.

Bird P. 1991. Lateral extrusion of lower crust from under high topography in the isostatic limit. J Geophy Res, 96: 10275-10286.

Blanchard D P, Budahn J R. 1979. Remnants from the ancient lunar crust-Clasts from consortium breccia 73255. In Lunar and Planetary Science Conference Proceedings, 10: 803-816.

Blatter D L, Sisson T W, Ben Hankins W. 2013. Crystallization of oxidized, moderately hydrous arc basalt at mid- to lower-crustal pressures: Implications for andesite genesis. Contrib Mineral Petrol, 166: 861-886.

Bleeker W. 2002. Archean tectonics: A review, with illustrations from the Slave craton. Geol Soc Lond Spec Pub, 199: 151-181.

Blevin P L, Chappell B W. 1992. The role of magma sources, oxidation states and fractionation in determining the granite metallogeny of eastern Australia. Transactions of the Royal Society of Edinburgh: Earth Sciences, 83: 305-316.

Blevin P L, Chappell B W. 1995. Chemistry, origin, and evolution of mineralized granites in the Lachlan Fold Belt, Australia: The metallogeny of I- and S-type granites. Economic Geology, 90: 1604-1619.

Blewett R S. 2002. Archaean tectonic processes: A case for horizontal shortening in the North Pilbara Granite-Greenstone Terrane, Western Australia. Precambrian Research, 113(1-2): 87-120.

Boehnke P, Bell E A, Stephan T, et al. 2018. Potassic, high-silica Hadean crust. Proceed Nation Academy Sci, 115: 6353-6356.

Bohrson W A, Spera F J, Ghiorso M S, et al. 2014. Thermodynamic model for energy–constrained open–system evolution of crustal magma bodies undergoing simultaneous recharge, assimilation and crystallization: The magma chamber simulator. J Petrol, 55: 1685-1717.

Bonin B. 2007. A-type granites and related rocks: Evolution of a concept, problems and prospects. Lithos, 97: 1-29.

Bonin B. 2012. Extra-terrestrial igneous granites and related rocks: A review of their occurrence and petrogenesis. Lithos, 153: 3-24.

Bonin B, Bébien J, Masson P. 2002. Granite: A planetary point of view. Gondwana Res, 5: 261-273.

Borisova A Y, Thomas R, Salvi S, et al. 2012. Tin and associated metal and metalloid geochemistry by femtosecond LA-ICP-QMS microanalysis of pegmatite–leucogranite melt and fluid inclusions: New evidence for melt-melt-fluid immiscibility. Mineral Mag, 76: 91-113.

Botcharnikov R E, Freise M, Holtz F, et al. 2005a. Solubility of COH mixtures in natural melts: New experimental data and application range of recent models. Annals of Geophysics, 48: 633-646.

Botcharnikov R E, Koepke J, Holtz F, et al. 2005b. The effect of water activity on the oxidation and structural state of Fe in a ferro-basaltic melt. Geochimica et Cosmochimica Acta, 69: 5071-

5085.

Botcharnikov R E, Linnen R L, Wilke M, et al. 2011. High gold concentrations in sulphide-bearing magma under oxidizing conditions. Nature Geosci, 4: 112-115.

Bouhallier H, Choukroune P, Ballèvre M. 1993. Diapirism, bulk homogeneous shortening and transcurrent shearing in the Archaean Dharwar craton: The Holenarsipur area, southern India. Precambrian Research, 63(1-2): 43-58.

Bowen N L. 1928. The Evolution of Lgneous Rocks. Princeton: Princeton University Press.

Brown M. 1994. The generation, segregation, ascent and emplacement of granite magma: The migmatite-to-crustally-derived granite connection in thickened orogens. Earth-Science Reviews, 36(1-2): 83-130.

Brown M. 2006. Duality of thermal regimes is the distinctive characteristic of plate tectonics since the Neoarchean. Geology, 34(11): 961-964.

Brown M. 2013. Granite: From genesis to emplacement. Geol Soc Am Bull, 125: 1079-1113.

Brown M, Johnson T, Gardiner N J. 2020. Plate tectonics and the Archean Earth. Annual Rev Earth Planet Sci, 48: 1-30.

Brown P E, Dempster T J, Hutton D H W, et al. 2003. Extensional tectonics and mafic plutons in the Ketilidian rapakivi granite suite of South Greenland. Lithos, 67: 1-13.

Bryan S E. 2007. Silicic large igneous provinces. Episodes, 30: 20-31.

Bryan S E, Ferrari L. 2013. Large igneous provinces and silicic large igneous provinces: Progress in our understanding over the last 25 years. Geol Soc Am Bull, 125: 1053-1078.

Burchardt S. 2009. Mechanisms of magma emplacement in the upper crust (Doctoral dissertation, Niedersächsische Staats-und Universitätsbibliothek Göttingen).

Burchardt S. 2018. Volcanic and Igneous Plumbing Systems: Understanding Magma Transport, Storage, and Evolution in the Earth's Crust. Amsterdam: Elsevier.

Burchardt S, Galland O. 2016. Studying volcanic plumbing systems-multidisciplinary approaches to a multifaceted problem. Updates in Volcanology-From Volcano Modelling to Volcano. Geology, 23-53.

Burchfiel B C, Royden L H, van der Hilst R D, et al. 2008. A geological and geophysical context for the Wenchuan earthquake of 12 May 2008, Sichuan, People's Republic of China. GSA Today, 18: 4-11.

Buret Y, Wotzlaw J F, Roozen S, et al. 2017. Zircon petrochronological evidence for a plutonic-volcanic connection in porphyry copper deposits. Geology, 45: 623-626.

Cabero M T, Mecoleta S, López-Moro F J. 2012. Optimasba: A microsoft excel workbook to optimise the mass-balance modelling applied to magmatic differentiation processes and subsolidus overprints. Computer and Geosciences, 42: 206-211.

Cagnard F, Barbey P, Gapais D. 2011. Transition between "Archaean-type" and "modern-type" tectonics: Insights from the Finnish Lapland Granulite Belt. Precambrian Research, 187(1-2): 127-142.

Camilletti G, Otamendi J, Tibaldi A, et al. 2020. Geology, petrology and geochronology of sierra Valle Fértil- La Huerta batholith: Implications for the construction of a middle-crust magmatic-arc section. J South Am Earth Sci, 97: 102423.

Campbell I H, Taylor S R. 1983. No water, no granites—No oceans, no continents. Geophy Res Lett, 10: 1061-1064.

Cao W R, Kaus B J P, Paterson S. 2016. Intrusion of granitic magma into the continental crust facilitated by magma pulsing and dike-diapir interactions: Numerical simulations. Tectonics, 35: 1575-1594.

Caracciolo A, Bali E, Guðfinnsson G H, et al. 2020. Temporal evolution of magma and crystal mush storage conditions in the Bárðarbunga—Veiðivötn volcanic system, Iceland. Lithos, 352-353: 105234.

Caricchi L, Blundy J D. 2015. Chemical, physical and temporal evolution of magmatic systems. Geol Soc, Lond, Spec Pub, 422: 1-15.

Cashman K V, Sparks R S J, Blundy J D. 2017. Vertically extensive and unstable magmatic systems: A unified view of igneous processes. Science, 355: 3055.

Castro A. 1987. On granitoid emplacement and related structures. Rev Geol Rundsch, 76: 101-124.

Castro A. 2013. Tonalite-granodiorite suites as cotectic systems: A review of experimental studies with applications to granitoid petrogenesis. Earth-Sci Rev, 124: 68-95.

Cavosie A J, Valley J W, Wilde S A. 2005. Magmatic $\delta^{18}O$ in 4400-3900 Ma detrital zircons: A record of the alteration and recycling of crust in the Early Archean. Earth Planet Sci Lett, 235: 663-681.

Cavosie A J, Valley J W, Wilde S A. 2007. The oldest terrestrial mineral record: A review of 4400 to 4000 Ma detrital zircons from Jack Hills, Western Australia. Develop Precam Geol, 15: 91-111.

Cavosie A J, Wilde S A, Liu D, et al. 2004. Internal zoning and U-Th-Pb chemistry of Jack Hills detrital zircons: A mineral record of early Archean to Mesoproterozoic (4348-1576Ma) magmatism. Precambrian Res, 135: 251-279.

Cawood P A. 2020. Metamorphic rocks and plate tectonics. Sci Bull, 65: 968-969.

Cawood P A, Hawkesworth C J, Dhuime B. 2013. The continental record and the generation of continental crust. Geol Soc Am Bull, 125: 14-32.

Cawood P A, Hawkesworth C J, Pisarevsky S A, et al. 2018. Geological archive of the onset of plate tectonics. Philosophical Transactions of the Royal Society A: Mathematical. Physical and Engineering Sciences, 376 (2132): 20170405.

Cawood P A, Kröner A, Collins W J, et al. 2009. Accretionary orogens through earth history. Geol Soc, Lond, Spec Pub, 318: 1-36.

Cawood P A, Kroner A, Pisarevsky S. 2006. Precambrian plate tectonics: Criteria and evidence. GSA Today, 16: 4-11.

Cerný P, Blevin P L, Cuney M, et al. 2005. Granite-related ore deposits. In: Hedenquist J W, Thompson J F H, Goldfarb R J, et al. Economic Geology, 100th Anniversary Volume, Littleton, Colorado: Society of Economic Geoogists, Inc, 337-370.

Chambers M, Memeti V, Eddy M P, et al. 2020. Half a million years of magmatic history recorded in a K-feldspar megacryst of the Tuolumne Intrusive Complex, California, USA. Geology, 48: 400-404.

Champion D C, Smithies R H. 2001. Archaean granites of the Yilgarn and Pilbara cratons, Western Australia. Geoscience Australia, 4: 134-136.

Chang Z S, Hedenquist J W, White N C, et al. 2011. Exploration tools for linked porphyry and epithermal deposits: Example from the Mankayan intrusion-centered Cu-Au district, Luzon, Philippines. Economic Geology, 106: 1365-1398.

Chappell B W, White A J R. 1974. Two constrasting granite types. Pacific Geology, 173-174.

Chappell B W, White A J R. 1992. I- and S-type granites in the Lachlan Fold Belt. Earth and Environmental Science Transactions of the Royal Society of Edinburgh, 83: 1-26.

Chappell B W, White A J R. 2001. Two contrasting granite types: 25 years later. Ausn J Earth Sci, 48: 489-499.

Chappell B W, Wyborn D. 2012. Origin of enclaves in S-type granites of the Lachlan Fold Belt. Lithos, 154: 235-247.

Chappell B W, Bryant C J, Wyborn D, et al. 1998. High- and low- temperature granites. Resource Geol, 48: 225-236.

Chappell B W, Bryant C J, Wyborn D. 2012. Peraluminous I-type granites. Lithos, 153: 142-153.

Chappell B W, White A J R, Williams I S, et al. 2004. Low-and high-temperature granites. Geol Soc Am Spec Papers, 389: 125-140.

Charles J H, Whitehouse M J, Andersen J C Ø, et al. 2018. Age and petrogenesis of the Lundy granite: Paleocene intraplate peraluminous magmatism in the Bristol Channel, UK. J Geol Soc, 175: 44-59.

Charles N, Faure M, Chen Y. 2009. The Montagne Noire migmatitic dome emplacement (French Massif Central): New insights from petrofabric and AMS studies. J Struct Geol, 31: 1423-1440.

Charoy B, Raimbault L. 1994. Zr-, Th-, and REE-rich biotite differentiates in the A-type granite pluton of Suzhou (Eastern China): The key role of fluorine. J Petrol, 35: 919-962.

Charvet J, Shu L S, Faure M, et al. 2010. Structural development of the Lower Paleozoic belt of South China: Genesis of an intracontinental orogen. J Asian Earth Sci, 39: 309-330.

Che X D, Linnen R L, Wang R C, et al. 2013. Tungsten solubility in evolved granitic melts: An evaluation of magmatic wolframite. Gochimica et Cosmochimica Acta, 106: 84-98.

Chen B, Chen Z C, Jahn B M. 2009. Origin of mafic enclaves from the Taihang Mesozoic orogen, north China craton. Lithos, 110(1-4), 343-358.

Chen J J, Cao D H, Yang X L, et al. 2016. Fluid inclusions and sulfur isotope of the Yongping copper-polymetallic deposit in Jiangxi Province. Acta Geoscientica Sinica, 2: 163-173.

Chen K, Rudnick R L, Wang Z, et al. 2019. How mafic was the Archean upper continental crust? Insights from Cu and Ag in ancient glacial diamictites. Geochimica et Cosmochimica Acta, 278: 16-29.

Chen L L, Ni P, Li W S, et al. 2018. The link between fluid evolution and vertical zonation at the Maoping tungsten deposit, Southern Jiangxi, China: Fluid inclusion and stable isotope evidence. J Geochem Exploration, 192: 18-32.

Chen Y J, Wang P, Li N, et al. 2017a. The collision-type porphyry Mo deposits in DabieShan, China. Ore Geol Rev, 81: 405-430.

Chen Y J, Zhang C, Wang P, et al. 2017b. The Mo deposits of Northeast China: A powerful indicator of tectonic settings and associated evolutionary trends. Ore Geol Rev, 81: 602-640.

Chiaradia M. 2014. Copper enrichment in arc magmas controlled by overriding plate thickness. Nature Geosci, 7: 43-46.

Chiaradia M, Merino D, Spikings R. 2009. Rapid transition to long-lived deep crustal magmatic maturation and the formation of giant porphyry-related mineralization (Yanacocha, Peru). Earth Planet Sci Lett, 288: 505-515.

Chiaradia M, Schaltegger U, Spikings R, et al. 2013. How accurately can we date the duration of magmatic-hydrothermal events in porphyry systems? An invited Paper. Economic Geology, 108: 565-584.

Christensen P R, McSween H Y, Bandfield J L, et al. 2005. Evidence for magmatic evolution and diversity on Mars from infrared observations. Nature, 436: 504-509.

Chu M F, Chung S L, Song B, et al. 2006. Zircon U-Pb and Hf isotope constraints on the Mesozoic tectonics and crustal evolution of southern Tibet. Geology, 34: 745-748.

Chung S L, Chu M F, Ji J, et al. 2009. The nature and timing of crustal thickening in Southern Tibet: Geochemical and zircon Hf isotopic constraints from postcollisional adakites. Tectonophysics, 477: 36-48.

Claeson D T, Meurer W P. 2004. Fractional crystallization of hydrous basaltic "arc-type" magmas and the formation of amphibole-bearing gabbroic cumulates. Contrib Mineral Petrol, 147: 288-304.

Clarke F W. 1889. The relative abundance of the chemical elements. Bull Phil Soc Washington, 11: 135-143.

Clemens J D. 1998. Observations on the origins and ascent mechanisms of granitic magmas. J GeolSoc, Lond, 155: 845-851.

Clemens J D. 2003. S-type granitic magmas—petrogenetic issues, models and evidence. Earth-Sci Rev, 61: 1-18.

Clemens J D, Birch W D, Dudley R A. 2011. S-type ignimbrites with polybaric crystallisation histories: The Tolmie Igneous Complex, Central Victoria, Australia. Contrib Mineral Petrol, 162: 1315-1337.

Clemens J D, Droop G T R. 1998. Fluids, P-T paths and the fates of anatectic melts in the Earth's crust. Lithos, 44: 21-36.

Clemens J, Holloway J R, White A. 1986. Origin of an A-type granite: Experimental constraints. Am Mineral, 71: 317-324.

Clemens J D, Mawer C K. 1992. Granitic magma transport by fracture propagation. Tectonophysics, 204(3-4): 339-360.

Clemens J D, Phillips G N. 2014. Inferring a deep-crustal source terrane from a high-level granitic pluton: The Strathbogie Batholith, Australia. Contrib Mineral Petrol, 168: 1070.

Clemens J D, Stevens G, Farina F. 2011. The enigmatic sources of I-type granites: The peritectic connexion. Lithos, 126: 174-181.

Clemens J D, Stevens G. 2012. What controls chemical variation in granitic magmas? Lithos, 134-135: 317-329.

Clemens J D, Vielzeuf D. 1987. Constraints in melting and magma production in the crust. Earth Planet Sci Lett, 86: 287-306.

Coleman D S, Gray W, Glazner A F. 2004. Rethinking the emplacement and evolution of zoned plutons: Geochronologic evidence for incremental assembly of the Tuolumne Intrusive Suite, California. Geology, 32: 433-436.

Collins W J. 2002. Hot orogens, tectonic switching, and creation of continental crust. Geology, 30.

Collins W, Beams S, White A, et al. 1982. Nature and origin of a-type granites with particular reference to southeastern Australia. Contrib Mineral Petrol, 80: 189-200.

Collins W J, Belousova E A, Kemp A I S, et al. 2011. Two contrasting Phanerozoic orogenic systems revealed by hafnium isotope data. Nature Geosci, 4: 333-337.

Collins W J, Huang H Q, Bowden P, et al. 2019. Repeated S-I-A-type granite trilogy in the Lachlan Orogen and geochemical contrasts with A-type granites in Nigeria: Implications for petrogenesis and tectonic discrimination. Geol Soc, Lond, Specl Pub, 491: 53-76.

Collins W J, Richards S W. 2008. Geodynamic significance of S-type granites in circum-Pacific orogens. Geology, 36 (7): 559-562.

Colón D P, Bindeman I N, Ellis B, et al. 2015a. Hydrothermal alteration and melting of the crust during the Columbia River Basalt-Snake River Plain transition and the origin of low-delta O-18 rhyolites of the central Snake River Plain. Lithos, 224: 310-323.

Colón D P, Bindeman I N, Stern R A, et al. 2015b. Isotopically diverse rhyolites coeval with the Columbia River Flood Basalts: Evidence for mantle plume interaction with the continental crust. Terra Nova, 27: 270-276.

Condie K C. 1993. Chemical composition and evolution of the upper continental crust: Contrasting results from surface samples and shales. Chem Geol, 104: 1-37.

Condie K C. 2000. Episodic continental growth models: After thoughts and extensions. Tectonophysics, 322: 153-162.

Condie K C. 2001. Mantle Plumes and Their Record in Earth History. Cambridge: Cambridge University Press.

Condie K C. 2005. High field strength element ratios in Archean basalts: A window to evolving sources of mantle plumes? Lithos, 79: 491-504.

Condie K C. 2007. Accretionary orogens in space and time. Geol Soc Am Memoirs, 200: 145-158.

Condie K C. 2018. A planet in transition: The onset of plate tectonics on Earth between 3 and 2 Ga? Geosci Front, 9: 51-60.

Condie K C, Benn K. 2006. Archean geodynamics: Similar to or different from modern geodynamics? Geophysical Monograph-American Geophysical Union, 164: 47.

Condie K C, Arndt N, Davaille A, et al. 2017. Zircon age peaks: Production or preservation of continental crust? Geosphere, 13: 227-234.

Condie K C, Kroner A, Stern R J. 2006. When did plate tectonics begin. GSA today, 1610: 40-41.

Condie K C, Kröner A. 2013. The building blocks of continental crust: Evidence for a major change in the tectonic setting of continental growth at the end of the Archean. Gondwana Res, 23: 394-402.

Connolly J A D. 1990. Multivariable phase diagrams: An algorithm based on generalized thermodynamics. Am J Sci, 290: 666-718.

Connolly J A D. 2005. Computation of phase equilibria by linear programming: A tool for geodynamic modeling and its application to subduction zone decarbonation. Earth Planet Sci

Lett, 236: 524-541.

Conrad W K, Nicholls I A, Wall V J. 1988. Water-saturated and -undersaturated melting of metaluminous and peraluminous crustal compositions at 10kb: Evidence for the origin of silicic magmas in the Taupo Volcanic Zone, New Zealand, and other occurrences. J Petrol, 29: 765-803.

Cooper K M, Kent A J R. 2014. Rapid remobilization of magmatic crystals kept in cold storage. Nature, 506: 480-483.

Corvino A F, Pretorius L E. 2013. Uraniferous leucogranites south of Ida Dome, central Damara Belt, Namibia: Morphology, distribution and mineralisation. J African Earth Sci, 80: 60-73.

Cottam M, Hall R, Sperber C, et al. 2010. Pulsed emplacement of the Mount Kinabalu granite, northern Borneo. J Geol Soc, 167: 49-60.

Couzinié S, Laurent O, Moyen J F, et al. 2016. Post-collisional magmatism: Crustal growth not identified by zircon Hf–O isotopes. Earth Planet Sci Lett, 456: 182-195.

Creaser R A, Price R C, Wormald R J. 1991. A-type granites revisited-assessment of a residual source model. Geology, 19: 163-166.

Cruden A R. 1990. Flow and fabric development during the diapiric rise of magma. J Geol, 98: 681-698.

Cruz-Uribe A M, Marschall H R, Gaetani G A, et al. 2018. Generation of alkaline magmas in subduction zones by partial melting of mélange diapirs—An experimental study. Geology, 46: 343-346.

Cunningham W D, Owen L A, Snee L W, et al. 2003. Structural framework of a major intracontinental orogenic termination zone:The easternmost Tien Shan, China. J Geol Soc, 160: 575-590.

Смирнов С С. 1937. К вопросу о зональности рудных мес- торождений. – Изв. АН СССР, сер. геол, 6.

Daly R A. 1933. Igneous Rocks and the Depths of the Earth. New York: McGraw-Hill, 316.

Dan W, Li X H, Wang Q, et al. 2014a. An Early Permian (ca. 280Ma) silicic igneous province in the Alxa Block, NW China: A magmatic flare-up triggered by a mantle-plume? Lithos, 204: 144-158.

Dan W, Li X H, Wang Q, et al. 2014b. Paleoproterozoic S-type granites in the Helanshan Complex, Khondalite Belt, North China Craton: Implications for rapid sediment recycling during slab break-off. Precambrian Res, 254: 59-72.

Das R, Zhang Y, Schaubs P, et al. 2014. Modelling rock fracturing caused by magma intrusion using the smoothed particle hydrodynamics method. Computational Geosciences, 18: 927-947.

Davies D R, Rawlinson N. 2014. On the origin of recent intraplate volcanism in Australia.

Geology, 42: 1031-1034.

Davies J H, von Blanckenburg F. 1995. Slab breakoff: A model of lithosphere detachment and its test in the magmatism and deformation of collisional orogens. Earth Planet Sci Lett, 129: 85-102.

de Capitani C, Brown T H. 1987. The computation of chemical equilibrium in complex systems containing non-ideal solutions. Geochimica et Cosmochimica Acta, 51: 2639-2652.

de Capitani C, Petrakakis I. 2010. The computation of equilibrium assemblage diagrams with Theriak/Domino software. Am Mineral, 95: 1006-1016.

de Saint-Blanquat M, Habert G, Horsman E, et al. 2006. Mechanisms and duration of non-tectonically assisted magma emplacement in the upper crust: The Black Mesa pluton, Henry Mountains, Utah. Tectonophysics, 428: 1-31.

de Saint-Blanquat M, Law R D, Bouchez J L, et al. 2001. Internal structure and emplacement of the Papoose Flat pluton: An integrated structural, petrographic, and magnetic susceptibility study. Geol Soc Am Bull, 113: 976-995.

DeCelles P G, Ducea M N, Kapp P, et al. 2009. Cyclicity in Cordilleran orogenic systems. Nature Geosci, 2: 251-257.

Deering C D, Gravley D M, Vogel T A, et al. 2010. Origins of cold-wet-oxidizing to hot-dry-reducing rhyolite magma cycles and distribution in the Taupo Volcanic Zone, New Zealand. Contrib Mineral Petrol, 160: 609-629.

Defant M J, Drummond M S. 1990. Derivation of some modern arc magmas by melting of young subducted lithosphere. Nature, 347: 662-665.

del Potro R, Díez M, Blundy J, et al. 2013. Diapiric ascent of silicic magma beneath the Bolivian Altiplano. Geophy Res Lett, 40: 2044-2048.

Deng G, Kang J, Nan X, et al. 2021. Barium isotope evidence for crystal-melt separation in granitic magma reservoirs. Geochimica et Cosmochimica Acta, 292: 115-129.

Deng T, Xu D, Chi G, et al. 2017. Geology, geochronology, geochemistry and ore genesis of the Wangu gold deposit in Northeastern Hunan Province, Jiangnan Orogen, South China. Ore Geology Reviews, 88: 619-637.

Deng Z B, Chaussidon M, Guitreau M, et al. 2019a. An oceanic subduction origin for Archaean granitoids revealed by silicon isotopes. Nature Geosci, 12: 1-5.

Deng Z, Chaussidon M, Savage P, et al. 2019b. Titanium isotopes as a tracer for the plume or island arc affinity of felsic rocks. Proceed Nation Academy Sci, 116: 201809164.

Dhuime B, Hawkesworth C J, Cawood P A, et al. 2012. A change in the geodynamics of continental growth 3 billion years ago. Science, 335: 1334-1336.

Dhuime B, Wuestefeld A, Hawkesworth C J. 2015. Emergence of modern continental crust about

3 billion years ago. Nature Geosci, 8: 552-555.

Dickin A P. 1994. Nd isotope chemistry of Tertiary igneous rocks from Arran, Scotland: Implications for magma evolution and crustal structure. Geol Mag, 131: 329-333.

Direen N G, Lyons P, Korsch R J, et al. 2001. Integrated geophysical appraisal of crustal architecture in the eastern Lachlan Orogen. Exploration Geophysics, 32: 252-262.

Dirks P H, Jelsma H A, Hofmann A. 2002. Thrust-related accretion of an Archaean greenstone belt in the Midlands of Zimbabwe. Journal of Structural Geology, 24 (11): 1707-1727.

Dobretsov N L, Berzin N A, Buslov M M. 1995. Opening and tectonic evolution of the Paleo-Asian Ocean. Int Geol Rev, 37: 335-360.

Dohm J M, Maruyama S, Kido M, et al. 2018. A possible anorthositic continent of early Mars and the role of planetary size for the inception of Earth-like life. Geoscience Frontiers, 9 (4): 1085-1098.

Drummond M S, Defant M J. 1990. A model for Trondhjemite-Tonalite-Dacite Genesis and crustal growth via slab melting: Archean to modern comparisons. J Geophy Res: Solid Earth and Planets, 95: 21503-21521.

Du D H, Wang X L, Yang T, et al. 2017. Origin of heavy Fe isotope compositions in high-silica igneous rocks: A rhyolite perspective. Geochimica et Cosmochimica Acta, 218: 58-72.

Duan D F, Jiang S Y. 2017. In situ major and trace element analysis of amphiboles in quartz monzodiorite porphyry from the Tonglvshan Cu-Fe (Au) deposit, Hubei Province, China: Insights into magma evolution and related mineralization. Contrib Mineral Petrol, 172: 36.

Ducea M N. 2001. The California arc: Thick granitic batholiths, eclogitic residues, lithospheric-scale thrusting, and magmatic are-ups. Geological Society of America. GSA Today, 11: 4-10.

Ducea M N, Barton M D. 2007. Igniting flare-up events in Cordilleran arcs. Geology, 35: 1047-1050.

Ducea M N, Bergantz G W, Crowley J L, et al. 2017. Ultrafast magmatic buildup and diversification to produce continental crust during subduction. Geology, 45: 235-238.

Ducea M N, Saleeby J B, Bergantz G. 2015. The architecture, chemistry, and evolution of continental magmatic arcs. Ann Rev Earth Planet Sci, 43: 299-331.

Ducea M N, Saleeby J B. 1998. The age and origin of a thick mafic-ultramafic root from beneath the Sierra Nevada batholith. Contrib Mineral Petrol, 133: 169-185.

Eby G N. 1990. The A-type granitoids: A review of their occurrence and chemical characteristics and speculations on their petrogenesis. Lithos, 26: 115-134.

Eby G N. 1992. Chemical subdivision of the A-type granitoids: Petrogenetic and tectonic implications. Geology, 20: 641-644.

Eriksson P G, Condie K C. 2014. Cratonic sedimentation regimes in the ca. 2450-2000Ma period:

Relationship to a possible widespread magmatic slowdown on Earth? Gondwana Research, 25(1): 30-47.

Ernst R E, Bleeker W, Söderlund U, et al. 2013. Large igneous provinces and supercontinents: Toward completing the plate tectonic revolution. Lithos, 174: 1-14.

Ersoy E Y, 2013. P (Petrological Modeler): A Microsoft® Excel© spreadsheet program for modelling melting, mixing, crystallization and assimilation processes in magmatic systems. Turkish J Earth Sci, 22: 115-125.

Ersoy E Y, Helvac C, Palmer M R. 2010. Mantle source characteristics and melting models for the early-middle miocene mafic volcanism in western anatolia: Implications for enrichment processes of mantle lithosphere and origin of k-rich volcanism in post-collisional settings. Journal of Volcanology and Geothermal Research, 198 (1-2): 112-128.

Eskandari A, Deevsalar R, De Rosa R, et al. 2020. Geochemical and isotopic constraints on the evolution of magma plumbing system at Damavand Volcano, N Iran. Lithos, 354-355: 105274.

European Commission. 2020. Critical materials for strategic technologies and sectors in the EU—a foresight study. Brussels, Belgium.

European Commission, Commission to the European Parliament, European Economic and Social Committee, et al. 2020. Critical raw materials resilience: Charting a path towards greater Security and Sustainability. Brussels, Belgium.

Evans K A, Tomkins A G. 2011. The relationship between subduction zone redox budget and arc magma fertility. Earth Planet Sci Lett, 308: 401-409.

Evensen J M, London D. 2002. Experimental silicate mineral/melt partition coefficients for beryllium and the crustal be cycle from migmatite to pegmatite. 66(12): 2265.

Farina F, Dini A, Rocchi S, et al. 2014. Extreme mineral-scale Sr isotope heterogeneity in granites by disequilibrium melting of the crust. Earth Planet Sci Lett, 399: 103-115.

Farner M J, Lee C-T A, Putirka K D. 2014. Mafic-felsic magma mixing limited by reactive processes: A case study of biotite-rich rinds on mafic enclaves. Earth Planet Sci Lett, 393: 49-59.

Faure M, Shu L, Wang B, et al. 2009. Intracontinental subduction: A possible mechanism for the Early Palaeozoic Orogen of SE China. Terra Nova, 21: 360-368.

Feng S J, Zhao K D, Ling H F, et al. 2014. Geochronology, elemental and Nd-Hf isotopic geochemistry of Devonian A-type granites in central Jiangxi, South China: Constraints on petrogenesis and post-collisional extension of the Wuyi–Yunkai orogeny. Lithos, 206: 1-18.

Fernandez C, Castro A. 1999. Pluton accommodation at high strain rates in the upper continental crust: The examples of the Central Extremadura batholith, Spain. J Struct Geol, 21: 1143-1149.

Fernandez R D, Catalan J R M. 2009. 3D Analysis of an Ordovician igneous ensemble: A complex magmatic structure hidden in a polydeformed allochthonous Variscan unit. J Struct Geol, 31: 222-236.

Fiege A, Kirchner C, Holtz F, et al. 2011. Influence of fluorine on the solubility of manganotantalite ($MnTa_2O_6$) and manganocolumbite ($MnNb_2O_6$) in granitic melts- an experimental study. Lithos, 122: 165-174.

Fliedner M M, Klemperer S L, Christensen N I. 2000. Three-dimensional seismic model of the Sierra Nevada arc, California, and its implications for crustal and upper mantle composition. J Geophy Res: Solid Earth, 105: 10899-10921.

Foden J, Sossi P A, Wawryk C M. 2015. Fe isotopes and the contrasting petrogenesis of A-, I- and S-type granite. Lithos, 212: 32-44.

Foley S F, Tiepolo M, Vannucci R. 2002. Growth of early continental crust controlled by melting of amphibolite in subduction zones. Nature, 417: 837-840.

Font L, Davidson J P, Pearson D G, et al. 2008. Sr and Pb isotope micro-analysis of plagioclase crystals from Skye Lavas: An insight into open-system processes in a flood basalt Province. J Petrol, 49:1449-1471.

Fouquet Y, Martel-Jantin B. 2014. Rare and strategic metals. In Deep Marine Mineral Resources. Dordrecht: Springer.

Frimmel H E. 2008. Earth's continental crustal gold endowment. Earth Planet Sci Lett, 267: 45-55.

Frost C D, Frost B R. 1997. Reduced rapakivi-type granites: The tholeiite connection. Geology, 25: 647-650.

Frost C D, Frost B R, Chamberlain K R, et al. 1998. The Late Archean history of the Wyoming province as recorded by granitic magmatism in the Wind River Range, Wyoming. Precambrian Research, 89(3-4): 145-173.

Frost C D, Frost B R, Chamberlain K R, et al. 1999. Petrogenesis of the 1.43Ga Sherman batholith, SE Wyoming, USA: A reduced, rapakivi-type anorogenic granite. J Petrol, 40: 1771-1802.

Fyfe W S. 1973. The generation of batholiths. Tectonophysics, 17: 273-283.

Gagnevin D, Daly J S, Poli G. 2008. Insights into granite petrogenesis from quantitative assessment of the field distribution of enclaves, xenoliths and K-feldspar megacrysts in the Monte Capanne pluton, Italy. Mineral Mag, 72: 925-940.

Gao J F, Jackson S E, Dubé B, et al. 2015a. Genesis of the Canadian Malartic, Côté Gold, and Musselwhite gold deposits: Insights from LA-ICP-MS element mapping of pyrite. In: Dubé B, Mercier-Langevin P. Targeted Geoscience Initiative 4: Contributions to the Understanding of Precambrian Lode Gold Deposits and Implications for Exploration. Geological Survey of

Canada, Open File, 7852: 157-175.

Gao J, Klemd R, Zhu M, et al. 2018. Large-scale porphyry-type mineralization in the Central Asian metallogenic domain: A review. J Asian Earth Sci, 165: 7-36.

Gao J, Wang X S, Klemd R, et al. 2015b. Record of assembly and breakup of Rodinia in the Southwestern Altaids: Evidence from Neoproterozoic magmatism in the Chinese Western Tianshan Orogen. J Asian Earth Sci, 113: 173-193.

Gao L E, Zeng L S. 2014. Fluxed melting of metapelite and the formation of Miocene high-CaO two-mica granites in the Malashan gneiss dome, southern Tibet. Geochimica et Cosmochimica Acta, 130: 136-155.

Gao L E, Zeng L, Asimow P D. 2017. Contrasting geochemical signatures of fluid-absent versus fluid-fluxed melting of muscovite in metasedimentary sources: The Himalayan leucogranites. Geology, 45: 39-42.

Gao P, Zheng Y F, Zhao Z F. 2016. Experimental melts from crustal rocks: A lithochemical constraint on granite petrogenesis. Lithos, 266: 133-157.

Gao Y Y, Li X H, Griffin W L, et al. 2014. Screening criteria for reliable U-Pb geochronology and oxygen isotopeanalysis in uranium-rich zircons: A case study from the Suzhou A-type granites, SE China. Lithos, 192-195: 180-191.

Gao Y Y, Li X H, Griffin W L, et al. 2015c. Extreme lithium isotopic fractionation in three zircon standards (Plesovice, Qinghu and Temora). Scientific Reports, 5: 1-11.

Garçon M, Carlson R W, Shirey S B, et al. 2017. Erosion of Archean continents: The Sm-Nd and Lu-Hf isotopic record of Barberton sedimentary rocks. Geochimica et Cosmochimica Acta, 206: 216-235.

Garçon M, Carlson R, Shirey S, et al. 2017. Erosion of Archean continents: The Sm-Nd and Lu-Hf isotopic record of Barberton sedimentary rocks. Geochimica et Cosmochimica Acta, 206: 216-235.

Garg D, Papale P, Colucci S, et al. 2019. Long-lived compositional heterogeneities in magma chambers, and implications for volcanic hazard. Scientific Reports, 9: 1-13.

Garrido C J, Bodinier J L, Dhuime B, et al. 2007. Origin of the island arc Moho transition zone via melt–rock reaction and its implications for intracrustal differentiation of island arcs: Evidence from the Jijal complex (Kohistan complex, northern Pakistan). Geology, 35: 683-686.

Gaschnig R M, Rudnick R L, McDonough W F, et al. 2016. Compositional evolution of the upper continental crust through time, as constrained by ancient glacial diamictites. Geochimica et Cosmochimica Acta, 186: 316-343.

Ge R F, Wilde S A, Nemchin A A, et al. 2018a. A 4463 Ma apparent zircon age from the Jack

Hills (Western Australia) resulting from ancient Pb mobilization. Geology, 46: 303-306.

Ge R, Zhu W, Wilde S A, et al. 2018b. Remnants of Eoarchean continental crust derived from a subducted proto-arc. Sci Advances, 4: eaao3159.

Gehrels G E, Rusmore G M, Woodsworth G, et al. 2009. U-Th-Pb geochronology of the Coast Mountains batholith in north-coastal British Columbia: Constraints on age and tectonic evolution. Geol Soci Am Bull, 121: 1341-1361.

Gelman S E, Deering C D, Bachmann O, et al. 2014. Identifying the crystal graveyards remaining after large silicic eruptions. Earth Planet Sci Lett, 403: 299-306.

Geng H, Sun M, Yuan C, et al. 2009. Geochemical, Sr-Nd and zircon U-Pb-Hf isotopic studies of Late Carboniferous magmatism in the West Junggar, Xinjiang: Implications for ridge subduction? Chem Geol, 266: 364-389.

Gervasoni F, Klemme S, Rocha-Júnior E R V, et al. 2017. Zircon saturation in silicate melts: A new and improved model for aluminous and alkaline melts. Contrib Mineral Petrol, 171: 21.

Gerya T V. 2014. Plume-induced crustal convection: 3D thermomechanical model and implications for the origin of novae and coronae on Venus. Earth Planet Sci Lett, 391: 183-192.

Ghiorso M S, Hirschmann M M, Reiners P W, et al. 2002. The pMELTS: A revision of MELTS for improved calculation of phase relations and major element partitioning related to partial melting of the mantle to 3 GPa. Geochem, Geophy, Geosyst, 3, 10.1029/2001GC000217.

Ghiorso M S, Sack R O. 1995. Chemical mass-transfer in magmatic processes. 4. A revised and internally consistent thermodynamic model for the interpolation and extrapolation of liquid/solid equilibria in magmatic systems at elevated temperatures and pressures. Contrib Mineral Petrol, 119: 197-212.

Gilluly J. 1948. Origin of granite. Geol Soc Am, 1-139.

Girei M B, Li H, Algeo T J, et al. 2019. Petrogenesis of A-type granites associated with Sn–Nb–Zn mineralization in Ririwai complex, north-Central Nigeria: Constraints from whole-rock Sm–Nd and zircon Lu–Hf isotope systematics. Lithos, 340: 49-70.

Glazner A F, Bartley J M. 2006. Is stoping a volumetrically significant pluton emplacement process? Geol Soc Am Bull, 118: 1185-1195.

Glazner A F, Bartley J M, Coleman D S, et al. 2004. Are plutons assembled over millions of years by amalgamation from small magma chambers? GSA Today, 14: 4-11.

Glazner A F, Coleman D S, Bartley J M. 2008. The tenuous connection between high-silica rhyolites and granodiorite plutons. Geology, 36: 183-186.

Glen R A, Korsch R J, Hegarty R, et al. 2013. Geodynamic significance of the boundary between the Thomson Orogen and the Lachlan Orogen, northwestern New South Wales and implications for Tasmanide tectonics. Aus J Earth Sci, 60: 371-412.

Goldfarb R, Baker T, Dube B, et al. 2005. Distribution, character and genesis of gold deposits in metamorphic terranes. Economic Geology 100th Anniversary, 29: 405-450.

Goodwin A M. 1996. Principles of Precambrian Geology. Amsterdam: Elsevier.

Gorczyk W, Smithies H, Korhonen F, et al. 2015. Ultra-hot Mesoproterozoic evolution of intracontinental central Australia. Geosci Front, 6: 23-37.

Grant J A. 1986. Quartz-phlogopite-liquid equilibria and origins of charnockites. Am Mineral, 71: 1071-1075.

Greber N D, Dauphas N. 2019. The chemistry of fine-grained terrigenous sediments reveals a chemically evolved Paleoarchean emerged crust. Geochimica et Cosmochimica Acta, 255: 247-264.

Greber N D, Dauphas N, Bekker A, et al. 2017. Titanium isotopic evidence for felsic crust and plate tectonics 3.5 billion years ago. Science, 357: 1271-1274.

Green T H. 1976. Experimental generation of cordierite- or garnetbearing granitic liquids from a pelitic composition. Geology, 4: 85-88.

Green T H, Pearson N J. 1987. An experimental study of Nb and Ta partitioning between Ti-rich minerals and silicate liquids at high pressure and temperature. Geochimica et Cosmochimica Acta, 51:55-62.

Griffin W L, Belousova E A, O'Neill C O S Y, et al. 2014. The world turns over: Hadean–Archean crust–mantle evolution. Lithos, 189: 2-15.

Grout F F. 1945. Scale models of structures related to batholiths. Am J Sci, 243A: 260-284.

Groves D I, Goldfarb R J, Gebre-Mariam M, et al. 1998. Orogenic gold deposits: A proposed classification in the context of their crustal distribution and relationship to other gold deposit types. Ore Geol Rev, 13: 7-27.

Grujic D, Casey M, Davidson C, et al. 1996. Ductile extrusion of the higher himalayan crystalline in Bhutan: Evidence from quartz microfabrics. Tectonophysics, 260: 21-44.

Gualda G A, Ghiorso M S. 2014. Phase-equilibrium geobarometers for silicic rocks based on rhyolite–MELTS. Part 1: Principles, procedures, and evaluation of the method. Contrib Mineral Petrol, 168: 1033.

Gualda G A R, Ghiorso M S, Lemons R V, et al. 2012. Rhyolite-MELTS: A modified calibration of MELTS optimized for silica-rich, fluid-bearing magmatic systems. J Petrol, 53: 875-890.

Guan Y, Yuan C, Sun M, et al. 2014. I-type granitoids in the eastern Yangtze Block: Implications for the Early Paleozoic intracontinental orogeny in South China. Lithos, 206: 34-51.

Gudmundsson A. 2011. Deflection of dykes into sills at discontinuities and magma-chamber formation. Tectonophysics, 500(1-4): 50-64.

Gudmundsson A. 2012. Magma chambers: Formation, local stresses, excess pressures, and compartments. J Vol Geotherm Res, 237-238: 19-41.

Gulley A L, Nassar N T, Xun S. 2018. China, the United States, and competition for resources that enable emerging technologies. Proceed National Academy Sci, 115: 4111-4115.

Guo Z F, Wilson M. 2012. The Himalayan leucogranites: Constraints on the nature of their crustal source region and geodynamic setting. Gondwana Res, 22: 360-376.

Guo Z, Wilson M, Zhang L, et al. 2014. The role of subduction channel mélanges and convergent subduction systems in the petrogenesis of post-collisional K-rich mafic magmatism in NW Tibet. Lithos, 198-199: 184-201.

Haapala I, Front K, Rantala E, et al. 1987. Petrology of Nattanen-type granite complexes, northern Finland. Precambrian Res, 35: 225-240.

Haapala I, Rämö O T, Frindt S. 2005. Comparison of Proterozoic and Phanerozoic rift-related basaltic-granitic magmatism. Lithos, 80: 1-32.

Hacker B R, Kelemen P B, Behn M D. 2011. Differentiation of the continental crust by relamination. Earth Planet Sci Lett, 307: 501-516.

Halter W E, Heinrich C A, Pettke T. 2004. Laser ablation ICP-MS analysis of silicate and sulfide melt inclusions in an andesitic complex II: Evidence for magma mixing and magma chamber evolution. Contrib Mineral Petrol, 147: 397-412.

Halter W E, Heinrich C A, Pettke T. 2005. Magma evolution and the formation of porphyry Cu-Au ore fluids: Evidence from silicate and sulfide melt inclusions. Mineralium Deposita, 39: 845-863.

Hamilton W B. 2007. Earth's first two billion years—the era of internally mobile crust. Geol Soc Am Mem, 200: 233-296.

Hammond W C, Humphreys E D. 2000. Upper mantle seismic wave velocity: Effects of realistic partial melt geometries. J Geophy Res, 105: 10975-10986.

Han B F, Wang S G, Jahn B M, et al. 1997. Depleted-mantle magma source for the Ulungur River A-type granites from north Xinjiang, China: Geochemistry and Nd–Sr isotopic evidence, and implication for Phanerozoic crustal growth. Chem Geol, 138: 135-159.

Hanson R E, Harmer R E, Blenkinsop T G, et al. 2006. Mesoproterozoic intraplate magmatism in the Kalahari Craton: A review. J African Earth Sci, 46: 141-167.

Hanson R E, Puckett R E, Keller G R, et al. 2013. Intraplate magmatism related to opening of the southern Iapetus Ocean: Cambrian Wichita igneous province in the Southern Oklahoma rift zone. Lithos, 174: 57-70.

Hao L L, Wang Q, Wyman D A, et al. 2019a. First identification of postcollisional a-type magmatism in the Himalayan-Tibetan orogen. Geology, 47: 187-190.

Hao L L, Wang Q, Wyman D A, et al. 2019b. Crust-mantle mixing and crustal reworking of southern Tibet during Indian continental subduction: Evidence from Miocene high-silica potassic rocks in Central Lhasa block. Lithos, 342: 407-419.

Harris A C, Kamenetsky V S, White N C, et al. 2003. Melt inclusions in veins: Linking magmas and porphyry Cu deposits. Science, 302: 2109-2111.

Harris N B W, Pearce J A, Tindle A G. 1986. Geochemical characteristics of collision-zone magmatism. In: Coward M P, Ries A C. Collision Tectonics. London: Geological Society, London, Special Publications, 19: 67-81.

Harrison T M. 2009. The Hadean crust: Evidence from >4Ga zircons. Ann Rev Earth Planet Sci, 37: 479-505.

Harrison T M, Blichert-Toft J, Müller W, et al. 2005. Heterogeneous Hadean Hafnium: Evidence of continental crust at 4.4 to 4.5 Ga. Science, 310: 1947-1950.

Harrison T M, Grove M, McKeegan K D, et al. 1999. Origin and episodic emplacement of the Manaslu intrusive complex, Central Himalaya. J Petrol, 40: 3-19.

Harrison T M, Watson E B. 1984. The behavior of apatite during crustal anatexis: Equilibrium and kinetic considerations. Geochimica et Cosmochimica Acta, 48: 1467-1478.

Hashim L, Gaillard F, Champallier R, et al. 2013. Experimental assessment of the relationships between electrical resistivity, crustal melting and strain localization beneath the Himalayan–Tibetan Belt. Earth Planet Sci Lett, 373: 20-30.

Hawkesworth C J, Cawood P A, Dhuime B, et al. 2017. Earth's continental Lithosphere through time. J Geol Soc, 167: 229-248.

Hawkesworth C J, Dhuime B, Pietranik A, et al. 2010. The generation and evolution of the continental crust. J Geol Soci, 167: 229-248.

Hawkesworth C J, Kemp A I S. 2006. The differentiation and rates of generation of the continental crust. Chemical Geology, 226(3-4): 134-143.

He B, Xu Y G, Paterson S. 2009. Magmatic diapirism of the Fangshan pluton, southwest of Beijing, China. J Struct Geol, 31: 615-626.

Hedenquist J W, Arribas A, Reynolds T J. 1998. Evolution of an intrusion-centered hydrothermal system: Far Southeast-Lepanto porphyry and epithermal Cu-Au deposits, Philippines. Economic Geology, 93: 373-404.

Heinrich C A. 1990. The chemistry of hydrothermal tin (-tungsten) ore deposition. Economic Geology, 85: 457-481.

Heinrich C A. 2005. The physical and chemical evolution of low-salinity magmatic fluids at the porphyry to epithermal transition: A thermodynamic study. Mineralium Deposita, 39: 864-889.

Heinrich C A. 2015. Witwatersrand gold deposits formed by volcanic rain, anoxic rivers and Archaean life. Nature Geosci, 8: 206-209.

Heinrich C A, Driesner T, Stefánsson A, et al. 2004. Magmatic vapor contraction and the transport of gold from the porphyry environment to epithermal ore deposits. Geology, 32: 761-764.

Heinrich C A, Gunther D, Audétat A, et al. 1999. Metal fractionation between magmatic brine and vapor, determined by microanalysis of fluid inclusions. Geology, 27: 755-758.

Heinrich C A, Pettke T, Halter W E, et al. 2003. Quantitative multi-element analysis of minerals, fluid and melt inclusions by laser-ablation inductively-coupled-plasma mass-spectrometry. Geochimica et Cosmochimica Acta, 67: 3473-3497.

Heller F. 1973. Magnetic anisotropy of granitic rocks of the Bergell massif (Switzerland). Earth Planet Sci Lett, 20: 180-188.

Hendrix M S, Dumitru T A, Graham S A. 2014. Late Oligocene-early Miocene unroofing in the Chinese Tian Shan: An early effect of the India-Asia collision. Geology, 22: 487-490.

Hess P C, Rutherford M J, Guillemette R N, et al. 1975. Residual products of fractional crystallization of lunar magmas-an experimental study. Lunar Planet Sci Conf Proceed, 6: 895-909.

Hoffman P F, Bally A W, Palmer A R. 1989. Precambrian geology and tectonic history of North America. The geology of North America—An overview, 447-512.

Hoffmann J E, Kröner A, Hegner E, et al. 2016. Source composition, fractional crystallization and magma mixing processes in the 3.48-3.43 Ga Tsawela tonalite suite (Ancient Gneiss Complex, Swaziland)–Implications for Palaeoarchaean geodynamics. Precambrian Res, 276: 43-66.

Holdsworth R E, Hand M, Miller J A, et al. 2001. Continental reactivation and reworking: An introduction. Geological Society London Special Publications, 84(1): 1-12.

Holness M B, Clemens J, Vernon R. 2018. How deceptive are microstructures in granitic rocks? Answers from integrated physical theory, phase equilibrium, and direct observations. Contrib Mineral Petrol, 173: 62.

Holt S J, Holford S P, Foden J. 2014. New insights into the magmatic plumbing system of the South Australian Quaternary Basalt province from 3D seismic and geochemical data. Aus J Earth Sci, 60: 797-817.

Hopkinson T N, Harris N B, Warren C J, et al. 2017. The identification and significance of pure sediment-derived granites. Earth Planet Sci Lett, 467: 57-63.

Horsman E, Morgan S, Blanquat de S M, et al. 2010. Emplacement and assembly of shallow intrusions from multiple magma pulses, Henry Mountains, Utah. Earth and Environmental Science Transactions of the Royal Society of Edinburgh, 100: 117-132.

Hou Z Q, Duan L F, Lu Y J, et al. 2015a. Lithospheric architecture of the Lhsa terrane and its control on ore deposits in the Homalayan-Tibetan Orogen. Economic Geology, 110:1541-1575.

Hou Z Q, Yang Z M, Lu Y J, et al. 2015b. A genetic linkage between subduction-and continental collision-related porphyry Cu deposits in Tibet. Geology, 43: 247-250.

Hou Z Q, Zhang H. 2015. Geodynamics and metallogeny of the eastern Tethyan metallogenic domain. Ore Geol Rev, 70: 346-384.

Hou Z Q, Zheng Y C, Zeng L S, et al. 2012. Eocene-Oligocene granitoids in southern Tibet: Constraints on crustal anatexis and tectonic evolution of the Himalayan orogen. Earth Planet Sci Lett, 349: 38-52.

Hrouda F, Lanza R. 1989. Magnetic fabric in the Biella and Traversella stocks (Periadriatic Line): Implications for the mode of emplacement. Phy Earth Planet Int, 56: 337-348.

Hsu K C. 1943. Tungsten deposits of southern Kiangsi, China. Economic Geology, 38: 431-474.

Hsu Y J, Zajacz Z, Ulmer P, et al. 2019. Chlorine partitioning between granitic melt and H_2O-CO_2-NaCl fluids in the Earth's upper crust and implications for magmatic-hydrothermal ore genesis. Geochimica et Cosmochimica Acta, 261: 171-190.

Hu S, Lin Y T, Yang W, et al. 2016. Nano SIMS imaging method of zircon U–Pb dating. Sci China Earth Sci, 59: 2155-2164.

Huang F, Lundstrom F C C, Glessner J, et al. 2009. Chemical and isotopic fractionation of wet andesite in a temperature gradient: Experiments and models suggesting a new mechanism of magma differentiation. Earth Planet Sci Lett, 73: 729-749.

Huang F, Scaillet B, Wang R, et al. 2019. Experimental constraints on intensive crystallization parameters and fractionation in A-type granites: A case study on the Qitianling Pluton, South China. J Geophy Research: Solid Earth, 124: 10132-10152.

Huang H Q, Li X H, Li W X, et al. 2011. Formation of high $\delta^{18}O$ fayalite-bearing A-type granite by high-temperature melting of granulitic metasedimentary rocks, southern China. Geology, 39: 903-906.

Huang H, Zhang Z, Santosha M, et al. 2014. Geochronology, geochemistry and metallogenic implications of the Boziguo'er rare metal-bearing peralkaline granitic intrusion in South Tianshan, NW China. Ore Geol Rev, 61:157-174.

Huang W L, Wyllie P J. 1973. Melting relations of muscovite-granite to 35 kbar as a model for fusion of metamorphosed subducted oceanic sediments. Contrib Mineral Petrol, 42: 1-14.

Huang W L, Wyllie P J. 1975. Melting reactions in system Naalsi3o8-Kalsi3o8-Sio2 to 35 kilobars, dry and with excess water. J Geol, 83: 737-748.

Huang X L, Xu Y G, Li X H, et al. 2008. Petrogenesis and tectonic implications of Neoproterozoic, highly fractionated A-type granites from Mianning, South China. Precambrian Res, 165: 190-204.

Huang X L, Yu Y, Li J, et al. 2013. Geochronology and petrogenesis of the early Paleozoic

I-type granite in the Taishan area, South China: Middle-lower crustal melting during orogenic collapse. Lithos, 177: 268-284.

Huber C, Townsend M, Degruyter W, et al. 2019. Optimal depth of subvolcanic magma chamber growth controlled by volatiles and crust rheology. Nature Geosci, 12(9): 762-768.

Hurlimann N, Muntener O, Ulmer P, et al. 2016. Primary Magmas in continental Arcs and their differentiated products: Petrology of a post-plutonic Dyke Suite in the Tertiary Adamello Batholith (Alps). J Petrol, 57: 495-533.

Hutton D H W. 1988. Granite emplacement mechanisms and tectonic controls: Inferences from deformation studies. Transactions of the Royal Society of Edinburgh: Earth Sciences, 79: 245-255.

Hutton D H W. 1992. Granite sheeted complexes: Evidence for the dyking ascent mechanism. Transactions of the Royal Society of Edinburgh: Earth Sciences, 83: 377-382.

Hutton D H W. 1997. Syntectonic granites and the principle of effective stress: A general solution to the space problem? Granite: From Segregation of melt to emplacement fabrics. Petrol Struct Geol, 8: 189-197.

Hutton J. 1795. Theory of the Earth with Proof and Illustrations. I and II. Edinburgh: Creech.

Iizuka T, Komiya T, Johnson S P, et al. 2009. Reworking of Hadean crust in the Acasta gneisses, northwestern Canada: Evidence from in-situ Lu-Hf isotope analysis of zircon. Chemical Geology, 259(3-4): 230-239.

Inger S, Harris N. 1993. Geochemical constraints on leucogranite magmatism in the Langtang Valley, Nepal Himalaya. J Petrol, 34: 345-368.

Irving A J, Green D H. 2008. Phase relationships of hydrous alkalic magmas at high pressures: Production of nepheline hawaiitic to mugearitic liquids by amphibole-dominated fractional crystallization within the lithospheric mantle. J Petrol, 49: 741-756.

Ishihara S. 1977. The magnetite-series and ilmenite-series granitic rocks. Mining Geology, 27: 293-305.

Ishihara S. 1998. Granitoid series and mineralization in the circum-Pacific Phan erozoic granitic belts. Resource Geology, 48: 219-224.

Ishihara S, Sawata H, Arpornsuwan S. 1979. The magnetite-series and ilmenite-series granitoids and their bearing on tin mineralization, particularly of the Malay Peninsula region. Bull Geol Soci Malaysia, 11: 103-110.

Ivanov M A, Head III J W. 1999. Stratigraphic and geographic distribution of steep - sided domes on Venus: Preliminary results from regional geological mapping and implications for their origin. J Geophy Res: Planets, 104: 18907-18924.

Jackson M D, Blundy J D, Sparks R S J. 2018. Chemical differentiation, cold storage and remobilization of magma in the Earth's crust. Nature, 564: 405-409.

Jagoutz O E, Burg J P, Hussain S, et al. 2009. Construction of the granitoid crust of an island arc part I: Geochronological and geochemical constraints from the plutonic Kohistan (NW Pakistan). Contrib Mineral Petrol, 158: 739-755.

Jagoutz O, Kelemen P B. 2015. Role of arc processes in the formation of continental crust. Ann Rev Earth Planet Sci, 43: 363-404.

Jagoutz O, Schmidt M W J C G. 2012. The formation and bulk composition of modern juvenile continental crust: The Kohistan arc. Chem Geol, 298: 79-96.

Jahn B M. 2004. The Central Asian Orogenic Belt and growth of the continental crust in the Phanerozoic. In: Malpas J, Fletcher C J N, Ali J R, et al. Aspects of the tectonic evolution of China. Geol Soc, Lond, Spec Pub, 226: 73-100.

Jahn B M, Glikson A Y, Peucat J J, et al. REE geochemistry and isotopic data of Archean silicic volcanics and granitoids from the Pilbara Block, Western Australia: Implications for the early crustal evolution. Geochimica et Cosmochimica Acta, 45(9): 1633-1652.

Jahn B M, Windley B, Natal'in B, et al. 2004. Phanerozoic continental growth in Central Asia. J Asian Earth Sci, 23: 599-603.

Jahn B M, Wu F Y, Chen B. 2000a. Granitoids of the Central Asian Orogenic Belt and continental growth in the Phanerozoic. Transactions of the Royal Society of Edinburgh: Earth Sciences, 91: 181-194.

Jahn B M, Wu F, Chen B. 2000b. Massive granitoid generation in Central Asia: Nd isotope evidence and implication for continental growth in the Phanerozoic. Episodes J Int Geosci, 23(2): 82-92.

Jamieson R A, Unsworth M J, Harris N B W, et al. 2011. Crustal melting and the flow of mountains. Elements, 7: 253-260.

Janoušek V, Moyen J F. 2019. Whole-rock geochemical modelling of granite genesis–the current state of play. Geol Soc, Lond, Spec Pub, 491: 491-2018.

Janoušek V, Moyen J F, Martin H, et al. 2016. Geochemical Modelling of Igneous Processes-Principles and Recipes in R Language. Berlin: Springer.

Jerram D A, Martin V. 2008. Understanding crystal populations and their significance through the magma plumbing system. In: Annen C, Zeller G F. Dynamics of crustal magma transfer, storage and differentiation. Geol Soc, Lond, Spec Pub, 304: 133-148.

Jiang C, Yang Y, Zheng Y. 2014. Penetration of mid-crustal low velocity zone across the Kunlun Fault in the NE Tibetan Plateau revealed by ambient noise tomography. Earth Planet Sci Lett, 406: 81-92.

Jiang Y H, Jiang S Y, Dai B Z, et al. 2009. Middle to late Jurassic felsic and mafic magmatism in southern Hunan province, southeast China: Implications for a continental arc to rifting. Lithos, 107: 185-204.

Johannes W, Holtz F. 1996a. Petrogenesis and Experimental Petrology of Granitic Rocks. Heidelberg: Springer.

Johannes W, Holtz F. 1996b. Formation of Granitic Magmas by Dehydration Melting. In Petrogenesis and Experimental Petrology of Granitic Rocks (pp. 264-301). Heidelberg: Springer.

John B E. 1988. Structural reconstruction and zonation of a tilted mid-crustal magma chamber: The felsic Chemehuevi Mountains plutonic suite. Geology, 16(7): 613-617.

Johnson S E, Paterson S R, Tate M C. 1999. Structure and emplacement history of a multiple-center, cone-sheet-bearing ring complex: The Zarza intrusive complex, Baja California, Mexico. Geol Soci Am Bull, 111: 607-619.

Johnson T E, Brown M, Gardiner N J, et al. 2017. Earth's first stable continents did not form by subduction. Nature, 543: 239-242.

Johnson T E, Gardiner N J, Miljković K, et al. 2018. An impact melt origin for Earth's oldest known evolved rocks. Nature Geosci, 11: 795.

Johnson T E, Kirkland C L, Gardiner N J, et al. 2019. Secular change in TTG compositions: Implications for the evolution of Archaean geodynamics. Earth Planet Sci Lett, 505: 65-75.

Jolliff B L. 1991. Fragments of quartz monzodiorite and felsite in Apollo 14 soil particles. Lunar Planet Sci Conf Proceed, 21: 101-118.

Jolliff B L, Korotev R L, Haskin L A. 1991. Geochemistry of 2-4mm particles from Apollo 14 soil (14161) and implications regarding igneous components and soil-forming processes. Lunar Planet Sci Conf Proceed, 21: 193-219.

Jolliff B L, Wiseman S A, Lawrence S J, et al. 2011. Non-mare silicic volcanism on the lunar farside at Compton-Belkovich. Nature Geosci, 4: 566-571.

Joly A, Faure M, Martelet G, et al. 2009. Gravity inversion, AMS and geochronological investigations of syntectonic granitic plutons in the southern part of the Variscan French Massif Central. J Struct Geol, 31: 421-443.

Joly A, Martelet G, Chen Y, et al. 2008. A multidisciplinary study of a syntectonic pluton close to a major lithospheric-scale fault—Relationships between the Montmarault granitic massif and the Sillon Houiller Fault in the Variscan French Massif Central: 2. Gravity, aeromagnetic investigations, and 3-D geologic modeling. J Geophy Res: Solid Earth, 113: B01404.

Jull M, Kelemen P. 2001. On the conditions for lower crustal convective instability. J Geophy Res: Solid Earth, 106: 6423-6446.

Kamenetsky V S, Wolfe R C, Eggins S M, et al. 1999. Volatile exsolution at the Dinkidi Cu-

Au porphyry deposit, Philippines: A melt-inclusion record of the initial ore-forming process. Geology, 27: 691-694.

Karplus M S, Zhao W, Klemperer S L, et al. 2011. Injection of Tibetan crust beneath the south Qaidam Basin: Evidence from indepth iv wide-angle seismic data. J Geophy Res, 116: B07301.

Kaszuba J P, Wendlandt R F. 2000. Effect of carbon dioxide on dehydration melting reactions and melt compositions in the lower crust and the origin of alkaline rocks. J Petrol, 41: 363-386.

Kaus B J. 2010. Factors that control the angle of shear bands in geodynamic numerical models of brittle deformation. Tectonophysics, 484: 36-47.

Kay R W, Kay S M. 1993. Delamination and delamination magmatism. Tectonophysics, 219: 177-189.

Kelemen P B. 1995. Genesis of high Mg# andesites and the continental crust. Contrib Mineral Petrol, 120: 1-19.

Kelemen P B, Behn M D. 2016. Formation of lower continental crust by relamination of buoyant arc lavas and plutons. Nature Geosci, 9: 197-205.

Keller C B, Schoene B. 2012. Statistical geochemistry reveals disruption in secular lithospheric evolution about 2.5 Gyr ago. Nature, 485(7399): 490-493.

Keller C B, Schoene B. 2018. Plate tectonics and continental basaltic geochemistry throughout Earth history. Earth Planet Sci Lett, 481: 290-304.

Keller C B, Schoene B, Barboni M, et al. 2015. Volcanic-plutonic parity and the differentiation of the continental crust. Nature, 523: 301-307.

Kemp A I S, Hawkesworth C J 2003. Granitic perspectives on the generation and secular evolution of the continental crust. Treat Geochem, 3:349-410.

Kemp A I S, Hawkesworth C J. 2014. Growth and differentiation of the continental crust from isotope studies of accessory minerals. Treatise on Geochemistry (2nd Edition), 379-421.

Kemp A I S, Hawkesworth C J, Collins W J, et al. 2009. Isotopic evidence for rapid continental growth in an extensional accretionary orogen: The Tasmanides, eastern Australia. Earth Planet Sci Lett, 284: 455-466.

Kemp A I, Hawkesworth C J, Foster G L, et al. 2007. Magmatic and crustal differentiation history of granitic rocks from Hf-O isotopes in zircon. Science, 315: 980-983.

Kemp A I S, Hawkesworth C J, Paterson B A, et al. 2006. Episodic growth of the Gondwana supercontinent from hafnium and oxygen isotopes in zircon. Nature, 439: 580-583.

Kemp A I S, Wormald R J, Whitehouse M J, et al. 2005. Hf isotopes in zircon reveal contrasting sources and crystallization histories for alkaline to peralkaline granites of Temora, southeastern Australia. Geology, 33: 797-800.

Kemp A, Wilde S, Hawkesworth C J, et al. 2010. Hadean crustal evolution revisited: New constraints from Pb-Hf isotope systematics of the Jack Hills zircons. Earth Planet Sci Lett, 296: 45-56.

Keppler H. 1993. Influence of fluorine on the enrichment of high field strength trace elements in granitic rocks. Contrib Mineral Petrol, 114: 479-488.

King P L, Chappell B W, Allen C M, et al. 2001. Are a-type granites the high-temperature felsic granites? Evidence from fractionated granites of the Wangrah Suite. Aus J Earth Sci, 48: 501-514.

King P L, White A J R, Chappell B W, et al. 1997. Characterization and origin of aluminous a-type granites from the Lachlan Fold Belt, Southeastern Australia. J Petrol, 38: 371-391.

Kirsch M, Paterson S R, Wobbe F, et al. 2016. Temporal histories of Cordilleran continental arcs: Testing models for magmatic episodicity. Am Mineral，101：2133-2154.

Klimm K, Holtz F, Johannes W, et al. 2003. Fractionation of metaluminous a-type granites: An experimental study of the Wangrah Suite, Lachlan Fold Belt, Australia. Precambrian Res, 124: 327-341.

Kokh M A, Akinfiev N N, Pokrovski G S, et al. 2017. The role of carbon dioxide in the transport and fractionation of metals by geological fluids. Geochimica et Cosmochimica Acta, 197: 433-466.

Kokh M A, Lopez M, Gisquet P, et al. 2016. Combined effect of carbon dioxide and sulfur on vapor–liquid partitioning of metals in hydrothermal systems. Geochimica et Cosmochimica Acta, 187: 311-333.

Korges M, Weis P, Lüders V, et al. 2018. Depressurization and boiling of a single magmatic fluid as a mechanism for tin-tungsten deposit formation. Geology, 46: 75-78.

Korhonen F J, Johnson S P. 2015. The role of radiogenic heat in prolonged intraplate reworking: The Capricorn Orogen explained? Earth Planet Sc Lett, 428: 22-32.

Korhonen F J, Johnson S P, Wingate M T D, et al. 2017. Radiogenic heating and craton-margin plate stresses as drivers for intraplate orogeny. J Metamorph Geol, 35: 631-661.

Kosakowski G, Kunert V, Clauser C, et al. 1999. Hydrothermal transients in Variscan crust: Paleo-temperature mapping and hydrothermal models. Tectonophysics, 306: 325-344.

Koteas G C, Williams M L, Seaman S J, et al. 2010. Granite genesis and mafic-felsic magma interaction in the lower crust. Geology, 38: 1067-1070.

Kranendonk M J V, Hickman A H, Smithies R H, et al. 2002. Geology and tectonic evolution of the archean North Pilbara terrain, Pilbara Craton, Western Australia. Economic Geology, 97(4): 695-732.

Kröner A. 1991. Tectonic evolution in the Archaean and Proterozoic. Tectonophysics, 187(4):

393-410.

Kröner A, Anhaeusser C R, Hoffmann J E, et al. 2016. Chronology of the oldest supracrustal sequences in the Palaeoarchaean Barberton Greenstone Belt, South Africa and Swaziland. Precambrian Research, 279: 123-143.

Kröner A, Windley B F, Badarch G, et al. 2007. Accretionary growth and crust formation in the Central Asian Orogenic Belt and comparison with the Arabian–Nubian shield. In: Hatcher R D, Carlson M P, McBride J H, et al. 4-D framework of continental crust. Geol Soc Am Mem, 200: 181-209.

Kusebauch C, Gleeson S A, Oelze M. 2019. Coupled partitioning of Au and As into pyrite controls formation of giant Au deposits. Sci Advances, 5: eaav5891.

Kusiak M A, Whitehouse M J, Wilde S A, et al. 2013. Mobilization of radiogenic Pb in zircon revealed by ion imaging: Implications for early Earth geochronology. Geology, 41: 291-294.

Landtwing M R, Furrer C, Redmond P B, et al. 2010. The Bingham Canyon porphyry Cu-Mo-Au deposit. Ⅲ. Zoned copper-gold ore deposition by magmatic vapor expansion. Economic Geol, 105: 91-118.

Landtwing M R, Pettke T, Halter W E, et al. 2005. Copper deposition during quartz dissolution by cooling magmatic-hydrothermal fluids: The Bingham porphyry. Earth Planet Sci Lett, 235: 229-243.

Laporte D, Lambart S, Schiano P, et al. 2014. Experimental derivation of nepheline syenite and phonolite liquids by partial melting of upper mantle peridotites. Earth Planet Sci Lett, 404: 319-331.

Large R R, Danyushevsky L, Hollit C, et al. 2009. Gold and trace element zonation in pyrite using a laser imaging technique: Implications for the timing of gold in orogenic and Carlin-style sediment-hosted deposits. Economic Geol, 104: 635-668.

Large S J, Bakker E Y, Weis P, et al. 2016. Trace elements in fluid inclusions of sediment-hosted gold deposits indicate a magmatic-hydrothermal origin of the Carlin ore trend. Geology, 44: 1015-1018.

Lasue J, Clifford S M, Conway S J, et al. 2019. The hydrology of Mars including a potential cryosphere. In Volatiles in the martian crust. Elsevier, 185-246.

Launay L D. 1892. Formation des gites metalliferesou metallogenie, Paris: 201.

Laurent O, Björnsen J, Wotzlaw J F, et al. 2020. Earth's earliest granitoids are crystal-rich magma reservoirs tapped by silicic eruptions. Nature Geosci, 13: 163-169.

Laurent O, Martin H, Moyen J F, et al. 2014. The diversity and evolution of late-Archean granitoids: Evidence for the onset of "modern-style" plate tectonics between 3.0 and 2.5 Ga. Lithos, 205: 208-235.

Laurent-Charvet S, Charvet J, Shu L S, et al. 2002. Palaeozoic late collisional strike-slip deformations in Tianshan and Altay, Eastern Xinjiang, NW China. Terra Nova, 14: 249-256.

Le Fort P. 1981. Manaslu leucogranite: A collision signature of the Himalaya: A model for its genesis and emplacement. Journal of Geophysical Research: Solid Earth, 86(B11): 10545-10568.

Le Pape F, Jones A G, Unsworth M J, et al. 2015. Constraints on the evolution of crustal flow beneath Northern Tibet. Geochem, Geophy, Geosyst, 16, DOI: 10.1002/2015GC005828.

Le Pape F, Jones A G, Vozar J, et al. 2012. Penetration of crustal melt beyond the Kunlun Fault into northern Tibet. Nature Geosci, 5: 330-335.

Lecumberri-Sanchez P, Vieira R, Heinrich C A. 2017. Fluid-rock interaction is decisive for the formation of tungsten deposits. Geology, 45: 579-582.

Lee C-T A, Bachmann O. 2014. How important is the role of crystal fractionation in making intermediate magmas? Insights from Zr and P systematics. Earth Planet Sci Lett, 393: 266-274.

Lee C-T A, Cheng X, Horodyskyj U. 2006. The development and refinement of continental arcs by primary basaltic magmatism, garnet pyroxenite accumulation, basaltic recharge and delamination: Insights from the Sierra Nevada, California. Contrib Mineral Petrol, 151: 222-242.

Lee C-T A, Morton D M. 2015. High silica granites: Terminal porosity and crystal settling in shallow magma chambers. Earth Planet Sci Lett, 409: 23-31.

Lee C-T A, Morton D M, Farner M J, et al. 2015. Field and model constraints on silicic melt segregation by compaction/hindered settling: The role of water and its effect on latent heat release. Am Mineral, 100: 1762-1777.

Lee C-T A, Morton D M, Kistler R W, et al. 2007. Petrology and tectonics of Phanerozoic continent formation: From island arcs to accretion and continental arc magmatism. Earth Planet Sci Lett, 263: 370-387.

Lee C-T A, Morton D M, Little M G, et al. 2008. Regulating continent growth and composition by chemical weathering. Proceed Nation Academy Sci USA, 105: 4981-4986.

Lee C-T A, Yeung L Y, McKenzie N R, et al. 2016. Two-step rise of atmospheric oxygen linked to the growth of continents. Nature Geosci, 9: 417-424.

Legros H, Mercadie J, Villeneuve J, et al. 2019. U-Pb isotopic dating of columbite-tantalite minerals: Development of reference materials and in situ applications by ion microprobe. Chemical Geol, 512: 69-84.

Lenharo S L, Moura M A, Botelho N F, 2002. Petrogenetic and mineralization processes in Paleo- to Mesoproterozoic rapakivi granites: Examples from Pitinga and Goiás, Brazil. Precambrian Res, 119: 277-299.

Lerchbaumer L, Audétat A. 2013. The metal content of silicate melts and aqueous fluids in subeconomically Mo mineralized granites: Implications for porphyry Mo genesis. Economic Geol, 108: 987-1013.

Li J Y, Zhang J, Zhao X X, et al. 2016a. Mantle subduction and uplift of intracontinental mountains: A case study from the Chinese Tianshan Mountains within Eurasia. Scientific Reports, 6: 28831.

Li J, Huang X L, Wei G J, et al. 2018a. Lithium isotope fractionation during magmatic differentiation and hydrothermal processes in rare-metal granites. Geochimica et Cosmochimica Acta, 240: 64-79.

Li J, Liu Y, Zhao Z, et al. 2018b. Roles of carbonate/CO_2 in the formation of quartz-vein wolframite deposits: Insight from the crystallization experiments of huebnerite in alkali-carbonate aqueous solutions in a hydrothermal diamond-anvil cell. Ore Geology Rev, 95: 40-48.

Li L, Ni P, Wang G G, et al. 2017a. Multi-stage fluid boiling and formation of the giant Fujiawu porphyry Cu-Mo deposit in South China. Ore Geology Rev, 81: 898-911.

Li N, Pirajno F. 2017. Early mesozoic Mo mineralization in the Qinling Orogen: An overview. Ore Geology Rev, 81: 431-450.

Li Q L, Li X H, Lan Z W, et al. 2013a. Monazite and xenotime U-Th-Pb geochronology by ion microprobe: Dating highly fractionated granites at Xihuashan tungsten mine, SE China. Contrib Mineral Petrol, 166: 65-80.

Li Q W, Nebel O, Nebel-Jacobsen Y, et al. 2019a. Crustal reworking at convergent margins traced by Fe isotopes in I-type intrusions from the Gangdese arc, Tibetan Plateau. Chem Geol, 510: 47-55.

Li S, Chung S L, Wilde S A, et al. 2016b. Linking magmatism with collision in an accretionary orogen. Scientific Reports, 6: 25751.

Li S, Wilde S A, Wang T, et al. 2013b. Incremental growth and origin of the Cretaceous Renjiayingzi pluton, southern Inner Mongolia, China: Evidence from structure, geochemistry and geochronology. J Asian Earth Sci, 7: 226-242.

Li W S, Ni P, Pan J Y, et al. 2017b. Fluid inclusion characteristics as an indicator for tungsten mineralization in the Mesozoic Yaogangxian tungsten deposit, central Nanling district, South China. J Geochem Exploration, 192: 1-17.

Li W Y, Teng F Z, Ke S, et al. 2010a. Heterogeneous magnesium isotopic composition of the upper continental crust. Geochimica et Cosmochimica Acta, 74: 6867-6884.

Li W, Jackson S E, Pearson N J, et al. 2009a. The Cu isotopic signature of granites from the Lachlan Fold Belt, SE Australia. Chemical Geol, 258: 38-49.

Li X H, Li W X, Li Z X, et al. 2009b. Amalgamation between the Yangtze and Cathaysia blocks in South China: Constraints from SHRIMP U-Pb zircon ages, geochemistry and Nd–Hf isotopes of the Shuangxiwu volcanic rocks. Precambrian Res, 174: 117-128.

Li X H, Li Z X, Ge W, et al. 2003. Neoproterozoic granitoids in South China: Crustal melting above a mantle plume at ca. 825 Ma? Precambrian Res, 122: 45-83.

Li X, Li W, Wang X, et al. 2009c. Role of mantle-derived magma in genesis of early Yanshanian granites in the Nanling Range, South China: In situ zircon Hf-O isotopic constraints. Sci China Ser D, 52: 1262-1278.

Li Y, Li S Z, Liang W, et al. 2019b. Incremental emplacement and syn-tectonic deformation of Late Triassic granites in the Qinling Orogen: Structural and geochronological constraints. Gondwana Res, 72: 194-212.

Li Y, Li X H, Selby D, et al. 2018c. Pulsed magmatic fluid release for the formation of porphyry deposits: Tracing fluid evolution in absolute time from the Tibetan Qulong Cu-Mo deposit. Geology, 46: 7-10.

Li Y, Selby D, Condon D, et al. 2017c. Cyclic Magmatic- hydrothermal evolution in porphyry systems: High-precision U-Pb and Re-Os geochronology constraints on the Tibetan Qulong Porphyry Cu-Mo deposit. Economic Geol, 112: 1419-1440.

Li Z X, Bogdanova S V, Collins A S, et al. 2008. Assembly, configuration, and break-up history of Rodinia: A synthesis. Precambrian Res, 160: 179-210.

Li Z X, Li X H, Wartho J A, et al. 2010b. Magmatic and metamorphic events during the Early Paleozoic Wuyi-Yunkai Orogeny, southeastern South China: New age constraints and pressure-temperature conditions. Geol Soci Am Bull, 122: 772-793.

Li Z X, Li X H. 2007. Formation of the 1300km-wide intra-continental orogen and post-orogenic magmatic province in Mesozoic South China: A flat-slab subduction model. Geology, 35: 179-182.

Li Z, Qiu J S, Yang X M. 2014. A review of the geochronology and geochemistry of Late Yanshanian (Cretaceous) plutons along the Fujian coastal area of southeastern China: Implications for magma evolution related to slab break-off and rollback in the Cretaceous. Earth-Sci Rev, 128: 232-248 .

Lin S F, Xing G F, Davis D W, et al. 2018. Appalachian-style multi-terrane Wilson cycle model for the assembly of South China. Geology, 46: 319-322.

Ling X X, Li Q L, Liu Y, et al. 2016. In situ SIMS Th–Pb dating of bastnaesite: Constraint on the mineralization time of the Himalayan Mianning-Dechang rare earth element deposits. J Analy Atomic Spectrom, 31: 1680-1687.

Linnen R L. 1998. The solubility of Nb-Ta-Zr-Hf-W in granitic melts with Li and Li+F:

Constraints for mineralization in rare metal granites and pegmatites. Economic Geol, 93: 1013-1025.

Linnen R L. 2005. The effect of water on accessory phase solubility in subaluminous and peralkaline granitic melts. Lithos, 80: 267-280.

Linnen R L, Cuney M. 2005. Granite-related rare-element deposits and experimental constraints on Ta-Nb-W-Sn-Zr-Hf mineralization. In: Linnen R L, Samson I M. Rare-element geochemistry and mineral deposits. In Geological Association of Canada, GAC, Short Course.

Linnen R L, Keppler H. 1997. Columbite solubility in granitic melts: Consequences for the enrichment and fractionation of Na and Ta in the Earth's crust. Contrib Mineral Petrol, 128: 213-227.

Linnen R L, Keppler H. 2002. Melt composition control of Zr/Hf fractionation in magmatic processes. Geochimica et Cosmochimica Acta, 66: 3293-3301.

Linnen R L, Pichavant M, Holtz F, et al. 1995. The effect of f_{O_2} on the solubility, diffusion and speciation of tin in granitic melts at 850℃ and 2 kbar. Geochimica et Cosmochimica Acta, 59: 1579-1588.

Linnen R L, Van Lichtervelde M, Cerný P. 2012. Granitic pegmatites as sources of strategic metals. Elements, 8: 275-280.

Lipman P W. 2007. Incremental assembly and prolonged consolidation of Cordilleran magma chambers: Evidence from the Southern Rocky Mountain volcanic field. Geosphere, 3: 42-70.

Lipman P W, Bachmann O. 2015. Ignimbrites to batholiths: Integrating perspectives from geological, geophysical, and geochronological data. Geosphere, 11: 705-743.

Litvinovsky B A, Jahn B M, Zanvilevich A N, et al. 2002. Petrogenesis of syenite-granite suites from the Bryansky Complex (Transbaikalia, Russia): Implications for the origin of A-type granitoid magmas. Chemi Geol, 189:105-133.

Litvinovsky B A, Steele I M, Wickham S M. 2000. Silicic magma formation in overthickened crust: Melting of charnockite and leucogranite at 15, 20 and 25 kbar. J Petrol, 41: 717-737.

Liu H, Martelet G, Wang B, et al. 2018a. Incremental emplacement of the Late Jurassic midcrustal, lopolith-like Qitianling pluton, South China, revealed by AMS and Bouguer gravity data. J Geophyl Res: Solid Earth, 123: 9249-9268.

Liu J X, Wang S, Wang X L, et al. 2020. Refining the spatio-temporal distributions of Mesozoic granitoids and volcanic rocks in SE China. Journal of Asian Earth Sciences, 201: 104503.

Liu Q Y, Van Der Hilst R D, Li Y, et al. 2014b. Eastward expansion of the Tibetan Plateau by crustal flow and strain partitioning across faults. Nature Geosci, 7: 361-365.

Liu S A, Teng F Z, He Y, et al. 2010. Investigation of magnesium isotope fractionation during granite differentiation: Implication for Mg isotopic composition of the continental crust. Earth

Planet Sci Lett, 297: 646-654.

Liu X C, Li X H, Liu Y, et al. 2018b. Insights into the origin of purely sediment-derived Himalayan leucogranites: Si-O isotopic constraints. Sci Bull, 63: 1243-1245.

Liu X M, Rudnick R L. 2011. Constraints on continental crustal mass loss via chemical weathering using lithium and its isotopes. Proceed NationAcademy Sci USA, 108: 20873-20880.

Liu X, Xiong X, Audétat A, et al. 2014a. Partitioning of copper between olivine, orthopyroxene, clinopyroxene, spinel, garnet and silicate melts at upper mantle conditions. Geochimica et Cosmochimica Acta, 125: 1-22.

Liu X, Xiong X, Audétat A, et al. 2015. Partitioning of Cu between mafic minerals, Fe–Ti oxides and intermediate to felsic melts. Geochimica et Cosmochimica Acta, 151: 86-102.

Liu Z C, Wu F Y, Liu X C, et al. 2019. Mineralogical evidence for fractionation processes in the Himalayan leucogranites of the Ramba Dome, southern Tibet. Lithos, 340: 71-86.

Livaccari R F, Burke K, Şengör A M C. 1981. Was the Laramide orogeny related to subduction of an oceanic plateau? Nature, 289: 276-278.

Loges A, Schultze D, Klügel A, et al. 2019. Phonolitic melt production by carbonatite Mantle metasomatism: Evidence from Eger Graben xenoliths. Contrib Mineral Petrol, 174: 93.

Loiselle M C, Wones D R. 1979. Characteristics and origin of anorogenic granites. Geol Soc Am Bull (Abstracts with Programs), 11: 468.

London D. 1986. Magmatic-hydrothermal transition in the Tanco rare-element pegmatite: Evidence from fluid inclusions and phase-equilibrium experiments. Am Mineral, 71: 376-395.

London D. 2018. Ore-forming processes within granitic pegmatites. Ore Geol Reviews, 101: 349-383.

London D, Wolf M B, Morgan G B, et al. 1999. Experimental silicate-phosphate equilibria in peraluminous granitic magmas, with a case study of Alburquerque Batholith at Tres Arroyos, Badajoz, Spain. J Petrol, 40: 215-240.

Lovering J F, Wark D A. 1975. The lunar crust-chemically defined rock groups and their potassium-uranium fractionation. Lunar Planet Sci Conf Proceed, 6: 1203-1217.

Lundstrom C C, Glazner A F. 2016. Silicic magmatism and the volcanic-plutonic connection. Elements, 12: 91-96.

Luo B, Zhang H, Xu W, et al. 2018. The magmatic plumbing system for Mesozoic high-mg andesites, garnet-bearing dacites and porphyries, rhyolites and leucogranites from West Qinling, Central China. J Petrol, 59: 447-482.

Luo T, Deng X, Li J, et al. 2019. U-Pb geochronology of wolframite by laser ablation inductively coupled plasma mass spectrometry. J Analy Atomic Spectrom, 34: 1439-1446.

Lynch C. 2008. How do your data grow. Nature, 455(7209): 28-29.

Ma C Q. 1989. The magma-dynamic mechanism of emplacement and compositional zonation of the Zhoukoudian stock, Beijing. Acta Geol Sin, 2: 159-173.

Ma C Q, Li Z C, Ehlers C, et al. 1998. A post-collisional magmatic plumbing system: Mesozoic granitoid plutons from the Dabieshan high-pressure and ultrahigh-pressure metamorphic zone, east-central China. Lithos, 45: 431-456.

Ma L, Kerr A C, Wang Q, et al. 2018. Early Cretaceous (～140Ma) aluminous a-type granites in the Tethyan Himalaya, Tibet: Products of crust-mantle interaction during lithospheric extension. Lithos, 300: 212-226.

Ma L, Wang Q, Kerr A C, et al. 2017. Paleocene (ca. 62Ma) leucogranites in southern Lhasa, Tibet: Products of syn-collisional crustal anatexis during slab roll-back? J Petrol, 58: 2089-2114.

Ma L, Wang Q, Li Z X, et al. 2013b. Early Late Cretaceous (ca. 93Ma) norites and hornblendites in the Milin area, eastern Gangdese: Lithosphere-asthenosphere interaction during slab roll-back and an insight into early Late Cretaceous (ca. 100-80 Ma) magmatic "flare-up" in southern Lhasa (Tibet). Lithos, 172: 17-30.

Ma L, Wang Q, Wyman D A, et al. 2013a. Late Cretaceous (100-89Ma) magnesian charnockites with adakitic affinities in the Milin area, eastern Gangdese: Partial melting of subducted oceanic crust and implications for crustal growth in southern Tibet. Lithos, 175: 315-332.

Ma L, Wang Q, Wyman D A, et al. 2013c. Late Cretaceous crustal growth in the Gangdese area, southern Tibet: Petrological and Sr-Nd-Hf-O isotopic evidence from Zhengga diorite–gabbro. Chem Geol, 349: 54-70.

Ma X X, Shu L S, Santosh M, et al. 2013d. Paleoproterozoic collisional orogeny in Central Tianshan: Assembling the Tarim Block within the Columbia supercontinent. Precambrian Res, 228: 1-19.

Magaji S S, Martin R F, Ike E C, et al. 2011. The Geshere syenite-peralkaline granite pluton: A key to understanding the anorogenic Nigerian Younger Granites and analogues elsewhere. Period Mineral, 80: 199.

Mahon K I, Harrison T M, Drew D A. 1988. Ascent of a granitoid diapir in a temperature varying medium. Journal of Geophysical Research: Solid Earth, 93(B2): 1174-1188.

Maniar P D, Piccoli P M. 1989. Tectonic discrimination of granitoids. Geol Soci Am Bull, 101: 635-643.

Mao J R, Ye H M, Liu K, et al. 2013a. The Indosinian collision-extension event between the South China Block and the Palaeo-Pacific plate: Evidence from Indosinian alkaline granitic rocks in Dashuang, eastern Zhejiang, South China. Lithos, 172-173: 81-97.

Mao J, Cheng Y, Chen M, et al. 2013b. Major types and time-space distribution of Mesozoic ore deposits in South China and their geodynamic settings. Mineralium Deposita, 48: 267-294.

Mao J, Pirajno F, Xiang J, et al. 2011. Mesozoic molybdenum deposits in the East Qinling–Dabie Orogenic belt: characteristics and tectonic settings. Ore Geol Rev, 43: 264-293.

Marschall H R, Schumacher J C J N G. 2012. Arc magmas sourced from mélange diapirs in subduction zones. Nature Geosci, 5: 862-867.

Marsh B D. 1984. Mechanics and energetics of magma formation and ascension. Explosive Volcanism: Inception, Evolution, and Hazards, 67-83.

Marsh B D. 1988. Crystal size distribution (CSD) in rocks and kinetics and dynamics of crystallization I: Theory. Contrib Mineral Petrol, 99: 277-291.

Martin H. 1999. Adakitic Magmas: Modern analogues of Archaean granitoids. Lithos, 46: 411-429.

Martin E, Sigmarsson O. 2007. Crustal thermal state and origin of silicic magma in Iceland: The case of Torfajökull, LjÓsufjöll and Snæfellsjökull volcanoes. Contrib Mineral Petrol, 153: 593-605.

Martin H, Moyen J F, Guitreau M, et al. 2014. Why Archaean TTG cannot be generated by MORB melting in subduction zones. Lithos, 198: 1-13.

Martin H, Moyen J F. 2002. Secular changes in tonalite-trondhjemite-granodiorite composition as markers of the progressive cooling of Earth. Geology, 30(4): 319-322.

Martin H, Smithies R H, Rapp R, et al. 2005. An overview of adakite, tonalite-trondhjemite-granodiorite (TTG), and sanukitoid: Relationships and some implications for crustal evolution. Lithos, 79: 1-24.

Martin R F, Sokolov M, Magaji S S. 2012. Punctuated anorogenic magmatism. Lithos, 152: 132-140.

Martins-Neto M A. 2000. Tectonics and sedimentation in a paleo/mesoproterozoic rift-sag basin (Espinhaço basin, southeastern Brazil). Precambrian Res, 103: 147-173.

Maruyama S, Santosh M, Azuma S. 2018. Initiation of plate tectonics in the Hadean: Eclogitization triggered by the ABEL Bombardment. Geoscience Frontiers, 9(4): 1033-1048.

Marvin U B, Lindstrom M M, Holmberg B B, et al. 1991. New observations on the quartz monzodiorite-granite suite. Lunar Planet Sci Conf Proceed, 21: 119-135.

Matzel J E P, Bowring S A, Miller R B. 2006. Time scales of pluton construction at differing crustal levels: Examples from the Mount Stuart and Tenpeak intrusions, North Cascades, Washington. Geol Soc Am Bull, 118: 1412-1430.

McCaffrey K J W, Petford N. 1997. Are granitic intrusions scale invariant? J Geol Soci, 154: 1-4.

McCoy-West A J, Chowdhury P, Burton K W, et al. 2019. Extensive crustal extraction in Earth's early history inferred from molybdenum isotopes. Nature Geosci, 12: 946-951.

Mckenzie D P. 1984. A possible mechanism for epirogenic uplift. Nature, 307: 616-618.

Mckenzie D P. 1985. The extraction of melt from the crust and mantle. Earth Planet Sci Lett, 104: 196-210.

McNulty B A, Tong W, Tobisch O T. 1996. Assembly of a dike-fed magma chamber: The Jackass Lakes pluton, central Sierra Nevada, California. Geol Soc Ame Bull, 108: 926-940.

Meert J G, Lieberman B S. 2008. The Neoproterozoic assembly of Gondwana and its relationship to the Ediacaran–Cambrian radiation. Gondwana Research, 14(1-2): 5-21.

Meier D L, Heinrich C A, Watts M A. 2009. Mafic dikes displacing Witwatersrand gold reefs: Evidence against metamorphic-hydrothermal ore formation. Geology, 37: 607-610.

Melekhova E, Blundy J, Robertson R, et al. 2015. Experimental evidence for polybaric differentiation of primitive arc basalt beneath St. Vincent, Lesser Antilles. J Petrol, 56: 161-192.

Michel J, Baumgartner L, Putlitz B, et al. 2008. Incremental growth of the Patagonian Torres del Paine laccolith over 90 ky. Geology, 36: 459-462.

Miller C F, Watson E B, Harrison T M. 1988. Perspectives on the source, segregation and transport of granitoid magmas. Earth and Environmental Science Transactions of the Royal Society of Edinburgh, 79: 135-156.

Miller J S, Matzel J E P, Miller C F, et al. 2007. Zircon growth and recycling during the assembly of large, composite arc plutons. J Vol Geotherm Res, 167: 282-299.

Miller R B, Matzel J P, Paterson S R, et al. 2003, Cretaceous to Paleogene Cascades arc: Structure, metamorphism, and timescales of magmatism, burial, and exhumation of a crustal section. In: Swanson T. Western Cordillera and adjacent areas. Geol Soci Am Field Guide, 4: 107-135.

Miller R B, Paterson S R. 2001. Construction of mid-crustal sheeted plutons: Examples from the North Cascades, Washington. Geol Soc Am Bull, 113: 1423-1442.

Mills R D, Coleman D S. 2010. Modeling large-volume felsic eruptions from trace-element geochemistry. Geol Soc Am Abstr Progr, 42: 52.

Mo X X, Niu Y L, Dong G C, et al. 2008. Contribution of syncollisional felsic magmatism to continental crust growth: A case study of the Paleogene Linzizong Volcanic Succession in southern Tibet. Chem Geol, 250: 49-68.

Mojzsis S J, Cates N L, Caro G, et al. 2014. Component geochronology in the polyphase ca. 3920 Ma Acasta Gneiss. Geochimica et Cosmochimica Acta, 133: 68-96.

Molina I, Burgisser A, Oppenheimer C. 2012. Numerical simulations of convection in crystal-bearing magmas: A case study of the magmatic system at Erebus, Antarctica. J Geophy Res:

Solid Earth, 117(B7).

Molnar P. 1988. Continental tectonics in the aftermath of plate tectonics. Nature, 335: 131-137.

Molyneux S J, Hutton D H W. 2000. Evidence for significant granite space creation by the ballooning mechanism: The example of the Ardara pluton, Ireland. Geol Soc Am Bull, 112: 1543-1558.

Montel J M. 1993. A model for monazite/melt equilibrium and the application to the generation of granitic magmas. Chemical Geol, 110: 127-146.

Moore W B, Webb A A G. 2013. Heat-pipe earth. Nature, 501(7468): 501-505.

Morgan D J, Blake S, Rogers N W, et al. 2004. Time scales of crystal residence and magma chamber volume from modelling of diffusion profiles in phenocrysts: Vesuvius 1944. Earth Planet Sci Lett, 222: 933-946.

Morley C K. 2018. 3-D seismic imaging of the plumbing system of the Kora Volcano, Taranaki Basin, New Zealand: The influence of syn-rift structure on shallow igneous intrusion architecture. Geosphere, 14: 2533-2584.

Morris R V, Vaniman D T, Blake D F, et al. 2016. Silicic volcanism on Mars evidenced by tridymite in high-SiO_2 sedimentary rock at Gale crater. Proceed Nation Academy Sci, 113: 7071-7076.

Moyen J F, Laurent O, Chelle-Michou C, et al. 2017. Collision vs. subduction-related magmatism: Two contrasting ways of granite formation and implications for crustal growth. Lithos, 277: 154-177.

Moyen J F, Laurent O. 2018. Archaean tectonic systems: A view from igneous rocks. Lithos, 302: 99-125.

Moyen J F, Martin H, Jayananda M, et al. 2003. Late Archaean granites: A typology based on the Dharwar Craton (India). Precambrian Res, 127: 103-123.

Moyen J F, Martin H. 2012. Forty years of TTG research. Lithos, 148: 312-336.

Moyen J F, van Hunen J. 2012. Short-term episodicity of Archaean plate tectonics. Geology, 40: 451-454.

Moyen J F. 2011. The composite Archaean grey gneisses: Petrological significance, and evidence for a nonunique tectonic setting for Archaean crustal growth. Lithos, 123: 21-36.

Muntean J L, Cline J S, Simon S C, et al. 2011. Magmatic-hydrothermal origin of Nevada's Carlin-type gold deposits. Nature Geosci, 4: 122-127.

Müntener O, Kelemen P B, Grove T L. 2001. The role of H_2O during crystallization of primitive arc magmas under uppermost mantle conditions and genesis of igneous pyroxenites: An experimental study. Contrib Mineral Petrol, 141: 643-658.

Müntener O, Ulmer P. 2018. Arc crust formation and differentiation constrained by experimental petrology. American Journal of Science, 318(1): 64-89.

Mustard J F. 2019. Sequestration of volatiles in the Martian crust through hydrated minerals: A significant planetary reservoir of water. In: Filiberto J, Schwenzer S P. Volatiles in the Martian Crust. Amsterdam: Elsevier, 247-263.

Mustard R, Ulrich T, Kamenetsky V, et al. 2006. Gold and metal enrichment in natural granitic melts during fractional crystallization. Geology, 34: 85-88.

Mutch E J F, Maclennan J, Holland T J B, et al. 2019. Millennial storge of near-Moho magma. Science, 365: 260-264.

Næraa T, Scherstén A, Rosing M T, et al. 2012. Hafnium isotope evidence for a transition in the dynamics of continental growth 3.2 Gyr ago. Nature, 485: 627.

Nan X Y, Yu H M, Rudnick R L, et al. 2018. Barium isotopic composition of the upper continental crust. Geochimica et Cosmochimica Acta, 233: 33-49.

Nandedkar R H, Ulmer P, Müntener O. 2014. Fractional crystallization of primitive, hydrous arc magmas: An experimental study at 0.7 GPa. Contrib Mineral Petrol, 167: 1-27.

National Research Council . 2000. Basic Research Opportunities in Earth Science. Washington DC: National Academy Press.

Nebel O, Capitanio F A, Moyen J-F, et al. 2018. When crust comes of age: On the chemical evolution of Archaean, felsic continental crust by crustal drip tectonics. Philosophical Transactions of the Royal Society a Mathematical Physical and Engineering Sciences, 376: 20180103.

Nédélec A, Bouchez J, Bowden P. 2015. Granites. New York: Oxford University Press.

Neves S P, Mariano G, Guimaraes I P, et al. 2000. Intralithospheric differentiation and crustal growth: Evidence from the Borborema province, northeastern Brazil. Geology, 28: 519-522.

Nex P A, Kinnaird J A, Oliver G J. 2001. Petrology, geochemistry and uranium mineralisation of post-collisional magmatism around Goanikontes, southern Central Zone, Damaran Orogen, Namibia. J African Earth Sci, 33: 481-502.

Ni P, Pan J Y, Wang G G, et al. 2017. A CO_2-rich porphyry ore-forming fluid system constrained from a combined cathodoluminescence imaging and fluid inclusion studies of quartz veins from the Tongcun Mo deposit, South China. Ore Geology Rev, 81: 856-870.

Ni P, Wang X D, Wang G G, et al. 2015. An infrared microthermometric study of fluid inclusions in coexisting quartz and wolframite from Late Mesozoic tungsten deposits in the Gannan metallogenic belt, South China. Ore Geology Rev, 65: 1062-1077.

Nicoli G, Mathews S. 2019. The Hebridean Igneous Province plumbing system: A phase equilibria perspective. Lithos, 348-349: 105194.

Nielsen S G, Marschall H R J S. 2017. Geochemical evidence for mélange melting in global arcs.

Sci Adavances, 3: e1602402.

Niemi A N, Courtney T H. 1983. Settling in solid-liquid systems with specific application to liquid phase sintering. Acta Metallurgica, 31(9): 1393-1401.

Nishimura K. 2009. A trace-element geochemical model for imperfect fractional crystallization associated with the development of crystal zoning. Geochimica et Cosmochimica Acta, 73: 2142-2149.

Nishimura K. 2012. A mathematical model of trace element and isotopic behavior during simultaneous assimilation and imperfect fractional crystallization. Contrib Mineral Petrol, 164: 427-440.

Nishimura K. 2013. AIFCCalc: An excel spreadsheet for modeling simultaneous assimilation and imperfect fractional crystallization. Computers and Geosciences, 51: 410-414.

Niu Y, Zhao Z, Zhu D C, et al. 2013. Continental collision zones are primary sites for net continental crust growth - A testable hypothesis. Earth-Sci Rev, 127: 96-110.

Nutman A P, Friend C R, Bennett V C. 2002. Evidence for 3650-3600 Ma assembly of the northern end of the Itsaq Gneiss Complex, Greenland: Implication for early Archaean tectonics. Tectonics, 21(1): 5-1.

O'Neil J, Carlson R W. 2017. Building Archean cratons from Hadean mafic crust. Science, 355: 1199-1202.

O'Driscoll B, Troll V R, Reavy R J, et al. 2006. The Great Eucrite intrusion of Ardnamurchan, Scotland: Reevaluating the ring-dike concept. Geology, 34(3): 189-192.

O'Keefe J A, Cameron W S. 1962. Evidence from the moon's surface features for the production of lunar granites. In: Goddard Space Flight Center Contributions to the COSPAR Meeting May, 61-83.

O'Neill C, Debaille V. 2014. The evolution of Hadean–Eoarchaean geodynamics. Earth and Planetary Science Letters, 406: 49-58.

Pan J Y, Ni P, Chi Z, et al. 2019a. Alunite 40Ar/39Ar and Zircon U-Pb Constraints on the Magmatic-Hydrothermal History of the Zijinshan High-Sulfidation Epithermal Cu-Au Deposit and the Adjacent Luoboling Porphyry Cu-Mo Deposit, South China: Implications for Their Genetic Association. Economic Geol, 114: 667-695.

Pan J Y, Ni P, Wang R C. 2019b. Comparison of fluid processes in coexisting wolframite and quartz from a giant vein-type tungsten deposit, South China: Insights from detailed petrography and LA-ICP-MS analysis of fluid inclusions. American Mineralogist: J Earth Planet Materials, 104: 1092-1116.

Pankhurst M J, Schaefer B F, Betts P G. 2011. Geodynamics of rapid voluminous felsic magmatism through time. Lithos, 123: 92-101

Parman S W, Grove T L. 2004, Harzburgite melting with and without H$_2$O: Experimental data and predictive modeling. J Geophy Res, 109: B02201.

Parmigiani A, Faroughi S, Huber C, et al. 2016. Bubble accumulation and its role in the evolution of magma reservoirs in the upper crust. Nature, 532: 492-495.

Passchier C W, Trouw R A J. 2005. Microtectonics, second edition. Berlin: Springer-Verlag.

Paterson S R, Ducea M N. 2015. Arc magmatic tempos: Gathering the evidence. Elements, 11: 91-98.

Paterson S R, Fowler T K Jr. 1993. Re-examining pluton emplacement processes. J Struct Geol, 15: 191-206.

Paterson S R, Fowler T K, Schmidt K L, et al. 1998a. Interpreting magmatic fabric patterns in plutons. Lithos, 44: 53-82.

Paterson S R, Fowler T K. Jr. 1993. Re-examining pluton emplacement processes. J Struct Geol, 15: 191-206.

Paterson S R, Glazner A F, Miller D M. 1998b. Late-stage sinking of plutons: Comment and reply. Geology, 26: 863-864.

Paterson S R, Okaya D, Memeti V, et al. 2011. Magma addition and flux calculations of incrementally constructed magma chambers in continental margin arcs: Combined field, geochronologic, and thermal modeling studies. Geosphere, 7: 1439-1468.

Paterson S R, Vernon R H, Tobisch O T. 1989. A review of criteria for the identification of magmatic and tectonic foliations in granitoids. J Struct Geol, 11: 349-363.

Patiño Douce A E. 1995. Experimental generation of hybrid silicic melts by reaction of high - Al basalt with metamorphic rocks. J Geophy Res: Solid Earth, 100: 15623-15639.

Patiño Douce A E. 1996. Effects of pressure and H$_2$O content on the compositions of primary crustal melts. Earth and Environmental Science Transactions of the Royal Society of Edinburgh, 87: 11-21.

Patiño Douce A E. 1997. Generation of metaluminous A-type granites by low-pressure melting of calc-alkaline granitoids. Geology, 25: 743-746.

Patiño Douce A E, Beard J S. 1995. Dehydration-melting of biotite gneiss and quartz amphibolite from 3 to 15 kbar. J Petrol, 36: 707-738.

Patiño Douce A E, Harris N. 1998. Experimental constraints on Himalayan anatexis. J Petrol, 39: 689-710.

Patiño Douce A E, Johnston A D. 1991. Phase equilibria and melt productivity in the pelitic system: Implications for the origin of peraluminous granitoids and aluminous granulites. Contri Mineral Petrol, 107: 202-218.

Patiño Douce A E, McCarthy T C. 1998. Melting of crustal rocks during continental collision and subduction. In: Hacker B R, Liou J G. When Continents Collide: Geodynamics and Geochemistry of Ultrahigh-Pressure Rocks. Petrology and Structural Geology, Vol. 10. Dordrecht: Kluwer Academic Publishers, 27-55.

Paulatto M, Annen C, Henstock T J, et al. 2012. Magma chamber properties from integrated seismic tomography and thermal modeling at Montserrat. Geochem Geophys Geosys, 13: Q01014.

Pawley M J, Van Kranendonk M J, Collins W J. 2004. Interplay between deformation and magmatism during doming of the Archaean Shaw granitoid complex, Pilbara Craton, Western Australia. Precambrian Research, 131(3-4): 213-230.

Pearce J A, Harris N B W, Tindle A G. 1984. Trace element discrimination diagrams for the tectonic interpretation of granitic rocks. J Petrol, 25: 956-983.

Pearce J A, Stern R J, Bloomer S H, et al. 2005. Geochemical mapping of the Mariana arc - basin system: Implications for the nature and distribution of subduction components. Geochem, Geophy, Geosyst, 6: Q07006.

Peccerillo A, Frezzotti M L, De Astis G, et al. 2006. Modeling the magma plumbing system of Vulcano (Aeolian Island, Italy) by integrated fluid–inclusion geobarometry, petrology and geophysics. Geology, 34: 17-20.

Peng P, Qin Z Y, Sun F B, et al. 2019. Nature of charnockite and closepet granite in the Dharwar Craton: Implications for the architecture of the Archean crust. Precambrian Res, 334: 105478.

Peng P, Wang C, Wang X, et al. 2015. Qingyuan high-grade granite–greenstone terrain in the Eastern North China Craton: Root of a Neoarchaean arc. Tectonophysics, 662: 7-21.

Percival J A, West G F. 1994. The Kapuskasing uplift: A geological and geophysical synthesis. Can J Earth Sci, 31: 1256-1286.

Percival J, Bleeker W, Cook F, et al. 2004. Panlithoprobe Workshop IV: Intra-orogen correlations and comparative orogenic anatomy. Geoscience Canada, 31(1): 23-39.

Perini G, Cesare B, Gomez-Pugnaire M T, et al. 2009. Armouring effect on Sr-Nd isotopes during disequilibrium crustal melting: The case study of frozen migmatites from El Hoyazo and Mazarron, SE Spain. Eu J Mineral, 21: 117-131.

Perkins D, Newton R C. 1981. Charnockite geobarometers based on coexisting garnet-pyroxene-plagioclase-quartz. Nature, 292: 144-146.

Peterson T D, Scott J M J, LeCheminant A N, et al. 2015, The Kivalliq Igneous Suite: Anorogenic bimodal magmatism at 1.75Ga in the western Churchill Province, Canada. Precambrian Res, 262: 101-119.

Petford N, Cruden A R, McCaffrey K J W, et al. 2000. Granite magma formation, transport and emplacement in the Earth's crust. Nature, 408: 669-673.

Pichavant M, Montel J M, Richard L R. 1992. Apatite solubility in peraluminous liquids: Experimental data and an extension of the Harrison-Watson model. Geochimica et Cosmochimica Acta, 56: 3855-3861.

Piper J D A. 2018. Dominant Lid Tectonics behaviour of continental lithosphere in Precambrian times: Palaeomagnetism confirms prolonged quasi-integrity and absence of supercontinent cycles. Geoscience Frontiers, 9(1): 61-89.

Pirajno F, Bagas L. 2008. A review of Australia's Proterozoic mineral systems and genetic models. Precambrian Research, 166(1-4): 54-80.

Pirajno F, Ernst R E, Borisenko A S, et al. 2009. Intraplate magmatism in Central Asia and China and associated metallogeny. Ore Geology Rev, 35: 114-136.

Pirajno F, Santosh M. 2014. Rifting, intraplate magmatism, mineral systems and mantle dynamics in central-east Eurasia: An overview. Ore Geology Rev, 63: 265-295.

Pistone M, Blundy J, Brooker R A, et al. 2017. Water transfer during magma mixing events: Insights into crystal mush rejuvenation and melt extraction processes. Am Mineral, 102: c766-776.

Pitcher W S. 1979. The nature, ascent and emplacement of granitic magmas. J Geol Soci, 136: 627-662.

Pitcher W S. 1983. Granite type and tectonic environment. Symposium on Mountain Building, Zurich, 19-40.

Polyansky O P, Babichev A V, Korobeynikov S N, et al. 2010. Computer modeling of granite gneiss diapirism in the Earth's crust: Controlling factors, duration, and temperature regime. Petrology, 18: 432-446.

Powell R, Holland T J B H, Worley B. 1998. Calculating phase diagrams involving solid solutions via non - linear equations, with examples using THERMOCALC. Journal of metamorphic Geology, 16(4): 577-588.

Powell R, Holland T J B. 1988. An internally consistent dataset with uncertainties and correlations: 3. Applications to geobarometry, worked examples and a computer program. Journal of Metamorphic Geology, 6(2): 173-204.

Powell R, Holland T, Worley B. 1998. Calculating phase diagrams involving solid solutions via non–linear equations, with examples using THERMOCALC. J Metamorph Geol, 16: 577-588.

Profeta L, Ducea M N, Chapman J B, et al. 2015. Quantifying crustal thickness over time in magmatic arcs. Scientific Reports, 5: 17786.

Quick J E, Albee A L, Ma M S, et al. 1977. Chemical compositions and possible immiscibility of two silicate melts in 12013. Lunar Planet Sci Conf Proceed, 8: 2153-2189.

Raimondo T, Collins A S, Hand M, et al. 2010. The anatomy of a deep intracontinental orogen.

Tectonics, 29: TC4024.

Raimondo T, Hand M, Collins W J. 2014. Compressional intracontinental orogens: Ancient and modern perspectives. Earth Sci Rev, 130: 128-153.

Rämö O T, Haapala I. 2005. Rapakivi granites. In Developments in Precambrian Geology, 14: 533-562.

Ramotoroko C D, Ranganai R T, Nyabeze P. 2016. Extension of the Archaean Madibe-Kraaipan granite-greenstone terrane in southeast Botswana: Constraints from gravity and magnetic data. J African Earth Sci, 123: 39-56.

Rapp R P, Shimizu N, Norman M D, et al. 1999. Reaction between slab-derived melts and peridotite in the mantle wedge: Experimental constraints at 3.8 GPa. Chem Geol, 160: 335-356.

Rapp R P, Watson E B, Miller C F. 1991. Partial melting of amphibolite/ eclogite and the origin of Archean trondhjemites and tonalites. Precambrian Res, 51: 1-25.

Rapp R P, Watson E B. 1986. Monazite solubility and dissolution kinetics: Implications for the Th and light rare-earth chemistry of felsic magmas. Contrib Mineral Petrol, 94: 304-316.

Rapp R P, Watson E B. 1995. Dehydration melting of metabasalt at 8-32 kbar: Implications for continental growth and crust-mantle recycling. J Petrol, 36: 891-931.

Ratschbacher B C, Keller C B, Schoene B, et al. 2018. A new workflow to assess emplacement duration and melt residence time of compositionally diverse magmas emplaced in a sub-volcanic reservoir. J Petrol, 1-23.

Read H H. 1948a. Granites and granites. In: Gilluly J. Origin of Granite. New York: Geol Soc Am, 1-19.

Read H H. 1948b. A commentary on place in plutonism. Quarterly J Geol Soc, 104(1-4): 155-205.

Reid M R, Vazquez J A. 2017. Fitful and protracted magma assembly leading to a giant eruption, youngest toba tuff, indonesia. Geochemistry Geophysics Geosystems, 18: 156-177.

Reimink J R, Chacko T, Stern R A, et al. 2014. Earth's earliest evolved crust generated in an Iceland-like setting. Nature Geosci, 7: 529.

Reimink J, Davies J, Chacko T, et al. 2016. No evidence for Hadean continental crust within Earth's oldest evolved rock unit. Nature Geosci, 9: 777.

Rey P F, Coltice N, Flament N. 2014. Spreading continents kick-started plate tectonics. Nature, 513: 405-408.

Richards J P. 2003. Tectono-magmatic precursors for porphyry Cu-(Mo-Au) deposit formation. Economic Geol, 98: 1515-1533.

Richards J P. 2011. High Sr/Y arc magmas and porphyry Cu-Mo-Au deposits: Just add water.

Economic Geology, 106:1075-1081.

Richards J P, CelalSengor A M. 2017. Did Paleo-Tethyan anoxia kill arc magma fertility for porphyry copper formation. Geology, 45: 591-594.

Richards J P, Şengör A C. 2017. Did Paleo-Tethyan anoxia kill arc magma fertility for porphyry copper formation. Geology, 45(7): 591-594.

Richards J P, Spell T, Rameh E, et al. 2012. High Sr/Y magmas reflect arc maturity, high magmatic water content, and porphyry Cu±Mo±Au potential: Examples from the tethyan arcs of central and eastern Iran and Western Pakistan. Economic Geol, 107: 295-332.

Rino S, Komiya T, Windley B F, et al. 2004. Major episodic increases of continental crustal growth determined from zircon ages of river sands: Implications for mantle overturns in the Early Precambrian. Physics Earth Planet Inter, 146: 369-394.

Rivers T. 1997. Lithotectonic elements of the Grenville Province: Review and tectonic implications. Precambrian Research, 86(3-4): 117-154.

Rivera T A, Schmitz M D, Crowley J L, et al. 2014. Rapid magma evolution constrained by zircon petrochronology and 40Ar/39Ar sanidine ages for the Huckleberry Ridge Tuff, Yellowstone, USA. Geology, 42: 643-646.

Roberts F A, Houseman G A. 2001. Geodynamics of central Australia during the intraplate Alice Springs Orogeny: Thin viscous sheet models. In: Miller J, Holdsworth R E, Buick I S, et al. Continental reactivation and reworking, Geol Soc Spec Pub, 184: 139-164.

Robinson F A, Bonin B, Pease V, et al. 2017. A discussion on the tectonic implications of Ediacaran late-to post-orogenic A-type granite in the northeastern Arabian Shield, Saudi Arabia. Tectonics, 36: 582-600.

Robinson F A, Foden J D, Collins A S, et al. 2014. Arabian Shield magmatic cycles and their relationship with Gondwana assembly: Insights from zircon U-Pb and Hf isotopes. Earth Planet Sci Lett, 408: 207-225.

Roda E, Pesquera A, Velasco F, et al. 1999. The granitic pegmatites of the Fregeneda area (Salamanca, Spain): Characteristics and petrogenesis. Mineral Mag, 63: 535-556.

Roedder E. 1984. Fluid inclusions (Reviews in Mineralogy vol. 12). Mineral Soc Am, Washington DC.

Rogers J J, Santosh M. 2003. Supercontinents in Earth history. Gondwana Research, 6(3): 357-368.

Rollinson H R. 2002. The metamorphic history of the Isua greenstone belt, West Greenland. In: Fowler C M R, Ebinger C J, Hawkesworth C J. The early Earth: Physical, chemical and biological development. Geol Soc, Lond, Spec Pub, 199: 329-350.

Roman A, Jaupart C. 2016. The fate of mafic and ultramafic intrusions in the continental crust.

Earth Planet Sci Lett, 453: 131-140.

Rong J Y, Chen X, Su Y Z, et al. 2003. Silurian paleogeography of China. In: Landing E, Johnson M. Paleography outside of Laurentia, New York State Museum Bulletin, 493: 243-298.

Rong J Y, Harper D A T, Huang B, et al. 2020. The latest Ordovician Hirnantian brachiopod faunas: New global insights. Earth-Sci Rev, 208: 103280. doi.org/10.1016/j.earscirev. 103280.

Rong J Y, Zhan R B, Xu H G, et al. 2010. Expansion of the Cathaysia Oldland through the Ordovician-Silurian transition: Emerging evidence and possible dynamics. Sci Chin (Earth Sci), 53: 1-17.

Rooney T O, Hart W K, Hall C M, et al. 2012. Peralkaline magma evolution and the tephra record in the Ethiopian Rift. Contrib Mineral Petrol, 164: 407-426.

Rosenberg C L, Handy M R. 2005. Experimental deformation of partially melted granite revisited: Implications for the continental crust. J Metamorph Geol, 23: 19-28.

Rowins S M. 2000. Reduced porphyry copper-gold deposits: A new variation on an old theme. Geology, 28: 491-494.

Royden L H, Burchfiel B C, King R W, et al. 1997. Surface deformation and lower crustal flow in eastern Tibet. Science, 276: 788-790.

Rozel A B, Golabek G J, Jain C, et al. 2017. Continental crust formation on early Earth controlled by intrusive magmatism. Nature, 545: 332-335.

Rudnick R L. 1995. Making continental crust. Nature, 378: 571-578.

Rudnick R L, Fountain D M. 1995. Nature and composition of the continental crust: A lower crustal perspective. Rev Geophy, 33: 267-309.

Rudnick R L, Gao S. 2003. The composition of the continental crust. In: Rudnick R L. Oxford: Elsevier–Pergamon, 1-64.

Rudnick R L, Gao S. 2014. 4.1-Composition of the Continental Crust. In: Holland H D, Turekian K K. Treatise on Geochemistry (Second Edition). Oxford: Elsevier, 1-51.

Rushmer T. 1991. Partial melting of two amphibolites: Contrasting experimental results under fluid absent conditions. Contrib Mineral Petrol, 107: 41-59.

Rutherford M J, Hess P C, Ryerson F J, et al. 1976. The chemistry, origin and petrogenetic implications of lunar granite and monzonite. Lunar Planet Scie Conf Proceed, 7: 1723-1740.

Ryder G. 1976. Lunar sample 15405: Remnant of a KREEP basalt-granite differentiated pluton. Earth Planet Sci Lett, 29: 255-268.

Ryder G, Martinez R R. 1991. Evolved hypabyssal rocks from station 7, Apennine Front, Apollo 15. Lunar Planet Sci Conf Proceed, 21: 137-150.

Ryerson F, Watson E. 1987. Rutile saturation in magmas: implications for Ti-Nb-Ta depletion in island-arc basalts. Earth Planet Sci Lett, 86: 225-239.

Saleeby J B, Ducea M N, Clemens-Knott D. 2003. Production and loss of high-density batholithic roots. Tectonics, 22: TC001374.

Salpas P A, Shervais J W, Knapp S A, et al. 1985. Petrogenesis of lunar granites: The result of apatite fractionation. Lunar Planet Sci Conf, 16: 726-727.

Sanfilippo A, Tribuzio R. 2013. Origin of olivine-rich troctolites from the oceanic lithosphere: A comparison between the Alpine Jurassic ophiolites and modern slow spreading ridges. Ofioliti, 38: 89-99.

Santosh M, Harris N B W, Jackson D H, et al. 1990. Dehydration and incipient charnockite formation: A phase equilibria and fluid inclusion study from South India. J Geol, 98: 915-926.

Satkoski A M, Fralick P, Beard B L, et al. 2017. Initiation of modern-style plate tectonics recorded in Mesoarchean marine chemical sediments. Geochimica et Cosmochimica Acta, 209: 216-232.

Sautter V, Toplis M J, Beck P, et al. 2016. Magmatic complexity on early Mars as seen through a combination of orbital, in-situ and meteorite data. Lithos, 254, 36-52.

Sautter V, Toplis M J, Wiens R C, et al. 2015. In situ evidence for continental crust on early Mars. Nature Geosci, 8: 605-609.

Savage P S, Georg R B, Williams H M, et al. 2012. The silicon isotope composition of granites. Geochimica et Cosmochimica Acta, 92: 184-202.

Sawada H, Isozaki Y, Sakata S, et al. 2018. Secular change in lifetime of granitic crust and the continental growth: A new view from detrital zircon ages of sandstones. Geoscience Frontiers, 9(4): 1099-1115.

Sawyer E W. 1994. Melt segregation in the continental crust. Geology, 22(11): 1019-1022.

Sawyer E W. 1996. Melt segregation and magma flow in migmatites: Implications for the generation of granite magmas. Earth and Environmental Science Transactions of the Royal Society of Edinburgh, 87(1-2): 85-94.

Scaillet B, Holtz F, Pichavant M. 1997. Rheological properties of granitic magmas in their crystallization range. In: Bouchez J L, Hutton D H W, Stephens W E. Granite: From Segregation of Melt to Emplacement Fabrics. Petrology and Structural Geology. Dordrecht: Springer.

Scaillet B, Holtz F, Pichavant M. 2016. Experimental constraints on the formation of silicic magmas. Elements, 12: 109-114.

Schilling F R, Partzsch G M. 2001. Quantifying partial melt fraction in the crust beneath the central Andes and the Tibetan plateau. Physics and Chemistry of the Earth, Part A: Solid Earth and Geodesy, 26: 239-246.

Schmidt C. 2018. Formation of hydrothermal tin deposits: Raman spectroscopic evidence for an important role of aqueous Sn (IV) species. Geochimica et Cosmochimica Acta, 220: 499-511.

Schmidt C, Chou I M, Bodnar R J, et al. 1998. Microthermometric analysis of synthetic fluid inclusions in the hydrothermal diamond-anvil cell. Am Mineral, 83: 995-1007.

Schmidt C, Romer R L, Wohlgemuth-Ueberwasser C C, et al. 2020. Partitioning of Sn and W between granitic melt and aqueous fluid. Ore Geol Rev, 117: 103263.

Schmidt M W, Connolly J A D, Günther D, et al. 2006. Element partitioning: The role of melt structure and composition. Science, 312: 1646-1650.

Schoene B, Baxter E F. 2017. Petrochronology and TIMS. Rev Mineral Geochem, 83: 231-260.

Schoene B, Bowring S A. 2010. Rates and mechanisms of Mesoarchean magmatic arc construction, eastern Kaapvaal craton, Swaziland. Geol Soc Am Bull, 122: 408-429.

Schoene B, Latkoczy C, Schaltegger U, et al. 2010. A new method integrating high-precision U-Pb geochronology with zircon trace element analysis (U-Pb TIMS-TEA). Geochimica et Cosmochimica Acta, 74: 7144-7159.

Schoene B, Schaltegger U, Brack P, et al. 2012. Rates of magma differentiation and emplacement in a ballooning pluton recorded by U-Pb TIMS-TEA, Adamello batholith, Italy. Earth Planet Sci Lett, 355: 162-173.

Schofield N, Heaton L, Holford S P, et al. 2012. Seismic imaging of 'broken bridges': Linking seismic to outcrop-scale investigations of intrusive magma lobes. Journal of the Geological Society, 169(4): 421-426.

Schöpa A, Annen C. 2013. The effects of magma flux variations on the formation and lifetime of large silicic magma chambers. J Geophy Res: Solid Earth, 118: 926-942.

Schulmann K, Edel J B, Hasalová P, et al. 2009. Influence of melt induced mechanical anisotropy on the magnetic fabrics and rheology of deforming migmatites, Central Vosges, France. J Struct Geol, 31: 1223-1237.

Schulmann K, Lexa O, Štipska P, et al. 2008. Vertical extrusion and horizontal channel flow of orogenic lower crust: Key exhumation mechanisms in large hot orogens? J Metamorph Geol, 26: 273-297.

Schulmann K, Paterson S. 2011. Asian continental growth. Nature Geosci, 4: 827-829.

Searle M P, Yeh M W, Lin T H, et al. 2010. Structural constraints on the timing of left-lateral shear along the Red River shear zone in the Ailao Shan and Diancang Shan Ranges, Yunnan, SW China. Geosphere, 6: 316-338.

Seddio S M, Jolliff B L, Korotev R L, et al. 2013. Petrology and geochemistry of lunar granite 12032, 366-19 and implications for lunar granite petrogenesis. Am Mineral, 98: 1697-1713.

Sederholm J J. 1907. Om granit och geis. Bull. Comm Geol Finl, 23: 1-110.

Seman S, Stockli D F, McLean N M, 2017. U-Pb geochronology of grossular-andradite garnet.

Chem Geol, 460: 106-116.

Sen S, Bhattacharya A. 1984. An orthopyroxene-garnet thermometer and its application to the Madras charnockites. Contribu Mineral Petrol, 88: 64-71.

Şengör A M C. 1990. Plate tectonics and orogenic research after 25 years: A Tethyan perspective. Earth-Sci Rev, 27: 1-201.

Şengör A M C, Natal B A, Burtman V S. 1993. Evolution of the Altaidtectonic collage and Palaeozoic crustal growth in Eurasia. Nature, 364: 299-307.

Seo J H, Heinrich C A. 2013. Selective copper diffusion into quartz-hosted vapor inclusions: Evidence from other host minerals, driving forces, and consequences for Cu-Au ore formation. Geochimica et Cosmochimica Acta, 113, 60-69.

Shaw S E, Flood R H. 2009. Zircon Hf Isotopic evidence for mixing of crustal and silicic mantle-derived magmas in a zoned granite pluton, Eastern Australia. J Petrol, 50: 147-168.

Shearer C K, Hess P C, Wieczorek M A, et al. 2006. Thermal and magmatic evolution of the Moon. Rev Mineral Geochem, 60: 365-518.

Shearer C K, Papike J J, Spilde M N. 2001. Trace-element partitioning between immiscible lunar melts: An example from naturally occurring lunar melt inclusions. Am Mineral, 86: 238-246.

Shellnutt J G, Zhou M F, Chung S L. 2010. The Emeishan large igneous province: Advances in the stratigraphic correlations and petrogenetic and metallogenic models. Lithos, 119: ix-x.

Shellnutt J G, Zhou M F. 2007. Permian peralkaline, peraluminous and metaluminous A-type granites in the Panxi district, SW China: Their relationship to the Emeishan mantle plume. Chem Geol, 243: 286-316.

Shen B, Jacobsen B, Lee C T A, et al. 2009. The Mg isotopic systematics of granitoids in continental arcs and implications for the role of chemical weathering in crust formation. Proceed Nation Academy Sci USA, 106: 20652-20657.

Sheppard S, Rasmussen B, Muhling J R, et al. 2007. Grenvillian-aged orogenesis in the Palaeoproterozoic Gascoyne Complex, Western Australia: 1030-950 Ma reworking of the Proterozoic Capricorn Orogen. J Metamorph Geol, 25: 477-494.

Shervais J W, Taylor L A. 1983. Micrographic granite: More from Apollo 14. In Lunar Planet Sci Conf, 14: 696-697.

Shih C Y, Nyquist L E, Wiesmann H. 1993. K-Ca chronology of lunar granites. Geochimica et CosmochimicaActa, 57: 4827-4841.

Shu L S, Deng X L, Zhu W B, et al. 2011a. Precambrian tectonic evolution of the Tarim Block, NW China: New geochronological insights from the Quruqtagh domain. J Asian Earth Sci, 42: 774-790.

Shu L S, Faure M, Yu J H, et al. 2011b. Geochronological and geochemical features of the

Cathaysia Block (South China): New evidence for the Neoproterozoic breakup of Rodinia. Precambian Res, 187: 263-276.

Shu L S, Jahn B M, Charvet J, et al. 2014. Early Paleozoic depositional environment and intraplate tectono-magmatism in the Cathaysia block (South China): Evidence from stratigraphic, structural, geochemical and geochronological investigations. Am J Sci, 314: 154-186.

Shu L S, Song M J, Yao J L 2018. Comments on "Appalachian-style multi-terrane Wilson cycle model for the assembly of South China". Geology, 46: E445–E445.

Shu L S, Wang B, Cawood P A, et al. 2015. Early Paleozoic and Early Mesozoic intraplate tectonic and magmatic events in the Cathaysia Block, South China. Tectonics, 34: 1600-1621.

Shu L S, Wang J Q, Yao J L. 2019. Tectonic evolution of the eastern Jiangnan region, South China: New findings and implications on the assembly of the Rodinia supercontinent. Precambrian Res, 322: 42-65.

Shu L S, Yao J L, Wang B, et al. 2021. Neoproterozoic plate tectonic process and Phanerozoic geodynamic evolution of the South China Block. Earth-Sci Rev, 103596.

Shu L S, Yu J H, Charvet J, et al. 2004. Geological, geochronological and geochemical features of granulites in the Eastern Tianshan, NW China. J Asian Earth Sci, 24: 25-41.

Siachoque A, Salazar C A, Trindade R. 2017. Emplacement and deformation of the A-type Madeira granite (Amazonian Craton, Brazil). Lithos, 277: 284-301.

Siegel K, Vasyukova O V, Williams-Jones A E. 2018. Magmatic evolution and controls on rare metal-enrichment of the Strange Lake A-type peralkaline granitic pluton, Québec-Labrador. Lithos, 308-309: 34-52.

Sillitoe R H. 1974. Tin mineralisation above mantle hot spots. Nature, 248: 497-499.

Sillitoe R H. 2000. Gold-Rich Porphyry Deposits: Descriptive and genetic models and their role in exploration and discovery. Rev Economic Geol, 13: 315-345.

Sillitoe R H. 2010. Porphyry copper systems. Economic Geol, 105: 3-41.

Simancas J F, Galindo-Zaldivar J, Azor A. 2000. Three-dimensional shape and emplacement of the Cardenchosa deformed pluton (Variscan Orogen, southwestern Iberian Massif). J Struct Geol, 22: 489-503.

Simmons S F, Brown K L. 2006. Gold in magmatic hydrothermal solutions and the rapid formation of a giant ore deposit. Science, 314(5797): 288-291.

Simmons S F, White N C, John D A. 2005. Geological characteristics of epithermal precious and base metal deposits. One Hundredth Anniversary Volume.

Simmons W B, Foord E E, Falster A U, et al. 1996. Anatectic origin of granitic pegmatites, western Maine, USA. GAC-MAC Ann Mtng, Winnipeg, Abstr Prog, A87.

Simmons W B, Foord E E, Falster A U, et al. 1995. Evidence for an anatectic origin of granitic pegmatites, western Maine, USA. Geol Soc Am. Ann Mtng, New Orleans, LA, Abstr Prog, 27: A411.

Simmons W B, Webber K L. 2008. Pegmatite genesis: State of the art. Eu J Mineral, 20: 421-438.

Sinclair W. 2007. Porphyry deposits. Mineral deposits of Canada: A synthesis of major deposit-types, district metallogeny, the evolution of geological provinces, and exploration methods. Geol Assoc Can, Mineral Deposits Division, Spec Pub, 5: 223-243.

Sirbescu M C, Christian S, Veksler I V, et al. 2017. Experimental crystallization of undercooled felsic liquids: Generation of pegmatitic texture. J Petrol, 58: 539-568.

Sirbescu M L, Nabelek P. 2003. Crystallization conditions and evolution of magmatic fluids in the Harney Peak Granites and associated pegmatites, Black Hills, South Dakota – evidence from fluid inclusions. Geochim Cosmochim Acta, 67: 2443-2465.

Sisson T W, Grove T L, Coleman D S. 1996. Hornblende gabbro sill complex at Onion Valley, California, and a mixing origin for the Sierra Nevada batholith. Contrib Mineral Petrol, 126: 81-108.

Sizova E, Gerya T, Stüwe K, et al. 2015. Generation of felsic crust in the Archean: A geodynamic modeling perspective. Precambrian Res, 271: 198-224.

Skjerlie K P, Johnston A D. 1992. Vapor-absent melting at 10 kbar of a biotite- and amphibole-bearing tonalitic gneiss: Implications for the generation of A-type granites. Geology, 20: 263-266.

Skjerlie K P, Johnston A D. 1993. Fluid-absent melting behavior of an F-rich tonalitic gneiss at mid-crustal pressures: implications for the generation of anorogenic granites. J Petrol, 34: 785-815.

Smit M A, Mezger K. 2017. Earth's early O_2 cycle suppressed by primitive continents. Nature Geosci, 10: 788-792.

Smith P M, Asimow P D. 2005. Adiabat_1ph: A new public front-end to the MELTS, pMELTS, and pHMELTS models. Geochem, Geophy, Geosyst, 6.

Smithies R H. 2000. The Archaean tonalite-trondhjemite-granodiorite (TTG) series is not an analogue of Cenozoic adakite. Earth and Planetary Science Letters, 182(1): 115-125.

Smithies R H, Champion D C, Cassidy K F. 2003. Formation of Earth's early Archaean continental crust. Precambrian Research, 127(1-3): 89-101.

Smithies R H, Champion D C, Van Kranendonk M J. 2007. Chapter 4.2 The oldest well-preserved felsic volcanic rocks on Earth: Geochemical clues to the early evolution of the pilbara supergroup and implications for the growth of a Paleoarchean Protocontinent. Developments Precambrian Res, 15: 339-367.

Smithies R H, Champion D C. 2000. The Archaean high-Mg diorite suite: Links to tonalite-trondhjemite-granodiorite magmatism and implications for early Archaean crustal growth. Journal of Petrology, 41(12): 1653-1671.

Smithies R H, Howard H M, Evins P M, et al. 2011. High-temperature granite magmatism, crust-mantle interaction and the Mesoproterozoic intracontinental evolution of the Musgrave Province, Central Australia. J Petrol, 52: 931-958.

Song M J, Shu L S, Santosh M, et al. 2015. Late Early Paleozoic and Early Mesozoic intracontinental orogeny in the South China Craton: Geochronological and geochemical evidence. Lithos, 232: 360-374.

Song M J, Shu L S, Santosh M. 2016. Early Mesozoic granites in the Nanling Belt, South China: Implications for intracontinental tectonics associated with stress regime transformation. Tectonophysics, 676: 148-169.

Spencer C, Roberts N, Santosh M. 2017. Growth, destruction, and preservation of Earth's continental crust. Earth-Sci Rev, 172: 87-106.

Spera F J, Bohrson W A. 2001. Energy-constrained open-system magmatic processes I: General model and energy–constrained assimilation and fractional crystallization (EC-AFC) formulation. J Petrol, 42: 999-1018.

Spera F J, Bohrson W A. 2002. Energy-constrained open-system magmatic processes 3. energy - constrained recharge, assimilation, and fractional crystallization (EC-RAFC). Geochem, Geophy, Geosyst, 3: 1-20.

Spera F J, Bohrson W A. 2004. Open-system magma chamber evolution: An energy-constrained geochemical model incorporating the effects of concurrent eruption, recharge, variable assimilation and fractional crystallization (EC-E′ RAχFC). J Petrol, 45: 2459-2480.

Spera F J, Bohrson W A. 2018. Rejuvenation of crustal magma mush: A tale of multiply nested processes and timescales. American Journal of Science, 318(1): 90-140.

Springer W, Seck H A. 1997. Partial fusion of basic granulites at 5 to 15 kbar: Implications for the origin of TTG magmas. Contri Mineral Petrol, 127: 30-45.

Srinivasan P, Dunlap D R, Agee C B, et al. 2018. Silica-rich volcanism in the early solar system dated at 4.565 Ga. Nature Commu, 9: 3036.

Stein M, Hofmann A J N. 1994. Mantle plumes and episodic crustal growth. Nature, 372: 63-68.

Stern R A, Bleeker W. 1998. Age of the world's oldest rocks refined using Canada's SHRIMP: The Acasta Gneiss Complex, Northwest Territories. Geosci Can, 25: 27-31.

Stern R J. 2005. Evidence from ophiolites, blueschists, and ultrahigh-pressure metamorphic terranes that the modern episode of subduction tectonics began in Neoproterozoic time. Geology, 33: 557-560.

Stern R J, Scholl D W. 2010. Yin and yang of continental crust creation and destruction by plate tectonic processes. Inter Geol Rev, 52: 1-31.

Stern S A, Binzel R P, Earle A M, et al. 2017. Past epochs of significantly higher pressure atmospheres on Pluto. Icarus, 287: 47-53.

Stevens G, Villaros A, Moyen J F. 2007. Selective peritectic garnet entrainment as the origin of geochemical diversity in S-type granites. Geology, 35: 9-12.

Stimac J A, Goff F, Wohletz K. 2001. Thermal modeling of the Clear Lake magmatic-hydrothermal system, California, USA. Geothermics, 30: 349-390.

Stipp M, Stünitz H, Heilbronner R, et al. 2002. Dynamic recrystallization of quartz: Correlation between natural and experimental conditions. In: De Meer S, Drury M R, De Bresser J H P, et al. Deformation mechanisms, rheology and tectonics: Current status and future perspectives. Geol Soci, Lond, Spec Pub, 200: 171-190.

Storre B. 1972. Dry melting of muscovite + quartz in the range $P=7$ kb to $P=20$ kb. Contrib Mineral Petrol, 37: 87-89.

Sun J F, Zhang J H, Yang J H, et al. 2019. Tracing magma mixing and crystal-melt segregation in the genesis of syenite with mafic enclaves: Evidence from in situ zircon Hf-O and apatite Sr-Nd isotopes. Lithos, 334: 42-57.

Sun Y, Ma C Q, Liu Y Y, et al. 2011. Geochronological and geochemical constraints on the petrogenesis of late Triassic aluminous A-type granites in southeast China. J Asian Earth Sci, 42: 1117-1131.

Syamlal M. 1998. Higher order discretization methods for the numerical simulation of fluidized beds (No. DOE/FETC/C-98/7305; CONF-971113-). EG and G Technical Services of West Virginia, Inc., Morgantown, WV (United States).

Sylvester P J. 1998. Post-collisional strongly peraluminous granites. Lithos, 45: 29-44.

Szymanowski D, Ellis B S, Wotzlaw J, et al. 2019. Maturation and rejuvenation of a silicic magma reservoir: High-resolution chronology of the Kneeling Nun Tuff. Earth Planet Sci Lett, 510: 103-115.

Tang G J, Chung S L, Hawkesworth C J, et al. 2017. Short episodes of crust generation during protracted accretionary processes: Evidence from Central Asian Orogenic Belt, NW China. Earth Planet Sci Lett, 464: 142-154.

Tang G J, Wang Q, Wyman D A, et al. 2010. Ridge subduction and crustal growth in the Central Asian Orogenic Belt: Evidence from Late Carboniferous adakites and high-Mg diorites in the western Junggar region, northern Xinjiang (west China). Chem Geol, 277: 281-300.

Tang G J, Wang Q, Wyman D A, et al. 2019a. Crustal maturation through chemical weathering and crustal recycling revealed by Hf-O-B isotopes. Earth Planet Sc Lett, 524: 115709-115718.

Tang G J, Wang Q, Wyman D A, et al. 2020. Petrogenesis of the Ulungur intrusive complex, NW China, and implications for crustal generation and reworking in accretionary orogens. J Petrol, 61: egaa018.

Tang M, Chen K, Rudnick R L. 2016a. Archean upper crust transition from mafic to felsic marks the onset of plate tectonics. Science, 351: 372-375.

Tang M, Lee C-T, Chen K, et al. 2019b. Nb/Ta systematics in arc magma differentiation and the role of arclogites in continent formation. Nature Commu, 10: 235.

Tang M, Wang X L, Shu X J, et al. 2014. Hafnium isotopic heterogeneity in zircons from granitic rocks: Geochemical evaluation and modeling of "zircon effect" in crustal anatexis. Earth and Planetary Science Letters, 389: 188-199.

Tang Y, Zhang H, Rao B. 2016b. The effect of phosphorus on manganocolumbite and mangaotantalite solubility in peralkaline to peraluminous granitic melts. Am Mineral, 101: 415-422.

Tappa M J, Coleman D S, Mills R D, et al. 2011. The plutonic record of a silicic ignimbrite from the Latir volcanic field, New Mexico. Geochem Geophy Geosyst, 12: 1-16.

Tapponnier P, Molnar P. 1979. Active faulting and Cenozoic tectonics of the Tianshan, Mongolia and Baykal region. J Geophy Res, 84: 3425-3459.

Tartèse R, Boulvais P. 2010. Differentiation of peraluminous leucogranites "en route" to the surface. Lithos, 114: 353-368.

Tatsumi Y. 1981. Melting experiments on a high-magnesian andesite. Earth Planet Sci Lett, 54: 357-365.

Taylor S R. 1989. Growth of planetary crusts. Tectonophysics, 161: 147-156.

Taylor S R, McLennan S M. 1985. The Continental Crust. Cambridge: Cambridge University Press.

Taylor S R, McLennan S. 2008. Planetary Crusts: Their Composition, Origin and Evolution. Cambridge: Cambridge University Press.

Telus M, Dauphas N, Moynier F, et al. 2012. Iron, zinc, magnesium and uranium isotopic fractionation during continental crust differentiation: The tale from migmatites, granitoids, and pegmatites. Geochimica et Cosmochimica Acta, 97: 247-265.

Teng F Z, McDonough W F, Rudnick R L, et al. 2006. Lithium isotopic systematics of granites and pegmatites from the Black Hills, South Dakota. Am Mineral, 91: 1488-1498.

Teng F Z, McDonough W F, Rudnick R L, et al. 2007. Limited lithium isotopic fractionation during progressive metamorphic dehydration in metapelites: A case study from the Onawa contact aureole, Maine. Chem Geol, 239: 1-12.

Terada K, Bischoff A. 2009. Asteroidal granite-like magmatism 4.53 Gyr ago. Astrophysical Jo

Lett, 699: L68.

Thébaud N, Rey P F. 2013. Archean gravity-driven tectonics on hot and flooded continents: Controls on long-lived mineralised hydrothermal systems away from continental margins. Precambrian Research, 229: 93-104.

Thielmann M, Kaus B J. 2012. Shear heating induced lithospheric-scale localization: Does it result in subduction? Earth Planet Sci Lett, 359: 1-13.

Thomas R, Webster J, Rhede D, et al. 2006. The transition from peraluminous to peralkaline granitic melts: Evidence from melt inclusions and accessory minerals. Lithos, 91: 137-149.

Thompson A B. 1982. Dehydration melting of pelitic rocks and the generation of H_2O-undersaturated granitic liquids. American Journal of Science, 282: 1567-1595.

Thompson J F H, Sillitoe R H, Baker T, et al. 1999. Intrusion-related gold deposits associated with tungsten-tin provinces. Mineral Depos, 34(4):323-334.

Tibaldi A. 2015. Structure of volcano plumbing systems: A review of multi-parametric effects. J Vol Geotherm Res, 298: 85-135.

Trail D, Boehnke P, Savage P S, et al. 2018. Origin and significance of Si and O isotope heterogeneities in Phanerozoic, Archean, and Hadean zircon. PNAS, 115: 10287010292.

Troch J, Ellis B, Harris C, et al. 2018. The effect of prior hydrothermal alteration on the melting behaviour during rhyolite formation in Yellowstone, and its importance in the generation of low $\delta^{18}O$ magmas. Earth Planet Sci Lett, 481: 338-349.

Troll V R, Emeleus C H, Nicoll G R, et al. 2019. A large explosive silicic eruption in the British Palaeogene Igneous Province. Scientific Reports, 9: 494.

Turner S, Foden J, Morrison R. 1992. Derivation of some A-type magmas by fractionation of basaltic magma: An example from the Padthaway Ridge, South Australia. Lithos, 28: 151-179.

Turner S, Wilde S, Wörner G, et al. 2020. An andesitic source for Jack Hills zircon supports onset of plate tectonics in the Hadean. Nature Commu, 11: 1-5.

Tuttle O F. 1952. Origin of the contrasting mineralogy of extrusive and plutonic Salic rocks. J Geol, 60(2): 107-124.

Tuttle O F, Bowen N L. 1958. Origin of granite in the light of experimental studies in the system $NaAlSi_3O_8$-$KAlSi_3O_8$-SiO_2-H_2O. Memoir Geol Soci Am, 74: 1-145.

Ulmer P, Kaegi R, Müntener O. 2018. Experimentally derived intermediate to Silica-rich arc magmas by fractional and equilibrium crystallization at 1.0 GPa: An evaluation of phase relationships, compositions, liquid lines of descent and oxygen fugacity. J Petrol, 59: 11-58.

Unrug R. 1996. The assembly of Gondwanaland. Episodes Journal of International Geoscience, 19(1): 11-20.

Uribe-Mogollon C, Maher K. 2020. White mica geochemistry: Discriminating between barren and mineralized porohyry systems. Economic Geol,115: 325-354.

USGS. 2017. Mineral commodity summaries 2017. https://minerals.usgs.gov/minerals/pubs/mcs/2017/mcs2017. pdf. 2017-01-31.

USGS. 2021. Mineral commodity summaries 2021. https://pubs.usgs.gov/periodicals/mcs2021/mcs2021.pdf. 2017-03-16.

Ushikubo T, Kita N T, Cavosie A J, et al. 2008. Lithium in Jack Hills zircons: Evidence for extensive weathering of Earth's earliest crust. Earth Planet Sci Lett, 272: 666-676.

Valley J W, Cavosie A J, Ushikubo T, et al. 2014. Hadean age for a post-magma-ocean zircon confirmed by atom-probe tomography. Nature Geosci, 7: 219-223.

Van Hunen J, Moyen J F. 2012. Archean subduction: Fact or fiction? Ann Rev Earth Planet Sci, 40: 195-219.

Van Hunen J, van Keken P E, Hynes A, et al. 2008. Tectonics of early Earth: Some geodynamic considerations. Geol Soc Am Spec Papers, 440: 157-171.

Van Kranendonk M J, Collins W J, Hickman A, et al. 2004. Critical tests of vertical vs. horizontal tectonic models for the Archaean East Pilbara granite-greenstone terrane, Pilbara craton, western Australia. Precambrian Research, 131(3-4): 173-211.

Van Kranendonk M J, Hugh Smithies R, Hickman A H, et al. 2007. secular tectonic evolution of Archean continental crust: Interplay between horizontal and vertical processes in the formation of the Pilbara Craton, Australia. Terra Nova, 19(1): 1-38.

Van Lichtervelde M, Holtz F, Hanchar J M. 2010. Solubility of manganotantalite, zircon and hafnon in highly fluxed peralkaline to peraluminous pegmatitic melts. Contrib Mineral Petrol, 160: 17-32.

Vielzeuf D, Holloway J R. 1988. Experimental determination of the fluid-absent melting relations in the pelitic system. Contrib Mineral Petrol, 98: 257-276.

Vigneresse J L. 1990. Use and misuse of geophysical data to determine the shape at depth of granitic intrusions. Geol J, 25: 249-260.

Vigneresse J L, Truche L, Richard A. 2019. How do metals escape from magmas to form porphyry-type ore deposits? Ore Geology Reviews, 105: 310-336.

Villiger S, Ulmer P, Muntener O, et al. 2004. The liquid line of descent of anhydrous, mantle-derived, tholeiitic liquids by fractional and equilibrium crystallization—an experimental study at 1 center dot 0 GPa. J Petrol, 45: 2369-2388.

Viruete J E, Carbonell R, Martí D, et al. 2003. 3-D stochastic modeling and simulation of fault zones in the albalá granitic pluton, SW Iberian variscan massif. J Struct Geol, 25: 1487-1506.

Voice P J, Kowalewski M, Eriksson K A. 2011. Quantifying the timing and rate of crustal evolution: Global compilation of radiometrically dated detrital zircon grains. The Journal of

Geology, 119: 109-126.

von Blanckenburg F, Davies J H. 1995. Slab breakoff: A model for syncollisional magmatism and tectonics in the Alps. Tectonics, 14: 120-131.

Von Quadt A, Erni M, Martinek K, et al. 2011, Zircon crystallization and the lifetimes of ore-forming magmatic-hydrothermal systems. Geology, 39: 731-734.

Wade C E, Reid A J, Wingate M T D, et al. 2012. Geochemistry and geochronology of the c. 1585 Ma Benagerie Volcanic Suite, southern Australia: Relationship to the Gawler Range Volcanics and implications for the petrogenesis of a Mesoproterozoic silicic large igneous province. Precambrian Res, 206: 17-35.

Wang C M, Sagas L, Lu Y J, et al. 2016. Terrane boundary and spatio-temporal distribution of ore deposits in the Sanjiang Tethyan Orogen: Insights from zircon Hf-isotopic mapping. Earth Sci Rev, 156: 39-65.

Wang C, Zhang D, Wu G, et al. 2013a. Zircon U-Pb geochronology and geochemistry of rhyolitic tuff, granite porphyry and syenogranite in the Lengshuikeng ore district, SE China: Implications for a continental arc to intra-arc rift setting. J Earth System Sci, 122: 809-830.

Wang D Z, Shu L S, Faure M, et al. 2001. Mesozoic magmatism and granitic dome in the Wugongshan Massif, Jiangxi province and their genetical relationship to the tectonic events in southeast China. Tectonophysics, 339: 259-277.

Wang D Z, Shu L S. 2012. Late Mesozoic basin and range tectonics and related magmatism in Southeast China. Geosci Front, 3: 109-124.

Wang D, Zheng J P, Ma Q, et al. 2013b. Early Paleozoic crustal anatexis in the intraplate Wuyi–Yunkai orogen, South China. Lithos, 175: 124-145.

Wang G G, Ni P, Wang R C, et al. 2013c. Geological, fluid inclusion and isotopic studies of the Yinshan Cu-Au-Pb-Zn-Ag deposit, South China: Implications for ore genesis and exploration. J Asian Earth Sci, 74: 343-360.

Wang G G, Ni P, Yao J, et al. 2015. The link between subduction-modified lithosphere and the giant Dexing porphyry copper deposit, South China: Constraints from high-Mg adakitic rocks. Ore Geol Rev, 67: 109-126.

Wang G G, Ni P, Yu W, et al. 2014. Petrogenesis of Early Cretaceous post-collisional granitoids at Shapinggou, Dabie Orogen: Implications for crustal architecture and porphyry Mo mineralization. Lithos, 184-187: 393-415.

Wang G G, Ni P, Zhao K D, et al. 2012a. Petrogenesis of the Middle Jurassic Yinshan volcanic-intrusive complex, SE China: Implications for tectonic evolution and Cu-Au mineralization. Lithos, 150: 135-154.

Wang J, Xiong X, Zhang L, et al. 2020a. Element loss to platinum capsules in high-temperature-pressure experiments. Am Mineral, 105: 1593-1597.

Wang J, Yao C, Li Z. 2020b. Aeromagnetic anomalies in central Yarlung-Zangbo suture zone (Southern Tibet) and their geological origins. J Geophy Res: Solid Earth, 125: e2019JB017351.

Wang L X, Ma C Q, Zhang C, et al. 2014. Genesis of leucogranite by prolonged fractional crystallization: A case study of the Mufushan complex, South China. Lithos, 206-207: 147-163.

Wang Q, Chung S L, Li X H, et al. 2012b. Crustal melting and flow beneath northern Tibet: Evidence from Mid-Miocene to Quaternary strongly peraluminous rhyolites in southern Kunlun Range. J Petrol, 53: 2523-2566.

Wang Q, Hawkesworth C J, Wyman D, et al. 2016. Pliocene–Quaternary crustal melting in central and northern Tibet and insights into crustal flow. Nature Commu, 7: 11888.

Wang Q, Li J W, Jian P, et al. 2005. Alkaline syenites in eastern Cathaysia (South China): link to Permian-Triassic transtension. Earth Planet Sci Lett, 230: 339-354.

Wang Q, Wyman A, Xu J F, et al. 2007. Early Cretaceous adakitic granites in the Northern Dabie complex, central China: Implications for partial melting and delamination of thickened lower crust. Geochimica et Cosmochimica Acta, 71: 2609-2636.

Wang Q, Wyman D A, Li Z X, et al. 2010. Petrology, geochronology and geochemistry of ca. 780Ma A-type granites in South China: petrogenesis and implications for crustal growth during the breakup of the supercontinent Rodinia. Precambrian Res, 178: 185-208.

Wang Q, Xu J F, Jian P, et al. 2006. Petrogenesis of adakitic porphyries in an extensional tectonic setting, Dexing, South China: Implications for the genesis of porphyry copper mineralization. J Petrol, 47: 119-144.

Wang Q, Xu J, Wang J, et al. 2000. The recognization of adakite-type gneisses in the North Dabie Mountains and its implication to ultrahigh pressure metamorphic geology. Chin Sci Bull, 45: 1927-1933.

Wang R C, Wu F Y, Xie L, et al. 2017. A preliminary study of rare-metal mineralization in the Himalayan leucogranite belts, South Tibet. Sci China Earth Sci, 60: 1655-1663.

Wang T, Jahn B M, Kovach V P, et al. 2009. Nd-Sr isotopic maping of the Chinese Altai and implications for continental growth in the central Asian orogenic belt. Lithos, 110:359-372.

Wang T, Tong Y, Huang H, et al. 2023. Grantic record of the Asian continent. Earth-Science Reviews, 237, 104298.

Wang T, Wang X X, Li W P. 2000. Evaluation of multiple emplacement mechanisms: The Huichizi granite pluton, Qinling orogenic belt, central China. J Struct Geol, 22: 505-518.

Wang T, Zheng Y D, Li T B, et al. 2002. Forceful emplacement of granitic plutons in an extensional tectonic setting: Syn–kinematic plutons in the Yagan–OnchHayrhan metamorphic core complex. Acta Geol Sin, 76: 81-88.

Wang W, Liu S W, Santosh M, et al. 2015. Neoarchean intra-oceanic arc system in the Western Liaoning Province: Implications for Early Precambrian crustal evolution in the Eastern Block of the North China Craton. Earth Sci Rev, 150: 329-364.

Wang X L, Shu L S, Xing G F, et al. 2012c. Post-orogenic extension in the eastern part of the Jiangnan Orogen: Evidence from ca 800-760Ma volcanic rocks. Precambrian Res, 222-223: 404-423.

Wang X L, Tang M, Moyen J F, et al. 2021a. The onset of deep recycling of supracrustal materials at the Paleo-Mesoarchean boundary. Nation Sci Rev, in press, https://doi.org/10.1093/nsr/nwab136.

Wang X L, Wang D, Du D H, et al. 2021b. Diversity of granitic rocks constrained by disequilibrium melting and subsequent incremental emplacement and differentiation. Lithos, 402-403: 106255.

Wang X L, Zhou J C, Griffin W L, et al. 2007. Detrital zircon geochronology of Precambrian basement sequences in the Jiangnan orogen: Dating the assembly of the Yangtze and Cathaysia Blocks. Precambrian Rese, 159: 117-131.

Wang X L, Zhou J C, Qiu J S, et al. 2006. LA-ICP-MS U-Pb zircon geochronology of the Neoproterozoic igneous rocks from Northern Guangxi, South China: Implications for tectonic evolution. Precambrian Res, 145: 111-130.

Wang X L, Zhou J C, Wan Y S, et al. 2013e. Magmatic evolution and crustal recycling for Neoproterozoic strongly peraluminous granitoids from southern China: Hf and O isotopes in zircon. Earth Planet Sci Lett, 366: 71-82.

Wang X, Qiu Y, Lu J, et al. 2020c. In situ Raman spectroscopic investigation of the hydrothermal speciation of tungsten: Implications for the ore-forming process. Chem Geol, 532: 119299.

Wang Y J, Fan W M, Sun M, et al. 2007. Geochronological, geochemical and geothermal constraints on petrogenesis of the Indosinian peraluminous granites in the South China Block: A case study in the Hunan Province. Lithos, 96: 475-502.

Wang Y J, Fan W M, Zhang G W, et al. 2013f. Phanerozoic tectonics of the South China Block: Key observations and controversies. Gondwana Res, 23: 1273-1305.

Wang Y J, Zhang A M, Fan W M, et al. 2011. Kwangsian crustal anatexis within the eastern South China Block: Geochemical, zircon U-Pb geochronological and Hf isotopic fingerprints from the gneissoid granites of Wugong and Wuyi–Yunkai Domains. Lithos, 127: 239-260.

Wang Y J, Zhang F F, Fan W M, et al. 2010.Tectonic setting of the South China Block in the Early Paleozoic: Resolving intracontinental and ocean closure models from detrital zircon U-Pb geochronology. Tectonics, 29: TC6020.

Wang Y, Fan W, Sun M, et al. 2007. Geochronological, geochemical and geothermal constraints on petrogenesis of the Indosinian peraluminous granites in the South China Block: A case study in the Hunan Province. Lithos, 96: 475-502.

Wang Y, Zhang A, Fan W, et al. 2011. Kwangsian crustal anatexis within the eastern South China Block: Geochemical, zircon U-Pb geochronological and Hf isotopic fingerprints from the gneissoid granites of Wugong and Wuyi–Yunkai Domains. Lithos, 127: 239-260.

Wang Y, Zhang A, Fan W, et al. 2013g. Origin of paleosubduction-modified mantle for Silurian gabbro in the Cathaysia Block: Geochronological and geochemical evidence. Lithos, 160-161: 37-54.

Warren P H, Taylor G J, Keil K, et al. 1983. Petrology and chemistry of two "large" granite clasts from the Moon. Earth Planet Sci Let, 64, 175-185.

Watson E B. 1976. Two-liquid partition coefficients: experimental data and geochemical implications. Contrib Mineral Petrol, 56: 119-134.

Watson E B, Harrison T M. 1983. Zircon saturation revisited: Temperature and composition effects in a variety of crustal magma types. Earth Planet Sci Lett, 64: 295-304.

Watson E B, Harrison T M. 1984. Accessory minerals and the geochemical evolution of crustal magmatic system: A summary and prospectus of experimental approaches. Physics Earth Planet Inter, 35: 19-30.

Watson E B, Harrison T M. 2005. Zircon thermometer reveals minimum melting conditions on earliest Earth. Science, 308: 841-844.

Watts K E, Bindeman I N, Schmitt A K. 2011. Large-volume rhyolite genesis in caldera complexes of the Snake River Plain: Insights from the Kilgore Tuff of the Heise Volcanic Field, Idaho, with comparison to Yellowstone and Bruneau-Jarbidge Rhyolites. J Petrol, 52: 857-890.

Wei C S, Zheng Y F, Zhao Z F, et al. 2002. Oxygen and neodymium isotope evidence for recycling of juvenile crust in northeast China. Geology, 30: 375-378

Wei W, Le Pape F, Jones A G, et al. 2014. Northward channel flow in northern Tibet revealed from 3D magnetotelluric modelling. Physics Earth Planet Int, 235: 13-24.

Weinberg R F, Hasalová P. 2015. Water-fluxed melting of the continental crust: A review. Lithos, 212: 158-188.

Weinberg R F, Sial A N, Pessoa R R. 2001. Magma flow within the Tavares pluton, northeastern Brazil: Compositional and thermal convection. Geological Society of America Bulletin, 113(4): 508-520.

Wernicke B, Clayton R, Ducea M, et al. 1996. Origin of high mountains in the Continents: The Southern Sierra Nevada. Science, 271: 190-193.

Whalen J B. 1985. Geochemistry of an island-arc plutonic suite: The Uasilau-Yau Yau intrusive complex, New Britain, PNG. J Petrol, 26: 603-632.

Whalen J B, Currie K L, Chappell B W. 1987. A-type granites: Geochemical characteristics, discrimination and petrogenesis. Contrib Mineral Petrol, 95: 407-419.

Whalen J B, Jenner G A, Longstaffe F J, et al. 1996. Geochemical and isotopic (O, Nd, Pb and Sr) constraints on A-type granite petrogenesis based on the Topsails igneous suite, Newfoundland Appalachians. J Petrol, 37: 1463-1489.

Whalen J B, McNicoll V J, van Staal C R, et al. 2006. Spatial, temporal and geochemical characteristics of Silurian collision-zone magmatism, Newfoundland Appalachians: An example of a rapidly evolving magmatic system related to slab break-off. Lithos, 89: 377-404.

White A J R. 1979. Sources of granite magmas. Geol Soc Am Abst Prog, 11: 539.

White A J, Chappell B W. 1990. Per migma ad magma downunder. Geol J, 25: 221-225.

White W, Bookstrom A, Kamilli R, et al. 1981. Character and origin of Climax-type molybdenum deposits. Economic Geol, 75: 270-316.

Wieczorek M A, Jolliff B L, Khan A P, et al. 2006. The constitution and structure of the lunar interior. Rev Mineral Geochem, 60: 221-364.

Wilde S A, Valley J W, Peck W H, et al. 2001. Evidence from detrital zircons for the existence of continental crust and oceans on the Earth 4.4 Gyr ago. Nature, 409: 175-178.

Wilkinson J J. 2013. Triggers for the formation of porphyry ore deposits in magmatic arcs. Nature Geosci, 6: 917-925.

Wilkinson J J, Simmons S F, Stoffell B. 2013. How metalliferous brines line Mexican epithermal veins with silver. Scientific Reports, 3: 2057-2064.

Williams-Jones A E, Heinrich C A. 2005. Vapor transport of metals and the formation of magmatic-hydrothermal ore deposits. 100th Anniversary special paper. Economic Geol, 100: 1287-1312.

Windley B F. 1995. The Evolving Continents. 3rd Edition. New York: John Wiley & Sons: 443-454.

Windley B F, Alexeiev D, Xiao W, et al. 2007. Tectonicmodels for accretion of the Central Asian orogenic belt. J Geol Soc, 164: 31-47.

Windley B F, Allen M B, Zhang C, et al. 1990. Paleozoicaccretion and Cenozoic redeformation of the Chinese Tien Shan range,central Asia. Geology, 18: 128-131.

Windley B F, Garde A A. 2009. Arc-generated blocks with crustal sections in the North Atlantic craton of West Greenland: Crustal growth in the Archean with modern analogues. Earth-Science Reviews, 93(1-2): 1-30.

Winkler H G F. 1965. Die Genese der Metamorphen Gesteine. Berlin: Springer Verlag, 1-237.

Winkler H G F. 1976. Petrogenesis of Metamorphic Rocks (4th Edition). New York: Springer-Verlag, 1-334.

Wolf M B, London D. 1994. Apatite dissolution into peraluminous haplogranitic melts: An experimental study of solubilities and mechanisms. Geochimica et Cosmochimica Acta, 58: 4127-4145.

Wolf M B, Wyllie P J. 1994. Dehydration–melting of amphibolite at 10 kbar: The effects of temperature and time. Contrib Mineral Petrol, 115: 369-383.

Wong J, Sun M, Xing G, et al. 2009. Geochemical and zircon U-Pb and Hf isotopic study of the Baijuhuajian metaluminous A-type granite: Extension at 125-100Ma and its tectonic significance for South China. Lithos, 112: 289-305.

Wood B J, Turner S P. 2009. Origin of primitive high-Mg andesite: Constraints from natural examples and experiments. Earth Planet Sci Lett, 283: 59-66.

Wood S A, Samson I M. 2000. The hydrothermal geochemistry of tungsten in granitoid environments: I. Relative solubilities of ferberite and scheelite as a function of T, P, pH, and m NaCl. Economic Geol, 95: 143-182.

Wray J J, Hansen S T, Dufek J, et al. 2013. Prolonged magmatic activity on Mars inferred from the detection of felsic rocks. Nature Geosci, 6: 1013-1017.

Wu F Y, Jahn B M, Wilde S, et al. 2000. Phanerozoic crustal growth: U-Pb and Sr-Nd isotopic evidence from the granites in northeastern China. Tectonophysics, 328(1-2): 89-113.

Wu F Y, Liu X C, Liu Z C, et al. 2020. Highly fractionated Himalayan leucogranites and associated rare-metal mineralization. Lithos, 352-353: 105319.

Wu F Y, Sun D Y, Li H M, et al. 2002. A-type granites in northeastern China: Age and geochemical constraints on their petrogenesis. Chem Geol, 187: 143-173.

Wu F Y, Walker R J, Yang Y H, et al. 2006. The chemical-temporal evolution of lithospheric mantle underlying the North China Craton. Geochimica et Cosmochimica Acta, 70: 5013-5034.

Wu F Y, Yang Y H, Marks M A W, et al. 2010. In situ U-Pb, Sr, Nd and Hf isotopic analysis of eudialyte by LA-(MC)-ICP-MS. Chem Geol, 273: 8-34.

Wyllie P J. 1977. Crustal anatexis: An experimental review. Tectonophysics, 43: 41-71.

Wyllie P J. 1984. Constraints imposed by experimental petrology on possible and impossible magma sources and products. Phil Trans R Soc Lond A, 310: 439-456.

Xia Q X, Gao P, Yang G, et al. 2020. The origin of garnets in anatectic rocks from the eastern Himalayan syntaxis, southeastern Tibet: Constraints from major and trace element zoning and phase equilibrium relationships. J Petrol, egaa009.

Xia Y, Xu X S, Zou H B, et al. 2014. Early Paleozoic crust-mantle interaction and lithosphere delamination in South China Block: Evidence from geochronology, geochemistry, and Sr-Nd-

Hf isotopes of granites. Lithos, 184-187: 416-435.

Xiang H, Connolly J A D. 2021. GeoPS: An interactive visual computing tool for thermodynamic modelling of phase equilibria. J Metamorph Geol, 1-13.

Xiang L, Shu L S. 2010. Predevonian tectonic evolution of the eastern South China block: Geochronological evidence from detrital zircons. Sci China-Earth Sci, 53：1427-1444.

Xiao W J, Windley B F, Badarch G, et al. 2004. Palaeozoic accretionary and convergent tectonics of the southern Altaids: Implications for the growth of Central Asia. J Geol Soc, 161: 339-342.

Xiao W, Han C M, Yuan C, et al. 2008. Middle Cambrian to Permian subduction-related accretionary orogenesis of Northern Xinjiang, NW China: Implications for the tectonic evolution of central Asia. J Asian Earth Sci, 32: 102-117.

Xiao W, Windley B F, Han C, et al. 2018. Late Paleozoic to early Triassic multiple roll-back andoroclinal bending of the Mongolia collage in Central Asia. Earth-Sci Rev, 186: 94-128.

Xiao W, Windley B F, Sun S, et al. 2015. A tale of amalgamation of three Permo-Triassic collage systemsin Central Asia: Oroclines, sutures, and terminal accretion. Annual Rev Earth Planet Sci, 43: 477-507.

Xie Y, Li Y, Hou Z, et al. 2015. A model for carbonatite hosted REE mineralisation—the Mianning–Dechang REE belt, western Sichuan Province, China. Ore Geol Rev, 70: 595-612.

Xiong X L, Adam J, Green T H. 2005. Rutile stability and rutile/melt HFSE partitioning during partial melting of hydrous basalt: Implications for TTG genesis. Chem Geol, 218: 339-359.

Xiong X L, Rao B, Chen F R, et al. 2002. Crystallization and melting experiments of a fluorine-rich leucogranite from the Xianghualing Pluton, South China, at 150 MPa and H_2O-saturated conditions. J Asian Earth Sci, 21:175-188.

Xiong X L, Zhao Z H, Zhu J C, et al. 1999. Phaserelationsin albitegranite-H_2O-HF system and their petrogenetic applications. Geochem J, 33: 199-214.

Xiong X, Keppler H, Audétat A, et al. 2011. Partitioning of Nb and Ta between rutile and felsic melt and the fractionation of Nb/Ta during partial melting of hydrous metabasalt. Geochimica et Cosmochimica Acta, 75: 1673-1692.

Xu J F, Shinjo R, Defant M J, et al. 2002. Origin of Mesozoic adakitic intrusive rocks in the Ningzhen area of east China: Partial melting of delaminated lower continental crust? Geology, 30: 1111-1114.

Xu L J, He Y S, Wang S J, et al. 2017. Iron isotope fractionation during crustal anatexis: Constraints from migmatites from the Dabie orogen, Central China. Lithos, 284:171-179.

Xu W J, Xu X S. 2015. Early Paleozoic intracontinental felsic magmatism in the South China Block: Petrogenesis and geodynamics. Lithos, 234: 79-92.

Xu X Q, Hui H J, Chen W, et al. 2020b. Formation of lunar highlands anorthosites. Earth Planet

Sci Lett, 536: 116138.

Xu X S, Zhao K, He Z Y, et al. 2020a. Cretaceous volcanic-plutonic magmatism in SE China and a genetic model. Lithos, 105728.

Xu Y G, Luo Z Y, Huang X L, et al. 2008. Zircon U-Pb and Hf isotope constraints on crustal melting associated with the Emeishan mantle plume. Geochimica et Cosmochimica Acta, 72: 3084-3104.

Xu Z Q, Dilek Y, Cao H, et al. 2015. Paleo-Tethyan evolution of Tibet as recorded in the East Cimmerides and West Cathaysides. J Asian Earth Sci, 105: 320-337.

Yan C L, Shu L S, Michel F, et al. 2017. Early Paleozoic intracontinental orogeny in the Yunkai domain, South China Block: New insights from field observations, zircon U-Pb geochronological and geochemical investigations. Lithos, 268: 320-333.

Yan D P, Zhou M F, Zhao D, et al. 2010. Origin, ascent and oblique emplacement of magmas in a thickened crust: An example from the Cretaceous Fangshanadakitic pluton, Beijing. Lithos, 123: 102-120.

Yan H, Long X, Li J, et al. 2019. Arc andesitic rocks derived from partial melts of mélange diapir in subduction zones: Evidence from whole-rock geochemistry and Sr-Nd-Mo isotopes of the Paleogene Linzizong volcanic succession in southern Tibet. J Geophy Res: Solid Earth, 124: 456-475.

Yan L L, He Z Y, Beier C, et al. 2018. Geochemical constraints on the link between volcanism and plutonism at the Yunshan caldera complex, SE China. Contrib Mineral Petrol, 173: 4.

Yan L L, He Z Y, Jahn B M, et al. 2016. Formation of the Yandangshan volcanic-plutonic complex (SE China) by melt extraction and crystal accumulation. Lithos, 266: 287-308.

Yan L L, He Z Y, Klemd R, et al. 2020. Tracking crystal-melt segregation and magma recharge using zircon trace element data. Chem Geol, 542.

Yang J H, Wu F Y, Chung S L, et al. 2006. A hybrid origin for the Qianshan A-type granite, northeast China: Geochemical and Sr–Nd–Hf isotopic evidence. Lithos, 89: 89-106.

Yang J H, Wu F Y, Wilde S A, et al. 2007. Tracing magma mixing in granite genesis: In situ U-Pb dating and Hf-isotope analysis of zircons. Contrib Mineral Petrol, 153: 177-190.

Yang Q, Wang T, Guo L, et al. 2017a. Nd isotopic variation of Paleozoic-Mesozoic granitoids from the Da Hingan Mountains and adjacent areas, NE Asia: Implications for the architecture and growth of continental crust. Lithos, 272:164-184.

Yang W B, Niu H C, Hollings P, et al. 2017b. The role of recycled oceanic crust in the generation of alkaline A - type granites. J Geophy Res: Solid Earth, 122: 9775-9783.

Yang W B, Niu H C, Sun W D, et al. 2013. Isotopic evidence for continental ice sheet in mid-latitude region in the supergreenhouse Early Cretaceous. Scientific Reports, 3:2732.

Yang Z, Sun Z, Yang T, et al. 2004. A long connection (750-380 Ma) between South China and Australia: paleomagnetic constraints. Earth and Planetary Science Letters, 220(3-4): 423-434.

Yao J L, Cawood P A, Shu L S, et al. 2019a. Jiangnan Orogen, South China: A ～970-820 Ma Rodinia margin accretionary belt. Earth-Sci Rev, 196: 102872.

Yao J L, Shu L S, Cawood P A, et al. 2019b. Differentiating continental and oceanic arc systems and retro-arc basins in the Jiangnan orogenic belt, South China. Geol Mag, 156: 2001-2016.

Yao J L, Shu L S, Santosh M, et al. 2014b. Neoproterozoic arc-related mafic–ultramafic rocks and syn-collision granite from the western segment of the Jiangnan Orogen, South China: Constraints on the Neoproterozoic assembly of the Yangtze and Cathaysia Blocks. Precambrian Res, 243: 39-62.

Yao J, Shu L, Santosh M. 2014a. Neoproterozoic arc-trench system and breakup of the South China Craton: Constraints from N-MORB type and arc-related mafic rocks, and anorogenic granite in the Jiangnan orogenic belt. Precambrian Res, 247: 187-207.

Yao W H, Li Z X, Li W X, et al. 2012. Post-kinematic lithospheric delamination of the Wuyi–Yunkai orogen in South China: Evidence from ca. 435 Mahigh-Mg basalts. Lithos, 154: 115-129.

Yeats C J, Parr J M, Binns R A, et al. 2014. The SuSu Knolls hydrothermal field, eastern Manus Basin, Papua New Guinea: An active submarine high-sulfidation copper-gold system. Economic Geol, 109:2207-2226.

Yin S, Ma C, Xu J. 2020. Recycling of K–feldspar antecrysts in the Baishiya porphyritic granodiorite, East Kunlun orogenic belt, northern Tibet Plateau: Implications for magma differentiation in a crystal mush reservoir. Lithos, 105622.

Yoshinobu A S, Fowler T K, Jr Paterson S R, et al. 2003. A view from the roof; magmatic stoping in the shallow crust, Chita Pluton, Argentina. J Struct Geol, 25: 1037-1048.

Yu K Z, Liu Y S, Hu Q H, et al. 2018. Magma recharge and reactive bulk assimilation in Enclave-Bearing Granitoids, Tonglu, South China. J Petrol, 59: 795-824.

Yu X, Lee C T A. 2016. Critical porosity of melt segregation during crustal melting: Constraints from zonation of peritectic garnets in a dacite volcano. Earth Planet Sci Lett, 449: 127-134.

Yu Y, Huang X L, He P L, et al. 2016. I-type granitoids associated with the early Paleozoic intracontinental orogenic collapse along pre-existing block boundary in South China. Lithos, 248: 353-365.

Zagorevski A, van Staal C R. 2011. The Record of Ordovician Arc-Arc and Arc-continent collisions in the Canadian Appalachians during the closure of Iapetus, arc-continent collision. Front Earth Sci, 341-371.

Zajacz Z, Hanley J J, Heinrich C A, et al. 2009. Diffusive reequilibration of quartz-hosted silicate melt and fluid inclusions: Are all metal concentrations unmodified. Geochimica et Cosmochimica Acta, 73: 3013-3027.

Zegers T E, White S H, De Keijzer M, et al. 1996. Extensional structures during deposition of the 3460 Ma Warrawoona Group in the eastern Pilbara Craton, Western Australia. Precambrian Research, 80(1-2): 89-105.

Zeng L S, Asimow P, Saleeby J B. 2005a. Coupling of anatectic reactions and dissolution of accessory phases and the Sr and Nd isotope systematics of anatectic melts from a metasedimentary source. Geochimica et Cosmochimica Acta, 69: 3671-3682.

Zeng L S, Gao L E, Xie K J, et al. 2011. Mid-Eocene high Sr/Y granites in the Northern Himalayan Gneiss Domes: Melting thickened lower continental crust. Earth Planet Sci Lett, 303: 251-266.

Zeng L S, Saleeby J B, Asimow P. 2005b. Nd isotope disequilibrium during crustal anatexis: A record from the Goat Ranch migmatite complex, southern Sierra Nevada batholith, California. Geology, 33: 53-56.

Zeng Q, Qin K, Liu J, et al. 2015. Porphyrymolybdenum deposits in the Tianshan-Xingmeng orogenic belt, northern China. Int J Earth Sci-Geol Rundsch, 104: 991-1023.

Zhai M G, Bian A G, Zhao T P. 2000. The amalgamation of the supercontinent of North China Craton at the end of Neo-Archaean and its breakup during late Palaeoproterozoic and Mesoproterozoic. Sci China (Series D), 43: 219-232.

Zhai M G, Peng P. 2020. Origin of early continents and beginning of plate tectonics. Sci Bull, 65: 970-973.

Zhai M G. 2014. Multi-stage crustal growth and cratonization of the North China Craton. Geosci Front, 5: 457-469.

Zhai M G, Santosh M. 2011. The early Precambrian odyssey of North China Craton: A synoptic overview. Gondwana Res, 20: 6-25.

Zhai M G, Santosh M. 2013. Metallogeny of the North China Craton: Link with secular changes in the evolving Earth. Gondwana Res, 24: 275-297.

Zhang C, Liu D, Zhang X, et al. 2020a. Hafnium isotopic disequilibrium during sediment melting and assimilation. Geochem Perspect Lett, 12: 34-39.

Zhang D H, Audétat A. 2017. What caused the formation of the giant Bingham Canyon porphyry Cu-Mo-Au deposit? Insights from melt inclusions and magmatic sulfides. Economic Geol, 112: 221-244.

Zhang G W, Guo A L, Wang Y J, et al. 2013. Continental tectonism and problems of south China. Sci China (Earth Sci), 56:1804-1828.

Zhang J H, Yang J H, Chen J Y, et al. 2018. Genesis of late Early Cretaceous high-silica rhyolites in eastern Zhejiang Province, southeast China: A crystal mush origin with mantle input. Lithos, 296-299: 482-495.

Zhang Q, Jiang Y H, Wang G C, et al. 2015. Origin of Silurian gabbros and I-type granites in central Fujian, SE China: Implications for the evolution of the early Paleozoic orogen of South China. Lithos, 216-217: 285-297.

Zhang R Q, Lehmann B, Seltmann R, et al. 2017. Cassiterite U-Pb geochronology constrains magmatic-hydrothermal evolution in complex evolved granite systems: The classic Erzgebirge tin province (Saxony and Bohemia). Geology, 45: 1095-1098.

Zhang S H, Liu S W, Zhao Y, et al. 2007. The 1.75-1.68anorthosite-mangerite-alkali granitoid-rapakivi granite suite from the northern North China Craton: Magmatism related to a Paleoproterozoic orogeny. Precambrian Res, 155: 287-312.

Zhang X S, Xu X S, Xia Y, et al. 2020b. Crystallization and melt extraction for garnet-bearing charnockite from South China: Constraints from geochemistry, mineral thermometer and rhyolite-MELTS modeling. Am Mineral, In press.

Zhao G C, Sun M, Wilde S A, et al. 2004. Late archaean to palaeoproterozoic evolution of the Trans-North China Orogen: Insights from synthesis of existing data from the Hengshan-Wutai-Fuping belt. Geol Soc Spec Pub, 226: 27-55.

Zhao G C, Wang Y J, Huang B C, et al. 2018b. Geological reconstructions of the East Asian blocks: From the breakup of Rodinia to the assembly of Pangea. Earth-Sci Rev, 186: 262-286.

Zhao K D, Jiang S Y, Chen W F, et al. 2013. Zircon U-Pb chronology and elemental and Sr-Nd-Hf isotope geochemistry of two Triassic A-type granites in South China: Implication for petrogenesis and Indosinian transtensional tectonism. Lithos, 160-161: 292-306.

Zhao K, Xu X S, Erdmann S. 2017. Crystallization conditions of peraluminous charnockites: Constraints from mineral thermometry and thermodynamic modelling. Contrib Mineral Petrol, 172: 26.

Zhao K, Xu X S, Erdmann S. 2018a. Thermodynamic modeling for an incrementally fractionated granite magma system: Implications for the origin of igneous charnockite. Earth Planet Sci Lett, 499: 230-242.

Zhao Z F, Gao P, Zheng Y F. 2015. The source of Mesozoic granitoids in South China: Integrated geochemical constraints from the Taoshan batholith in the Nanling Range. Chem Geol, 395: 11-26.

Zheng Y F, Chen R X. 2017. Regional metamorphism at extreme conditions: Implications for orogeny at convergent plate margins. J Asian Earth Sci, 145: 46-73.

Zheng Y F, Wu F Y, 2018. The timing of continental collision between Indian and Asia. Sci Bull, 63: 1649-1654.

Zheng Y F, Wu Y B, Gong B, et al. 2007. Tectonic driving of Neoproterozoic glaciations: Evidence from extreme oxygen isotope signature of meteoric water in granite. Earth Planet Sci Lett, 256: 196-210.

Zheng Y F, Zhao G C. 2020. Two Styles of plate tectonics in Earth's history. Sci Bull, 65: 329-334.

Zheng Y F, Zhao Z F. 2017. Introduction to the structures and processes of subduction zones. J Asian Earth Sci, 145:1-15.

Zheng Y, Zhang S. 2007. Formation and evolution of Precambrian continental crust in South China. Chin Sci Bull, 52: 1-12.

Zhong H, Zhu W G, Chu Z Y, et al. 2007. SHRIMP U-Pb zircon geochronology, geochemistry, and Nd-Sr isotopic study of contrasting granites in the Emeishan large igneous province, SW China. Chem Geol, 236: 112-133.

Zhong Y, Ma C, Liu L, et al. 2014. Ordovician appinites in the Wugongshan Domain of the Cathaysia Block, South China: Geochronological and geochemical evidence for intrusion into a local extensional zone within an intracontinental regime. Lithos, 198: 202-216.

Zhong Y, Wang L, Zhao J, et al. 2016. Partial melting of an ancient sub-continental lithospheric mantle in the early Paleozoic intracontinental regime and its contribution to petrogenesis of the coeval peraluminous granites in South China. Lithos, 264: 224-238.

Zhou X M, Sun T, Shen W Z, et al. 2006. Petrogenesis of Mesozoic granitoids and volcanic rocks in South China: A response to tectonic evolution. Episodes, 29: 26-33.

Zhu D C, Wang Q, Cawood P A, et al. 2017. Raising the Gangdese Mountains in southern Tibet. J Geophy Res: Solid Earth, 122: 214-223.

Zhu D C, Wang Q, Chung S L, et al. 2019. Gangdese magmatism in southern Tibet and India-Asia convergence since 120 Ma. In: Treloar P J, Searle M P. Himalayan tectonics: A modern synthesis. Geol Soci, Lond, Spec Pub, 483: 583-604.

Zhu D C, Wang Q, Zhao Z D, et al. 2015b. Magmatic record of India–Asia collision. Scientific Reports, 5:14289.

Zhu D C, Zhao Z D, Niu Y L, et al. 2011a. The Lhasa Terrane: record of a microcontinent and its histories of drift and growth. Earth Planet Sci Lett, 301: 241-255.

Zhu R X, Fan H R, Li J W, et al. 2015a. Decratonic gold deposits. Sci China Earth Sci, 58: 1523-1537.

Zhu R X, Xu Y G, Zhu G, et al. 2012. Destruction of the North China Craton. Sci China Earth Sci, 55: 1565-1587.

Zhu X Y, Chen F, Li S Q, et al. 2011b. Crustal evolution of the North Qinling terrain of the Qinling Orogen, China: Evidence from detrital zircon U-Pb ages and Hf isotopic composition.

Gondwana Res, 20: 194-204.

Zhu Z Y, Wang R C, Che X D, et al. 2015c. Magmatic–hydrothermal rare-element mineralization in the Songshugang granite (northeastern Jiangxi, China): Insights from an electron-microprobe study of Nb-Ta-Zr minerals. Ore Geol Rev, 65: 749-760.

Zou B, Ma C, 2020. Crystal mush rejuvenation induced by heat and water transfer: Evidence from amphibole analyses in the Jialuhe Composite Pluton, East Kunlun Orogen, northern Tibet Plateau. Lithos, 376-377: 105722.

关键词索引

A

A型花岗岩 37, 41, 42, 44, 49, 86, 98, 108, 110, 120, 122, 154, 155, 172, 173, 177, 187, 231

B

斑岩 1, 6, 31, 32, 35, 48, 49, 50, 52, 72, 103, 107, 111, 112, 113, 114, 115, 116, 117, 120, 121, 122, 123, 163, 197, 209, 211, 212, 214, 215, 216, 217, 218, 219, 220, 227, 228, 250, 251, 252, 253, 254

板块边缘 49, 78, 79, 83, 165, 171, 236, 238

板块构造 1, 2, 3, 9, 14, 16, 17, 22, 23, 25, 26, 38, 39, 43, 51, 54, 59, 61, 64, 65, 66, 68, 70, 74, 86, 132, 137, 139, 140, 141, 142, 143, 144, 145, 146, 147, 148, 153, 165, 171, 172, 178, 187, 226, 232, 234, 237, 238, 239, 251, 252, 259

板内 84, 87, 148, 162, 163, 166, 171, 178

部分熔融 21, 39, 41, 54, 57, 63, 64, 71, 75, 76, 77, 78, 79, 85, 88, 90, 91, 92, 93, 94, 95, 101, 103, 110, 112, 113, 116, 125, 132, 139, 150, 154, 156, 158, 169, 170, 172, 174, 179, 180, 181, 182, 186, 187, 188, 190, 192, 193, 194, 196, 198, 206, 207, 209, 224, 226, 234

C

侧向增生 78, 81, 82, 83, 84, 96, 165, 166, 169, 170, 171

测试技术 10, 11, 25, 28, 40, 53, 54, 116, 123, 124, 127, 129, 148, 194, 226, 230, 240, 242

超大陆 3, 17, 68, 69, 70, 72, 158

成分多样性 95, 186, 194, 195

成矿规律 51, 55, 98, 108, 208, 212, 213, 251, 257

成矿机制 1, 4, 8, 9, 10, 18, 21, 22, 23, 24, 25, 26, 27, 28, 29, 36, 37, 38, 39, 47, 51, 52, 53, 54, 55, 112, 116,

120, 123, 124, 126, 127, 128, 129, 130, 183, 208, 216, 221, 222, 223, 226, 229, 232, 233, 237, 238, 239, 240, 241, 243, 244, 245, 246, 247, 248, 249

成矿域　117, 121, 218, 251, 254

成矿专属性　47, 48, 49, 55, 108, 113, 115, 208, 209, 212, 213, 233, 236, 256

成因　1, 2, 4, 8, 9, 10, 12, 18, 20, 21, 22, 23, 24, 25, 26, 27, 28, 29, 33, 34, 36, 37, 38, 39, 40, 42, 43, 44, 45, 46, 47, 48, 49, 51, 52, 53, 54, 55, 56, 57, 59, 60, 61, 63, 64, 65, 71, 72, 74, 79, 83, 84, 85, 91, 92, 94, 95, 96, 97, 98, 100, 101, 103, 106, 108, 113, 115, 116, 118, 120, 122, 123, 124, 126, 127, 128, 129, 132, 133, 134, 137, 139, 141, 147, 152, 154, 157, 163, 164, 169, 170, 171, 172, 177, 178, 179, 180, 181, 185, 186, 187, 188, 190, 191, 192, 194, 195, 196, 197, 202, 203, 204, 205, 209, 213, 214, 218, 222, 226, 229, 230, 231, 232, 233, 234, 236, 237, 238, 239, 243, 244, 245, 247, 248, 249, 250, 251, 252, 253, 254, 255, 256, 258, 259

穿地壳岩浆系统　125

D

大陆地壳　1, 2, 3, 4, 8, 9, 14, 17, 22, 25, 26, 36, 38, 41, 58, 60, 61, 62, 63, 64, 67, 68, 70, 71, 75, 77, 81, 82, 83, 84, 85, 88, 89, 90, 91, 92, 94, 95, 96, 98, 105, 137, 139, 140, 141, 142, 143, 144, 145, 146, 147, 148, 150, 151, 165, 166, 169, 170, 171, 175, 179, 193, 194, 195, 205, 206, 208, 249, 256

大陆动力学　2, 4, 13, 14, 16, 36, 55, 59, 61, 65, 72, 86, 119, 127, 142, 149, 150, 151, 171, 172, 178, 251, 257, 258

大陆风化　1, 139, 232

大陆弧　81, 83, 91, 165, 166, 169

大陆起源　70, 132

大陆形成　1, 2, 4, 22, 38, 43, 57, 58, 59, 60, 67, 126, 139, 157, 158, 164, 232, 234, 235, 238, 239, 241

大陆增生　82, 86, 121, 155, 156, 165

大数据　28, 54, 79, 124, 126, 140, 141, 143, 149, 153, 170, 178, 194, 208, 240, 242, 248, 249, 252, 257

大洋弧　166

淡色花岗岩　6, 24, 45, 47, 52, 56, 88, 103, 122, 123, 155, 172, 174, 175, 177, 193, 211, 226, 228, 255, 256, 257

地壳垂向生长　85, 86, 89, 91, 175

地壳流变　18, 73, 148, 149, 150, 151, 152, 155, 172, 175, 176, 177, 205

地幔柱　17, 64, 65, 68, 70, 71, 86, 87, 89, 141, 156, 173, 174, 177, 178, 187, 259

地球系统　2, 8, 10, 26, 27, 128, 147, 164, 233, 243, 244

地球早期　14, 38, 43, 54, 59, 61, 63,

64, 65, 137, 139, 141, 142, 143, 144, 145, 146, 147, 186, 236, 237, 239

地外花岗岩　22, 23, 57, 59, 132, 133, 135, 137, 235, 236

动力学机制　2, 4, 9, 14, 17, 18, 54, 61, 67, 72, 113, 139, 140, 142, 156, 160, 176, 177, 189, 236, 238, 239, 251, 252

F

发展方向　53, 118, 124, 132, 229, 235, 243

发展规律　36, 51, 246

发展思路　132, 232, 234

发展态势　44, 56, 57, 233

发展现状　57

俯冲带　2, 64, 81, 82, 83, 85, 89, 90, 91, 92, 95, 121, 154, 157, 165, 166, 170, 179, 250, 258

G

改造型　44, 48, 49, 108, 113, 209

高硅花岗岩　43, 96, 97, 181, 182, 192, 196

锆石　3, 6, 12, 13, 14, 15, 17, 23, 42, 43, 45, 46, 53, 57, 59, 60, 64, 84, 85, 88, 93, 94, 97, 98, 106, 111, 112, 121, 123, 124, 125, 135, 136, 137, 140, 142, 144, 145, 155, 160, 170, 175, 180, 181, 186, 189, 190, 213, 226, 227, 228, 230, 231, 235, 239, 251, 252, 258

构造背景　1, 16, 17, 18, 40, 47, 74, 78, 86, 90, 96, 97, 106, 116, 118, 146, 148, 149, 152, 154, 156, 165, 166, 186, 194, 195, 211, 213, 226, 236, 251, 253, 257

关键金属　1, 7, 8, 29, 33, 34, 96, 100, 103, 106, 112, 179, 183, 184, 185, 222, 223, 224, 234, 235, 236, 246, 257

关键科学问题　11, 14, 58, 63, 67, 70, 72, 73, 83, 88, 95, 103, 106, 110, 112, 126, 132, 148, 164, 178, 179, 182, 202, 208, 236, 244, 249, 257

关键矿产　25, 29, 33, 128, 222, 223, 235, 246

国际视野　129, 164, 185, 246, 248

H

弧后盆地　238

花岗岩　1, 2, 3, 4, 5, 6, 7, 8, 9, 10, 11, 12, 13, 14, 16, 17, 18, 19, 20, 21, 22, 23, 24, 25, 26, 27, 28, 29, 30, 31, 32, 33, 34, 35, 36, 37, 38, 39, 40, 41, 42, 43, 44, 45, 46, 47, 48, 49, 50, 51, 52, 53, 54, 55, 56, 57, 58, 59, 60, 61, 62, 63, 64, 65, 67, 68, 69, 70, 71, 72, 73, 74, 75, 76, 78, 79, 81, 82, 83, 84, 85, 86, 87, 88, 89, 90, 91, 92, 93, 94, 95, 96, 97, 98, 99, 100, 101, 102, 103, 104, 106, 107, 108, 109, 110, 111, 112, 113, 114, 115, 116, 117, 118, 119, 120, 121, 122, 123, 124, 125, 126, 127, 128, 129, 130, 131, 132, 133, 134, 135, 136, 137, 138, 139,

140, 141, 142, 146, 148, 149, 150, 151, 152, 153, 154, 155, 156, 157, 158, 159, 160, 161, 162, 163, 164, 165, 166, 169, 170, 171, 172, 173, 174, 175, 176, 177, 178, 179, 180, 181, 182, 184, 185, 186, 187, 188, 189, 190, 191, 192, 193, 194, 195, 196, 197, 198, 199, 200, 201, 202, 204, 207, 208, 209, 210, 211, 212, 213, 214, 215, 216, 217, 218, 219, 220, 221, 222, 224, 225, 226, 227, 228, 229, 230, 231, 232, 233, 234, 235, 236, 237, 238, 239, 240, 241, 242, 243, 244, 245, 246, 247, 248, 249, 250, 251, 252, 253, 254, 255, 256, 257, 258, 259

花岗岩基　78, 79, 83, 148, 154, 158, 160, 162, 166, 169, 170, 171, 193, 202, 227, 258

华南　6, 24, 25, 26, 31, 33, 34, 35, 38, 43, 44, 46, 47, 48, 49, 50, 51, 55, 56, 69, 71, 72, 84, 87, 88, 89, 97, 103, 108, 113, 117, 118, 119, 123, 155, 158, 159, 160, 161, 162, 163, 175, 176, 177, 190, 191, 193, 208, 248, 252, 253, 254, 256, 258

环境变迁　236, 239, 242

环境效应　251

火成论　20, 36, 39

I

I型花岗岩　37, 41, 42, 44, 48, 49, 87, 88, 98, 108, 112, 115, 116, 122, 154, 155, 156, 157, 161, 162, 177, 186, 190, 209, 231

J

金属矿床　31, 32, 34, 52, 108, 114, 118, 121, 127, 194, 214, 217, 223, 224, 231, 232, 252, 259

晶粥模型　96, 102, 203

巨型花岗岩带　16, 17, 38, 54, 67, 68, 69, 70, 71, 156, 157, 158, 161, 162, 163, 164, 238, 254

K

科学意义　1, 83, 117, 194, 239, 257

壳幔相互作用　21, 22, 25, 38, 45, 49, 97, 148, 171, 177, 185, 191, 195, 204, 259

克拉通　3, 14, 18, 24, 26, 31, 44, 49, 54, 56, 59, 60, 61, 62, 63, 64, 65, 66, 68, 74, 103, 117, 119, 120, 137, 138, 141, 142, 143, 147, 186, 187, 254, 255, 256, 257, 259

矿产资源　3, 4, 6, 25, 28, 29, 30, 32, 33, 52, 72, 117, 119, 121, 122, 123, 127, 128, 140, 151, 156, 157, 163, 222, 223, 234, 235, 241, 245, 246, 247, 257, 259

L

裂谷　3, 69, 86, 87, 89, 154, 174, 177, 178, 198

流体　9, 14, 20, 21, 49, 54, 71, 75, 77, 91, 95, 98, 102, 103, 106, 110, 114, 115, 120, 126, 127, 148, 150, 151,

162, 164, 166, 173, 179, 180, 181, 182, 183, 185, 198, 200, 205, 214, 215, 216, 217, 218, 219, 220, 221, 222, 225, 228, 231, 232, 233, 240, 251, 252, 257

流体成分　71, 162, 198, 215, 218, 220

流纹岩　43, 97, 161, 173, 196, 197, 198, 204, 254

陆-陆碰撞　82, 103, 166, 251

陆内　2, 3, 9, 13, 17, 26, 38, 69, 71, 72, 86, 87, 88, 89, 90, 91, 95, 96, 116, 118, 153, 160, 161, 163, 164, 171, 172, 173, 174, 175, 176, 177, 178, 236, 238, 251, 252, 258, 259

陆内造山带　72, 87, 88, 89, 163, 173, 174, 175, 176, 177, 178

M

冥古宙　22, 23, 59, 60, 64, 68, 137, 140, 142, 143, 144, 145, 186, 230

模拟　9, 42, 43, 54, 72, 73, 74, 75, 76, 78, 102, 103, 124, 125, 126, 127, 135, 137, 138, 140, 141, 142, 149, 151, 156, 163, 164, 170, 175, 178, 179, 180, 183, 185, 189, 192, 195, 196, 197, 198, 199, 200, 201, 202, 205, 206, 207, 208, 215, 218, 220, 222, 227, 233, 235, 243, 254, 255

N

能源金属　1, 7, 34

P

喷发的机制　99

碰撞后　86, 90, 123, 166

Q

侵入岩　36, 49, 57, 79, 91, 96, 99, 100, 101, 103, 116, 119, 120, 132, 133, 160, 173, 186, 195, 196, 197, 200, 201, 203, 204, 205, 206, 226, 227, 251, 255

圈层相互作用　1, 224

R

热力学　38, 42, 101, 126, 183, 192, 195, 196, 197, 198, 199, 200, 201, 202, 207, 208, 222, 225, 233

熔融机制　46, 150, 185, 186

熔融条件　39, 91, 92, 179

S

伸展　3, 17, 71, 72, 74, 75, 77, 86, 87, 89, 95, 117, 120, 152, 153, 154, 156, 158, 161, 162, 163, 172, 173, 174, 211, 238, 253, 255

深部动力学　17, 29, 148, 171, 251

深部热带　238

深熔作用　18, 42, 75, 93, 94, 111, 113, 114, 115, 138, 139, 141, 176, 180, 181, 182, 193, 194, 231, 257

时空分布　16, 38, 43, 46, 49, 55, 68, 90, 97, 108, 115, 120, 150, 251, 253, 254, 258

实验岩石学　8, 20, 21, 22, 39, 40, 41, 42, 46, 79, 91, 92, 93, 94, 95, 98, 125, 137, 171, 174, 179, 180, 181, 182, 185, 187, 194, 195, 200, 233, 240, 241

水成论　20, 39

酸性大火成岩省　87, 175

S型花岗岩　37, 41, 42, 44, 48, 85, 87, 90, 98, 108, 112, 113, 115, 116, 122, 139, 141, 154, 156, 157, 158, 160, 161, 162, 175, 178, 190, 191, 209, 231

T

太古宙　1, 2, 9, 16, 22, 38, 43, 60, 61, 62, 63, 64, 65, 77, 118, 119, 137, 139, 140, 141, 142, 143, 145, 146, 186, 187, 235, 239, 254, 258

同熔型　48, 49, 108, 113, 209

W

物理条件　151, 152, 156, 197

X

稀有金属　1, 4, 5, 6, 21, 29, 34, 48, 49, 72, 108, 110, 114, 117, 121, 122, 123, 157, 161, 162, 163, 181, 182, 183, 185, 211, 213, 214, 216, 223, 224, 225, 226, 228, 232, 255

新疆　6, 24, 43, 44, 46, 52, 91, 98, 110, 115, 121, 123, 160, 161, 258

行星　1, 2, 8, 14, 22, 23, 26, 38, 55, 57, 58, 59, 60, 67, 132, 133, 135, 136, 137, 140, 141, 142, 143, 147, 165, 232, 234, 235, 237, 241, 242, 243

行星花岗岩　59, 132, 235

行星演化　232

学科交叉　8, 18, 28, 53, 67, 116, 125, 128, 147, 236, 238, 243, 244, 245, 248

学科交叉　8, 18, 28, 53, 67, 116, 125, 128, 147, 236, 238, 243, 244, 245, 248

Y

岩浆储库　101, 102, 103, 104, 106, 196, 197, 202, 203, 204, 205, 206, 208, 249

岩浆分异　43, 79, 81, 85, 87, 92, 95, 103, 104, 106, 110, 156, 166, 172, 179, 182, 195, 200, 202, 213, 215, 231

岩浆过程　11, 12, 42, 45, 46, 49, 84, 86, 97, 101, 102, 110, 166, 170, 174, 186, 190, 193, 194, 195, 207, 208, 215, 221, 222, 225, 227, 231, 249, 259

岩浆侵位　13, 18, 73, 76, 77, 78, 79, 101, 102, 106, 107, 151, 155, 156, 164, 204, 205, 214, 226

岩浆热液矿床　114, 219

岩浆上升　9, 71, 76, 79, 101, 155, 169, 187, 190

岩浆系统　102, 125, 198, 200, 202, 206, 207, 208, 234, 249

岩浆演化　43, 53, 94, 97, 99, 111, 114, 115, 118, 137, 146, 153, 161, 174, 181, 182, 183, 185, 188, 190, 192, 194, 207, 209, 211, 213, 215, 216, 232

岩石地球化学　2, 4, 16, 22, 23, 42, 55, 71, 110, 124, 126, 133, 149, 162, 197, 208, 234, 249, 254, 256, 258

研究历史　39, 43, 47, 250

宜居地球　72, 100, 163, 164, 206, 233

元素迁移和富集　110, 179

元素循环　185, 225, 233

源区　9, 12, 20, 21, 22, 26, 38, 39, 41, 42, 43, 45, 46, 48, 49, 54, 55, 63, 75, 82, 85, 86, 88, 90, 91, 92, 94, 97, 98, 100, 104, 106, 110, 111, 112, 113, 143, 146, 148, 162, 166, 169, 170, 173, 174, 178, 179, 182, 186, 187, 188, 189, 190, 193, 194, 199, 203, 208, 209, 210, 211, 213, 225, 226, 231, 238, 240

Z

早期花岗岩　22, 38, 59, 65, 137, 139, 162, 164, 236, 252, 258

造山带　3, 4, 6, 13, 14, 16, 18, 26, 33, 44, 46, 49, 51, 52, 61, 68, 69, 71, 72, 82, 84, 86, 87, 88, 89, 90, 91, 95, 97, 98, 103, 116, 117, 119, 120, 121, 123, 127, 149, 153, 154, 155, 157, 158, 159, 160, 161, 163, 166, 170, 171, 173, 174, 175, 176, 177, 178, 179, 180, 190, 209, 211, 212, 230, 248, 251, 253, 254, 255, 256, 257, 258

增生型造山带　97, 103

战略价值　1, 194

长英质　2, 41, 67, 75, 78, 79, 81, 83, 86, 87, 99, 118, 139, 142, 143, 145, 146, 147, 152, 165, 169, 170, 172, 173, 175, 187, 192, 195, 197, 206

知识融合　243

中亚造山带　26, 44, 51, 68, 84, 91, 117, 119, 120, 121, 154, 155

紫苏花岗岩　141, 172, 173, 174, 177, 198, 199